Springer-Lehrbuch

Springer-Verlag Berlin Heidelberg GmbH

Springer-Verlag Berlin Heidelberg GmbH

Manfred Broy   Bernhard Rumpe

Übungen zur Einführung in die Informatik

Strukturierte Aufgabensammlung mit Musterlösungen

2., überarbeitete Auflage

Mit 129 Abbildungen, 30 Tabellen und CD-ROM

 Springer

Prof. Dr. Manfred Broy
Dr. Bernhard Rumpe
Technische Universität München
Institut für Informatik
D-80290 München

E-mail: broy@informatik.tu-muenchen.de
       rumpe@informatik.tu-muenchen.de
Internet: http://www4.informatik.tu-muenchen.de

Die Deutsche Bibliothek – CIP-Einheitsaufnahme

Übungen zur Einführung in die Informatik: strukturierte
Aufgabensammlung mit Musterlösungen / Manfred Broy ; Bernhard Rumpe.
2., überarb. Aufl. - Berlin ; Heidelberg ; New York ; Barcelona ; Hongkong ;
London ; Mailand ; Paris ; Tokio : Springer 2002
  (Springer-Lehrbuch)

Additional material to this book can be downloaded from http://extras.springer.com

ISBN 978-3-540-42065-1   ISBN 978-3-642-56040-8 (eBook)
DOI 10.1007/978-3-642-56040-8

http://www.springer.de

© Springer-Verlag Berlin Heidelberg 2002
Ursprünglich erschienen bei Springer-Verlag Berlin Heidelberg 2002

Satz: Reproduktionsfertige Autorenvorlage
Umschlaggestaltung: design & production Gmbh, Heidelberg
Gedruckt auf säurefreiem Papier   SPIN: 10837598   33/3142/XO-5 4 3 2 1 0

Vorwort

Ohne die Bearbeitung konkreter Aufgaben, ohne breit angelegte Übung kann ein verwertbares Wissen in der Informatik nicht erworben werden. Der Wert und die Funktion eines Übungsbuches ist deshalb gar nicht hoch genug einzuschätzen. Mit Freude haben wir verfolgt, wie intensiv unser Übungsbuch in den Einführungsvorlesungen der Informatik von Studenten, Übungsleitern und Dozenten genutzt wurde.

Obwohl mittlerweile der Kern der Informatik in weiten Teilen bemerkenswert stabil ist und bleibt und damit ein Großteil der Übungsaufgaben auf Dauer aktuell ist, müssen sie doch in ihrer Ausprägung laufend an die aktuelle, sich schnell verändernde Situation der Informatik angepaßt werden. Dies betrifft im Fall unseres Übungsbuches die Anpassung auf zeitgemäße Programmiersprachen, etwa auf die aktuelle Version von Java und den verfügbaren Werkzeugen für Compilerbau und Testmodellierung. In diesem Zusammenhang haben wir die Nutzung der Programmiersprache Modula-2, die zwar für pädagogische Ziele sehr gut geeignet ist, aber leider nicht die erhoffte Verbreitung gefunden hat, eliminiert. Zusätzlich haben wir neue Aufgaben definiert, noch mehr Musterlösungen beigelegt und einige Fehler und Ungenauigkeiten beseitigt. Speziell der steigenden Bedeutung von automatisierten Tests und der Modellierung von Softwaresystemen mit der UML wurde mit den neuen Aufgaben Rechnung getragen.

Wir hoffen, daß in der vorliegenden Form dieses Buch noch besser geeignet ist, um Studenten und Interessenten durch aktive Beschäftigung mit Problemstellungen an die Kerninhalte der Informatik heranzuführen.

Wir bedanken uns bei allen, die bei der 2. Auflage des Übungsbuchs mitgewirkt haben, und ohne die eine Überarbeitung in dieser Form nicht möglich gewesen wäre: Tobias Weinzierl, Alexandra Remptke und Gerwin Klein. Besonderer Dank gilt in diesem Zusammenhang wieder unserem Verlag, dem Springer-Verlag, und dabei Herrn Engesser, der uns bei der Überarbeitung hervorragend unterstützt hat.

Wir wünschen allen gute Lernerfolge und viel Spaß mit diesem Übungsbuch. Für Anregungen und Ergänzungen sind wir jederzeit dankbar.

München, im August 2001   Manfred Broy, Bernhard Rumpe

Vorwort zur ersten Auflage

Informatik ist vor allem Ingenieurwissenschaft. Beherrschend ist die Aufgabe, praktische, konkrete Problemstellungen mit Mitteln der maschinellen Informationsverarbeitung zu lösen. Dies erfordert zwar – besonders bei komplexen Aufgaben – umfangreiche theoretische Kenntnisse und ein tiefes Verständnis für die Strukturen der Informationsverarbeitung, entscheidend ist aber immer die Fähigkeit, konkrete praktische Lösungen zu erarbeiten. Schon daraus ergibt sich, daß das Studium der Informatik und seine wesentlichen Bestandteile ohne beständige Übungen kaum durchzuführen sind. Zwar leidet die Informatik wie alle anderen Ingenieurwissenschaften grundsätzlich an dem Problem, daß die Durchführung von Übungen realistischer Größenordnung aufgrund der Zeit- und Mittelbeschränkungen innerhalb des Studiums kaum denkbar ist, aber trotzdem müssen Übungen und das aktive Erarbeiten der Stoffinhalte eine entscheidende Betonung erhalten.

Das vorliegende Buch enthält Übungen zu der viersemestrigen Vorlesung „Einführung in die Informatik", wie sie an vielen deutschen Universitäten, insbesondere an der Technischen Universität München und auch an der Universität Passau gehalten wird. Die Übungsaufgaben entstammen teilweise den Übungen, die im Rahmen dieser Vorlesungen in den Jahren von 1983 bis 1989 an der Universität Passau und von 1989 bis 1997 an der Technischen Universität München abgehalten worden sind. Sie wurden aber durch weitere Aufgaben ergänzt und aktualisiert.

Damit bildet diese Sammlung von Übungsaufgaben die ideale Ergänzung zu der Einführung eines der Autoren (M. B.), Informatik – Eine grundlegende Einführung, die in vier Bänden von 1991 bis 1995 erschienen ist und deren 2. Auflage in zwei Bänden 1997 und 1998 erscheinen wird. Sie soll Dozenten und Übungsleitern Anregungen geben und Studenten zusätzliche Übungsmöglichkeiten eröffnen.

Neben den Aufgaben, die die Inhalte der Einführung in die Informatik abdecken, sind eine Reihe ergänzender Aufgaben für eine Vertiefung des Stoffes und eine Hinführung zum Hauptteil des Informatik-Studiums enthalten. Ergänzend werden insbesondere Programmieraufgaben in den funktionalen, imperativen bzw. objektorientierten Sprachen Gofer, Modula-2 und Java sowie der Assemblersprache MI angeboten, die die praktische Umsetzung der in der Theorie erarbeiteten Konzepte erlauben. Auf der beigelegten CD-ROM sind Übersetzer bzw. Interpreter dieser Sprachen und eine Reihe von Programmrahmen und Musterlösungen enthalten.

Mit dem Erscheinen dieses Buches verbinden wir die Hoffnung, daß es mit ihm einfacher wird, sich Teile der Informatik auch im Selbststudium anzueignen. Dies ist gerade deshalb wichtig, weil die Informatik in immer weitere Bereiche unseres Lebens Einzug hält und nur ein tieferes Verständnis für die Inhalte der Informatik eine zielgerichtete Informationsverarbeitung ermöglicht.

Wir danken allen, die zum Gelingen dieses Übungsbandes beigetragen haben. Dies sind insbesondere Ralf Steinbrüggen, Marc Sihling, Birgit Schieder, Christian Prehofer, Jan Philipps, David von Oheimb, Werner Meixner, Ingolf Krüger, Heinrich Hußmann, Radu Grosu, Thomas Gritzner, Max Fuchs, Claus Dendorfer und Max Breitling, die mit großem Engagement und auch mit Spaß die jeweiligen Übungsaufgaben gemeinsam mit uns erarbeitet, Musterlösungen erstellt und diese mit den Studenten durchgearbeitet haben. Für die Mithilfe bei der Erstellung, Überarbeitung und Korrektur des Skripts danken wir Peter Scholz, Sascha Molterer, Franz Huber, Saulius Narkevicius, Bert van Heukelom und Christian Basler. Darüber hinaus gilt unser Dank den Studentinnen und Studenten, die in vielfältiger Weise interessante Rückkopplungen zu den Aufgaben gegeben haben. Nicht zuletzt danken wir dem Springer-Verlag, vor allem Hans Wössner, für die bewährte hervorragende Zusammenarbeit.

Wir wünschen allen gute Lernerfolge und viel Spaß mit diesem Übungsbuch. Für Anregungen und Ergänzungen sind wir jederzeit dankbar.

München, im August 1997   Manfred Broy, Bernhard Rumpe

Inhaltsverzeichnis

1. Einleitende Bemerkungen

1.1 Umgang mit den Übungsaufgaben

Diese Aufgabensammlung enthält 197 Aufgaben unterschiedlichen Schwierigkeitsgrades zu allen Themengebieten des Grundstudiums der Informatik. Es bietet sich an, diese Aufgaben zur Einübung der Lerninhalte des Grundstudiums der Informatik oder als begleitende Lektüre für ein Studium mit Nebenfach Informatik zu bearbeiten. Die in diesem Buch enthaltenen Aufgaben eignen sich auch sehr gut, um im Selbststudium Wissenslücken zu erkennen und zu schließen.

Obwohl sich diese Aufgabensammlung generell für Grundstudiengänge in der Informatik eignet, hat die enge Abstimmung auf die Inhalte der Bände [B97] und [B98] bzw. deren erste Auflage [B92, B93, B94, B95] den Vorteil, daß noch nicht beherrschte Lerninhalte in diesen Bänden nachgeschlagen werden können. Aus diesem Grund ist die Aufgabensammlung genauso strukturiert wie die zugrundeliegende Einführung: Jedem Teil dieser Bände entspricht ein Kapitel, jedem Buchkapitel ein Unterkapitel in der Aufgabensammlung. Die Aufgaben sind teilweise nach Schwierigkeitsgrad und Art der Aufgaben markiert:

(*)   Die Aufgabe ist schwer.
(**)   Die Aufgabe ist sehr schwer.
(F*nn*) Die Aufgabe ist eine Fortführung der Aufgabe *nn*.
(P)   Die Aufgabe besteht aus einer Implementierung.
(E)   Die Aufgabe bietet einen die Bücher ergänzenden Inhalt.

Insbesondere die mit (E) markierten Aufgaben führen im Aufgaben- oder Lösungsteil auf zusätzliche, den Lernstoff erweiternde Inhalte und Techniken, die am günstigsten gemeinsam in einer Übungsgruppe erarbeitet werden können.

Die Programmieraufgaben in den unterschiedlichen Programmiersprachen Gofer, Java und der Assemblersprache MI bieten die Möglichkeit, das Gelernte praktisch umzusetzen, und sollten unbedingt bearbeitet werden. Die dabei zu gewinnenden Einsichten in die theoretischen Konzepte sowie der praktische Umgang bei der Erstellung von Software sind trotz des erhöhten Aufwands für erfolgreiche Informatikerinnen und Informatiker unverzichtbar.

Für die Programmieraufgaben stehen teilweise Programmrahmen in der jeweiligen Sprache zur Verfügung, teilweise sind auch die Programme bereits in den vorhergehenden Aufgaben in Buchnotation entwickelt und auf ihre Eigenschaften untersucht worden. Für die leichtere Einarbeitung in die verschiedenen Programmiersprachen stehen in Kapitel 3 kurze Einführungen zur Verfügung. Für eine weitergehende Beschäftigung wird in diesem Kapitel geeignete Literatur empfohlen.

Zur Selbstkontrolle, zur Vermittlung ergänzenden Wissens und um strukturierte Lösungstechniken kennenzulernen, sind für einen großen Teil der Aufgaben Lösungsvorschläge angegeben worden. Teilweise wurden Lösungsvorschläge auch verkürzt und skizzenhaft dargestellt. Es wird dringend empfohlen, zunächst die Aufgabenstellung selbständig anzugehen, selbst wenn eine komplett eigenständige Lösung nicht immer möglich erscheint. Die Lernkurve ist ungleich geringer, wenn nur die vorgegebene Lösung durchgearbeitet wird. Auch wenn eine Aufgabe im ersten Anlauf nicht gleich gelöst werden kann, empfehlen wir, nicht sofort die Musterlösung nachzuschlagen, sondern, gegebenenfalls mit zeitlichem Abstand, einen zweiten Anlauf zu unternehmen. Hartnäckigkeit ist oft entscheidend für die erfolgreiche Bearbeitung schwieriger Aufgaben. Nur das selbständige Entdecken von Lösungen fördert die Kreativität.

Gerade Kreativität ist eine der wichtigsten Fähigkeiten von erfolgreichen Informatikern, die die Konstruktion von Software-Systemen zum Ziel haben. Dafür sollen die in diesem Buch enthaltenen Übungsaufgaben systematische Vorgehensweisen und strukturierte Techniken vermitteln, die dem Informatiker erlauben, auch komplexe Problemstellungen in kleine, überschaubare Einheiten zu zerlegen und zu lösen.

Wir wünschen unseren Leserinnen und Lesern viel Vergnügen bei der Bearbeitung der Aufgaben. Erst die eigenständige Bearbeitung und Lösung von Aufgaben vermittelt Freude und Bestätigung in dem so vielfältigen und für die Zukunft unserer Gesellschaft so wichtigen Fach Informatik.

1.2 Inhalte von CD-ROM und Internetauftritt

Die der Aufgabensammlung beiliegende CD-ROM enthält neben vielen Lösungsvorschlägen für Programmieraufgaben vor allem Programmrahmen, die für die Bearbeitung mancher Aufgaben notwendig sind, und die Programmierumgebungen mit Dokumentation für verschiedene Plattformen, soweit diese frei verfügbar sind.

Die Verzeichnisstruktur der CD ist weitgehend selbsterklärend. Für eine genauere Beschreibung sind html-Seiten auf der CD enthalten, die durch alle gängigen Browser dargestellt werden können.

In der Aufgabensammlung wird auf Dateien und Ordner durch $INFO Bezug genommen, in der Annahme, daß $INFO das Wurzelverzeichnis der CD beziehungsweise das Unterverzeichnis quellen darstellt.

Die mitgelieferten Programmsysteme sind frei im Internet zugänglich; eine Verantwortung für auftretende Mängel oder Softwarefehler übernehmen weder der Verlag noch die Autoren. Bei Softwareentwicklung im kommerziellen Bereich unter Benutzung der mitgelieferten Programmsysteme sind die jeweiligen Lizenzbedingungen einzuhalten. Informationen über die Installation entnehmen Sie bitte den mitgelieferten Dateien. Beachten Sie bitte auch, daß insbesondere im Bereich Java ständig verbesserte und erweiterte Übersetzer und Werkzeuge erscheinen. Deshalb sind neben der aktuellsten zur Zeit der Erstellung der 2. Auflage dieses Buches verfügbaren Fassung auch Links zu den jeweiligen Internetauftritten der Hersteller enthalten.

Parallel zum Übungsbuch bieten wir in Zusammenarbeit mit dem Springer-Verlag eine Internetseite an, die neben der auf der CD zur Verfügung stehenden Information Verweise auf aktuelle Fassungen von Übersetzern und Softwareentwicklungswerkzeugen, sowie Fehlerlisten und up-to-date-Information zum Übungsbuch beinhaltet. Zusätzliche, gegebenenfalls auch interaktive, Informationsangebote sind in Planung.

Ein Besuch bei

- `http://www.springer.de/comp-de/books/rumpe` oder bei
- `http://www.in.tum.de/~rumpe/uebungsbuch`

lohnt sich.

2. Liste der Aufgaben und Lösungen

Die folgende Liste aller Aufgaben enthält jeweils außer der Aufgabennummer auch das für die Aufgabe gewählte Stichwort, die Art und den Schwierigkeitsgrad der Aufgabe sowie die Seiten, auf denen die Aufgabe und ggf. die Lösung zu finden sind.

3. Einführung in Programmiersprachen

Die Ausbildung der Informatikerinnen und Informatiker im Grundstudium erfordert sowohl die Erarbeitung theoretischer Konzepte, als auch die Fähigkeit zur praktischen Umsetzung. Dabei sollte die zu benutzende Programmiersprache keine übergeordnete Rolle spielen. Vielmehr wird es nicht nur aufgrund der rasanten Entwicklung im Bereich der Programmiersprachen und Software-Entwicklungsumgebungen, sondern vor allem auch wegen der unterschiedlichen Anforderungen in unterschiedlichen Projekten für Informatiker notwendig sein, sich rasch in beliebige Programmiersprachen einzuarbeiten.

Deshalb ist es hilfreich, sich frühzeitig mit Vertretern unterschiedlicher Programmierparadigmen auseinanderzusetzen und deren Konzepte kennenzulernen. Eine Einarbeitung in eine neue Programmiersprache besteht dann, abgesehen von den jeweils zu erlernenden Programmbibliotheken, im allgemeinen nur noch aus der Wiedererkennung bereits bekannter Konzepte in einem neuen syntaktischen Kleid.

Deshalb werden in diesem Übungsbuch Aufgaben angeboten, die in unterschiedlichen Programmiersprachen zu lösen sind. Im einzelnen haben wir je einen Vertreter der folgenden Programmierparadigmen ausgewählt:

– Funktionale Programmierung: Gofer
– Objektorientierte Programmierung: Java
– Maschinennahe Programmierung: MI

Für die funktionale Programmierung bietet sich das von Mark P. Jones entwickelte Gofer hervorragend an, weil es zum einen auf nahezu jeder Plattform verfügbar ist, zum anderen elementare Konzepte einfach zu erlernen sind. Darüber hinaus bietet es eine kompakte Syntax und besitzt zum Beispiel gegenüber Lisp den Vorteil eines strengen aber mächtigen Typsystems.

Für die objektorientierte Programmierung bieten sich neben Java auch Eiffel, C++ oder Smalltalk an. Während Eiffel als theoretisch ansprechende Sprache keine praktische Bedeutung hat, ist C++ zu komplex, um für Lernzwecke eingesetzt zu werden. Deshalb bietet es sich an, die Sprache Java zu verwenden, die viele Vorzüge beider Sprachen mit weiteren Vorzügen, wie allgemein verfügbaren Compilern, schlanken Sprachkonzepten und Techniken für nebenläufige Programmierung, vereint. Smalltalk hat ein interessantes Nischendasein, da die Sprache trotz eines fehlenden Typkonzepts ebenfalls Vorzüge aufweist.

Für die maschinennahe Programmierung wurde die hypothetische Maschine MI gewählt, die sich in München in der Lehre seit langem bewährt hat. Sie ist angelehnt an existierende Assemblersprachen und bietet alle in Assemblersprachen üblichen Konzepte, ist aber schlanker als reale Assemblersprachen. Die hypothetische Java Virtual Machine könnte eingesetzt werden, wenn sie ein mächtigeres Adressierungskonzept bieten würde. Gerade durch die in der MI vorhandene Vielfalt von Adressierungsarten ist die MI eine hervorragende Grundlage zur Erarbeitung maschinennaher Konzepte.

Zu diesen Programmiersprachen wird nachfolgend eine kurze Übersicht gegeben, die es erlauben soll, einfache Aufgaben zu lösen. Diese Einführungen sind weder vollständig noch ausführlich. Für weitergehende Einführungen werden entsprechende Literaturstellen angegeben, die teilweise auch im Dokumentverzeichnis unter $INFO/doc zu finden sind. Vereinzelt sind auch Erweiterungen in den Aufgaben und Lösungen selbst erklärt.

In der ersten Auflage dieses Übungsbuchs wurde zusätzlich die Sprache Modula-2 als Vertreter imperativer Programmiersprachen eingesetzt. Modula-2 bietet gegenüber Java den Vorteil eines sehr klaren Modulkonzepts, mit einer deutlichen Trennung zwischen Definitionsteil und Implementierungsteil. Aufgrund der heutigen Dominanz von Java und der relativ guten Nachbildbarkeit von Modulkonzepten durch Java-Klassen und -Interfaces wurde in dieser Auflage auf Modula-2 verzichtet. Leider wurden deshalb eine Reihe von Aufgaben, in denen Prozeduren zu realisieren sind, in einen objektorientierten Rahmen gezwängt und damit komplexer.

3.1 Gofer

Dieser Abschnitt soll die Verwendung von Gofer in einem ersten Überblick erklären. Es ist empfehlenswert, die hier gegebenen Beispiele am Rechner nachzuvollziehen. Nicht erklärt werden unter anderem Funktionen höherer Ordnung, Typklassen, Lazy evaluation, Listenkomprehension und unendliche Strukturen. Für eine weitergehende Lektüre von Gofer seien das Gofer-Manual [J93], das auch unter $INFO/doc/goferdoc.ps zu finden ist, und das Buch von Peter Thiemann [T94] empfohlen.

3.1.1 Berechnung von Ausdrücken

Der Kern einer funktionalen Programmiersprache besteht daraus, komplexe Ausdrücke zu verarbeiten und deren Ergebnisse zu berechnen. Dazu wird zunächst das Programmiersystem mit gofer aufgerufen. Man erhält auf dem Bildschirm eine Ausgabe etwa der folgenden Form:

```
==>gofer
Gofer Version 2.30a  Copyright (c) Mark P Jones 1991-1994
```

```
Reading script file "/.../gofer/lib/standard.prelude":

Gofer session for:
/.../gofer/lib/standard.prelude
Type :? for help
```

Nach Erscheinen des Fragezeichens (Gofer-Prompt) lassen sich Anfragen in Form funktionaler Ausdrücke eingeben, die ausgewertet werden. Einfache Beispiele sind arithmetische Ausdrücke, wie etwa:

```
? 3+4
7
(3 reductions, 7 cells)
```

Neben dem Ergebnis 7 wird ausgegeben, wieviele Berechnungsschritte (3 reductions) und wieviele Speicherzellen (7 cells) verwendet wurden. Wie in der Mathematik üblich, können Klammern verwendet werden:

```
? 2* (3+5)
16
(4 reductions, 10 cells)
```

Weitere Funktionen, wie der Absolutbetrag abs, stehen zur Verfügung:

```
? abs (-5)
5
(9 reductions, 12 cells)
```

Die Klammerung ist im Gegensatz zur Mathematik jedoch nur notwendig, wenn das Argument selbst komplex ist. Normalerweise reicht ein Freizeichen (Space) zwischen Funktion und Argument: (abs 5). Bei abs(abs 5) und abs(-5) können die Klammern nicht weggelassen werden, da Gofer dies linksassoziativ als (abs abs) 5 und (abs -) 5 interpretieren und als nicht korrekt getypt zurückweisen würde.

Neben funktionalen Ausdrücken können auch Kommandos eingegeben werden. Diese beginnen mit einem Doppelpunkt. Beispiele sind :? für eine Hilfsseite und :q für die Beendigung von Gofer.

3.1.2 Eigendefinierte Funktionen

Wie in der Mathematik ist die Verwendung selbstdefinierter Funktionen ein entscheidendes Konzept. Dadurch wird es erst möglich, beliebige Algorithmen in Gofer zu programmieren. Die mathematische Funktion $f(x) = x^2 + 5x + 3$ kann in Gofer auf folgende Weise umgesetzt werden:

```
f x = x*x + 5*x + 3
```

Allerdings sollten in der Programmierung aussagekräftigere Namen verwendet werden.

In Gofer werden Ausdrücke und Definitionen von Funktionen unterschieden. Definitionen werden in einer gesonderten Datei, dem sogenannten *Skript*, aufbewahrt. Ein solches Skript wird zunächst mit einem beliebigen Editor erstellt und dann in Gofer eingelesen. Die eingelesenen Definitionen stehen dem Benutzer zur Verfügung, um in Ausdrücken verwendet zu werden. Ist zum Beispiel obige Funktion f in dem Skript example.gs enthalten, so kann mit

```
? :l example.gs
Reading script file "example.gs":

Gofer session for:
/.../gofer/lib/standard.prelude
example.gs
?
```

geladen werden. Jetzt kann die Funktion f wie eine vorgegebene Funktion in Ausdrücken verwendet werden:

```
? f 7
87
(8 reductions, 14 cells)
```

Das erneute Einlesen eines Skripts, z.B. nach dessen Modifikation, ist mit :r example.gs möglich. Mit der Meldung „Gofer session for..." werden die aktuell geladenen Skripte angezeigt. Die Definitionen aller Standardfunktionen ist im Skript standard.prelude enthalten. Sobald mehr Konzepte von Gofer bekannt sind ist es eine kleine Durchsicht wert.

In Gofer wird Groß- und Kleinschreibung unterschieden. Generell beginnen eigendefinierte Funktionen mit einem Kleinbuchstaben. Eine beliebte Fehlerquelle ist die Einrückungssensitivität von Gofer. Definitionen müssen in Gofer nicht durch ein Semikolon getrennt werden, wenn sie jeweils in einer neuen Zeile in der gleichen Spalte beginnen. Umgekehrt müssen aber Umbrüche innerhalb einer Definition immer tiefer eingerückt sein als die erste Zeile der Definition.

3.1.3 Ein kleines Beispiel

Aus der Mathematik wohlbekannt ist die Fakultätsfunktion, die wie folgt definiert ist:

$$n! = \begin{cases} 1 & \text{wenn } n = 0 \\ n * (n-1)! & \text{sonst} \end{cases}$$

Eine andere Schreibweise für diese Definition ist:

$$n! = \text{wenn } n = 0 \text{ dann } 1 \text{ sonst } n * (n-1)!$$

Diese Definition ist schon fast als Gofer-Funktion verwendbar. Es ist nur noch zu berücksichtigen, daß in der mathematischen Schreibweise das Symbol $=$ als Definitionszeichen in $n! = \ldots$ und als Test auf Gleichheit in $n = 0$ auftritt.

In der Buchnotation [B92] wird für letzteres auch $\overset{?}{=}$ verwendet. Dafür gibt es in Gofer folgende Schreibweise:

```
fac n = if n==0 then 1 else n*(fac (n-1))
```

Neben dieser applikativen Definition gibt es in Gofer die Möglichkeit, eine Funktion durch mehrere Gleichungen festzulegen. Mathematische Gleichungen lauten:

$0! = 1$
$n! = n * (n - 1)!$, wenn $n > 0$

Diese Schreibweise kann ebenfalls in Gofer übertragen werden:

```
fac' 0 = 1
fac' n = n*(fac' (n-1))
```

In der zweiten Zeile dieser Definition wurde die Bedingung $n > 0$ weggelassen, weil in Gofer die Reihenfolge der Gleichungen wesentlich ist. So wird der Fall $n = 0$ bereits von der ersten Gleichung abgefangen und tritt deshalb in der zweiten Gleichung nicht auf. Die beiden Definitionen `fac` und `fac'` haben auf allen Argumenten dieselben Ergebnisse.

3.1.4 Grundlegende Rechenstrukturen in Gofer

Jeder Sorte wird eine Trägermenge von Werten mit einem speziellen Element $\perp$ zugeordnet. In Gofer wird dieses spezielle Element mit `undefined` bezeichnet. Ist die Gleichheitsrelation `==` auf einem Datentyp definiert, so steht auch die Ungleichheit `/=` zur Verfügung. Ist eine Ordnungsrelation `<=` (kleiner gleich) definiert, so stehen auch die abgeleiteten Relationen `>=`, `>` und `<` zur Verfügung.

Alle nachfolgend genannten einstelligen Operationen sind in Präfixform, alle zweistelligen in Infixform anwendbar. Beispiel:

```
not True,  x>=0  oder  n 'div' 60.
```

Wir notieren im folgenden die Gofer-Form links und danach die Erklärung und, falls existent, die Buchnotation in Klammern.

Rechenstruktur der Wahrheitswerte:

Sorte: Bool

Konstanten der Sorte Bool:

True   „wahr" (L)
False   „falsch" (O)

Operationen mit der Funktionalität: Bool $\to$ Bool

not   logische Negation ($\neg$)

Operationen mit der Funktionalität: `Bool × Bool → Bool`

`==`	Gleichheit ($\overset{?}{=}$)
`&&`	Konjunktion (∧)
`||`	Disjunktion (∨)

Rechenstruktur der ganzen Zahlen:

Sorte: `Int`

Konstanten der Sorte `Int`:

Dies sind alle Ziffernfolgen (ohne Vorzeichen).

Operationen mit der Funktionalität: `Int → Int`

`-`	einstelliges Minus
`abs`	Absolutbetrag
`signum`	Vorzeichenfunktion

Operationen mit der Funktionalität: `Int × Int → Int`

`max`	Maximum
`min`	Minimum
`+`	Addition
`-`	Subtraktion
`*`	Multiplikation
`/`	ganzzahlige Division
`'div'`	äquivalent zu /
`'rem'`	Divisionsrest
`'gcd'`	größter gemeinsamer Teiler (ggT)
`'lcm'`	kleinstes gemeinsames Vielfaches (kgV)
`~`	Exponentation

Operationen mit der Funktionalität: `Int → Bool`

`even`	Test auf gerade Zahl
`odd`	Test auf ungerade Zahl

Operationen mit der Funktionalität: `Int × Int → Bool`

`==`	Gleichheit ($\overset{?}{=}$)
`<=,<,>=,>`	lineare Ordnung der ganzen Zahlen

Rechenstruktur der Zeichen:

Sorte: `Char`

Konstanten der Sorte `Char`:

Dies sind in Hochkommata eingeschlossene einzelne Zeichen, wie `'c'`.

TAB und RETURN werden durch '\t' und '\n' dargestellt.

Operationen mit der Funktionalität: Char → Char

toUpper   Klein- in Großbuchstaben umwandeln
toLower   Groß- in Kleinbuchstaben umwandeln

Operationen mit der Funktionalität: Char → Bool

isUpper   Großbuchstabe?
isLower   Kleinbuchstabe?
isAlpha   Buchstabe?
isDigit   Ziffer ('0' bis '9')?
isAlphanum Buchstabe oder Ziffer?

Operationen mit der Funktionalität: Char → Int

ord   Ordnungsnummer, ASCII-Code

Operationen mit der Funktionalität: Int → Char

chr   Dekodiertes Zeichen (Umkehrung zu ord)

Operationen mit der Funktionalität: Char × Char → Bool

==   Gleichheit ($\overset{?}{=}$)
<=,<,>=,> lineare Ordnung entsprechend der Ordnungsnummern

Rechenstruktur der Listen: Die bisherigen Rechenstrukturen wurden durch einfache Sorten definiert. Die Rechenstruktur der Listen (Sequenzen) [s] besitzt jedoch einen Sortenparameter s. Für diesen Parameter kann eine nahezu beliebige Sorte eingesetzt werden. So sind zum Beispiel [Char] oder [[Bool]] möglich. Während die erste Sorte Zeichenreihen darstellt und identisch mit String ist, bildet die zweite Sorte Listen von Listen von Booleschen Werten.

Sorte: [s] für beliebige Elementsorte s

Konstanten der Sorte [s]:

[]   leere Liste (ϵ, empty)

weitere Listen können durch Aufzählung der Elemente erzeugt werden:

[a]   einelementige Liste ($\langle a \rangle$)
[$a_1,\ldots,a_n$] n-elementige Liste ($\langle a_1,\ldots,a_n \rangle$)

Operationen mit der Funktionalität: s × [s] → [s]

:   Anfügen eines Elements a:l ergibt $\langle a, l_1, \ldots \rangle$

Operationen mit der Funktionalität: [s] → s

head	erstes Element (*first*)
last	letztes Element (*last*)

Operationen mit der Funktionalität: [s] → [s]

tail	Rest der Liste ohne erstes Element (*rest*)
init	Rest der Liste ohne letztes Element (*lrest*)

Operationen mit der Funktionalität: [s] × [s] → [s]

++	Konkatenation (∘ bzw. *conc*)

Operationen mit der Funktionalität: s × [s] → Bool

'elem'	Ist enthalten?
'notElem'	Ist nicht enthalten?

Operationen mit der Funktionalität: [s] × [s] → Bool

==	Gleichheit ($\stackrel{?}{=}$)
<=,<,>=,>	lineare Ordnung (lexikographische Ordnung)

Operationen mit der Funktionalität: [s] → Int

length	Länge einer Liste

Operationen mit der Funktionalität: [s] × Int → s

!!	Indexzugriff l!!i ergibt das i-te Element der Liste l

Die Vergleichsoperationen <= etc. benötigen den Vergleich auf der Elementsorte. Nur wenn entsprechende Vergleiche auf Elementsorten existieren, können auch Listen verglichen werden. Sonst stehen auch 'elem' und 'notElem' nicht zur Verfügung.

Die Sorte String ist synonym zu [Char] und besitzt dieselben Operationen. Darüber hinaus können konstante Zeichenketten in der Form „$c_1 \dots c_n$" angegeben werden.

Rechenstruktur der Tupel: Die Rechenstruktur der Tupel dient zur Gruppierung von Werten, die auch von unterschiedlichen Sorten sein können. Zum Beispiel kann das Tupel ([Char],Int,Bool) den Namen, das Alter und das Geschlecht einer Person beschreiben.

Sorte: (), $(s_1, \dots, s_n)$ für beliebige Elementsorten s_i

Konstanten der Sorte ():

()	leeres Tupel; es ist einziges Element der Sorte ()

Andere Tupel werden in der mathematischen Schreibweise gebildet:

$(a_1, \dots, a_n)$ n-elementiges Tupel $(a_1, \dots, a_n)$

Alle weiteren Funktionen sind nur für Paare eingeführt:

Operationen mit der Funktionalität: $(s,t) \to s$

fst   Projektion auf erste Komponente

Operationen mit der Funktionalität: $(s,t) \to t$

snd   Projektion auf zweite Komponente

Operationen mit der Funktionalität: $(s,t) \times (s,t) \to$ Bool

==   Gleichheit ($\overset{?}{=}$)

<=,<,>=,>   lineare Ordnung: erstes Element wird zuerst verglichen

Operation mit der Funktionalität: Int $\times$ [s] $\to$ ([s],[s])

'splitAt'   Listenaufspaltung i'splitAt'l ergibt das Paar
$$(\langle l_1, \ldots, l_i \rangle, \langle l_{i+1}, l_{i+2}, \ldots \rangle)$$

3.1.5 Funktionales Programmieren in Gofer

Im folgenden wird die Sprache Gofer inkrementell durch die Definition einer BNF-Grammatik eingeführt. Dabei werden einige weniger wichtige Konzepte von Gofer weggelassen. Eine vollständige Grammatik ist in [J93] zu finden.

Definitionen. Goferdefinitionen repräsentieren die im Buch [B92] genannten Deklarationen von Sorten, Funktionen und Konstanten. In Gofer treten Definitionen entweder in Skript-Dateien (vgl. 3.1.2) oder im lokalen Definitionsteil von Abschnitten (vgl. 3.1.6) auf.

Identifikatoren. Definitionen beziehen sich immer auf einen Identifikator. Die syntaktische Variable ⟨varid⟩ beschreibt, welche Zeichenfolgen als Identifikatoren in Gofer zugelassen werden:

```
⟨varid⟩       ::=   ⟨smletter⟩ { ⟨charakter⟩ }*
⟨smletter⟩    ::=   a | b | c | ...| z
⟨character⟩   ::=   ⟨smletter⟩
              |     ⟨cpletter⟩ | 0 | 1 | ...| 9 | _ | '
⟨cpletter⟩    ::=   A | B | C | ...| Z
```

Beispiele: x, x1, x', not, splitAt, no_error

Elementdefinitionen. Eine Elementdefinition bindet einen Identifikator an den Wert eines Ausdrucks. Dies läßt sich für die Berechnung von Zwischenergebnissen nutzen. In Gofer wird eine einfache Elementdefinition, die nur einen Identifikator betrifft, wie folgt vorgenommen.

```
⟨elementDef⟩  ::=   ⟨varid⟩ :: ⟨type⟩ ;
              |     ⟨varid⟩ = ⟨exp⟩
              |     ⟨varid⟩ = ⟨literal⟩
```

wobei beide Vorkommen von ⟨varid⟩ denselben Identifikatornamen beinhalten müssen, der in ⟨exp⟩ von der Sorte ⟨type⟩ ist. Mit ⟨literal⟩ sind die

Standardbezeichner für Elemente der Sorten `Bool`, `Int`, `Char` , `[s]`, `String`
und der Tupelsorten gemeint, wie z.B. `True`, `0`, `-1001`, `'a'`, `'\n'`, `[]`, `[1,`
`-1, 0]`, `""`, `"Hallo"`, `()`, `(1, False, 'a')`. Beispiel:

```
t :: Bool; t = (x && not y)||(not x && y)
mprompt = "markov>\n"
```

Das Terminal `;` bezieht sich auf einen Zeilenwechsel oder einen Strichpunkt,
während ⊔ bestimmt, daß an der betreffenden Stelle mindestens ein Leerzeichen stehen muß. So kann obiges `t` auch durch definiert werden:

```
t :: Bool
t = (x && not y) || (not x && y)
```

Gofer bietet auch die Möglichkeit, Tupel zu definieren:

⟨tupleDef⟩   ::=   (⟨varid⟩ { , ⟨varid⟩ }$^+$) = ⟨exp⟩

wobei ⟨exp⟩ von einer entsprechenden Tupelsorte sein muß und alle Vorkommen von ⟨varid⟩ untereinander paarweise verschiedene Identifikatoren
beinhalten, die alle in ⟨exp⟩ nicht frei vorkommen dürfen. Beispiel:

```
(s1, s2) = 80 'splitAt' s
```

Funktionsdefinitionen. Sind Sorten $s_1, ..., s_n, s$ gegeben, dann sind folgende Funktionensorten möglich: Die Sorte s_1 -> s bezeichnet einstellige Funktionen, die Sorte $(s_1, ..., s_n)$ -> s (n > 1) mehrstellige Funktionen und die
Sorte s_1 -> s_2 -> s gerade die binären Operatoren. Binäre Operatoren unterscheiden sich von den zweistelligen Funktionen darin, daß sie auch in Infix-
Notation angewendet werden können, vgl. dazu 3.1.6. Eine Funktionsdefinition hat für Funktionen der Sorten s_1 -> s und $(s_1, ..., s_n)$ -> s folgende
Form:

⟨fctdef⟩   ::=   ⟨fctid⟩ :: ⟨fcttype⟩ `;`
                    ⟨fctid⟩ ⟨args⟩ = ⟨exp⟩
⟨fctid⟩   ::=   ⟨varid⟩
⟨fcttype⟩   ::=   ⟨type⟩ -> ⟨type⟩ | (⟨type⟩ { , ⟨type⟩ }*) -> ⟨type⟩
⟨args⟩   ::=   ⊔ ⟨varid⟩ | (⟨varid⟩ { , ⟨varid⟩ }$^+$)

wobei die beiden Vorkommen von ⟨fctid⟩ denselben Identifikator beinhalten müssen, während die Vorkommen von ⟨varid⟩ in ⟨args⟩ unterschiedliche
Identifikatoren bezeichnen. Beispiele:

```
booleanToString :: Bool -> String
booleanToString b = if b then "L" else "O"

f1 :: (Bool,Bool,Bool) -> Bool
f1 (x,y,z) = (x <= y) && (y <= z) && (z <= x)
```

Operatoren haben folgende Gestalt:

```
⟨opdef⟩      ::=    ⟨opid⟩ :: ⟨optype⟩ [;]
                    ⟨opid⟩ ⟨opargs⟩ = ⟨exp⟩
⟨opid⟩       ::=    ⟨varid⟩
⟨optype⟩     ::=    ⟨type⟩ -> ⟨type⟩ -> ⟨type⟩
⟨opargs⟩     ::=    ⊔ ⟨varid⟩ ⊔ ⟨varid⟩
```

wobei die Vorkommen von ⟨opid⟩ denselben Identifikator beinhalten müssen, während die beiden Vorkommen von ⟨varid⟩ in ⟨opargs⟩ verschiedene Identifikatoren bezeichnen. Beispiel:

```
xor :: Bool -> Bool -> Bool
xor x y = (x && not y) || (not x && y)
```

In vielen Fällen soll verhindert werden, daß eine Funktion auf sinnlose Parameterwerte angewendet wird. Stattdessen soll die Auswertung mit einer Fehlermeldung abgebrochen werden. Dies wird als *Parameterrestriktion* bezeichnet. In Buchnotation [B92] wird eine Funktionsdefinition mit Parameterrestriktion wie folgt geschrieben:

fct f = (s1 x1, ..., sn xn : $\underline{B(x1,...,xn)}$) s : E

wobei die Parameterrestriktion aus einem Booleschen Ausdruck, nämlich $B(x1,...,xn)$ besteht, in dem höchstens die Identifikatoren x_1 bis x_n frei vorkommen. In Gofer werden Parameterrestriktionen in Funktions- bzw. Operationsdefinitionen wie folgt geschrieben:

```
⟨fctdef'⟩    ::=   ⟨fctid⟩ :: ⟨fcttype⟩ [;]
                   ⟨fctid⟩ ⟨args⟩ ⟨assertion⟩ = ⟨exp⟩
⟨opdef'⟩     ::=   ⟨opid⟩ :: ⟨optype⟩ [;]
                   ⟨opid⟩ ⟨opargs⟩ ⟨assertion⟩ = ⟨exp⟩
⟨assertion⟩  ::=   { | ⟨exp⟩ }
```

wobei für ⟨assertion⟩ entsprechend gilt: nur die Identifikatoren aus ⟨args⟩ bzw. ⟨opargs⟩ können in ⟨exp⟩ frei vorkommen, und ⟨exp⟩ ist von der Sorte Bool. Beispiel (Vorgängerfunktion fct pred = (nat) nat für die natürlichen Zahlen > 0):

```
pred :: Int -> Int
pred x | x > 0 = x - 1
```

Regelorientierte Funktionsdefinition. In Gofer können Funktionen auch im Stil von Termersetzungssystemen definiert werden. Dazu werden Regeln *l* → *r* in Gofer als Gleichungen notiert. Die Funktionsdefinition hat allgemein folgende Gestalt:

⟨fctrulesdef⟩ ::= ⟨fctid⟩ :: ⟨fcttype⟩ $\boxed{;}$ ⟨rule⟩ { $\boxed{;}$ ⟨rule⟩ }*
⟨rule⟩   ::= ⟨fctid⟩ ⊔ ⟨pattern⟩ = ⟨exp⟩
⟨pattern⟩   ::= ⟨varid⟩   Variable
               | ⟨literal⟩   Konstante
               | (⟨spattern⟩)   geklammert
               | (⟨spattern⟩ { , ⟨spattern⟩}$^+$)   Tupel
               | [⟨spattern⟩ { , ⟨spattern⟩}*]   Liste
⟨spattern⟩   ::= ⟨pattern⟩
               | ⟨pattern⟩+1   natürliche Zahlen
               | ⟨pattern⟩ : ⟨pattern⟩   Listen

wobei alle Vorkommen von ⟨fctid⟩ denselben Identifikator beinhalten, während alle vorkommenden Identifikatoren ⟨varid⟩ in einem Argument, das nach ⟨pattern⟩ gebildet wird, verschieden sein müssen. Beispiele:

```
fac :: Int -> Int           last :: [s] -> s
fac 0 = 1                   last [a] = a
fac (n+1) = (n+1) * fac n   last (a:l) = last l
```

3.1.6 Strukturierung von Ausdrücken

Gofer-Ausdrücke werden durch folgende BNF-Regeln beschrieben:

⟨exp⟩   ::= ⟨atomic⟩   einfacher Ausdruck
          | ⟨functionApplication⟩   Funktionsapplikation
          | ⟨operatorApplication⟩   Operatorapplikation
          | ⟨conditional⟩   bedingter Ausdruck
          | ⟨section⟩   Abschnitt

⟨atomic⟩ ::= ⟨varid⟩   Variable
          | ⟨literal⟩ | undefined   Konstante, sowie ⊥
          | (⟨exp⟩)   Klammerung
          | (⟨exp⟩ { , ⟨exp⟩}$^+$)   Tupel
          | [⟨exp⟩ { , ⟨exp⟩}*]   Liste

Funktionsapplikation. Eine definierte Funktion bzw. ein definierter Operator kann entsprechend der jeweiligen Funktionalität auf Argumente angewendet werden. Dabei hat eine Applikation von Funktionen der Sorten s_1 -> s und $(s_1, \ldots, s_n)$ -> s folgende Form (Präfix-Notation):

⟨function Application⟩   ::=   ⟨fctid⟩ ⟨actargs⟩
⟨actargs⟩   ::=   ⊔ ⟨atomic⟩
                           | (⟨exp⟩ { , ⟨exp⟩ }$^+$)

Beispiele: not True, fac 5, abs (-5)
          f1 (True, True, not False)
Hinweis: Das Argument wird bei einstelligen Funktionen mit ⟨atomic⟩ (einfacher Ausdruck) gebildet, so daß bei verschachtelter Anwendung Klammern zu ersetzen sind: f (g x) und *nicht* f g x. Die Operatorapplikation besitzt zwei Möglichkeiten, nämlich *Präfix-* oder *Infix*-Notation:

⟨operatorApplication⟩   ::= ⟨prefixApplication⟩
                         | ⟨infixApplication⟩
⟨prefixApplication⟩   ::= ⟨opid⟩ ⊔ ⟨atomic⟩ ⊔ ⟨atomic⟩
⟨infixApplication⟩   ::= ⟨oparg⟩ ⟨dyadOp⟩ ⟨oparg⟩
⟨oparg⟩   ::= ⟨atomic⟩
                         | ⟨functionApplication⟩
                         | ⟨operatorApplication⟩
⟨dyadOp⟩   ::= ⟨opliteral⟩ | '⟨opid⟩'

wobei ⟨opliteral⟩ die im Abschnitt 3.1.4 angegebenen Operatoren bezeichnen, wie z.B. +,*, ==, <=, :, ++ etc. Beispiele:

```
x >= 0, 80 'splitAt' s, x 'xor' y,
splitAt 80 s, xor x y
```

Bedingte Ausdrücke. Bedingte Ausdrücke werden für eine Auswahl formuliert, die abhängig von einem Booleschen Ausdruck getroffen wird. In Gofer hat ein bedingter Ausdruck also folgende Form:

⟨conditional⟩ ::= if ⊔ ⟨exp⟩ ⊔ then ⊔ ⟨exp⟩ ⊔ else ⊔ ⟨exp⟩

Beispiele (vgl. Abschnitt 3.1.3):

```
if n == 0 then 1 else n * fac (n-1)

if n == 0
then 1
else n * fac (n-1)
```

Abschnitte. In Gofer werden Abschnitte in folgender Form notiert:

⟨section⟩   ::= let `{` ⟨definition⟩ { `;` ⟨definition⟩ }* `}`
                 in `(` ⟨exp⟩ `)`
⟨definition⟩ ::= ⟨element def⟩ | ⟨fctdef'⟩
             | ⟨opdef'⟩ | ⟨fctrulesdef⟩

wobei der in `{` ... `}` bzw. `(` ... `)` eingeschlossene Text so zu formatieren ist, daß er gegenüber der vorigen Zeile um einen festen Abstand eingerückt wird. Beispiel:

```
f ::= (Bool,Bool) -> Bool
f (x,y) = let nand :: Bool -> Bool -> Bool
                   nand x y = not (x && y)
                   z :: Bool; z = not (x || y)
          in x 'nand' z
```

3.1.7 Sortendeklarationen in Gofer

Um die Definition weiterer Rechenstrukturen zu erlauben, werden im Buch [B92] *Sortendeklarationen* eingeführt. Auch in Gofer steht die Möglichkeit zur

Verfügung neue Sorten zu definieren. Gegenüber anderen Programmiersprachen bietet Gofer Mechanismen, die es erlauben, Sorten und darauf arbeitende Konstruktorfunktionen in äußerst kompakter Weise zu definieren. Sorten werden wie folgt angegeben:

```
⟨type⟩          ::=  ⟨typeid⟩ | ( ⟨type⟩ ) | [ ⟨type⟩ ]
                |    ⟨type⟩ -> ⟨type⟩
                |    ( ⟨type⟩ { , ⟨type⟩}⁺ )
                |    ⟨typeid⟩ { ⟨type⟩ }⁺ ...
```

Beispiele: `String, (Bool, Person), [Float], Int -> Bool`

Typsynonyme. Typsynonyme sorgen für eine übersichtlichere Notation bei der Aufschreibung von Funktionalitäten. Sie erlauben die Kompaktifizierung und Benennung von Sorten, wie zum Beispiel in

```
type Datum = (Tag,Monat,Jahr)
type Jahr = Int
```

Sortenidentifikatoren beginnen in Gofer generell mit einem Großbuchstaben, z.B. `Int, Bool, Datum, Example1`:

```
⟨typeid⟩        ::=  ⟨cpletter⟩ { ⟨character⟩ }*
```

Ein Typsynonym wird dann wie folgt definiert:

```
⟨typedef⟩       ::=  type ⟨typeid⟩ = ⟨type⟩
```

Für das neu eingeführte Typsynonym wird immer der rechts stehende Sortenausdruck ⟨type⟩ eingesetzt. Das neu eingeführte Typsynonym kann nun wie jede andere definierte Sorte verwendet werden. Es können insbesondere dieselben Funktionen darauf angewendet werden. Bekanntestes Beispiel ist das Typsynonym `String` mit der Definition:

```
type String = [Char]
```

das z.B. von folgenden Funktionen genutzt wird (vgl. Abschnitt 3.1.4):

```
length :: String -> Int
(:) :: Char -> String -> String
```

Die Verwendung von Typsynonymen zur Abkürzung von Tupelausdrücken entspricht in etwa der Definition von Records. Beispiel:

```
type Name = String
type Person = (Name, Alter, Wohnort)
```

Datentypdefinitionen. Gofer Typsynonyme führen keine neuen Sorten ein, sondern nur eine neue, kompakte Notation für bereits gegebene Sorten. Darüber hinaus darf für das zu definierende Typsynonym dasselbe nicht verwendet werden: Rekursion ist also verboten. Und drittens ist es damit nicht möglich, Summensorten (variante Records) zu definieren. Für diese Zwecke werden in Gofer Datentypdefinitionen verwendet. Diese haben folgende Form:

```
⟨datadef⟩  ::=  data ⟨typeid⟩ = ⟨constr⟩ { | ⟨constr⟩ }*
⟨constr⟩   ::=  ⟨conid⟩ { ⊔ ⟨type⟩ { ⊔ ⟨type⟩ }}
⟨conid⟩    ::=  ⟨cpletter⟩ { ⟨charakter⟩ }*
```

Eine Datentypdefinition entspricht also der Deklaration einer *Summensorte*, deren Elemente wie in Deklarationen von Produktsorten in Buchnotation aus Konstruktordefinition besteht. Es ist zu beachten, daß Konstruktoridentifikatoren ebenfalls mit einem Großbuchstaben beginnen. Konstruktoren haben nun vier verschiedene Formen:

⟨conid⟩: Der definierte Konstruktor hat kein Argument und repräsentiert direkt ein Element des zu definierenden Datentyps. Enthält eine Datentypdefinition nur Elementkonstruktoren wie in

```
data Color = Blue | Red | Green | Yellow
```

dann entspricht diese Form der Datentypdefinition der Deklaration eines *Aufzählungstyps*, wobei aber die Reihenfolge der Aufzählung unberücksichtigt bleibt.

⟨conid⟩ ⊔ ⟨type⟩: Hat der Konstruktor also etwa die Gestalt wie in der Datentypdefinition

```
data Color = ColorName String
```

dann wird dadurch eine Funktion ColorName :: String -> Color definiert. ColorName ist aber keine normale Funktion, sondern eine *Konstruktorfunktion*. Jedes Element der Sorte Color besitzt genau eine Darstellung in der Form ColorName x für ein passendes x der Sorte String.

⟨conid⟩ (⟨type⟩ { , ⟨type⟩ }+): Diese Form definiert einen Produkttyp mit mehr als einer Komponente. Dies wird auch in der Buchnotation durch die Deklaration eines mehrstelligen Konstruktors bewerkstelligt.

⟨conid⟩ ⊔ ⟨type⟩ ⊔ ⟨type⟩: Wie bei binären Operatoren lassen sich auch Konstruktoren definieren, die abgesehen von der Präfix-Anwendung eine Infix-Anwendung zulassen.

In Gofer können *rekursive Datenstrukturen* durch *rekursive* Datentypdefinitionen dargestellt werden, wenn Terminierungsfälle angegeben werden. Als Beispiel definieren wir den Datentyp Nat, der bisher durch Int nachgebildet werden mußte:

```
data Nat = Zero | Succ Nat
```

Hier ist deutlich der rekursive Aufbau zu sehen. `Zero` ist das Nullelement und `Succ` ist die Nachfolgerfunktion. Die Vorgängerfunktion (vgl. Abschnitt 3.1.5) läßt sich (im regelorientierten Stil) nunmehr schreiben als

```
pred :: Nat -> Nat
pred (Succ x) = x
```

Die Parallele zum Termersetzungssystem für die Vorgängerfunktion ist unverkennbar: $pred(succ(x)) \rightarrow x$. Darüber hinaus ist erkennbar, daß das Fehlen von Selektoren (vgl. Bemerkungen im vorigen Abschnitt) eine regelorientierte Programmiertechnik erzwingt. In Gofer ist deshalb in Erweiterung zur regelorientierten Funktionsdefinition (vgl. Abschnitt 3.1.5) die Verwendung von Pattern sehr hilfreich:

```
⟨fctrulesdef'⟩ ::= ⟨fctid⟩ :: ⟨fcttype⟩ ; ⟨rule'⟩ { ; ⟨rule'⟩ }*
⟨rule'⟩        ::= ⟨fctid⟩ ⊔ ⟨pattern'⟩ = ⟨exp⟩
⟨pattern'⟩     ::= ⟨varid⟩ | ⟨literal⟩ | ( ⟨spattern'⟩ )
               |   ( ⟨spattern'⟩ { , ⟨spattern'⟩ }+ )
               |   [ ⟨spattern'⟩ { , ⟨spattern'⟩ }* ]
               |   ⟨conid⟩                          Elementkonstruktor
⟨spattern'⟩    ::= ⟨pattern'⟩
               |   ⟨pattern'⟩+1                     natürliche Zahlen
               |   ⟨pattern'⟩ : ⟨pattern'⟩          Listen
               |   ⟨conid⟩ ⊔ ⟨pattern'⟩             Konstruktor
               |   ⟨pattern'⟩ ⊔ ⟨conid⟩ ⊔ ⟨pattern'⟩  Konstruktoroperator,
                                                    Infix-Applikation
```

Beispiele:

```
add :: (Nat,Nat) -> Nat
add(Zero,   y) = y
add(Succ x, y) = Succ (add (x,y))


wege :: (Nat,Nat) -> Nat
wege (Zero,Zero) = Zero
wege (Succ x,Zero) = Succ Zero
wege (Zero,Succ y) = Succ Zero
wege (Succ x, Succ y) = add (wege (Succ x,y), wege (x, Succ y))
```

Leider können Zahlen der Sorte `Nat` nur durch Terme dargestellt werden, die sich aus `Zero` und `Succ` zusammensetzen. Für eine übersichtlichere Darstellung empfiehlt sich die Definition zweier Funktionen `nat::Int->Nat` und `int::Nat->Int`, die eine Umwandlung der Zahldarstellungen vornehmen.

Ein weiterer Nachteil von Gofer-Datentypdefinitionen ist es, daß standardmäßig keine Gleichheit zur Verfügung gestellt wird. Diese wird entweder durch eine Funktion eigenen Namens selbst definiert, oder durch eine Instantiierung mit den hier nicht besprochenen Typklassen eingeführt.

Abschließende Bemerkungen. Gofer ist eine einfach zu erlernende funktionale Programmiersprache. Sie bietet Konzepte zur interaktiven Programmierung, und es gibt Erweiterungen, wie etwa TkGofer, die die Programmierung graphischer Oberflächen erlauben. Dennoch eignet sich eine funktionale Sprache nicht sehr gut, diese primär auf Seiteneffekte ausgerichteten Programmierparadigmen zu unterstützen. Eine funktionale Sprache wie Gofer ist jedoch hervorragend dazu geeignet, komplexe Datenstrukturen und komplexe darauf arbeitende Algorithmen innerhalb sehr kurzer Zeit zu erstellen. Auch wenn eine funktionale Sprache nicht so *effizient* sein kann, so ist ihr Programmierstil doch am *effektivsten*. Das heißt, die Laufzeiteinbußen einer funktionalen Sprache werden durch die Vorteile der schnelleren Entwicklung sehr häufig übertroffen.

Im Buch [B92] wird nicht die Sprache Gofer, sondern eine auf Termersetzung basierende Sprache verwendet. Neben den einfach umzusetzenden syntaktischen Unterschieden besteht der hauptsächliche Unterschied darin, daß in Gofer die Reihenfolge der Gleichungen relevant ist, während Termersetzungs-Gleichungen eine nichtdeterministische Auswahl zulassen. Das bedeutet, in Gofer wird immer die erste mögliche Gleichung an der äußersten Stelle eines Ausdrucks angewendet, und es entsteht immer dasselbe Ergebnis. Dies ist bei Termersetzungsregeln im allgemeinen nicht der Fall.

Aus Effizienzgründen ist darüber hinaus das Aussehen der linken Seiten von Gleichungen in Gofer eingeschränkt, es dürfen nur Konstruktorfunktionen verwendet werden, freie Variable dürfen nur einmal vorkommen. Dadurch wird das in Gofer benutzte Pattern-Matching-Verfahren wesentlich effizienter.

3.2 MI Assembler

Die hypothetische Maschine MI ist bereits im Buch ausreichend erklärt worden. Auf eine weitere Darstellung wird deshalb in diesem Übungsband verzichtet. Eine detaillierte Beschreibung der MI befindet sich im Handbuch [BGS+90], das auch unter $INFO/doc/midoc.ps zu finden ist. Dieser Abschnitt soll deshalb nur die Verwendung der MI erklären. Es ist empfehlenswert, das Beispiel dieses Abschnitts am Rechner nachzuvollziehen.

Ein vollständiges Testprogramm für die MI ist nachfolgend angegeben. Es besteht aus einem Segmentstart (SEG) mit einer Initialisierung des Stackpointers SP, einer Datendefinition und einem kleinen Programm, das zwei Daten im Word-Format vertauscht.

```
TEST: SEG
      MOVE    W I H'10000',SP  -- nützliche Vorbesetzung
      JUMP    start
a:    DD      W 3, 5            -- Datendefinition
start: MOVEA  a, R0
      MOVE    W !R0, R1
      MOVE    W 4+!R0, !R0
      MOVE    W R1, 4+!R0
      HALT                     -- Programmstop
      END                     -- Segmentende
```

Der Aufruf des Assemblers erfolgt mit dem Kommando

```
assembliere-MI ⟨Eingabe⟩ ⟨Listing⟩ ⟨Code⟩
```

⟨Listing⟩ ist eine erzeugte Datei, die den erzeugten Speicheraufbau darstellt. Der MI-Simulator wird mit

```
starte-MI ⟨Code⟩
```

gestartet. Der Benutzer besitzt jetzt die Möglichkeit sein Programm unter anderem im Einzelschrittverfahren zu testen. Dazu gibt es die Möglichkeit Unterbrechungspunkte zu setzen, Inhalte des Speichers auszugeben, und den Speicher zu manipulieren. Unter anderem sind folgende Kommandos hilfreich:

```
go {⟨adress⟩}                    Gehe zu...
set breakpoint ⟨adress⟩          Unterbrechungspunkt setzen
clear breakpoint #⟨number⟩
list breakpoint
display ⟨adress1⟩ {⟨adress2⟩}    Speicherbereich anzeigen
backtrace                        letzte Befehle ausgeben
set single step                  Einzelschrittmodus setzen
clear single step
```

Für eine komfortablere Bedienung der MI steht mit XAsm und Xmi eine graphische Oberfläche für den Assembler und den Simulator zur Verfügung.

3.3 Java

3.3.1 Allgemeines zu Java

Die Programmiersprache Java wurde ursprünglich als vereinfachte C++-Variante entwickelt, um damit elektronische Komponenten wie Fernseher, Videorekorder oder Kaffeemaschinen zu programmieren. Ihr bemerkenswerter Durchbruch begann allerdings erst mit der Entdeckung der Verwendbarkeit von Java als sichere Internet-Sprache. Java ist eine allgemein verwendbare, nebenläufige, objektorientierte und mit guten Sicherheitskonzepten ausgestattete Programmiersprache, die für einen betriebssystemunabhängigen Einsatz entwickelt wurde. Gemeinsam mit ihrer virtuellen Maschine bildet das Java Programmsystem tatsächlich eine weitestgehend von Rechner und Betriebssystem unabhängige Programmiersprache, deren Code über das Internet verschickt und beim Empfänger ausgeführt werden kann.

Unabhängig davon ist auch der Sprachentwurf von Java gelungen. Trotz der syntaktischen Nähe zu C++ bietet Java viele Vorteile. Die Sprache ist wesentlich überschaubarer, hat ein sehr strenges Typkonzept und automatische Speicherbereinigung. Durch Java wird ein guter Programmierstil eher unterstützt (um nicht zu sagen erzwungen), als es bei der Sprache C++ der Fall ist.

Als Sprache ist Java auch deshalb interessant, weil sie mit den Threads ein Nebenläufigkeits-Konzept anbietet, das in der verteilten Programmierung eingesetzt werden kann. Dieses Konzept bietet zwar einige Verbesserungsansätze, ist aber sehr viel geeigneter als alle proprietären Ansätze bisheriger gängiger imperativer Programmiersprachen.

Einerseits spielt Java wegen der starken Bedeutung des Internets eine wichtige Rolle, zum anderen können Java-Kenner mit den gelernten Techniken ohne weiteres auch in anderen objektorientierten Sprachen programmieren. Wir empfehlen für das Erlernen von Java wenigstens ein Buch zu konsultieren. Es gibt eine Reihe guter Bücher auf dem Markt, darunter sind allgemeine Einführungen zur objektorientierten Programmierung mit Fokus auf Java [P00], die ausführliche Java Sprachbeschreibung [AGH00] und die kompakte Einführung in Java für C++-Programmierer [F00]. Weitere empfehlenswerte Bücher beschäftigen sich mit Teilaspekten, wie der virtuellen Maschine [LY99], Konzepten zur Übersetzung objektorientierter Programmiersprachen unter Nutzung von Java [BH98], der Entwicklung von Datenstrukturen [L98] oder Techniken und Entwurfsprinzipien für nebenläufige Programmierung in Java [L99].

Aufgrund der hohen Anzahl von verfügbaren, guten Büchern wird sich die nachfolgende Übersicht über Java auf das Wesentliche beschränken. Spezielle, für Programmieraufgaben benötigte Konzepte und Bibliotheksklassen (sogenannte API's) werden aber dennoch in Auszügen vorgestellt.

3.3.2 Grundlegende Konzepte

In Java ist die *Klasse* die grundlegende syntaktische Einheit. Sie vereint Elemente, die in imperativen Programmiersprachen wie Pascal und Modula-2 zunächst getrennt waren:

- Datenstrukturdefinitionen,
- Funktionsdefinitionen und
- ein für objektorientierte Sprachen charakteristisches Modulkonzept, bestehend aus *Kapselung* von in *Attributen* gespeicherten Daten und darauf operierenden *Methoden*.

Gemeinsam mit *Vererbung*, einem Strukturierungsmittel zwischen Klassen, können

- erweiterbare Datenstrukturen,
- redefinierbare Methoden und
- *dynamische Bindung*

genutzt werden. Durch die dynamische Erzeugung von Klasseninstanzen, den *Objekten*, und deren *Objektreferenzen* besteht die Möglichkeit, dynamische Strukturen aufzubauen und zu manipulieren.

Im Gegensatz zu funktionaler Programmierung (Gofer), und auch weitgehend anders als bei strukturierter Programmierung (Modula-2) basiert objektorientierte Programmierung massiv auf der Erzeugung von *Seiteneffekten*. Es wird also nicht eine Prozedur auf einen unter der Kontrolle des Programmierers liegenden Wert angewendet, sondern einem nur durch die *Referenz* (einer Art „Postadresse") bekannten Objekt ein Aufruf zugesandt. Dabei ist normalerweise weder das Empfängerobjekt unter Kontrolle des Aufrufers, noch ist bekannt, welche Methode tatsächlich auf dieses Objekt angewendet wird, da je nach der tatsächlichen Subklasse des Objekts verschiedene Implementierungen der Methode zur Verfügung stehen (dynamische Bindung).

Neben der Rückgabe eines berechneten Wertes ist vor allem die auf dem Empfängerobjekt und eventuell weiteren durch Methodenaufrufe angesprochenen Objekten durchgeführte Zustandsänderung von Interesse. Diese Zustandsänderungen, die sich häufig auch auf Bildschirmanzeige, Datenbank oder Datenleitungen (Internet) auswirken, sind primär Seiteneffekte, aber dennoch das eigentliche Ziel objektorientierter Programme.

Dies führt dazu, daß für die objektorientierte Softwareentwicklung andere Denkstrukturen als für die prozedurale oder funktionale Softwareentwicklung notwendig sind. Für kleinere Programme ist folgende einfache Entwurfsmethode oft hilfreich:

1. Es werden *Klassen* im Problemraum identifiziert.
2. Welche *Zustandskomponenten* (Attribute) haben diese Klassen?
3. Welche *Beziehungen* zu Objekten anderer Klassen sind notwendig? Diese werden durch Attribute mit Referenztyp realisiert.

4. Welche *Fähigkeiten* benötigen die Klassen? Dadurch werden Methoden festgelegt und zunächst informell beschrieben.

5. Für komplexere Systeme: Wo ist eine Strukturierung mittels Vererbung empfehlenswert? Die graphische Darstellung der Klassenstruktur in Form eines Klassendiagramms (siehe Unified Modeling Language) hilft dabei die *Systemarchitektur* darzustellen und den Überblick zu behalten.

6. Können *Bibliotheksklassen* helfen?

7. Für die unter 4. identifizierten Methoden werden Testdatensätze angegeben, die das Verständnis dieser Methoden nochmal verbessern.

8. Jetzt startet die eigentliche *Implementierung*. Typischerweise treten dabei neue Klassen, Methoden und Attribute in Erscheinung. Parallel zur Realisierung der Methoden werden Tests entwickelt, die zur Qualitätssicherung der Methode dienen.

Tritt in einem der Punkte ein Problem auf, das eine Modifikation eines früheren Ergebnisses notwendig macht, so wird dahin zurück gegangen.

Zu beachten ist, daß die so skizzierte Methodik nur für kleine Programme funktioniert. Die skizzierte, datenorientierte Top-Down-Vorgehensweise kann bei größeren Projekten durch eine iterative Vorgehensweise ersetzt werden. Dabei werden einzelne Teile des Programms identifiziert und getrennt umgesetzt. Mehreren derartige Zyklen mit gegebenenfalls iterativen Verbesserungen des jeweils vorhandenen Codes erlauben das System besser zu zergliedern und zu testen und so den Überblick zu bewahren.

3.3.3 Programmstruktur, Übersetzung und Start

In Java werden Schnittstellen-Definitionen (Interfaces) und Klassen in jeweils einzelnen Dateien abgelegt. Der dabei definierte Interface- bzw. Punkt-Klassenname muß mit dem Dateinamen übereinstimmen. So muß folgendes Programm in der Datei HelloWorld.java abgelegt werden.

```
import java.io.* ;
public class HelloWorld {
  public static void main() {
    System.out.println("Hello!");
  }
}
```

Dieses Programm beschreibt eine Klasse mit dem Namen HelloWorld. In dieser Klasse ist eine Funktion main enthalten, die ihrerseits aus einer einzigen Anweisung besteht. Mit dieser Anweisung wird der Textstring Hello! ausgegeben. Dieses Programm kann mit dem Kommando

```
javac HelloWorld.java    (ggf. weitere Klassen)
```

übersetzt werden. Nach der fehlerfreien Übersetzung kann das Programm mit

```
java HelloWorld
```

gestartet werden.

Werden mehrere Klassen übersetzt, so muß wenigstens eine Hauptklasse existieren, die die Methode main mit der oben gezeigten Signatur implementiert. Die Methode main dient zur Initialisierung und Durchstarten aller Programmaktivitäten. Für ganz einfache Programme reicht es sogar aus, alle Anweisungen in dieser Methode zu halten (siehe oben).

Es gibt eine Reihe weiterer Werkzeuge zum Beispiel im Java Development Kit (JDK), die hier nicht vorgestellt werden können. Jedoch sei auf das Werkzeug javadoc verwiesen, das zur Generierung einer Html-Dokumentation aus Java-Quellcode dient.

3.3.4 Grundlegende Konstrukte

Die informelle Einführung in die wichtigsten Konzepte von Java erlaubt ein kompaktes Nachschlagen, ersetzt allerdings keineswegs eine detaillierte Java-Einführung.

Grunddatentypen. Java besitzt folgende Grunddatentypen:

boolean beschreibt die beiden Wahrheitswerte true und false.
char ist der Typ für einzelne Zeichen. Konstanten dieses Typs werden durch
    'c' dargestellt.
int beschreibt die Menge aller ganzer Zahlen. Die größte darstellbare Zahl
    dieses Typs wird durch die Konstante Integer.MAX_VALUE beschrieben.
long stellt ebenfalls ganze Zahlen dar, hat jedoch einen deutlich größeren
    Umfang.
float und double beschreiben reelle Zahlen.

In Java gibt es den speziellen Typ void, der keine Werte besitzt und zur Markierung von Methoden ohne Resultat dient. Zur Darstellung spezieller Zeichen gibt es Escape-Sequenzen, wie '\n' oder '\t' für Zeilenumbruch und Tabulator.

Arrays. Felder beginnen in Java grundsätzlich bei Index 0 und enden an der Obergrenze N-1. Die Obergrenze kann durch .length in Erfahrung gebracht werden. Zur Laufzeit findet eine strenge Bereichsüberprüfung statt, die gegebenenfalls zum Programmabruch führt. Mehrdimensionale Arrays werden wie geschachtelte eindimensionale Arrays definiert:

```
int[] array;
array = new int[N];
int[N][N] matrix;
```

Ein Array kann auch statisch initialisiert werden, z.B. durch:

```
int[] array = {1,3,5,6,7};
```

Stringvariablen werden normalerweise nicht als Array von Zeichen, sondern als Objekte der String-Klasse realisiert:

```
String s;
```

Strings bieten einen flexiblen Kompositionsoperator + für Stringkonkatenation, der auch andere Formate in Strings umwandelt. So ist für jedes Element e eines Grunddatentyps und jedes Objekt eine Umwandlung in einen String mit (""+e) möglich. Stringkonstanten werden in der üblichen Weise mit Anführungszeichen geschrieben: "text".

Aufzählungstypen. Ein spezielles Konstrukt zur Definition von Aufzählungstypen gibt es in Java nicht. Jedoch können Konstanten der Sorte int definiert werden, um Aufzählungstypen zu simulieren:

```
static public final int GREEN = 17;
```

Das Schlüsselwort final ist für die Unveränderlichkeit verantwortlich. Das Schlüsselwort static sorgt dafür, daß die Konstante nicht über instantiierte Objekte, sondern über den Klassennamen angesprochen werden kann. Ist obige Konstante in einer Klasse Color definiert, so kann sie ausserhalb dieser Klasse mit Color.GREEN angesprochen werden.

Drei weitere Schlüsselwörter public, protected, private werden dazu genutzt die Sichtbarkeit eines definierten Elements in anderen Klassen festzulegen. Private verbietet jegliche Nutzung außerhalb der definierten Klasse, public erlaubt hingegen freie Benutzung. Das Schlüsselwort protected erlaubt die Benutzung des Elements nur in Subklassen. Unter Vernachlässigung von Packages gilt:

public erlaubt freien Zugriff von außen,
protected erlaubt Zugriff innerhalb von Subklassen und
private erlaubt nur den Zugriff innerhalb der definierenden Klasse.

Eigene Datentypen. Eigene Datentypen können in Java nur über Klassen realisiert werden. Eine Klasse erlaubt die Definition ihres Zustands über eine Sammlung von Attributen:

```
class Datum {
  public String wochenTag;
  public int tag, monat, jahr;
}
```

Es ist jedoch ein wesentlicher Vorteil des Klassen-Konzepts, daß gemeinsam mit dieser Datenstruktur Methoden definiert werden können. Beispielsweise kann folgende Methode im Rumpf obiger Klassendefinition stehen:

```
public String getDatum() {
  return(wochenTag+", den "+tag+"."+monat+"."+jahr);
}
```

Varianten und Subklassen. Varianten werden in Java durch Nutzung der Vererbungsbeziehung zwischen Klassen realisiert. Mehrere Varianten einer Klasse können durch Definition einer gemeinsamen Oberklasse und davon ausgehender Vererbung gebildet werden. Dies ist ein flexibler Mechanismus, weil hierarchische Subklassen eine auch später dynamisch erweiterbare Variantenhierarchie erlauben. Methoden werden falls notwendig durch Überschreiben an sich veränderte Datenstrukturen angepasst. Dynamisches Binden von Methoden erlaubt die Auswahl der tatsächlich zum Objekt gehörenden Methodenimplementierung. Darüber hinaus kann eine überschreibende Methode die aus der Oberklasse geerbte Methode mit super verwenden:

```
class Zeit extends Datum {
  public int stunde;
  public String getDatum() {
    return(super.getDatum()+", "+stunde+" Uhr");
  }
}
```

Ausdrücke. Eine Liste von Ausdrucks-Konzepten ist Tabelle 3.1 zu entnehmen.

Tab. 3.1. Die wichtigsten Ausdrücke in Java

Erklärung	Java-Ausdruck
Arrayzugriff	a[i]
Attributzugriff	datum.tag
Attributzugriff in gleicher Klasse	tag
Referenz auf eigenes Objekt	this
Konstanten	Color.GREEN
Arithmetik	i+j, i*j, -j,
Modulo, Division	i%j, i/j,
Vergleiche	i==j, i!=j,
	i<=j, i<j, ...
Boolesche sequentielles Und, Oder	b && c, b || c
Negation	!b
vordefinierte Konstanten	true, false, 1, 42, ...
Typkonversion	(Klasse)obj
Methodenaufrufe	obj.f(e$_1$,...,e$_n$)
statische Methodenaufrufe	f(e$_1$,...,e$_n$)
Objekterzeugung	new Klasse(e$_1$,...,e$_n$)

Die Ausführung einer Methode findet im Kontext des Objekts statt, das diese Methode zur Verfügung stellt. (Ausnahmen bilden hier nur sogenannte static-Methoden, wie z.B. main.) Deshalb kann in einer solchen Methode auf die Attribute des Objekts, sowie auf die Objektreferenz this zugegriffen werden. Bei einem Methodenaufruf wird das Objekt, dessen Methode aufgerufen wird, vor dem Methodennamen notiert. Fehlt die Objektreferenz, so wird das eigene Objekt this als Standard verwendet.

Der direkte Zugriff auf Attribute fremder Objekte und vor allem deren Manipulation ist in der Objektorientierung schlechter Stil und sollte weitgehend unterbleiben, da er die Wartbarkeit und Übersichtlichkeit des Programms reduziert.

Tabelle 3.2 zeigt, welche Ausdrücke Veränderungen auf ihren Objekten vornehmen und welchen Effekt sie haben.

Tab. 3.2. Ausdrücke mit Veränderungen auf ihren Argumenten

	Ausdruck	Wert des Ergebnisses	zusätzlicher Effekt
Zuweisung	i = t	t	i=t
Inkrement	++i	i+1	i=i+1
	i++	i	i=i+1
Dekrement	--i	i-1	i=i-1
	i--	i	i=i-1

Objekterzeugung. Zeiger gibt es in Java nur in Form von Referenzen auf Objekte. Objekte werden mit `new KlassenName(...)` erzeugt. Als Ergebnis dieser Objekterzeugung wird dem Aufrufer eine Referenz auf das erzeugte Objekt zurückgegeben. Die besondere Referenz `null` gehört zu keinem (echten) Objekt und kann z.B. dazu benutzt werden, die Abwesenheit eines Objekts zu signalisieren. Beispiel:

```
Datum datum;
datum = new Datum("Di",22,7,1997);
```

Eine Freigabe von Speicher ist in Java nicht notwendig, da eine automatische Speicherbereinigung (Garbage Collection) für eine Reinigung des Speichers von nicht mehr erreichbaren Objekten sorgt. Bei der Erzeugung eines Objekts in Java wird dessen Konstruktor, der den gleichen Namen wie die Klasse hat, aufgerufen. Dieser ist in unserem Beispiel noch als Teil der Klasse `Datum` zu definieren:

```
public Datum(String wochentag, int tag, int monat, int jahr) {
  this.wochentag=wochentag;
  this.tag       =tag;
  this.monat     =monat;
  this.jahr      =jahr;
}
```

Ein Konstruktor wird häufig mit mehreren Argumenten aufgerufen, die in den Attributen abgelegt werden. Es ist üblicher Stil diese Argumente genauso wie die Attribute zu nennen. Weil dadurch die Attribute an sich verschattet werden (Sichtbarkeit eingeschränkt), können diese nur durch explizites Voranstellen der `this`-Referenz erreicht werden.

Anweisungen. Bereits einfache Ausdrücke können als Anweisungen verwendet werden, wenn sie mit einem Strichpunkt enden. Siehe dazu Tabelle 3.3. In diesem Fall ist das übergebene Ergebnis oft irrelevant, weil vor allem die Seiteneffekte erwünscht sind. Beispiel: `i++;`

Tab. 3.3. Die wichtigsten Anweisungsformen in Java

	Anweisung
Ausdruck	`expr;`
Zuweisung,	`var = expr;`
Additive Zuweisung	`var += expr;`
Fallunterscheidung	`if (exp1) s1;`
	`if (exp1) s1; else s2;`
Case-Statement	`switch(exp) {`
	`    case val1: s1; break;`
	`    case val2: s2; break;`
	`    default: sn; };`
Schleifenarten	`while (exp) s;`
	`do s while (exp);`
	`for(i=N; i<=M; i++) s;`
Ergebnisrückgabe	`return exp;`
Befehlssequenz	`s1; s2;`

Die `for`-Schleife ist ein sehr mächtiges Konzept, da sie in allen drei Teilen der Klammer weitgehend freie Anweisungen erlaubt. Auch die Manipulation der Schleifenvariable im Rumpf ist möglich, wenn auch schlechter Stil, da hierfür die `while`-Schleife verwendet werden kann.

In Java können Anweisungen durch Klammerung {...} zu einem Block zusammengefaßt werden. Eine neue Variable kann jederzeit deklariert werden. Ihr kann gleichzeitig ein Wert zugewiesen werden:

```
String s = "Fuchs";
for(int i=1; i<10 && !found; i++) { k+=i; j*=i; ... }
```

Methoden. Jede Methode ist einer Klasse zugeordnet. Sie besteht aus einer Signatur, die die Parameter und den Ergebnistyp angibt, sowie einem Rumpf. Java kennt nur Wertparameter für Basiswerte, sowie Referenzen auf Objekte, die selbst als eigenständige Werte angesehen werden können. Objekte selbst (oder Kopien davon) werden in Java nicht als Argumente oder Ergebnisse übergeben.

Über die übliche Methodensignatur hinaus können in Java Ausnahmefälle (Exceptions) angegeben werden. Dies erlaubt die Mitteilung außerordentlicher Begebenheiten, die in Fehler resultieren und durch ein entsprechendes Statement abgefangen werden können. Es ist kein guter Stil, zu intensiv mit solchen Techniken zu arbeiten, da sie den normalen Programmfluß unterbrechen und ähnlich wie goto's zu einer unübersichtlichen Programmierung führen. Dennoch nachfolgend ein Beispiel für das Abfangen von Exceptions:

```
// Zeile einlesen
System.out.print("Bitte Zahl eingeben: ");
BufferedReader br = new BufferedReader(
                    new InputStreamReader(System.in));
String input = null;
try {
    input = br.readLine();
} catch (IOException ioe) {
    System.out.println("(1) Eingabekanal fehlerhaft.");
    System.exit(1);
}
if(input == null) {
    System.out.println("(2) Fehlende Eingabe.");
    System.exit(1);
}

// Zeile in Zahl umwandeln
int n = 0;
try {
    n = Integer.parseInt(input.trim());
} catch (NumberFormatException nfe) {
    System.out.println("(3) Ungueltige Zahl: "+input);
    System.exit(1);
}
```

Eine Methode muß die von ihr eventuell geworfenen Exceptions in der Signatur anzeigen. Wird im Rumpf einer Methode eine andere Methode verwendet, deren Exception nicht abgefangen wird, so wird diese Exception nach oben weitergereicht und ist deshalb ebenfalls in der Signatur anzuzeigen. Beispiel:

```
public static int string2zahl(String input)
                            throws NumberFormatException {
    return Integer.parseInt(input.trim());
}
```

Klassen. Eine Klasse besteht aus einer Sammlung von Attributen und Methoden, sowie einem oder mehreren Konstruktoren, die alle den gleichen Namen, aber unterschiedliche Funktionalität besitzen. Attribute und Methoden können durch die bereits diskutierten Sichtbarkeitsangaben (public, protected und private) nach außen sichtbar gemacht oder gekapselt werden. Im deutschen Sprachgebrauch hat sich dafür der Begriff *Merkmal* eingebürgert.

Darüber hinaus können Methoden oder Attribute vor Überschreiben geschützt werden, indem sie mit dem Merkmal final markiert werden. Dies erlaubt zum Beispiel die Definition von Konstanten (siehe GREEN). Mit dem Merkmal static können Methoden und Attribute von den Objekten einer Klasse unabhängig verwendet werden. Ein solches Beispiel ist die Methode main. Allerdings darf in statischen Methoden nicht auf die Attribute der Klasse oder this zugegriffen werden.

Klassen erben von genau einer anderen Klasse. Diese kann mit der Klausel `extends` *Oberklasse* angegeben werden. Ist keine solche Klausel explizit angegeben, so wird von der (obersten) Klasse `Object` geerbt.

Jede Klasse `K` ist in einer gleichnamigen Datei `K.java` definiert. Das erleichtert in großen Systemen das Wiederfinden von Definitionen. (Eine Ausnahme bilden sogenannte „innere Klassen", die innerhalb einer anderen Klasse definiert werden.)

Interfaces. Ein Interface beschreibt eine Schnittstelle von Objekten. Interfaces sind Klassen relativ ähnlich, besitzen jedoch einige markante Unterschiede: Ein Interface beschreibt nur Methodensignaturen und Konstanten, erlaubt aber weder Attribute, noch Methodenimplementierungen, noch Konstruktoren. Dafür kann eine Klasse beliebig viele Interfaces implementieren. Beispiel:

```
interface Uhr {
  public void start();
  public void stop();
  public void reset();
  public int getSeconds();
}

interface Messwert {
  ...
}

class StoppUhr extends Zeit implements Messwert, Uhr {
  ...
}
```

Mit Ausnahme, daß keine direkten Instanzen von Interfaces erzeugt werden können, können Interfaces wie Klassen verwendet werden. So kann z.B. die Variable `Uhr` u definiert werden.

Jedes Interface `I` muß in einer gleichnamigen Datei `I.java` definiert sein.

Programme. Ein Programm besteht aus einer Sammlung von Klassen und Interfaces. Wenigstens eine Klasse muß eine Funktion der folgenden Signatur beinhalten, die als Hauptprogramm interpretiert wird:

```
public static void main(String [] args) {
  ...
}
```

Dem Programm werden die Kommandozeilenargumente eines Java-Aufrufs der Form `java Klasse` arg_1 arg_2 ... als Array von Strings in der Variable `args` übergeben. Alternativ kann das Argument `args` auch weggelassen werden.

3.3.5 Bibliotheksklassen/-operationen

Für Programmierer einer Sprache ist es nicht nur wichtig, die wesentlichen Sprachkonzepte zu kennen, sondern auch sich in den zur Verfügung stehenden Bibliotheken zurecht zu finden. In Java werden diese Bibliotheken in Paketen (packages) organisiert. Es stehen eine ganze Reihe von interessanten Paketen zur Verfügung, die es erlauben innerhalb kurzer Zeit Programme zu erstellen. Der Zugriff auf Klassen eines Pakets, bzw. deren Attribute und Methoden kann durch Import-Anweisungen, z.B. `import java.lang.*` oder durch qualifizierte Benennung, z.B. `java.lang.System` erfolgen.

Wir wollen hier nur die wichtigste Funktionalität zur Ein- und Ausgabe von Daten zur Manipulation von Zeichenketten (Strings) und zur Organisation von Datenmengen vorstellen. Die hier erwähnten Klassen

- `java.io.DataInputStream`
- `java.io.InputStream`
- `java.io.PrintStream`
- `java.lang.Object`
- `java.lang.String`
- `java.lang.System`
- `java.util.Enumeration`
- `java.util.Hashtable`
- `java.util.Vector`

werden keineswegs vollständig vorgestellt.

Object. `Object` ist die oberste Klasse; direkt oder indirekt erben alle Klassen mindestens die folgenden Methoden:

```
public String toString();
public boolean equals(Object obj);
```

`toString` wird immer aufgerufen, wenn ein Objekt `obj` durch Aufruf der Methode `System.out.print(obj)` ausgegeben oder mit `(""+ obj)` umgewandelt wird, um die Objektdarstellung als String zu erhalten. Die Methode `equals` ist für den inhaltlichen Vergleich zweier Objekte verantwortlich. Sie wird zum Beispiel bei den Schlüsseln von Hashtabellen verwendet und ist für jede neue Klasse geeignet zu redefinieren.

InputStream. Die Klasse `InputStream` stellt einfache Methoden zur Verfügung, mit denen einzelne Zeichen von einem Eingabestrom gelesen werden können. `System.in` ist eine Konstante dieser Klasse, die den Standardeingabestrom bezeichnet. Er ist vor allem interessant, weil mit ihm komplexere Eingabeströme gebildet werden können.

DataInputStream. Die Klasse `DataInputStream` stellt Methoden zur Verfügung mit denen komplexe Daten aus einem Eingabestrom gelesen werden können. Ein solches Objekt, das die Eingabe von der Standardeingabe liest, kann damit erzeugt werden:

```
DataInputStream ins = new DataInputStream(System.in);
```

Auf den Objekten der Klasse `DataInputStream` stehen folgende Methoden zur Verfügung:

```
public final int readInt() throws IOException;
public final String readLine() throws IOException;
```

Je eine Integerzahl pro Zeile kann mit folgendem Ausdruck eingelesen werden:

```
try {
  n = Integer.parseInt(ins.readLine().trim());
} catch (NumberFormatException e) {
  ...
}
```

Die dabei möglicherweise ausgeworfene Exception kann zur Erkennung ungültiger Eingaben benutzt werden.

PrintStream. Die Klasse `PrintStream` stellt die wesentlichen Methoden zur Ausgabe von Strings zur Verfügung:

```
public void print(Object obj);      // Objekt ausgeben
public void println(Object obj);    // + Zeilenvorschub
public void print(String s);        // String ausgeben
public void println(String s);
public void print(int i);           // Integer ausgeben
public void println(int i);
public void println();              // Zeilenvorschub
public void flush();                // Sinnvoll vor jeder Eingabe
```

Das Objekt `System.out` ist ein Objekt dieser Klasse.

Die Ausgabe für Strings und die implizite Konvertierung von anderen Grunddatentypen in Strings bei der Verknüpfung mit + erlauben eine flexible Ausgabe:

```
System.out.print(" Tag: " + tag + "\tM: " + monat);
```

Für die Ausgabe von Objekten wird intern die in jeder Klasse geeignet zu redefinierende Methode `toString` verwendet.

String. Von der Klasse String kann nicht geerbt werden. Sie repräsentiert Stringkonstanten. Jeder String, z.B. "abc" wird durch ein Objekt dieser Klasse dargestellt. Die Konkatenation zweier Strings, z.B. "abc"+"de" erzeugt ein neues Objekt, ohne die beiden alten zu zerstören. Die Klasse *String* stellt unter anderem folgende Operationen zur Verfügung:

```
public char charAt(int index);           // Selektion
public int indexOf(char ch);             // Erstes Vorkommen
public int indexOf(String s);
public int length();                     // Länge
public String substring(int beginIndex); // Substring selektieren
public String substring(int beginIndex, int endIndex);
```

Die Indizierung von Strings beginnt bei 0. Deshalb darf der Selektor für einzelne Zeichen die Werte 0 bis einschließlich str.length()-1 annehmen.

System. Die Klasse System stellt unter anderem

```
public static InputStream in;
public static PrintStream out;
```

für die Ein- und Ausgabe zum Terminal zur Verfügung.

Vector. Ein Vector-Objekt realisiert die effiziente Speicherung einer Liste von Werten. Es stehen unter anderem folgende Methoden zur Verfügung:

```
public Vector();
public synchronized Object addElement(Object obj);
public synchronized boolean contains(Object obj);
public synchronized Object elementAt(int index);
public synchronized void setElementAt(Object obj, int index);
public synchronized int indexOf(Object obj);
public synchronized Enumeration elements(); public int size();
```

Wesentliche Funktionalität eines Vektors wird von den in der Vector-Klasse definierten Methoden addElement, elementAt und contains erbracht. Die Methode setElementAt erlaubt den Austausch von bereits abgelegten Elementen. Die Methode elements liefert ein Objekt der Klasse Enumeration, das die Möglichkeit einer sequentiellen Bearbeitung aller Einträge gibt.

Leider geht beim Einfügen eines Eintrags die Information über den tatsächlichen Typ des Objekts verloren. Dieser ist gegebenenfalls durch eine Typkonversion wiederherzustellen. Beispiel:

```
String value = (String)vector.elementAt(i);
```

Vektoren können nur Objekte speichern. Werte von Basisdatentypen, wie int müssen daher in Objekte umgewandelt und ggf. wieder zurückverwandelt werden. Das geschieht mit:

```
Integer intObj = new Integer(i);
int j = intObj.intValue();
```

Hashtable. Ein `Hashtable`-Objekt realisiert die effiziente Speicherung von Abbildungen zwischen Schlüsseln und Werten. Dabei wird die Methode `equals` auf den Schlüsseln benutzt, um Gleichheit festzustellen. Es stehen unter anderem folgende Methoden zur Verfügung:

```
public Hashtable();
public synchronized boolean contains(Object value);
public synchronized boolean containsKey(Object key);
public synchronized Object put(Object key, Object value);
public synchronized Object get(Object key);
public synchronized Object remove(Object key);
public int size();
public synchronized Enumeration keys();
public synchronized Enumeration elements();
```

Die Basisfunktionalität eines Hashtables wird von den Methoden `put`, `get`, `remove` und `containsKey` erbracht. Die Methode `contains` erlaubt zusätzlich die Anfrage, ob ein Wert enthalten ist. Die Methode `keys` liefert ein Objekt der Klasse `Enumeration`, das die Möglichkeit einer sequentiellen Bearbeitung aller Einträge gibt. Analog liefert die Methode `elements` ein Objekt der Klasse `Enumeration` zur Navigation durch alle Werte.

Wie bei Vektoren geht auch bei Hashtables beim Einfügen eines Eintrags die Information über den tatsächlichen Typ des Objekts verloren. Deshalb sind auch hier Typkonversionen zu nutzen. Genau so sind Werte und Schlüssel von Basisdatentypen in Objekte zu wandeln, damit sie eingetragen werden können.

Enumeration. `Enumeration`-Objekte dienen dem linearen Durchlaufen einer Sammlung von Objekten, wie sie zum Beispiel bei Vektoren existieren. Es gibt zwei Methoden:

```
public abstract boolean hasMoreElements();
public abstract Object nextElement() throws NoSuchElementException;
```

Für das Durchlaufen von Vektoren und Hashtables mittels `for`-Schleifen treten `Enumeration`-Objekte häufig wie folgt auf:

```
Vector v;          -- Vektor(String)
for(Enumeration e = v.elements(); e.hasMoreElements();) {
  String value = (String) e.nextElement();
  ...
}

Hastable ht;       -- Hashtable(String -> int)
for(Enumeration e = ht.keys(); e.hasMoreElements();) {
  String key = e.nextElement();
  int value = ((Integer)ht.get(key)).intValue();
  ...
}
```

3.3.6 Klassendiagramme in Java

In einem objektorientierten System steigt die Anzahl der Klassen oft sehr schnell an. Deshalb werden häufig objektorientierte Modellierungstechniken eingesetzt, die bereits bei der frühen Anforderungsanalyse, in der Spezifikation, im Entwurf und bis hin zur Implementierung in verschiedenen Ausprägungen Unterstützung leisten. Der bekannteste und am weitesten verbreitete Vertreter dieser Modellierungssprachen ist die Unified Modeling Language (UML). Die UML bietet eine Reihe von graphischen Notationen um strukturelle und verhaltensorientierte Aspekte eines Systems zu beschreiben. Für ein weitergehendes Verständnis der UML, sei auf entsprechende einschlägige Literatur [B00, HK99] verwiesen.

In der UML werden Klassendiagramme genutzt, um strukturelle Abhängigkeiten zwischen Klassen darzustellen. Klassendiagramme sind zwar nur eine von neun verfügbaren Diagrammarten, sind aber im Kontext der objektorientierten Programmierung am verbreitetsten. Deshalb soll in diesem Abschnitt eine kleine Teilmenge der UML Klassendiagramme vorgestellt werden, die in Darstellungsform und Bedeutung auf Java-Programme zugeschnitten ist. Basierend auf den bisherigen Definitionen der Klassen Datum und Zeit, sowie dem Interface Uhr kann das im Abbildung 3.1 angegebene Klassendiagramm extrahiert werden.

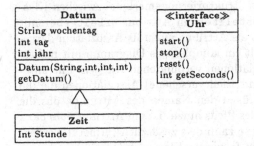

Abb. 3.1. Klassendiagramm

Die graphische Darstellung einer Klasse besteht aus drei Teilen. Im obersten Teil wird der Name der Klasse vermerkt. Bei einem Interface wird zusätzlich eine Markierung (*stereotype*) angebracht, die das Interface entsprechend kenntlich macht.

Im zweiten Teil werden Attribute und deren Typen aufgelistet. Im dritten Teil schließlich werden Methoden- und deren Argument- und Ergebnistypen notiert. Ist ein Teil leer, so kann er weggelassen werden. In der Praxis erheben Diagramme normalerweise keinen Anspruch auf Vollständigkeit. Stattdessen werden Diagramme häufig eingesetzt, um eine *Story* zu erzählen, also einen speziellen Teilaspekt des Programms heraus zu heben. Bei Bedarf werden Attribute und Methoden auch komplett weggelassen und nur die Struktur zwischen den Klassen dargestellt. Umgekehrt dürfen auch Merkmale wie public oder **static** angegeben oder weggelassen werden. In der UML wird public mit +, **protected** mit # und **private** mit - abgekürzt, sowie statische Elemente unterstrichen.

Zwischen Klassen bzw. Interfaces gibt es zwei primäre Arten von Beziehungen. Die eine besteht darin, daß eine Klasse von einer anderen Klasse erbt. Die Vererbungs-Beziehung wird durch ein Dreieck dargestellt (siehe Abbildung 3.1: **Zeit** erbt von **Datum**). Auf die explizite Wiederholung der geerbten Attribute und Methoden wird dann verzichtet.

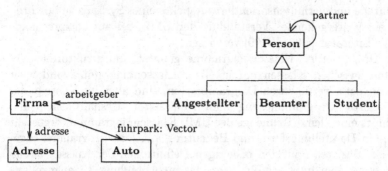

Abb. 3.2. Attribut-Assoziationen

Assoziationen dienen als zweites Strukturierungsmerkmal zwischen Klassen. Existiert in einer Klasse **Angestellter** ein Attribut **arbeitgeber** mit dem Typ **Firma**, so kann dies statt als Attribut auch als Assoziation dargestellt werden. Abbildung 3.2 enthält ein komplexeres Diagramm mit mehreren durch derartige Attribut-Assoziationen verbundenen Klassen. Für unsere Zwecke nutzen wir gerichtete (mit Pfeil versehene) Assoziationen die die Navigationsrichtung angeben und fügen den Namen des Attributs, das die Assoziation realisiert auf der Seite des Pfeils hinzu. Ist ein Attribut **fuhrpark** durch ein **Vector**-Objekt realisiert, so kann dies zusätzlich vermerkt werden. Das Klassendiagramm 3.2 entspricht folgender Klassenstruktur:

```
class Person {
  Person partner;
}
class Angestellter extends Person {
  Firma arbeitgeber;
}
class Firma {
  Adresse adresse;
  Vector fuhrpark; -- Typ ist: Vector(Auto)
}
class Adresse { ... }
class Auto { ... }
class Beamter extends Person { ... }
class Student extends Person { ... }
```

Die UML bietet sehr viel mehr Konzepte zur Darstellung weiterer Eigenschaften eines Systems, die sich hier aus Platzgründen nicht einführen lassen. Insbesondere haben Assoziationen in anderen Kontexten eine allgemeinere Bedeutung. Ein weiteres Konzept ist zum Beispiel die *Komposition*, die ebenfalls über Attribute implementiert wird, und die Zugehörigkeit eines Objekts zu einem anderem Objekt ausdrücken kann.

Die Umsetzung zwischen textueller und graphischer Darstellung der Klassenstruktur ist relativ schematisch. Deshalb existieren Werkzeuge, die im „Round-Trip"-Verfahren einen automatischen Wechsel der Sicht erlauben.

3.3.7 Prozeßkoordination

Java bietet die Möglichkeit, mehrere Prozesse, sogenannte *Threads* auf denselben Datenraum zu erzeugen. Dazu stehen einige Klassen der Standardpakete zur Verfügung, mit denen nicht nur die Erzeugung weiterer Threads möglich ist, sondern auch deren Koordination, um nebenläufige Zugriffe auf gemeinsame Ressourcen, wie etwa gemeinsame Objekte, zu bearbeiten.

Gerade die Programmierung nebenläufiger Prozesse erhöht die Komplexität des Programms, weshalb nebenläufige Prozesse eher sparsam und mit wohldefinierten Schnittstellen eingesetzt werden sollten. Die hier beschriebenen Klassen

- java.lang.Thread
- java.lang.Object

werden soweit für die Lösung der Aufgaben notwendig vorgestellt. Doch zunächst ein Beispiel, das in $INFO/thread/DemoThread.java in ausführlicherer Form zu finden ist:

```
public class Main {
    public static void main(String [] args) throws IOException {
        // Anzahl zu oeffnender Threads einlesen
        int threadZahl = inputZahl();

        // Array von Threads anlegen
        DemoThread[] threads = new DemoThread[threadZahl];

        // Und jeden einzelnen starten
        for(int i=0; i<threadZahl; i++) {
            threads[i] = new DemoThread("T"+(i+1));
            threads[i].start();
            // Jetzt beginnt das Eigenleben der Threads...
        }
    }
}
// ------------------
public class DemoThread extends Thread {
    String name;        // interner Thread-Name
    int loopCount;      // Interner Schleifenzaehler
```

```
// Erzeugung eines Threads mit dem Konstruktor
public DemoThread(String name)
{ this.name=name;
  loopCount=0; }
// Die Hauptmethode des Thread:
public void run ()
{ while(true)
  { loopCount++;
    System.out.println(this);
  }
}
public String toString () {
  return ("DemoThread "+name+" Nr. "+(loopCount));
}
}
```

Die Klasse DemoThread muß als Subklasse von Thread eine Methode run() anbieten. Diese wird für die Anwendung geeignet redefiniert, so daß sie das Hauptprogramm des Threads enthält. Durch Aufruf der von der Klasse Thread geerbten Methode start() wird vom Java-System veranlaßt, daß die Methode run() in einem eigenen Thread aufgerufen wird. Abbildung 3.3 zeigt ein an die UML angelehntes Sequenzdiagramm, das diese Aufrufsituation darstellt. Weiße Balken stellen dabei Aktivitätszeiten des Objekts dar.

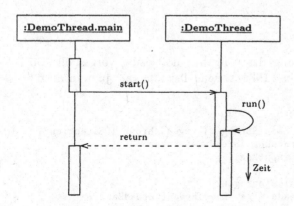

Abb. 3.3. Aufrufsituation beim Start eines Thread

Thread. Die Klasse Thread stellt unter anderem folgende Methoden zur Verfügung:

```
public void run();
public synchronized void start() throws IllegalThreadStateException;
public final void stop();
public static void yield();
public static void sleep(long millis) throws InterruptedException;
```

Die Methode run wird bei Neustart eines Threads aufgerufen und enthält das Hauptprogramm des Threads. Sie ist entsprechend zu überschreiben. Im

Gegensatz dazu wird die Methode start nicht verändert. Ihre vererbte Implementierung sorgt für den Aufruf von run. Mit stop werden Threads von außen unterbrochen.

Mit den beiden Methoden yield und sleep können sich Threads selbst unterbrechen, um anderen Threads den Vortritt zu lassen, bzw. sich eine bestimmte Zeit zu suspendieren. Das Unterbrechungskonzept in Java ist allerdings so gestaltet, daß Threads in kleinen Zeitscheiben sequentiell abgearbeitet werden, und so der Eindruck von Parallelität entsteht. Dies ist am DemoThread erkennbar, an dem sich alle gestarteten Threads abwechselnd melden. Ob alle Threads gleich „fair" behandelt werden, und gleichviele gleichlange Zeitscheiben des Prozesses erhalten hängt allerdings stark von der Java Virtual Machine und anderen im Rechner stattfindenden Vorgängen ab.

Das Schlüsselwort synchronized. Das Schlüsselwort synchronized erlaubt die Nutzung eines ausgereiften Monitorkonzepts, um den gegenseitigen Ausschluß aus kritischen Regionen zu gewährleisten. Die Syntax des Statements lautet:

```
synchronized (Refexpr) Block;
```

wobei Refexpr ein Ausdruck mit Referenztyp, also ein Objekt, sein muß. Bevor der Block bearbeitet wird, wird ein exklusiver Lock auf das Objekt gesetzt, der verhindert, daß andere Objekte in eine synchronisierte Region bezüglich des gleichen Objekts gehen können. Es kann also jedes Objekt als Wächter für eine synchronisierte Region verwendet werden. Die damit geschützten Variablen müssen jedoch keineswegs Attribute des Wächterobjekts sein.

Sind Methoden einer Klasse mit dem Schlüsselwort synchronized dekoriert, so laufen diese Methoden unter einem exklusiven Lock auf das eigene Objekt this. Die Konvention ist, daß damit die Attribute des eigenen Objekts geschützt werden.

Das Mittel der Synchronisation ist sorgfältig einzusetzen, denn zuwenig Synchronisation kann sehr unangenehme und schwer nachvollziehbare Effekte bei interagierenden Threads hervorrufen, während zuviel Synchronisation zu Deadlocks führt.

Object. Die Klasse Object bietet neben den bereits früher besprochenen Methoden einen einfachen Mechanismus, mit denen Threads sich gegenseitig Signale schicken können. Dazu stehen folgende Methoden zur Verfügung:

```
public final void wait()
      throws InterruptedException, IllegalMonitorStateException;
public final void wait(long timeout)
      throws InterruptedException, IllegalMonitorStateException;
public final void notify() throws IllegalMonitorStateException;
public final void notifyAll() throws IllegalMonitorStateException;
```

Threads können damit beliebige Objekte als Kommunikationsmedien nutzen. Mit der Methode wait kann sich ein Thread in einen Wartezustand versetzen bis eine bestimmte Zeit (timeout) vergangen ist, oder er mit notify von einem anderen Thread aufgeweckt wird. Sind mehrere Threads in einem Wartezustand bezüglich des gleichen Objekts, so wird nur einer geweckt, wobei die Auswahl von der Java-Implementierung abhängig ist. Mit notifyAll werden alle Threads bezüglich des gleichen Objekts geweckt.

3.3.8 Semaphore in Java

Java stellt standardmäßig keine Semaphore sondern ein Monitorkonzept, basierend auf dem Schlüsselwort synchronized zur Verfügung. Deshalb steht in $INFO/semaphore/SemaBool.java eine Implementierung von Booleschen Semaphoren zur Verfügung. Darin wird folgende Signatur zur Verfügung gestellt:

```
public class SemaBool {
    public SemaBool(String name, boolean start);
    public synchronized void P();
    public synchronized void V();
}
```

Der bei Erzeugung zu übergebende name dient nur zu Testzwecken, das Semaphor kann mit true (frei) oder false (belegt) vorbesetzt werden. Mit der P-Operation wird ein Semaphor exklusiv belegt, wobei die P-Operation erst zurückkehrt, wenn die Belegung möglich war. Mit der V-Operation wird die Belegung wieder freigegeben.

Eine Anmerkung zu den Semaphoraufgaben in Java: Die verschiedenen zur Zeit existierenden Implementierungen der Sprache Java bieten einen teilweise unterschiedlichen Umgang mit nebenläufigen Threads. So ist laut Sprachspezifikation [AGH00] eine Implementierung nicht verpflichtet, nebenläufige Threads mit gleicher Priorität präemptiv zu unterbrechen und abwechselnd rechnen zu lassen.

Diese Freiheit führt dazu, daß in sehr alten Java-Implementierungen Threads in einer Art kooperativem Multitasking zusammenarbeiten. Insbesondere müssen sich Threads dann regelmäßig selbst die Rechenbereitschaft entziehen, um andere Threads weiterarbeiten zu lassen. Dazu dient zum Beispiel die Methode Thread.yield, ohne deren Aufruf andere rechenbereite Prozesse *verhungern* (engl.: to starve, starvation) würden. Sollte also in einem Systemlauf keine Nebenläufigkeit auftreten, so ist zu prüfen, ob nicht eine alternative Java-Implementierung installiert werden kann.

3.3.9 Compilerbau mit Java

In diesem Abschnitt werden weitere Java-Werkzeuge und Java-Klassen vorgestellt, die insbesondere zur Erstellung eines Parsers für computergestützte Sprachen, wie etwa Programmiersprachen, geeignet sind. Die nachfolgende Einführung in den Umgang mit den Werkzeugen

- JFlex (ein auf Java abgestimmtes Lex-Derivat) und
- CUP (ein yacc/bison-Derivat)

bietet genügend Verständnis, um die mit 3.33 beginnenden Aufgaben zu bearbeiten, in denen ein Interpreter für eine kleine Programmiersprache entwickelt wird. Für weitergehende Informationen über die Fähigkeiten dieser Werkzeuge sollte entsprechende Literatur bzw. Web-Seiten konsultiert werden.

Der Scannergenerator JFlex sowie der Parsergenerator CUP sind in Java realisiert und können aus dem Internet frei heruntergeladen werden. Auf der beigelegten CD sind sie ebenfalls zu finden. Die beiden Werkzeuge können sowohl einzeln als auch gemeinsamen verwendet werden. Wir benutzen im folgenden diesen kleinen und unvollständigen Sprachausschnitt als Beispiel:

```
⟨dekl list⟩      ::= ⟨dekl⟩ {, ⟨dekl⟩}*
⟨dekl⟩           ::= ⟨id⟩ ( ⟨par list⟩ ) = ⟨exp⟩
⟨id⟩             ::= ⟨Buchstabe⟩*
```

Aus der BNF-Grammatik werden die Eingabedaten für JFlex und CUP aufgebaut. Aus diesen Daten zusammen mit zusätzlichen Informationen erzeugen dann JFlex und CUP zwei Programme, die als Scanner-Parser-System zusammenwirken.

Der Scannergenerator JFlex. Der Scannergenerator JFlex erlaubt die Erkennung und Bearbeitung von Symbolen. Symbole sind einfach aufgebaute Zeichenreihen, die durch reguläre Ausdrücke erkannt werden. JFlex erzeugt Klassen der Signatur

```
class Yylex {
  // Konstruktor initialisiert mit Eingabestrom
  public Yylex(java.io.Reader in);
  // Text des letzten eingelesenen Tokens
  public String yytext();
  // Naechstes Token einlesen
  public Yytoken yylex() throws java.io.IOException ;
}
```

Dabei wird die Methode yylex() so generiert, daß sie bei jedem Aufruf einen der gewünschten Token erkennt und dessen Art übergibt. Mit der Methode yytext() kann dann nachträglich der dabei eingelesene Text geholt werden.

Die Eingabedatei scanner.lex für den JFlex hat drei Abschnitte:

```
   ((erster Definitionsteil))
%%
   ((zweiter Definitionsteil und Pragmas))
%{
   ((Eigene Attribute und Methoden des Scanners))
%}
%%
   ((Regelteil))
```

Das Symbol %% trennt die drei Abschnitte. Der erste Definitionsteil kann import-Anweisungen von im Scanner genutzten Klassen beinhalten.

Der zweite Definitionsteil kann Pragmas, wie %cup beinhalten, die den Scanner so anpassen, daß er zu dem später eingeführten CUP-Parser passt. Durch dieses Pragma wird zum Beispiel die Methode next_token() statt yylex() erzeugt.

Der Teil innerhalb %{ und %} kann Attribute und Methoden enthalten, die im Scanner verwendet werden können. So können hier ein Symboltabellen-Attribut und eine zugehörige Initialisierungsmethode definiert werden.

Regelteil. Der Regelteil ist tabellenartig gegliedert und enthält in der linken Spalte reguläre Ausdrücke zur Analyse des Eingabetextes und in der rechten Spalte die zugehörigen Aktionen als Java-Programmstücke. Jeder Eintrag besteht also aus einem regulären Ausdruck, einem Zwischenraum und einer Aktion. Die regulären Ausdrücke werden aus den folgenden Operatoren aufgebaut (die Beschreibung ist unvollständig):

\x	das Zeichen x, auch wenn es ein Sonderzeichen ist,
"text"	das Wort text,
[z]	ein beliebiges Zeichen aus der Zeichenmenge z,
[^z]	ein beliebiges Zeichen aus der Komplementärmenge zu z,
.	ein beliebiges Zeichen außer Newline,
[z]*	beliebig lange Zeichenreihen von Zeichen aus z, einschließlich der leeren Zeichenreihe,
[z]+	beliebig lange Zeichenreihen von Zeichen aus z, mindestens ein Element.

Die verwendbaren Zeichenmengen z werden durch Aneinanderreihen von Zeichen oder Intervallen x-y gebildet. Sequentielle Aneinanderreihung obiger Ausdrücke ist ebenfalls möglich. Die Aktionen der rechten Seite werden als Block {...; ...;} geschrieben.

Der Scanner versucht bei jedem Aufruf einen möglichst langen Präfix des Eingabestrings mit einem der regulären Ausdrücke in Übereinstimmung zu bringen. Wenn ein Muster paßt, wird die zugehörige Aktion ausgeführt. Im Aktionsteil kann diese Eingabe verarbeitet und ein entsprechendes Symbol an den Aufrufer übergeben werden. Mit dem Methodenaufruf yytext() kann innerhalb der semantischen Aktion aber auch nach Erkennung eines Tokens durch yylex() der aktuelle Eingabestring verarbeitet werden. Die Tokenart und gegebenenfalls weitere Argumente werden in Objekten der Klasse

Yytoken abgelegt und an den Aufrufer von `yylex()` übergeben. Diese Klasse wird von CUP in ähnlicher Form generiert bzw. wenn CUP nicht eingesetzt wird, manuell erzeugt. Unser Beispiel überträgt sich wie folgt:

```
"then"              { return new Yytoken(Yytoken.THEN); }
[a-z]+              { // Bearbeitung von yytext() z.B. in Symboltabelle
                      return new Yytoken(Yytoken.ID);
                    }
"="                 { return new Yytoken(Yytoken.EQ); }
[\ \t\b\f\r\n]+     { /* eat whitespace */ }
```

Nach jedem `return` wird der Scanner verlassen und übergibt das entsprechende Ergebnis als Objekt der Klasse Yytoken. Für die Lesbarkeit des Quellcodes ist es deshalb sinnvoll, für jede Symbolklasse eine Konstante einzuführen. Dies geschieht zweckmäßigerweise ebenfalls in der Klasse Yytoken.java, die im wesentlichen folgendes beinhaltet:

```
public class Yytoken {
    // TokenArt
    int tokenType;
    // Konstruktor: Tokenart in Objekt verpacken
    public Yytoken (int tt) {
        tokenType = tt;
    }
    // Tokenart auslesen
    public int getToken () {
        return tokenType;
    }

    public static final int THEN = 8;
    public static final int ID = 22;
    public static final int EQ = 14;
    ...
}
```

Die so definierten Konstanten können im Scanner verwendet werden.

Erzeugung und Aufruf des Scanners. Die Generierung des Scanners erfolgt ausgehend von `scanner.lex`. Daraus wird mittels dem Aufruf

```
jflex scanner.lex
```

eine Datei Yylex.java mit oben angegebener Signatur erzeugt. In einer weiteren Klasse kann nun eine Aufrufschleife folgender Form verwendet werden, die zunächst ein Scannerobjekt erzeugt, initialisiert und dann solange Token einlesen läßt, bis die Standardeingabe beendet ist.

```
// Eingabe von StdIn
Reader reader = new InputStreamReader(System.in);
// Scanner erzeugen
Yylex scanner = new Yylex(reader);

Yytoken token;
```

```
// Scannerschleife
do {
  // Token holen und bearbeiten
  token = scanner.yylex();
  if(token != null) ...
} while( token != null );
```

Als Scanneraktionen können, abgesehen von der Übergabe eines Tokens, zusätzlich auch andere Operationen ausgeführt werden. Dies sind normale Java-Anweisungen.

Der Parsergenerator CUP. Der Parsergenerator CUP erlaubt die Erkennung und Bearbeitung von kontextfreien Sprachen, wie zum Beispiel Programmiersprachen (ohne deren Kontextbedingungen). Die zu erkennende Sprache ist mit BNF-Regeln in einer speziellen Notation zu beschreiben, die ähnlich wie beim Scanner *semantische Aktionen* enthalten kann.

Der Parsergenerator verarbeitet als Quelle die Datei parser.cup und erzeugt daraus die Klassen sym.java und parser.java. Die Datei sym.java enthält Definitionen für Tokentypen, wie ZAHL, ID etc., die dem Scanner zur Verfügung gestellt werden. sym.tab übernimmt damit einen Teil der Aufgaben von Yytoken.

Die andere generierte Datei parser.java enthält den Code für den eigentlichen Parser als Klasse mit der Signatur:

```
public class parser {
  // Konstruktor, der den Scanner in den Parser einbaut
  public parser(java_cup.runtime.Scanner s)

  // Durchfuehren des Parsevorgangs
  public java_cup.runtime.Symbol parse()
}
```

Dabei wird die Methode parse nach Angaben der Eingabedatei generiert, um die gewünschte Grammatik zu erkennen und zu bearbeiten. Die Eingabedatei parser.cup beinhaltet mehrere wesentliche Komponenten:

- eine Liste der Terminale,
- eine Liste der Nichtterminale,
- Prioritäten von Infix- und Präfix-Operatoren, und
- den Regelteil mit Grammatikregel und semantischer Aktion.

Terminale, Nichtterminale und Prioritäten. Neben den eigentlichen Regeln sind eine Reihe von Deklarationen notwendig, damit diese Regeln korrekt interpretiert werden können. So muß zum Beispiel angegeben werden, welche Nichtterminale und welche Terminalsymbole existieren. Dazu werden Vereinbarungen in dieser Art in parser.cup abgelegt:

```
terminal IF, THEN;
terminal COMMA;
terminal String ID;
```

Damit können diese Token im Regelteil benutzt werden. Gleichzeitig wird aus diesen Vereinbarungen die Datei sym.java erzeugt, die dafür Tokentypen definiert. Einem Terminal mit einem zusätzlichem Wert, wie zum Beispiel einem Identifikator (ID), kann damit auch ein Typ zugeordnet werden.

Generell werden die Ergebnisse von Terminalen und Nichtterminalen in Form von Objekten der vordefinierten Klasse java_cup.runtime.Symbol abgelegt. Darin können Zahlen, Strings und beliebige andere Objekttypen gekapselt werden. Weil Java eine stark typisierte Sprache ist, kann den einzelnen Nichtterminalen jeweils der tatsächliche Typ zugeordnet werden, so daß bei Benutzung eines Nichtterminal-Ergebnisses in einer semantischen Aktion jeweils auch der richtige Typ angenommen wird. Das Nichtterminal dekl wird mit folgender Anweisung eingeführt und ihm der Typ Tdekl zugeordnet:

```
non terminal Tdekl     dekl;
```

Es bietet sich an, die Klassen des abstrakten Syntaxbaums systematisch aus den Nichtterminalen abzuleiten. Hier wurde einfach ein T vorangestellt. Diese Klassen sind entsprechend bereitzustellen.

Schließlich besteht noch die Möglichkeit, Vorrangregeln für Infix-Operatoren anzugeben. Dabei können auch Präfix-Operatoren eingebunden werden, die mit Infix-Operatoren interagieren. Dies geschieht zum Beispiel so:

```
precedence left EQ, LE, LEQ;
precedence left MINUS, PLUS;
precedence left TIMES, DIV;
precedence left UMINUS;
```

Damit sind alle Operatoren in aufsteigender Reihenfolge priorisiert, wobei Operatoren in einer Zeile die gleiche Priorität erhalten. Das unäre Minus (terminal UMINUS) erhält die höchste Priorität.

Der Regelteil von CUP. Der Regelteil enthält eine Liste von Regeln, die aus Produktionen und zugehörigen semantischen Aktionen bestehen. Die Produktionen folgen einem einfachen Schema, das nachfolgend an dem Nichtterminal ⟨exp⟩ erklärt wird:

```
exp          ::= number
             | ident LPAR explist RPAR
             | IF boolexp THEN exp ELSE exp FI
             | exp PLUS exp ;
```

Für das Nichtterminal ⟨exp⟩ stehen vier Produktionen (Varianten) zur Auswahl. Jede Produktion ist eine Aneinanderreihung von Nichtterminalen, wie etwa number oder ident, und Terminalsymbolen, wie etwa THEN oder PLUS.

Der Parser versucht in der Eingabe eine der rechten Seiten zu erkennen und diese auf die linke Seite exp zu reduzieren. Dies wird solange durchgeführt, bis die komplette Eingabe auf das erste im Regelteil angegebene Nichtterminal reduziert und die Sprache erkannt ist. Andernfalls wird eine

Fehlermeldung ausgegeben. Wurzel der Grammatik ist also das erste Nicht-terminal.

In der CUP-Darstellung von Produktionen sind Alternativen nur an ober-ster Stelle, Iteration und optionale Elemente gar nicht erlaubt. Durch ge-eignete Umformungen kann jedoch nahezu jede BNF-Grammatik in ein für CUP akzeptable Form umgewandelt werden. Beispielsweise werden iterier-te Ausdrücke durch Linksrekursion ersetzt. So wird ⟨dekllist⟩ ::= ⟨dekl⟩ {,⟨dekl⟩}* umgesetzt zu

```
dekllist        : dekl
                | dekllist COMMA dekl ;
```

Gegebenenfalls sind auch neue Nichtterminale oder Produktionen einzuführen oder die Produktionen zu vereinfachen. Unter der Annahme der entsprechen-den Umsetzung von Terminalzeichen kann zum Beispiel die BNF-Produktion

⟨exp⟩ ::= ⟨exp⟩ [+ | * | / | -] ⟨exp⟩

umgesetzt werden zu

```
exp             : exp PLUS exp
                | exp TIMES exp
                | exp DIV exp
                | exp MINUS exp ;
```

oder zu

```
exp             : exp infixop exp ;
infixop         : PLUS | TIMES | DIV | MINUS ;
```

Eine Grammatik kann mehrdeutig sein und von CUP zurückgewiesen wer-den. Normalerweise besitzt die Grammatik dann mehrere Wege, bestimmte Eingaben zu erkennen und zu reduzieren (Mehrdeutigkeit). Die Auflösung ist im allgemeinen kompliziert und würde hier den Rahmen sprengen. Häufig können Konflikte jedoch durch Angabe von Vorrangregeln im ersten Defini-tionsteil oder durch Straffung der Produktionen behoben werden.

Die Produktionen können nun mit semantischen Aktionen dekoriert wer-den. Dazu wird jedem Nichtterminal ein Name zugeordnet, um damit zum Beispiel mehrfach auftretende Nichtterminale eindeutig zu unterscheiden. Nichtterminal ident wird so mit dem Namen i zu ident:i erweitert. Der Name i entspricht einer Variable mit dem Typ, dem der Nichtterminal zu-geordnet wurde (siehe Vereinbarungen der Form non terminal). Jede dieser Variablen beinhaltet das „Ergebnis" des Parsens des zugeordneten Nichtter-minals. Die semantische Aktion einer Produktion muß nun aus den Ergeb-nissen der Nichtterminale der rechten Seiten das Ergebnis des Nichtterminals der linken Seite berechnen. Dies kann wie folgt innnerhalb von {: ... :} angegeben werden:

```
exp                 ::= number:n
                        {: RESULT = n; :}
                      | ident:i LPAR explist:e RPAR
                        {: RESULT = new Tfun(i,e); :}
                      | IF boolexp:b THEN exp:t ELSE exp:e FI
                        {: RESULT = new Tifthenelse(b,t,e); :}
                      | exp:l PLUS exp:r
                        {: RESULT = new Texpinfix(l,'+',r); :}
                      ;
```

Die Pseudovariable RESULT erhält das Ergebnis der Produktion exp. In der ersten Aktion wird das Ergebnis einfach durchgereicht, in den anderen Aktionen aus den vorhandenen Komponenten ein neuer Knoten des abstrakten Syntaxbaums erzeugt. (Die Klassen Tfun, Tifthenelse und Texpinfix seien dabei gegeben.)

Genau wie den Nichtterminalen kann auch wertbehafteten Terminalen ein Name zugeordnet werden. Ein Identifikator kann beispielsweise wie folgt über eine Variable n mit eingelesen werden. Der Typ der Variable ist dabei wie oben gezeigt als String vereinbart:

```
ident               ::= ID:n
                        {: RESULT = new Tident(n); :}
                      ;
```

Erzeugung und Aufruf des Parsers. Die Generierung des Parsers erfolgt ausgehend von parse.cup. Zunächst sind aber einige Anpassungen des Scanners notwendig, damit dieser die vom Parser geforderte Schnittstelle erfüllt. Dazu werden zunächst der Import von vordefinierten Klassen und folgende Pragmas eingefügt:

```
import java_cup.runtime.Symbol;
%%
%cup
%implements sym
```

Das Pragma %cup modifiziert yylex() zu next_token() und sorgt dafür, daß die generierte Klasse Yylex das Interface java_cup.runtime.Scanner implementiert. Zusätzlich können mit %implements sym die vom Parser generierten Tokendefinitionen im Scanner direkt verwendet werden.

Die Klasse Yytoken wird durch die Klasse java_cup.runtime.Symbol ersetzt. Dadurch müssen aber im Scanner Symbol-Objekte erzeugt werden. Es bietet sich an, Hilfsfunktionen zu definieren:

```
%{
  // Lexer-Symbol konstruieren aus Tokenart
  private Symbol sym(int sym) {
    return new Symbol(sym);
  }
```

```
   // Lexer-Symbol konstruieren aus Tokenart und Wert-Objekt
   private Symbol sym(int sym, Object val) {
     return new Symbol(sym, val);
   }
%}
```

Die semantischen Anweisungen des Scanners werden deshalb nach folgendem Muster umgeschrieben:

```
"then"              { return sym(THEN); }
[a-z]+              { // Bearbeitung von yytext() z.B. in Symboltabelle
                      return sym(ID,yytext()); }
"="                 { return sym(EQ); }
```

Die Erzeugung des Scanner-Parser-Systems erfolgt, nachdem der Klassenpfad CLASSPATH geeignet gesetzt wurde, mittels:

```
jflex scanner.lex
java java_cup.Main -interface parser.cup
```

Dabei entstehen die Dateien Yylex.java, parser.java und sym.java. In einer weiteren Klasse kann nun die Erzeugung und der Aufruf des Parsers stehen. Im Beispiel werden darüber hinaus mögliche Fehler abgefangen:

```
   // Scanner erzeugen
   Reader reader = new InputStreamReader(System.in);
   Yylex scanner = new Yylex(reader);

   // Parser erzeugen, initial: leerer Parsebaum
   parser parser = new parser(scanner);

   // Parser aufrufen
   try {
     syntaxbaum = (!Typ-Cast!)parser.parse().value;
   }
   catch (Exception e) {
     ...
   }
```

Für weitergehende Arbeiten mit JFlex und CUP, zum Beispiel der Fehlerbehandlung, empfehlen wir die Lektüre entsprechender Literatur.

A1. Aufgaben zu Teil I: Problemnahe Programmierung

A1.1 Information und ihre Repräsentation

Aufgabe 1.1. Boolesche Terme

Ein sehr kleiner Zoo verfügt über 5 Gehege, die von fünf Tieren (Alligator, Bär, Chamäleon, Dromedar und Esel) bewohnt werden. Die Abbildung A1.1 zeigt die Lage und Nummern der Gehege sowie die derzeitigen Bewohner.

Abb. A1.1. Gehegeverteilung im Zoo (Aufgabe 1.1)

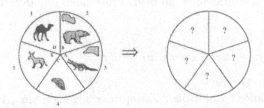

Gehege Nr. 2 und 3 haben einen kleinen Teich, nur hier fühlt sich der Alligator wohl. Nur Gehege Nr. 4 und 5 taugen für das Chamäleon. Der Esel erträgt es nicht, wenn er direkt neben dem Alligator oder Bär wohnt.

Leider ist der Esel mit seinem jetzigen Gehege auch unzufrieden; und der Gerechtigkeit halber müssen nun alle Tiere umziehen. Wir sollen dem Zoodirektor dabei helfen.

(a) Finden Sie eine passende neue Belegung der Gehege (mit kurzer Begründung).

(b) Formalisieren Sie die in obigem Text gemachten Aussagen durch Boolesche Terme.
(c) Welche zusätzlichen Aussagen wurden in Ihrem Lösungsweg verwendet? Wie ist diese Information in der Aufgabenstellung repräsentiert? Formalisieren Sie auch diese Aussagen durch Boolesche Terme.

Aufgabe 1.2. Boolesche Terme
Die folgenden Booleschen Terme seien gegeben:

$$t_1 =_{def} (x \Rightarrow y) \wedge (y \Rightarrow z) \wedge (z \Rightarrow x)$$
$$t_2 =_{def} (x \wedge y \wedge z) \vee (\neg x \wedge \neg y \wedge \neg z)$$

(a) Bei diesen Termen wurden zur besseren Lesbarkeit gewisse Klammern weggelassen. Geben Sie für die beiden Terme jeweils einen gleichwertigen, aber vollständig geklammerten Term an. Kann man in t_1 und t_2 weitere Klammern weglassen?
(b) Zeigen Sie, daß t_1 und t_2 semantisch äquivalent sind.
(c) Zeigen Sie, daß der folgende Boolesche Term eine *Tautologie* ist, d.h., daß seine Interpretation unabhängig von der Belegung der Identifikatoren immer L liefert:

$$(\neg x \Rightarrow x) \Rightarrow x$$

Aufgabe 1.3. Boolesche Äquivalenz
Beweisen Sie mit Hilfe der Wertetabellen die beiden folgenden semantischen Äquivalenzbeziehungen:

$$x \Rightarrow (y \Rightarrow z) = (x \wedge y) \Rightarrow z,$$
$$(x \wedge y) \Rightarrow z = (x \Rightarrow y) \Rightarrow (x \Rightarrow z)$$

Aufgabe 1.4. Boolesche Terme
Die Programmiersprache Gofer enthält das Konzept der sogenannten „Ausdrücke vom Typ Bool", das den Booleschen Termen des Buches entspricht.

Die Notation in Gofer unterscheidet sich gemäß Tabelle A1.1 von der Notation im Buch [B92] in der Darstellung der Operatoren und der Konstanten *true* und *false*.

Tab. A1.1. Buchnotation und Gofer-Notation bei Booleschen Termen (Aufgabe 1.4)

Buch	Gofer	Buch	Gofer
true	True	$\wedge$	&&
false	False	$\vee$	||
$\neg$	not	$\Rightarrow$	<=

Zu beachten ist, daß in Gofer Terme der Bauart $t_1 \Rightarrow t_2$ durch die Vergleichsoperation „kleinergleich" als t_1 <= t_2 beschrieben werden.

(a) Übersetzen Sie die folgenden acht Booleschen Terme in Gofer-Notation:
   i) *true*
   ii) *true* ∧ *false*
   iii) ¬*true* ∧ *false*
   iv) ¬*true* ∨ *false*
   v) ¬*true* ⇒ ¬*false*
   vi) (*true* ⇒ *false*) ⇒ (¬*false* ⇒ ¬*true*)
   vii) (*false* ⇒ *false*) ⇒ (¬*false* ⇒ ¬*false*)
   viii) (¬*true*) ∧ (¬*false* ∧ (*true* ∧ (¬*true* ∨ (¬*false* ∧ *true*)))) ∨ *false*

Aufgabe 1.5. Exklusives Oder

Auf den Booleschen Termen führen wir gelegentlich noch weitere Operatoren ein, die als Schreibabkürzung für zusammengesetzte Terme zu verstehen sind. So wird zum Beispiel das *exklusive* Oder ⊕ durch

$$x \oplus y \quad =_{\text{def}} \quad (x \wedge \neg y) \vee (\neg x \wedge y)$$

definiert. Welche Wertetabelle gehört zum Term $x \oplus y$, aufgefaßt als Abbildung, die jeder Belegung einen Wahrheitswert zuordnet? Beweisen Sie mit Hilfe dieser Wertetabelle die Assoziativität des exklusiven Oders, d.h. die semantische Äquivalenzbeziehung

$$(x \oplus y) \oplus z \ = \ x \oplus (y \oplus z).$$

Aufgabe 1.6. Substitution

Gegeben sei ein Boolescher Term t, in dem der Bezeichner z nicht vorkommt. Geben Sie eine Folge von Substitutionen an, die jeweils nur eine Variable ersetzen und deren sequentielle Anwendung auf t den gleichen Effekt hat wie die simultane Substitution $t[y/x, x/y]$.

Aufgabe 1.7. Boolesche Algebra

Zeigen Sie die folgenden Gleichungen mit Hilfe der im Buch [B92] angegebenen Gesetze für Boolesche Terme. Geben Sie bei jedem Schritt genau das verwendete Gesetz an.

(a) *true* ∧ x = x
(b) *true* ∨ x = *true*
(c) $(x \wedge y) \vee (\neg x \wedge \neg y) = (x \Rightarrow y) \wedge (y \Rightarrow x)$
(d) $x \Rightarrow (y \Rightarrow z) = (x \wedge y) \Rightarrow z$
(e) $(x \wedge y) \Rightarrow z = (x \Rightarrow y) \Rightarrow (x \Rightarrow z)$

Aufgabe 1.8. Boolesche Algebra

Beweisen Sie die Assoziativität des exklusiven Oders (vgl. Aufgabe 1.5) mit Hilfe der Gesetze der Booleschen Algebra.

Aufgabe 1.9. (PF1.5) Boolesche Terme, Gofer, Operatoren
Lösen Sie Aufgabe 1.5 bezüglich der Assoziativität des exklusiven Oders
am Rechner, indem Sie ein Gofer-Programm schreiben, das entsprechende
Wahrheitstafeln ausgibt. Die Umwandlung der auftretenden Booleschen Terme mit der Methode von Aufgabe 1.4 führt jedoch zu einem unhandlichen
Gofer-Ausdruck, weil in Gofer der Operator $\oplus$ nicht standardmäßig vorhanden ist. Deshalb werden in dieser Aufgabe Möglichkeiten zur Strukturierung
von Gofer-Ausdrücken behandelt.

(a) In Gofer ist es möglich, Ausdrücke durch Verwendung von *Hilfsdefinitio-
    nen* zu strukturieren. Dies leistet das Gofer-Konstrukt

    ```
    let
         t :: Bool; t = ⟨Hilfsausdruck⟩
    in
    ⟨Hauptausdruck⟩
    ```

    Es bewirkt, daß dem Hauptausdruck als weiterer Bezeichner t bekannt
    wird, der bei jedem seiner Auftreten durch den Wert des Hilfsausdrucks
    ersetzt wird.
    Bearbeiten Sie dazu die Datei $INFO/A1.9/xor.gs. Wandeln Sie die Ter-
    me $(x \oplus y) \oplus z$ und $x \oplus (y \oplus z)$ mit Hilfe des let-in-Konstrukts in
    Gofer-Notation um. Zerlegen Sie dazu jeden Term geeignet in Hilfs- und
    in Hauptausdruck, so daß in beiden die Definition von $\oplus$ höchstens ein-
    mal verwendet wird. Fügen Sie die Ergebnisse an den gekennzeichneten
    Stellen (bei f1 und f2) in die Datei ein.
(b) In Gofer kann $\oplus$ auch durch eine Operatordefinition eingeführt werden.
    Die Operatordefinition zu $\oplus$ ist in der Datei xor.gs bereits vorbereitet.
    Ersetzen Sie die gekennzeichnete Stelle (bei xor) durch die Definition von
    $x \oplus y$ in Gofer-Notation.
    Ist ein Operator mit Namen opname definiert worden, dann kann er als
    'opname' in sogenannter Infix-Schreibweise angewendet werden, wie z.B.
    in x 'xor' y. Setzen Sie unter Verwendung des Operators xor die Terme
    $(x \oplus y) \oplus z$ und $x \oplus (y \oplus z)$ in Gofer-Notation um und tragen Sie die
    Ergebnisse an den gekennzeichneten Stellen (bei g1 bzw. g2) ein.

Aufgabe 1.10. Boolesche Terme
Beweisen Sie die semantische Äquivalenz der folgenden beiden Booleschen
Terme

$t1 =_{\text{def}} \neg p \Rightarrow (q \vee r),$
$t2 =_{\text{def}} \neg q \Rightarrow (p \vee r)$

(a) durch Vergleich ihrer Wertetabellen und
(b) durch Anwendung algebraischer Gesetze. Geben Sie hierbei zu jedem
    Schritt an, welches Gesetz Sie verwendet haben.

Aufgabe 1.11. Boolesche Terme, Induktion

Zeigen Sie mit *vollständiger Induktion* über den Termaufbau, daß sich jeder Boolesche Term auf eine Form reduzieren läßt, in der nur die Operatoren $\vee$ und $\neg$ benutzt werden.

Aufgabe 1.12. Substitution, Induktion

Zeigen Sie durch Induktion, daß für jeden Booleschen Term t, in dem der Identifikator y nicht vorkommt, der Term $(t[y/x])[x/y]$ syntaktisch gleich zum Term t ist.

A1.2 Rechenstrukturen und Algorithmen

Aufgabe 1.13. Textersetzung

Das folgende Textersetzungssystem erwartet als Eingaben Binärwörter der Form $\langle b_1 \ldots b_n b_{n+1} \rangle$ mit $b_i \in \{0, L\}$ und $n \geq 1$. Das letzte Bit b_{n+1} heißt „Paritybit". Es überprüft, ob

$b_{n+1} = L$, falls die Anzahl der Zeichen L in $b_1, \ldots, b_n$ gerade ist und
$b_{n+1} = 0$, falls die Anzahl der Zeichen L in $b_1, \ldots, b_n$ ungerade ist.

Die Ausgabe des Textersetzunssystems ist L für „wahr" und 0 für „falsch". Die Regeln sind formuliert über dem Zeichenvorrat $\{0, L, \langle, \rangle, g, u\}$:

$$g0\rangle \;\to\; 0 \qquad gL\rangle \;\to\; L \qquad u0\rangle \;\to\; L \qquad uL\rangle \;\to\; 0$$
$$u\rangle \;\to\; L \qquad g\rangle \;\to\; 0 \qquad g0 \;\to\; g \qquad gL \;\to\; u$$
$$u0 \;\to\; u \qquad uL \;\to\; g \qquad \langle \;\;\to\; g$$

(a) Ist das Textersetzungssystem für jedes Binärwort als Eingabe deterministisch, terminierend, determiniert?

(b) Lassen sich die ersten vier Regeln entfernen, ohne die Berechnungsergebnisse zu ändern?

(c) Geben Sie eine möglichst kurze verbale Beschreibung des (verkürzten) Textersetzungssystems.

(d) Zeigen Sie, daß das Textersetzungssystem seiner Spezifikation entspricht.

(e) Formulieren Sie ein Textersetzungssystem über $\{0, L, \langle, \rangle\}$, das ein in der Eingabe enthaltenes Paritybit überprüft und ohne u und g auskommt. In welcher Weise bearbeitet Ihr Textersetzungssystem die eingegebenen Binärzeichen, wenn die Markov-Anwendungsstrategie verwendet wird?

(f) Formulieren Sie ein Textersetzungssystem, das zu einem gegebenen Binärwort $\langle b_1 \ldots b_n \rangle$ das Paritybit b_{n+1} erzeugt. Eingabe: $g\langle b_1 \ldots b_n \rangle$, Ausgabe: $\langle b_1 \ldots b_{n+1} \rangle$.

Aufgabe 1.14. Terminierungsfunktion

Untersuchen Sie die folgenden drei Textersetzungssysteme anhand von kleinen Beispielen und zeigen Sie dann mit Hilfe von *Terminierungsfunktionen*, daß alle drei Textersetzungssysteme terminieren:

(a) $V = \{0, L\}$, $LL \to \varepsilon$, $O \to \varepsilon$
(b) $V = \{A, B\}$, $A \to BB$, $B \to \varepsilon$
(c) $V = \{U, X\}$, $XU \to UX$

Aufgabe 1.15. (PF1.13) Markov-Algorithmus

Im `$INFO/A1.15/markov.gs` steht Ihnen ein Interpreter für Markov-Programme als Gofer-Programm zur Verfügung.

Der Zeichenvorrat V darf alle auf der Tastatur vorhandenen Zeichen benutzen, mit Ausnahme des Anführungszeichens. Ein Markov-Programm wird in einem Gofer-Skript abgelegt. Das Gofer-Skript enthält für jede Regel $w \to v$ $(w, v \in V^*)$ des Markov-Programms einen Eintrag der Form $("w_1 w_2 \ldots w_n", "v_1 v_2 \ldots v_m")$. Damit hat ein Markov-Programm folgende Form:

```
programmname = [⟨Regel₁⟩,
                    ⋮
                ⟨Regelₙ⟩)]
```

Nach Starten des Gofer-Systems und dem Laden beider Skripte kann das Markov-Programm `programmname` gestartet werden:

`markov programmname` ⟨*eingabe*⟩

(a) In der Datei `$INFO/A1.15/unarmul.gs` befindet sich ein Markov-Programm mit dem Namen unarmul zur Multiplikation von Strichzahlen. Führen Sie dieses Markov-Programm auf die zulässige Eingabesequenz `<||>*<||>` und auf die unzulässige Eingabesequenz `<||>*<||>*<||>` aus.
(b) Erstellen Sie ein Gofer-Skript, das das Textersetzungssystem aus Aufgabe 1.13 als Markov-Programm mit dem Namen `parity` enthält.

Aufgabe 1.16. Textersetzung

Finden Sie jeweils ein Textersetzungssystem, das die nachfolgenden Aufgaben löst. Geben Sie jeweils den verwendeten Zeichenvorrat und die erlaubte Eingabemenge an. Erläutern Sie ggf. wie das Ergebnis zu interpretieren ist. Überprüfen und begründen Sie, ob Ihre Textersetzungssysteme terminieren, determiniert oder deterministisch sind.

(a) Erzeugung aller Palindrome über $\{A, B\}$
(b) (*) Subtraktion zweier Binärzahlen $\langle a_1 \ldots a_n \rangle$ $(a_i \in \{0, L\})$
(c) Erkennung korrekter, vollständig geklammerter Boolescher Terme in $\lor \neg$-Form (siehe Aufgabe 1.11) ohne atomare Aussagen und Identifikatoren
(d) Erkennung wahrer Boolescher Terme der Form (c)

Aufgabe 1.17. Rechenstruktur NAT+

Sei die Rechenstruktur NAT+ mit der Signatur

$S_{NAT+} = \{nat\}, F_{NAT+} = \{zero, succ, add\};$
fct zero = **nat**, **fct** succ = (**nat**)**nat**, **fct** add = (**nat**, **nat**)**nat**

und folgender Interpretation gegeben:

$\text{nat}^{NAT+} = \mathbb{N}$, $\text{zero}^{NAT+} = 0$, $\text{succ}^{NAT+}(x) = x + 1$,
$\text{add}^{NAT+}(x, y) = x + y$ für $x, y \in \mathbb{N}$

Als Normalformen der Sorte **nat** sind nur Grundterme zugelassen. Sie haben die Form `succ(...(succ(zero))...)`. Wir betrachten nun in der Ebene das Gitternetz G der Punkte (x,y) mit $x, y \in \mathbb{N}$. In diesem Netz seien folgende Bewegungen zwischen Punkten möglich:

(1) von (x+1,y+1) nach (x,y+1)
(2) von (x+1,y+1) nach (x+1,y)

Zu einem Punkt P=(x,y) aus G sei NP die Anzahl der Wege von P zum Punkt (0,0), die nur aus Bewegungen der Typen (1) und (2) bestehen. (Hinweis: N(0,0)=1)

(a) Geben Sie über der Signatur von NAT+ ein geeignetes (d.h. total korrektes) Termersetzungssystem für die Funktion **add** an und wandeln Sie dieses in ein Gofer-Skript um.
Verwenden Sie für N die Sorte Int. Ersetzen Sie **zero** durch 0 und `succ(x)` durch `(x+1)`. Eine Termersetzungsregel $l \to r$ wird schließlich als Gleichung $l = r$ notiert. Ein Termersetzungssystem für eine Funktion wird eingeleitet durch deren Funktionalität z.B. der Form:

    add :: (Int, Int) -> Int

(b) **(P)** Die Rechenstruktur NAT+ soll durch Hinzunahme einer Funktion **wege** mit der Funktionalität **fct wege = (nat, nat)nat**, die zu einem gegebenen Punkt P die Zahl NP berechnet, zu einer Rechenstruktur NATK der natürlichzahligen Koordinaten des Gitternetzes erweitert werden. Geben Sie dazu über der Signatur von NATK ein geeignetes Termersetzungssystem für **wege** an und erstellen Sie dann ein Gofer-Skript, das das Termersetzungssystem für die Rechenstruktur NATK in Gofer-Notation enthält. Als Berechnungsbeispiele für ein Protokoll schlagen wir die Punkte (0,0), (10,0), (1,1), (4,6), (6,4), sowie (8,8) vor.

Aufgabe 1.18. Gofer-Rechenstruktur String

(a) Geben Sie Termersetzungssysteme in Gofer-Notation für folgende Funktionen an (Es sei immer $k \geq 0$):

    -- Vervielfachen eines Zeichens
    copyc :: (Char, Int) -> String
    copyc(c,k) = "c...c", wobei length(copyc(c,k)) = k

    -- Vervielfachen einer Zeichenreihe
    copy1 :: (String,Int) -> [String]
    copy1(s,k) = [s,...,s], wobei length(copy1(s,k)) = k

-- Vervielfachen der Einzelzeichen
```
copy2 :: (String,Int) -> [String]
```
$copy2("c_1 \ldots c_n",\ k) = [s_1, \ldots, s_n]$,

wobei für $1 \leq i \leq n : s_i = "c_i \ldots c_i"$, $length(s_i)$ = k

-- Sequenz der jeweils ersten Elemente
```
head1 :: [String] -> [Char]
```
$head1([s_1, \ldots, s_n]) = [head(s_1), \ldots, head(s_n)]$

-- Entfernen des jeweils ersten Elements
```
tail1 :: [String] -> [String]
```
$tail1([s_1, \ldots, s_n]) = [tail(s_1), \ldots, tail(s_n)]$

-- „Spiegeln" einer Sequenz von Zeichenreihen (aufgefaßt als Matrix)
```
transp :: [String] -> [String]
```
$transp(["c_{11} \ldots c_{1k}", \ldots, "c_{n1} \ldots c_{nk}"])$
$$= ["c_{11} \ldots c_{n1}", \ldots, "c_{1k} \ldots c_{nk}"]$$

(b) Finden Sie ein Beispiel, so daß nicht gilt:

```
copy2(s,k) = transp(copy1(s,k)).
```

(c) **(P)** Implementieren Sie unter Verwendung des Programmrahmens in $INFO/A1.18/strings.gs die entwickelten Lösungen in einem Gofer-Programm. Testen Sie die Korrektheit Ihrer Implementierung indem Sie tests ausgeben lassen.

Aufgabe 1.19. Gofer-Rechenstruktur

(a) Geben Sie Termersetzungssysteme in Gofer-Notation für folgende Funktionen an:

```
rev :: String -> String        -- Umdrehen der Reihenfolge
```
$rev("c_1 \ldots c_n") = "c_n \ldots c_1"$
```
palin :: String -> Bool        -- „Palindrom"-Test
```
$palin("c_1 \ldots c_n") \Leftrightarrow ("c_1 \ldots c_n" = "c_n \ldots c_1")$

(b) **(P)** Schreiben Sie ein Gofer-Programm, das die obigen Funktionen implementiert und analog zur Aufgabe 1.18 (c) eine repräsentative Menge an Tests zur Verfügung stellt.

Aufgabe 1.20. (*) Zeichenfolgen, Termersetzung, Normalform
Für einen Zeichenvorrat V bezeichne V^* die Menge aller (endlichen) Zeichenfolgen über V. $x \in V^*$ heißt *Anfangswort (Präfix)* von $y \in V^*$, wenn x durch Anfügen einer Zeichenfolge zu y verlängert werden kann. Sei $V = \{A, B, \ldots, Z\}$.

(a) Stellen Sie die Anfangswortrelation zwischen den Zeichenfolgen
ER, EINS, ERZIELEN, ERBE, EIS, ERNTE, ERZ, ε
graphisch dar.

(b) Definieren Sie formal, wann eine Zeichenfolge $x \in V^*$ Anfangswort von $y \in V^*$ ist.

(c) Gegeben sei die Rechenstruktur SEQ der Sequenzen von Zeichen aus dem Alphabet $V = \{A, B\}$ mit der im Buch [B92] gegebenen Signatur

$S = \{\mathbf{bool}, \mathbf{nat}, \mathbf{m}, \mathbf{seqm}\},$

$F = \{\mathbf{true}, \mathbf{false}, \neg, \wedge, \vee, \mathbf{zero}, \mathbf{succ}, \mathbf{pred}, \mathbf{add}, \mathbf{mult}, \mathbf{sub}, \mathbf{div}, \leq, \overset{?}{=},$
$\quad \mathbf{empty}, \mathbf{make}, \mathbf{conc}, \mathbf{first}, \mathbf{rest}, \mathbf{last}, \mathbf{lrest}\}$

und der Interpretation

$\mathbf{m}^{\text{SEQ}} = \{A, B\}.$

Wir erweitern SEQ zur Rechenstruktur SEQK, indem wir zu F die Funktionssymbole append, istanfang, a, b hinzunehmen mit den Funktionalitäten

fct append = (m, seqm) seqm,
fct istanfang = (seqm, seqm) bool,
fct a = m, fct b = m

und der Interpretation

$\text{append}^{\text{SEQK}}(x, y) = \text{conc}^{\text{SEQ}}(\text{make}^{\text{SEQ}}(x), y),$
$\text{istanfang}^{\text{SEQK}}(u, v) = \text{„}u \text{ ist Anfangswort von } v\text{“},$
$a^{\text{SEQK}} = A, b^{\text{SEQK}} = B.$

Terme, in denen ausschließlich die Symbole append, empty, a und b vorkommen, bezeichnen wir als *Normalformen* für Sequenzen.

Man begründe, warum es für jede Sequenz aus V^* genau einen Term in Normalform gibt, der sie bezeichnet.

(d) Geben Sie ein partiell korrektes Termersetzungssystem an, das alle Booleschen Terme der Form istanfang(t_1, t_2), wobei t_1, t_2 in Normalform sind, in eine der Normalformen für Boolesche Terme (true oder false) überführt.

(e) **(P)** Geben Sie ein Gofer-Programm an, das die zu (d) analoge Aufgabe in Gofer-Notation löst, und zwar für beliebige Zeichen des Gofer-Typs Char (nicht nur für die Zeichen A und B).

Aufgabe 1.21. Gofer, Sortieren

Geben Sie für die folgenden Funktionen Gofer-Programme an. Sie können dabei die Funktionen aus Abschnitt 3.1 verwenden und wo nötig auch eigene Hilfsfunktionen definieren. Wenn die Funktionen bestimmte Annahmen über die Eingabe machen (wie in Aufgabe (a)), darf die Ausführung bei Nichteinhaltung der Annahme mit einer beliebigen Fehlermeldung des Gofer-Systems abgebrochen werden. (Mit ausführlicher Lösung!)

(a) Minimum einer nichtleeren Sequenz von Zahlen.

```
minlist :: [Int] -> Int
```

Verwenden Sie dabei den in Gofer vorhandenen Operator min!

(b) k-kleinstes Element einer nichtleeren Sequenz. (Das k-kleinste Element ist das Minimum, falls k=1, ansonsten ist es das (k-1)-kleinste Element in der Sequenz, nachdem das Minimum einmal gestrichen wurde.)

```
kmin :: ([Int], Int) -> Int
```

(c) Einsortieren einer Zahl in eine Sequenz von Zahlen. Das Ergebnis soll immer eine definierte Sequenz sein, die die Elemente der Eingabesequenz und die als 2. Parameter gegebene Zahl enthält. Wenn die Eingabesequenz aufsteigend sortiert ist, soll das Resultat auch aufsteigend sortiert sein.

```
ins :: ([Int], Int) -> [Int]
```

(d) Aufsteigendes Sortieren einer Sequenz durch wiederholtes Einfügen.

```
insort :: [Int] -> [Int]
```

Verwenden Sie hierzu eine Hilfsfunktion

```
insort1 :: ([Int], [Int]) -> [Int],
```

die schrittweise alle in dem zweiten Argument enthaltenen Zahlen in die als erstes Argument übergebene Ausgangssequenz einsortiert.

(e) Wie läßt sich das k-kleinste Element (aus Teilaufgabe (b)) einfach mit Hilfe der Funktion insort berechnen? Geben Sie die entsprechende Gofer-Funktion an. Optimieren Sie diese Gofer-Funktion so, daß überflüssige Vergleiche (mit für das k-kleinste Element nicht in Frage kommenden Elementen) von der Sortierung ausgeschlossen werden.

(f) **(P)** Implementieren Sie die Gofer-Funktionen zu (a) bis (e) am Rechner und schreiben Sie ausreichende test-Funktionalität analog zu 1.18 (c).

Aufgabe 1.22. (PF1.21) Testen in Gofer

Die in Aufgabe 1.21 entwickelte Sortierfunktion besitzt eine hinreichende Komplexität, um Tests notwendig zu machen. Tests werden heute meistens interaktiv an ausgesuchten Beispielen durchgeführt. In einem größerem Programmsystem reichen interaktive Tests jedoch nicht aus. Das in Tests angesammelte Wissen über das Programmverhalten muß dokumentiert und so wiederverwendbar gemacht werden. Eine Methode ist die Definition von Testfunktionen, die automatisiert überprüfen, ob sich ein Programmstück auf den Testdaten korrekt verhält.

(a) Definieren Sie ausreichend viele Testdatensätze für die Funktion minlist, damit Sie sicher sind, daß Sie minlist korrekt implementiert haben. Inspizieren Sie dazu die minlist-Implementierung.

(b) Welche Ergebnisse erwarten Sie auf den unter (a) angegebenen Testdatensätzen?

(c) **(P)** Entwerfen Sie eine Funktion (ohne Argumente), also eine Konstante der Form

```
testminList :: string,
```

die „Ok." für jeden korrekten Aufruf und eine aussagekräftige Fehlermeldung für jeden falschen Aufruf ausgibt.

(d) **(P)** Entwerfen und implementieren Sie weitere Tests für die restlichen in Aufgabe 1.21 entworfenen Funktionen. Inspizieren Sie auch dafür den Code, beachten Sie dabei insbesondere Randfälle.

(e) Während einige der in Aufgabe 1.21 implementierten Funktionen als Hilfsfunktionen dienen, soll die Funktion insort von anderen Skripten verwendet werden können. Obwohl diese Funktion selbst sehr einfach ist, ist deshalb eine ausreichende Sammlung von Tests notwendig. Entwerfen Sie daher speziell für diese Funktion einen ausreichenden Satz von Testdaten. Überlegen Sie dabei welche Randfälle auftreten können, ohne den Code zu inspizieren. Implementieren Sie die so entworfenen *Funktionstests* in Gofer.

Aufgabe 1.23. (P) Gofer, Datumsberechnung

Wissen Sie, an welchem Wochentag Abraham Lincoln geboren wurde?

Schreiben Sie ein Gofer-Programm, das Ihnen zu einem gegebenen Datum den Wochentag berechnet. Die Datei $INFO/A1.23/datum.gs enthält Vorschläge für Funktionssignaturen, die dabei hilfreich sein können. Erweitern Sie die gegebenen Funktionstests geeignet um sicher zu stellen, daß Ihr Programm korrekt ist.

Einige Informationen zum gregorianischen Kalender, der seit Freitag, den 15.10.1582, gilt: Alle durch 400 teilbaren Jahre sind Schaltjahre. Alle anderen durch 100 teilbaren Jahre sind keine Schaltjahre. Alle weiteren durch 4 teilbaren Jahre sind jedoch Schaltjahre. (Bsp.: 1904, 2000 sind Schaltjahre, 1900 nicht).

Abraham Lincoln wurde am 12.02.1809 geboren.

Aufgabe 1.24. (P) Gofer, Zahlentheorie

Eine natürliche Zahl heißt *prim*, wenn sie genau zwei Teiler hat: 1 und sich selbst. Schreiben Sie eine Funktion istPrim, die testet, ob eine Zahl prim ist. Schreiben Sie eine Funktion primzahlen, die die Sequenz der Primzahlen zwischen 1 und ihrem Argument berechnet.

Nach Euklid heißt eine natürliche Zahl *perfekt*, wenn Sie gleich der Summe aller ihrer echten Teiler ist. (1 ist ein echter Teiler, die Zahl selbst nicht.) Schreiben Sie eine Funktion teiler, die eine Sequenz aller echten Faktoren einer natürlichen Zahl berechnet. Schreiben Sie weiter eine Funktion summe, die eine Sequenz von Zahlen addiert. Schreiben Sie schließlich eine Funktion istPerfekt, die testet, ob eine Zahl perfekt ist. Finden Sie damit (oder mit einer weiteren Funktion) die ersten drei perfekten Zahlen. Für Tests: 28 ist perfekt.

Die Datei $INFO/A1.24/zahlen.gs enthält Vorschläge für geeignete Funktionssignaturen.

Aufgabe 1.25. (P*) Gofer, Springerzüge

Schreiben Sie ein Gofer-Programm, das feststellt, ob ein Springer auf einem Schachbrett in höchstens n Springerzügen von einem Feld x auf ein Feld y gelangen kann oder nicht. Zur Vorbereitung geben Sie eine Hilfsfunktion

```
ok :: (Int,Int) -> Bool
```

an, die prüft, ob zwei ganze Zahlen ein auf dem Schachbrett befindliches Feld bezeichnen.

(a) Erstellen Sie zur Lösung des Problems die Definition einer Funktion reach in applikativer Form. Achten Sie darauf, eine passende Parameterrestriktion anzugeben und die Lösung durch eine ausreichende Menge automatisierter Tests zu prüfen.

(b) Ändern Sie die Definition von reach so ab, daß keine bedingten Ausdrücke, also if-then-else Konstrukte, vorkommen. Dazu können Sie einerseits den *regelorientierten* Stil und andererseits die Gofer-Operatoren für sequentielle Konjunktion (&&) und sequentielle Disjunktion (||) verwenden. Um schließlich die Parameterrestriktionen im regelorientierten Stil auszudrücken, verwenden Sie die folgende Hilfsfunktion:

```
assert :: Bool -> Bool
assert True = True
```

assert p liefert True, falls p zu True ausgewertet werden kann, andernfalls einen Fehlerabbruch. Führen Sie Ihre Änderungen in kleinen, überschaubaren Schritten durch, und prüfen Sie anhand der in (a) erstellten automatisierbaren Tests, ob die Lösung noch korrekt ist.

Aufgabe 1.26. (E*F1.15) Leftmost-Strategie

Ein Beispiel für deterministische Textersetzungsalgorithmen ist gegeben durch die sogenannte *leftmost-Strategie*:

Definition (leftmost-Anwendungsstrategie): Bei der Eingabezeichenkette wird zuerst die am weitesten links stehende Anwendungsstelle gesucht. Sind dann mehrere Regeln anwendbar, so wird diejenige Regel angewendet, die in der Aufschreibung zuerst kommt.

Entwerfen Sie in Teilaufgabe (a) ein Gofer-Skript, das einen Interpreter für die leftmost-Strategie enthält, und wenden Sie in Teilaufgabe (b) diesen Interpreter auf ein Beispiel an.

(a) Definieren Sie einen binären Operator leftmost, der als erstes Argument ein Regelsystem und als zweites eine einzelne Eingabezeichenkette erwartet und die Berechnungsfolge der leftmost-Anwendungsstrategie im gleichen Format wie der Operator `markov` des Markov-Interpreters von Aufgabe 1.15 ausgibt.

Stellen Sie Regeln durch Zeichenkettenpaare und Regelsysteme durch Listen von Zeichenkettenpaaren dar. Verwenden Sie gegebenenfalls Hilfsfunktionen und wenden Sie, sofern möglich, die regelorientierte Technik an.

Um die gewünschte Ausgabe zu erhalten, verwenden Sie die standardmäßig definierte Funktion `show`, um Zeichenkettenpaare in ihre Bildschirmdarstellung als `String` umzuwandeln und setzen Sie die Trennzeichen „\t" (Tabulator) und „\n" (Zeilenumbruch) geeignet ein.

(b) Lösen Sie Aufgabe 1.15(a) mit dem leftmost-Interpreter anstelle des Markov-Interpreters.

Führen Sie genau dieselben Berechnungsbeispiele durch; welcher Unterschied zur Markov-Strategie zeigt sich in der Reaktion auf die unzulässige Eingabe?

Aufgabe 1.27. (F1.20) Zeichenfolgen, Teilwort

Für einen Zeichenvorrat V bezeichne V^* die Menge aller (endlichen) Zeichenfolgen über V. $x \in V^*$ heißt Teilwort von $y \in V^*$, falls es $u, v \in V^*$ gibt, so daß $u \circ x \circ v = y$ gilt. Wir erweitern die Rechenstruktur SEQK aus Aufgabe 1.20 zur Rechenstruktur SEQAT, indem wir das Funktionssymbol `istteilwort` hinzunehmen

fct istteilwort = (seqm,seqm) bool

mit der Interpretation

istteilwort^{SEQAT}(u, v) = „u ist Teilwort von v"

(a) Geben Sie ein total korrektes Termersetzungssystem T an, das alle Booleschen Terme der Form `istteilwort`(t_1, t_2), wobei t_1, t_2 Normalformen für Sequenzen sind, in eine Normalform für Boolesche Terme (true oder false) überführt.

(b) Programmieren Sie `istteilwort` in funktionalem Stil in Buchnotation.

(c) Geben Sie ein regelorientiertes bzw. funktionales Gofer-Programm an, das die zu (a) bzw. (b) analoge Aufgabe in Gofer-Notation löst, und zwar für beliebige Zeichen des Gofer-Typs `Char`.

Aufgabe 1.28. (P) Gofer, Substitution

(a) Geben Sie ein Gofer-Programm für die Funktion

```
replace :: (String, Char, Char) -> String
```

an, so daß `replace(s, a, b)` aus Zeichenreihe `s` entsteht, indem alle Vorkommen des Zeichens `a` durch das Zeichen `b` ersetzt werden. Entwerfen Sie geeignete Testdatensätze.

(b) Geben Sie ein Gofer-Programm für die Funktion

```
value :: (Char, [(Char, Char)]) -> Char
```

an, die für ein gegebenes Zeichen c in einer Liste von Zeichenpaaren das erste Paar (c, c') sucht, dessen erste Komponente c ist. Falls ein solches Paar gefunden wurde, ist das Resultat die zweite Komponente c' des Paares, ansonsten das gegebene Zeichen c.

Beispiele: value('q', [('p','q'), ('q','r')]) = 'r'
              value('r', [('p','q'), ('q','r')]) = 'r'

Finden Sie weitere Beispiele und verwenden Sie diese als Testdatensätze.

(c) Geben Sie ein Gofer-Programm für die Funktion

```
substitute :: ( String, [(Char, Char)] ) -> String
```

an, so daß substitute(s, t) aus s entsteht, indem alle Zeichen in s entsprechend der Liste von Zeichenpaaren t ersetzt werden. Die in der Liste enthaltenen Paare werden also als simultane Substitution auf die gegebene Zeichenreihe angewandt. Dabei kann vorausgesetzt werden, daß die Liste t keine zwei Paare (x, y1) und (x, y2) mit gleicher erster Komponente enthält.

Beispiele: substitute("pqpq", [('p','q'), ('q','p')]) = "qpqp"
           substitute("pqpq", []) = "pqpq"

Entwickeln Sie auch hier weitere Testdatensätze.

(d) Haben Sie Ihre Implementierung mit automatisierten Tests überprüft?

Aufgabe 1.29. (E*) Vierwertige „Boolesche Algebra"

Eine vierwertige Interpretation der Booleschen Terme ergibt sich durch die Unterscheidung von vier Booleschen Konstanten $\bot$ („undefiniert"), true, false, $\top$ („widersprüchlich"). Ein solches Modell kann zum Beispiel verwendet werden, um unvollständige Information und das Ergebnis sich widersprechender Aussagen logisch zu repräsentieren.

Gegeben sei eine Menge M und eine von M verschiedene, nichtleere Teilmenge U; sei C das Komplement von U in M. Wir betrachten die Rechenstruktur FOUR mit

$\mathbf{four}^{FOUR} = \{M, U, C, \emptyset\}$
$\mathbf{true}^{FOUR} = M, \bot^{FOUR} = U, \top^{FOUR} = C, \mathbf{false}^{FOUR} = \emptyset,$
$\neg^{FOUR} = -,$ definiert durch $-M = \emptyset, -U = U, -C = C, -\emptyset = M,$
$\vee^{FOUR} = \cup,$
$\wedge^{FOUR} = \cap.$

Zeigen Sie, daß FOUR bis auf das Neutralitätsgesetz alle Gesetze der Booleschen Algebra erfüllt.

A1.3 Programmiersprachen und Programmierung

Aufgabe 1.30. BNF
Beschreiben Sie mit BNF-Regeln die formale Sprache, die

(a) aus den drei Funktionsnamen „succ", „pred" und „abs" besteht,
(b) aus allen Worten besteht, in denen nur abwechselnd 'a' und 'b' auftauchen,
(c) aus allen Worten besteht, die gleichviele 'a' und 'b' enthalten,
(d) aus allen (nicht leeren) Variablennamen besteht, die aus Ziffern, Buchstaben und Underscore ('_') aufgebaut sind, aber nicht mit einer Ziffer beginnen,
(e) alle ganzen Zahlen beschreibt,
(f) aus allen ganzzahligen Ausdrücken besteht, die aus Zahlen oder Variablennamen mittels Applikation von Funktionen (z.B. succ(...)) und den Grundrechenarten + und * (z.B. mit (...+...)) aufgebaut sind.
(g) Welche der obigen Sprachen lassen sich durch jeweils eine nichtrekursive BNF-Regel beschreiben?

Aufgabe 1.31. (PE*) Parsen
Eine Sprache ZA für Ziffernarithmetik wird in BNF-Notation wie folgt beschrieben:

```
⟨expression⟩    ::= ⟨summand⟩ { ⟨addop⟩ }
⟨addop⟩         ::= + ⟨summand⟩ { ⟨addop⟩ }
⟨summand⟩       ::= ⟨factor⟩ { ⟨mulop⟩ }
⟨mulop⟩         ::= * ⟨factor⟩ { ⟨mulop⟩ }
⟨factor⟩        ::= 0|1|2|3|4|5|6|7|8|9 | ( ⟨expression⟩ ⟨closeb⟩
⟨closeb⟩         ::= )
```

Die Syntaxvariable ⟨expression⟩ beschreibt die Menge der korrekt gebildeten Ausdrücke. Ein solcher Ausdruck kann auch in vollständig geklammerter Form vorliegen. Etwas präziser ist eine Ziffer 0 bis 9 ein vollständig geklammerter Ausdruck; ferner sind, falls x und y vollständig geklammert sind, $(x + y)$ und $(x * y)$ wieder vollständig geklammert.

Geben Sie ein Gofer-Programm an, das jeden korrekt gebildeten Ausdruck der Sprache ZA in einen vollständig geklammerten Ausdruck dieser Sprache umwandelt. Die Grammatik ist so gewählt, daß Sie die Signatur zu Ihrem Termersetzungssystem aus den Namen der syntaktischen Variablen gewinnen können. Sie können das Schlußergebnis durch eine zusätzliche Operation za_parse :: String -> String ermitteln lassen.

A1.4 Applikative Programmiersprachen

Aufgabe 1.32. Rekursive Funktionen, Fixpunkt, Fakultät
Gegeben sei die folgende rekursive Funktionsdeklaration:

```
fct fac = (nat n) nat:
if n=0 then 1 else n * fac(n-1) fi
```

(a) Geben Sie das zu dieser Funktionsdeklaration gehörige Funktional

$$\tau : (\mathbb{N}^\perp \to \mathbb{N}^\perp) \to (\mathbb{N}^\perp \to \mathbb{N}^\perp)$$

an.

(b) Welche Funktion ergibt sich jeweils, wenn man das Funktional τ auf die folgenden beiden Funktionen anwendet:

$$1 : \mathbb{N}^\perp \to \mathbb{N}^\perp, 1(n) =_{\text{def}} 1 \text{ für alle } n \in \mathbb{N}^\perp$$

$$F : \mathbb{N}^\perp \to \mathbb{N}^\perp, F(n) =_{\text{def}} \begin{cases} \perp & \text{falls } n = \perp \\ n! & \text{falls } n \in \mathbb{N} \end{cases}$$

(c) Die für die induktive Deutung maßgebliche Folge von Funktionen f_i ist definiert durch:

$$f_i : \mathbb{N}^\perp \to \mathbb{N}^\perp, \ f_0(n) =_{\text{def}} \perp \text{ für alle } n \in \mathbb{N}^\perp,$$

$$f_{i+1}(n) =_{\text{def}} \tau[f_i](n) \text{ für alle } n \in \mathbb{N}^\perp.$$

Bestimmen Sie die Funktionen f_0, f_1, f_2 und f_3 nach dieser Definition.

(d) Geben Sie (ohne Beweis) eine explizite Definition der Funktion f_i an.

(e) Geben Sie (ohne Beweis) die Funktion $f^\infty =_{\text{def}} sup\{f_i | i \in \mathbb{N}\}$ an.

(f) Übersetzen Sie das Funktional τ und einige f_i in Gofer-Notation.

(g) **(P)** Erweitern Sie das in $INFO/A1.32/taufac.gs gegebene Gofer-Skript um obige Funktionen und sehen Sie sich einige Funktionaliterationen mit Gofer an. Benutzen Sie dabei die Funktion `zeigef`, die den Werteverlauf einer Funktion plottet.

Aufgabe 1.33. Rekursive Funktionen, Fixpunkt, Summe

(a) Gegeben sei das folgende Termersetzungssystem in Gofer-Notation:

```
sumlist :: [Int] -> Int
sumlist([]) = 0
sumlist(x:s) = x+sumlist(s)
```

Zeigen Sie die partielle Korrektheit des Gofer-Programms bezüglich folgender (strikter) Interpretation des Funktionssymbols `sumlist` in der Rechenstruktur SEQZ der Sequenzen von ganzen Zahlen:

$$\text{sumlist}^{\text{SEQZ}}([x_1, \ldots, x_n]) = \sum_{i=1}^{n} x_i$$

(b) Gegeben sei die folgende rekursive Funktionsdeklaration in Gofer:

```
sumlist :: [Int] -> Int
sumlist(s) = if s == [] then 0
                 else head(s) + sumlist(tail(s))
```

Geben Sie das zu `sumlist` gehörige Funktional

$$\tau : (\mathbb{S}^\perp \to \mathbb{Z}^\perp) \to (\mathbb{S}^\perp \to \mathbb{Z}^\perp)$$

an (wobei $\mathbb{Z}^\perp$ und $\mathbb{S}^\perp$ die um $\perp$ erweiterten Bereiche der ganzen Zahlen bzw. der Sequenzen von ganzen Zahlen bezeichnen). Zeigen Sie, daß die Funktion G, definiert durch

$$G : \mathbb{S}^\perp \to \mathbb{Z}^\perp, G(s) = \begin{cases} \perp & \text{falls } s = \perp \\ \text{sumlist}^{\text{SEQZ}}(s) & \text{sonst} \end{cases}$$

ein Fixpunkt von τ ist. Worin unterscheidet sich der Beweis von dem für Teilaufgabe (a)?

Aufgabe 1.34. Rekursive Funktionen, Fixpunkt
Gegeben sei die folgende rekursive Funktionsdeklaration:

fct g = (nat n, char c) string:
if n $\overset{?}{=}$ 0 then empty
**   else append(c,g(n-1,c)) fi**

(`append` bezeichnet die Funktion, die ein Zeichen vorne an einen String anhängt.)

(a) Geben Sie das zu dieser Funktionsdeklaration entsprechende Funktional

$$\tau : (\mathbb{N}^\perp \times \mathbb{A}^\perp \to \mathbb{S}^\perp) \to (\mathbb{N}^\perp \times \mathbb{A}^\perp \to \mathbb{S}^\perp)$$

an. Dabei seien $\mathbb{A}$ die Menge der Zeichen (**char**^{STR}) und $\mathbb{S}$ die Menge der Zeichenreihen über $\mathbb{A}$ (**string**^{STR}).

(b) Die Funktionenfolge $(f_i)_{i \in \mathbb{N}}$ sei wie folgt induktiv definiert:

$$f_0(x, z) = \perp,$$
$$f_{i+1}(x, z) = \tau[f_i](x, z) \qquad \text{für } x \in \mathbb{N}^\perp, z \in \mathbb{A}^\perp.$$

Geben Sie f_0, f_1, f_2, f_3 und f_4 explizit an.
Sei $copy : \mathbb{N}^\perp \times \mathbb{A}^\perp \to \mathbb{S}^\perp$ eine strikte Abbildung definiert durch

$$copy(x, z) = \langle z \ldots z \rangle, \text{ wobei } length(copy(x, z)) = x.$$

(c) Beweisen Sie: $f_i(j, z) = copy(j, z)$ für $z \in \mathbb{A}, i, j \in \mathbb{N}$ und $0 \le j < i$.
(d) Geben Sie die Funktion $f^\infty = sup\{f_i | i \in \mathbb{N}\}$ an (ohne Beweis).
(e) Zeigen Sie (ohne Rückgriff auf den Satz von Kleene), daß $copy$ ein Fixpunkt des Funktionals τ ist.
(f) Wie viele verschiedene Fixpunkte besitzt das Funktional τ?

(g) **(P)** Übersetzen Sie diese Funktionen unter Benutzung der Vorlage $INFO/A1.34/taucopy.gs in Gofer-Notation.

Aufgabe 1.35. Rekursive Funktionen, Fixpunkt
Gegeben sei die folgende Rechenvorschrift:

fct g = (**nat** x, **nat** n)**nat**:
if n $\overset{?}{=}$ 0 **then** 1
        else 1 + x*g(x, n-1) **fi**

(a) Geben Sie das zu g gehörige Funktional

$$\tau : (\mathbb{N}^\perp \times \mathbb{N}^\perp \to \mathbb{N}^\perp) \to (\mathbb{N}^\perp \times \mathbb{N}^\perp \to \mathbb{N}^\perp) \text{ an.}$$

(b) Zeigen Sie, daß die im folgenden definierte Funktion $S : (\mathbb{N}^\perp \times \mathbb{N}^\perp \to \mathbb{N}^\perp)$ ein Fixpunkt von τ ist:

$$S(x,n) = \begin{cases} \sum_{i=0}^{n} x^i & \text{falls } x \neq \perp \text{ und } n \neq \perp \\ \perp & \text{falls } x = \perp \text{ oder } n = \perp \end{cases}$$

(c) Ist S der kleinste Fixpunkt von τ? Kurze Begründung!

(d) Übersetzen Sie die Funktion g in Gofer-Notation. Berechnen Sie g(0,undefined). Informieren Sie sich über „lazy evaluation", um die Aufwertungsstrategie zu verstehen, die von Gofer für eine Abarbeitungsstrategie verwendet wird, die robuster als der kleinste Fixpunkt ist.

Aufgabe 1.36. Rekursionsarten, Fibonacci
Zur Modellierung des Wachstums einer Kaninchenpopulation ohne Berücksichtigung der Sterberate nehmen wir an, daß jedes erwachsene Kaninchenpaar monatlich ein neues Kaninchenpaar zeugt und einen vollen Monat lang austrägt. Ein neugeborenes Kaninchen sei nach einem Monat erwachsen.

(a) Beschreiben Sie das Wachstumsgesetz einer Kaninchenpopulation, die sich als Nachkommenschaft eines einzigen Kaninchenpaares entwickelt. Benutzen Sie dazu die Rechenvorschrift

fct fib = (**nat** n: $\neg(n \overset{?}{=} 0)$)**nat**:
if n $\overset{?}{=}$ 1 **or** n $\overset{?}{=}$ 2 **then** 1
           else fib(n-1) + fib(n-2) **fi**

zur Berechnung der n-ten Fibonacci-Zahl.

(b) Es bezeichne $AA(n)$ die Anzahl der bei der Berechnung von $fib(n)$ auftretenden Aufrufe der Rechenvorschrift fib einschließlich des ersten Aufrufs. Man gebe für AA eine Rekursionsformel an und zeige die Gleichung $AA(n) = 2 * fib(n) - 1$.

(c) Sei

fct f = (**nat** n, **nat** k, **nat** a, **nat** b) **nat** :
if k $\overset{?}{=}$ n-1 **then** a
         else f(n,k+1,a+b,a) **fi** .

Man zeige, daß $fib(n)$ in f durch den Aufruf $f(n, 0, 1, 0)$ eingebettet werden kann.

Hinweis: Man zeige $f(n, 0, 1, 0) = f(n, k, fib(k+1), fib(k))$ für $1 \le k < n$.

(d) Von welchem Rekursionstyp sind fib und f?

(e) Wieviele Aufrufe von Rechenvorschriften werden einschließlich des ersten Aufrufs zur Berechnung von $fib(n)$ gemäß (c) benötigt?

Aufgabe 1.37. (P*) Kürzester Weg

Wir suchen zu zwei Punkten A und B den kürzesten Pfad in einem rechtwinkligen Raster, das „Hindernisse" enthält. Hindernisse sind verbotene Punkte. Gesucht ist eine Sequenz von senkrecht oder waagrecht direkt benachbarten Punkten ohne verbotene Punkte, mit A als erstem und B als letztem Element. Das Raster bestehe aus m Spalten und n Zeilen.

Tab. A1.2. 7 ∗ 7-Raster mit kürzestem Weg von A nach B (Aufgabe 1.37)

6	8	7	8				
5	7	6	7	8	**B**	8	
4	6	5	*		8	7	8
3	5	4	*	8	7	6	7
2	4	3	2	*	*	5	6
1	3	2	1	2	3	4	5
0	2	1	**A**	1	2	3	4
	0	1	2	3	4	5	6

Lösungsidee (C. Y. Lee, 1961): Man berechnet zunächst die Folge der „Wellen": Die erste Welle ist die einelementige Sequenz aus dem Punkt A. Die jeweils nächste Welle ist die Sequenz der „freien Nachbarn" der Punkte der letzten Welle. Ein freier Nachbar eines Punktes ist ein senkrecht oder waagrecht direkt benachbarter, nicht verbotener Rasterpunkt, der nicht in der vorigen Welle liegt. Ist B von A aus erreichbar, so findet man eine Welle, die B enthält. Ein Pfad ergibt sich dann von B ausgehend rückwärts, indem man als jeweils nächsten Punkt einen Nachbarn wählt, der auf der vorangehenden Welle liegt, bis A erreicht ist. Ein solcher Pfad hat minimale Länge.

Im Raster in Tabelle A1.2 (mit m=7, n=7) sind die Punkte mit Wellennummern markiert; ein möglicher Pfad führt über die kursiv gesetzten Nummern. Implementieren Sie den Algorithmus in Gofer, und testen Sie das Verfahren am angegebenen und weiteren Beispielen.

Aufgabe 1.38. Repetitive Rekursion

Gegeben sei die folgende rekursive Funktionsdeklaration für rev, die sich abstützt auf die Rechenstruktur der Sequenzen.

```
fct rev = (string x) string:
       ?
if x = empty then empty
            else  conc(rev(rest(x)),make(first(x))) fi
```

Zur Abkürzung schreiben wir `mf(x)` für `make(first(x))`, $\text{rest}^i(x)$ sei die i-fache Restbildung mit $1 \leq i$, conc notieren wir durch o mit Infixschreibweise, und ε bezeichne `empty`.

(a) Durch 3-fache Expansion von `rev` und entsprechende äquivalente Umformungen leite man die folgende Gleichung ab:

$$\text{rev}(x) =$$
if $x \overset{?}{=} \varepsilon$ then ε
elif $\text{rest}(x) \overset{?}{=} \varepsilon$ then $\varepsilon \circ \text{mf}(x)$
elif $\text{rest}^2(x) \overset{?}{=} \varepsilon$ then$(\varepsilon \circ \text{mf}(\text{rest}(x))) \circ \text{mf}(x)$
elif $\text{rest}^3(x) \overset{?}{=} \varepsilon$ then$((\varepsilon \circ \text{mf}(\text{rest}^2(x))) \circ \text{mf}(\text{rest}(x))) \circ \text{mf}(x)$
else $(((\text{rev}(\text{rest}^4(x)) \circ \text{mf}(\text{rest}^3(x))) \circ \text{mf}(\text{rest}^2(x))) \circ \text{mf}(\text{rest}(x))$
$\qquad \circ \text{mf}(x)$ fi

(b) Geben Sie eine repetitiv rekursive Funktionsvereinbarung für eine Funktion `rev1` mit der Funktionalität **fct rev1 = (string, string) string** und der Spezifikation `rev1(x,s) = rev(x) o s` an.

(c) Beweisen Sie die Korrektheit der Einbettung `rev(x) = rev1(x, empty)`, d.h. die Gültigkeit dieser Gleichung.

(d) Geben Sie in Analogie zu den vorausgehenden Teilaufgaben eine repetitiv rekursive Funktionsvereinbarung zur Berechnung der Fakultätsfunktion an.

Aufgabe 1.39. (F1.19) Repetive Rekursion, Totale Korrektheit

Gegeben sei

fct palin = (string x) bool:
  if $x \overset{?}{=}$ empty   then true
  elif $\text{rest}(x) \overset{?}{=}$ empty then true
                else $\text{first}(x) \overset{?}{=} \text{last}(x)$
                  $\wedge$ palin(lrest(rest(x))) fi

(a) Zeigen Sie die totale Korrektheit der Rechenvorschrift `palin` bezüglich der in Aufgabe 1.19 spezifizierten Eigenschaft einer Zeichenkette, ein Palindrom zu sein.

(b) Leiten Sie zunächst zu `palin` eine äquivalente repetitiv rekursive Rechenvorschrift `palin1` ab und geben Sie anschließend eine zuweisungsorientierte nichtrekursive Rechenvorschrift `palin2` an, die äquivalent zu `palin1` ist.

A1.5 Zuweisungsorientierte Ablaufstrukturen

Aufgabe 1.40. (F1.36) Programmtransformation, Fibonacci
In dieser Aufgabe soll ein Java Programm zur Berechnung der Fibonacci-Funktion gemäß Aufgabe 1.36(c) entwickelt werden.

(a) Es seien die Variablen **var nat** n, k, a, b gegeben. Geben Sie in Buchnotation eine Wiederholungsanweisung an, die die gleiche Wirkung hat wie die Zuweisung

```
a := f(n, k, a, b);
```

wobei f wie in Aufgabe 1.36 definiert sei:

fct f = (nat n,nat k,nat a,nat b) nat:
if k $\stackrel{?}{=}$ n-1 then a
          else f(n,k+1,a+b,a) fi

(b) Geben Sie eine Version der Wiederholungsanweisung aus (a) an, deren Rumpf keine kollektiven Zuweisungen verwendet, sondern sequentiell komponierte Zuweisungen an Einzelvariablen.

(c) Ergänzen Sie die Wiederholungsanweisung um weitere Anweisungen, so daß ein zuweisungsorientiertes Programm zur Berechnung der Fibonacci-Funktion entsteht.

(d) Übertragen Sie das Programmstück aus (c) in Java-Notation.

(e) Fügen Sie das Programmstück aus (d) in das Java-Rahmenprogramm `$INFO/A1.40/Fibonacci.java` ein, in dem eine Hauptfunktion zur Eingabe einer Zahl und der Ausgabe des zugehörigen Wertes der Fibonacci-Funktion enthalten ist.

(f) **(P)** Testen Sie Ihre Funktion anhand des in übersetzter Form vorliegenden Testprogramms `$INFO/A1.40/TestFibonacci.class` mit dem Aufruf java `TestFibonacci`. Dabei wird davon ausgegangen, daß in Klasse `Fibonacci` eine statische Methode der Form

```
static int fibonacci(int)
```

existiert.

Aufgabe 1.41. (P) Java, Primzahlen
Schreiben Sie ein Java-Programm, das eine natürliche Zahl n einliest und alle Primzahlen im Intervall zwischen 1 und n ausgibt. (Siehe auch Aufgabe 1.24)

Aufgabe 1.42. (P) Sequenzoperationen
In dieser Programmieraufgabe soll in Java eine vorgegebene Klasse für die Rechenstruktur der Sequenzen über int verwendet werden. Eine Beschreibung der dort zur Verfügung gestellten Prozeduren finden Sie in `$INFO/A1.42`. Das Interface `IntSequence` beschreibt die von der Klasse `IntSequImpl` zur Verfügung gestellten Operationen. Ein Beispielprogramm (Revertieren einer

Sequenz durch rekursiven Algorithmus) finden Sie in der Klasse `Revert`. Beachten Sie, daß in dieser Aufgabe prozedurale Programmierung in einer objektorientierten Programmiersprache simuliert wird. Dies drückt sich unter anderem in der besonderen Form der `main`-Methode aus.

(a) Modifizieren Sie die in `Revert` gegebene Methode `rev()`, so daß der Algorithmus mit einer `while`-Schleife statt mit Rekursion arbeitet. Prüfen Sie Ihre Lösung anhand der gegebenen Tests.

Polynome in einer Variablen über `int` können durch die Sequenz ihrer Koeffizienten dargestellt werden. Die Sequenz `[7,3,0,5]` steht beispielsweise für das Polynom:

$$p(x) = 7x^3 + 3x^2 + 5$$

Unter dieser Annahme sind folgende Java-Programmstücke zu schreiben und in der Klasse `Poly` zu realisieren. Verwenden Sie dazu `Revert` als Vorlage.

(b) Die Methode `writePoly` gibt eine Sequenz von natürlichen Zahlen in einer als Polynom lesbaren Form aus, etwa (für obige Sequenz) als:

```
(7*x^3) + (3*x^2) + 5.
```

(c) Die Methode `evalPoly` hat als Argumente eine Sequenz, die ein Polynom p darstellt, sowie eine natürliche Zahl x und liefert den Wert p(x), d.h. die Auswertung des Polynoms p an der Stelle x. Versuchen Sie eine effiziente Fassung zu finden, die ohne Rekursion und ohne eine Exponentialfunktion auskommt (Horner-Schema).

(d) Die Methode `diffPoly` hat als Argument eine Sequenz, die ein Polynom p darstellt und liefert als Resultat wieder eine Sequenz, die die erste Ableitung der durch p bezeichneten Funktion nach den Regeln der Analysis darstellt.

(e) Testen Sie Ihre Prozeduren in geeigneter Form.

Aufgabe 1.43. (P) Transitive Hülle

Eine binäre Relation R über einer Menge V, d.h. $R \subseteq V \times V$, heiße in einer Stelle $x \in V$ *transitiv*, falls $\forall y, z \in V : yRx \wedge xRz \Rightarrow yRz$ ($(u,v) \in R$ wird in Infixschreibweise mit uRv abgekürzt). Offensichtlich ist R transitiv, falls für alle $x \in V$ gilt, daß R in x transitiv ist.

Jede Relation R kann an einer Stelle x transitiv gemacht werden, indem alle Vorgänger von x zu allen Nachfolgern von x „durchgeschaltet" werden, d.h., daß folgende Operation ausgeführt wird:

$$T(R,x) =_{\text{def}} R \cup \overline{R} \qquad \text{mit } \overline{R} =_{\text{def}} \{(y,z) : yRx \wedge xRz\}$$

(a) Man zeige, daß $T(R,x)$ transitiv ist in x.

(b) Zeigen Sie, daß die Eigenschaft einer Relation R, in einer Stelle x transitiv zu sein, invariant ist gegenüber der Durchschaltoperation, d.h., daß für alle y gilt:
   R ist in x transitiv $\Rightarrow$ $T(R,y)$ ist in x transitiv.

Wir fassen nun eine Relation R über einer endlichen Menge natürlicher Zahlen $N = \{x | 1 \leq x \leq n\}$ als Boolesche Funktion $R : N \times N \to \mathbb{B}$ auf.

(c) **(P)** Programmieren Sie die Durchschaltoperation T als Java-Methode für Relationen, die als Boolesche, 2-dimensionale Felder realisiert sind.

(d) **(P)** Programmieren Sie für diese Relationen R eine Hüllenoperation, die zu R die kleinste transitive Relation S bestimmt, die R enthält.

Aufgabe 1.44. (PF1.43) Java, Matrizenrechnung

Sei $R \subseteq M \times M$ eine reflexive Relation, die wie in Aufgabe 1.43 als Boolesche Matrix B dargestellt sei. M enthalte $N = 2^n$ Elemente, wobei wir speziell den Fall $n = 4$ betrachten wollen. Demzufolge ist B eine 16×16 Matrix von Booleschen Werten 0 oder 1. Analog zur Multiplikation von Matrizen A, B mit dem Produkt

$$C = A * B, \qquad C_{i,j} = \sum_{k=1}^{N} A_{i,k} \cdot B_{k,j},$$

können wir Boolesche Matrizen multiplizieren, wenn wir die Operationen Produkt '·' und Addition '+' als 'Und'- bzw. 'Oder'- Operation interpretieren. Für die transitive Hülle R^{tr} einer reflexiven Relation R gilt nun

$$R^{tr} = R^N, \text{ wobei } R^k = R * R * \ldots * R \text{ mit k Faktoren bedeutet.}$$

(a) Programmieren Sie eine Java-Methode, die das Quadrat B^2 einer Booleschen Matrix B berechnet.

(b) Programmieren Sie in Java die Bildung der transitiven Hülle einer reflexiven Relation über einer 16-elementigen Menge, indem Sie die Berechnung auf die Prozedur aus (a) effizient abstützen.

Aufgabe 1.45. Lebensdauer, Sichtbarkeit

In einem Programm kann ein Identifikator x mehrfach vereinbart und damit gebunden sein. Die Lebensdauer von x umfaßt den gesamten Bindungsbereich; der Sichtbarkeitsbereich von x entspricht der Lebensdauer abzüglich der inneren Bereiche mit neuen Vereinbarungen für x.

Welche Lebensdauer und Sichtbarkeit besitzen die Identifikatoren n, q1 und q0 im Programm aus Tabelle A1.3?

Aufgabe 1.46. Sichtbarkeit

Welchen Zahlenwert hat der folgende Abschnitt:

```
⌈ nat x = 1, nat y = 2, nat z = 3;
    ⌈ fct y = (nat y) nat: x+y+z;
        ⌈ fct x = (nat x) nat: x+y(z);
            ⌈ nat z = 5; x(y(z))        ⌋ ⌋ ⌋ ⌋
```

Aufgabe 1.47. (F1.40) Iteration, Zusicherungsmethode

Sei $fib : \mathbb{N} \to \mathbb{N}$ die Funktion, die die Folge der Fibonacci-Zahlen berechnet (vgl. Aufgaben 1.36 und 1.40), wobei aus Vereinfachungsgründen $fib(0) = 0$ angenommen wird. Betrachten Sie dazu folgendes Programmstück mit den Variablen a, b, h und k der Sorte **nat** und der Konstante n > 0:

Tab. A1.3. Lebensdauer und Sichtbarkeit von Variablen (Aufgabe 1.45)

	Lebensdauer					Sichtbarkeit			
	n	q1	n	q0	n	n	q1	n	q0	n

```
fct addParity = (nat n) nat:
⌈ fct q1 = (nat n) bool:
    if n ≟ 0      then false
    elif even(n) then q1(n/2)
                 else q0(n/2)
    fi,
  fct q0 = (nat n) bool:
    if n ≟ 0      then true
    elif even(n) then q0(n/2)
                 else q1(n/2)
    fi;
  if q0(n)        then n*2
                 else n*2 + 1
  fi ⌋
```

$\{\ true\ \}$
k := 0; a := 1; b := 0;
$\{\ a = fib(k+1) \wedge b = fib(k) \wedge k \leq n-1\ \}$
while k < n-1 **do**
        $\{\ (1)\ \}$
        h := a; k := k+1; a := a+b; b := h
        $\{\ (2)\ \}$
od
$\{\ (3)\ \}$
$\{\ a = fib(n)\ \}$

(a) Geben Sie eine geeignete Invariante für die **while**-Schleife an und zeigen Sie die Gültigkeit der Invariante. Setzen Sie dann geeignete Zusicherungen an den Stellen (1), (2) und (3) ein, die die Verifikation der letzten Zusicherung ermöglichen.

(b) Verifizieren Sie das gesamte Programm mit Hilfe der Regeln aus dem Buch [B92].

(c) Beweisen Sie die Terminierung der **while**-Schleife nach der Zusicherungsmethode.

Aufgabe 1.48. Zusicherungsmethode
Das folgende Programmstück benutzt die Rechenstruktur STR der Zeichenketten. s1 und s2 seien Variablen der Sorte **string**.

$\{\ s1 = \varepsilon \wedge s2 = \langle x_1 \ldots x_n \rangle\ \}$
while ¬ isempty(s2) **do**
        s1 := conc(make(first(s2)),s1); s2 := rest(s2)
od

$\{\ s1 = \langle x_n \dots x_1 \rangle\ \}$

Fügen Sie in dieses Programmstück geeignete weitere Zusicherungen ein, so daß die Gültigkeit der Zusicherung in der letzten Zeile ersichtlich wird. Erklären Sie alle Schritte der Argumentation mit den im Buch [B92] eingeführten Schlußregeln.

Aufgabe 1.49. Terminierung, Zusicherungsmethode

(a) Verifizieren Sie das folgende Programmstück mit Hilfe der Regeln aus dem Buch [B92], wobei alle auftretenden Variablen von der Sorte **nat** seien:

$\{\ quo = 0 \wedge rem = x\ \}$
while rem $\geq$ y do rem := rem - y; quo := quo + 1 od
$\{\ x = quo \cdot y + rem \wedge 0 \leq rem < y\ \}$

Beweisen Sie die Terminierung der while-Schleife für y > 0 nach der Zusicherungsmethode. Wie zeigt sich im Zusicherungskalkül die Nichtterminierung für y = 0?

(b) Verifizieren Sie das folgende Programmstück, das die Rechenstruktur STR der Zeichenketten benutzt. Dabei sei s eine Variable der Sorte **string**, k von der Sorte **nat**, c von der Sorte **char** und n eine vorgegebene natürliche Zahl aus N.

$\{\ s = \varepsilon \wedge k = n\ \}$
while k > 0 do s := conc(make(c),s); k := k-1; od
$\{\ s = \langle c \dots c \rangle \wedge length(s) = n\ \}$

Aufgabe 1.50. Invariante, Zusicherungsmethode

Im folgenden seien s, s1, s2 Variablen für Sequenzen natürlicher Zahlen. Vorgelegt seien die Prädikate

$P =_{\text{def}} (sum(s) = sum(s1) + sum(s2))$
$Q =_{\text{def}} (length(s) \geq length(s1) + length(s2))$

Darin sei *sum* eine Funktion, die die Summe der Elemente einer Sequenz bestimmt und die Eigenschaften

$sum(r \circ \langle a \rangle) = sum(r) + a = sum(\langle a \rangle \circ r)$
$sum(\varepsilon) = 0$

besitzt. Überprüfen Sie, ob P und Q Invarianten der folgenden Wiederholungsanweisung sind.

```
s1 := s;
s2 := empty();
while ¬ isempty(s1) do
        a := first(s1); s1 := rest(s1);
        if a ≠ 0 then s2 := conc(s2, make(a)) else nop fi
od
```

Aufgabe 1.51. (*) Invariante, Zusicherungsmethode, Bubblesort

In dieser Aufgabe wird der Sortieralgorithmus „BubbleSort" untersucht. Dieser einfache Algorithmus arbeitet auf einem Feld der Form a[N], wobei der oberste Index N durch N=a.length-1 festgestellt werden kann. In Java ist immer die 0 der unterste gültige Index.

(a) Geben Sie eine Java-Funktion

```
public void exchange( int a[], int i, int j)
```

an, die im Feld a den Inhalt der Feldelemente a[i] und a[j] vertauscht.

(b) Überzeugen Sie sich anhand eines selbstgewählten Beispiels davon, daß der folgende Algorithmus das Feld a korrekt sortiert:

```
public void bubbleSort( int a[] ) {
    int bound = a.length-1;
    while ( bound > 0 ) {
        int t = 0;
        for ( int j=0; j<bound; j++ ) {
            if ( a[j] > a[j+1] ) {
                exchange( a, j, j+1);
                t = j+1;
            }
        }
        bound = t;
    }
}
```

(c) Geben Sie geeignete Invarianten für die beiden Schleifen in der Methode BubbleSort an und skizzieren Sie den Korrektheitsbeweis! Die Eigenschaft, daß das Resultat stets eine Permutation der Startwerte des Feldes darstellt, darf dabei (da trivial) vernachlässigt werden.

(d) Für welche Eingaben ist BubbleSort besonders effizient und besonders ineffizient? Welche Größenordnung erreicht die Anzahl der benötigten Operationen im schlimmsten Fall?

Aufgabe 1.52. Iteration, Zusicherungsmethode

In folgendem Programmstück seien s0 eine vorgegebene Zeichenkette, s eine Variable von der Sorte **string** und ispalin die Palindromprüfungsfunktion für Zeichenketten (siehe Teilaufgabe (a)).

$\{\ s = s0\ \}$

while length(s) $> 1 \wedge$ first(s) $\overset{?}{=}$ last(s) **do**
    s := lrest(rest(s))
od
$\{\ ispalin(s0) = (length(s) \leq 1)\ \}$

(a) Es gelte ispalin($\langle x_1 \ldots x_n \rangle$) $=_{\text{def}}$ ($\langle x_1 \ldots x_n \rangle = \langle x_n \ldots x_1 \rangle$). Beweisen Sie, daß dann für alle Zeichenketten s mit Länge größer als 1 die folgende Eigenschaft gilt:

```
ispalin(s)  ⇔  (first(s) =? last(s)
               ∧ ispalin(lrest(rest(s))) )
```

(b) Beweisen Sie, daß folgende Bedingung P eine Invariante für die angegebene while-Schleife ist:

$$\text{ispalin(s0)} \overset{?}{=} \text{ispalin(s)}$$

(c) Verifizieren Sie das angegebene Programmstück unter Angabe aller notwendigen Schritte, so daß die zuletzt angegebene Zusicherung gültig ist.

(d) Beweisen Sie die Terminierung der while-Schleife nach der Zusicherungsmethode.

(e) Die Nachbedingung des gegebenen Programmstücks werde ersetzt durch:

$$\exists s' : s' \circ s \circ rev(s') = s0,$$

wobei $rev(\langle x_1 \ldots x_n \rangle) =_{def} \langle x_n \ldots x_1 \rangle$. Geben Sie eine Invariante an, die die Verifikation dieser neu eingeführten Nachbedingung erlaubt. Beweisen Sie die Invarianteneigenschaft!

A1.6 Sortendeklarationen

Aufgabe 1.53. (P) Gofer, Sorten

Eine Aufgabe aus dem Bereich des „Software Engineering". Ein Anwender legt Ihnen folgende Beschreibung für eine zu erstellende Datenstruktur vor:

Eine bei uns arbeitende Person hat einen Vor- und Nachnamen, eine Wohnadresse, bestehend aus Straße, Hausnummer, Wohnort, Postleitzahl und Telefonnummer. Von jeder Person sind Geburtsdatum, Geschlecht, Einstelldatum und Monatsgehalt festzuhalten. Ist jemand verheiratet, so sind Hochzeitsdatum und Name des Ehegatten zu vermerken.

(a) Definieren Sie eine Gofer-Datenstruktur zur Repräsentation obiger Daten.

(b) Schreiben Sie eine Funktion person zur Erstellung eines Datensatzes für ledige Mitarbeiter.

(c) Schreiben Sie eine Funktion hochzeit, um die Hochzeit einer ledigen Person in ihren Datensatz einzutragen.

(d) Schreiben Sie eine Funktion drucke, die einen Personen-Datensatz gut formatiert (lesbar) ausgibt.

Aufgabe 1.54. (P) Gofer, Sorten

Ein Firmeninhaber legt Ihnen folgende Beschreibung für eine zu erstellende Datenstruktur vor:

Unsere Firma XY hat genau sieben Dienstwägen, woran sich auch nie etwas ändern wird. Von jedem dieser Wagen sind Kilometerstand, Kaufdatum, Neupreis, Marke und Kennzeichen festzuhalten. Manche Wägen besitzen einen Anhänger mit eigenem Kennzeichen, mit jeweils eigenem Kaufdatum, Neupreis und Kilometerstand.

Außerdem sind zu jedem Wagen die Menge der insgesamt verbrauchten Liter Benzin zu vermerken.

(a) Definieren Sie eine geeignete Gofer-Datenstruktur zur Repräsentation obiger Daten. Definieren Sie einen geeigneten Datensatz für die Firma XY und legen Sie diesen in einer Konstante ab.

(b) Der Firmeninhaber hält es für wichtig u.a. zu wissen, wieviele Kilometer insgesamt gefahren wurden, welcher Wagen welchen Durchschnittsverbrauch hat und wie teuer sein Fuhrpark war. Schreiben Sie eine Funktion `statistik`, die nützliche Informationen berechnet und ausgibt.

(c) Schreiben Sie eine Funktion `fahrtenEintrag`, die die Fahrt eines Wagens in den Datensatz einträgt. Dabei wird davon ausgegangen, daß nach jeder Fahrt der Wagen vollgetankt wird.

(d) Schreiben Sie eine Funktion `drucke`, die den gesamten Fuhrpark-Datensatz gut formatiert (lesbar) ausgibt.

Aufgabe 1.55. (EPF1.53) Modula-2, Sorten
Zum Vergleich der Fähigkeiten verschiedener Programmiersprachen Sorten zu definieren, soll die Aufgabe 1.53 hier noch einmal in Modula-2 (und in Aufgabe 1.68 in Java) gelöst werden.

Ein Anwender legt Ihnen folgende Beschreibung für eine zu erstellende Datenstruktur vor:

Eine bei uns arbeitende Person hat einen Vor- und Nachnamen, eine Wohnadresse, bestehend aus Straße, Hausnummer, Wohnort, Postleitzahl und Telefonnummer. Von jeder Person sind Geburtsdatum, Geschlecht, Einstelldatum und Monatsgehalt festzuhalten. Ist jemand verheiratet, so sind Hochzeitsdatum und Name des Ehegatten zu vermerken.

(a) Definieren Sie eine Modula-2 Datenstruktur zur Repräsentation obiger Daten.

(b) Schreiben Sie eine Prozedur `personLedig` zur Erstellung eines Datensatzes für ledige Mitarbeiter.

(c) Schreiben Sie eine Prozedur `hochzeit`, um die Hochzeit einer ledigen Person in ihren Datensatz einzutragen.

(d) **(P)** Schreiben Sie eine Ausgabeprozedur `drucke`, die einen Personen-Datensatz gut formatiert (lesbar) ausgibt.

(e) Vergleichen Sie Ihre Arbeitseffektivität, sowie die Längen der Quelldateien mit der Implementierung in Gofer.

Aufgabe 1.56. (EPF1.54) Modula-2, Sorten
Auch diese Aufgabe dient dazu, die Möglichkeiten zur Sortendefinition in den Programmiersprachen Gofer und Modula-2 zu vergleichen. Deshalb wird die Aufgabe 1.54 in Modula-2 noch einmal gelöst.

Ein Firmeninhaber legt Ihnen folgende Beschreibung für eine zu erstellende Datenstruktur vor:

Unsere Firma XY hat genau sieben Dienstwägen, woran sich auch nie etwas ändern wird. Von jedem dieser Wagen sind Kilometerstand, Kaufdatum, Neupreis, Marke und Kennzeichen festzuhalten. Manche Wägen besitzen einen Anhänger mit eigenem Kennzeichen, mit jeweils eigenem Kaufdatum, Neupreis und Kilometerstand.

Außerdem sind zu jedem Wagen die Menge der insgesamt verbrauchten Liter Benzin zu vermerken.

(a) Definieren Sie geeignete Modula-2 Sorten zur Repräsentation obiger Daten. Definieren Sie einen geeigneten Datensatz für die Firma XY und legen Sie diesen in einer statischen Variable ab.

(b) Der Firmeninhaber hält es für wichtig u.a. zu wissen, wieviele Kilometer insgesamt gefahren wurden, welcher Wagen welchen Durchschnittsverbrauch hat und wie teuer sein Fuhrpark war. Schreiben Sie eine Prozedur statistik, die nützliche Informationen berechnet und ausgibt.

(c) Schreiben Sie eine Prozedur fahrtenEintrag, die die Fahrt eines Wagens in den Datensatz einträgt. Dabei wird davon ausgegangen, daß nach jeder Fahrt der Wagen vollgetankt wird.

(d) Schreiben Sie eine Prozedur drucke, die den gesamten Fuhrpark-Datensatz gut formatiert (lesbar) ausgibt.

A1.7 Maschinennahe Sprachelemente: Sprünge und Referenzen

Aufgabe 1.57. Maschinennahe Programme

Geben Sie für folgende Programme äquivalente Programme in maschinennaher Darstellung an, die nur die Konstrukte **if** und **goto** benutzen.

(a) Initialisiere Array

```
for i = 0 to MaxArray do
    a[i] := i
od
```

(b) ggT

```
while b ≠ 0 do
    while a ≥ b do a := a - b od;
    a,b := b,a
od
```

Aufgabe 1.58. (F1.57) Kontrollflußdiagramme

Entwerfen Sie zu den in Aufgabe 1.57 entwickelten maschinennahen Programmstücken jeweils ein Kontrollflußdiagramm.

A1.8 Rekursive Sortendeklarationen

Aufgabe 1.59. (P) Gofer, Binärbäume

Im folgenden werden Algorithmen für Binärbäume entworfen. Ein Binärbaum ist ein Baum mit dem Verzweigungsgrad 2, dessen innere Knoten ein Zeichen als Markierung tragen. Wir benutzen dazu folgende Gofer-Sorte:

```
data Tree = Leaf | Node (Char,Tree,Tree)
```

(a) Schreiben Sie eine Funktion `parse :: String -> Tree`, die einen Baum aus einem String aufbaut. Der Baum ist in Präfix-Ordnung codiert, d.h., zunächst wird die Wurzel, dann der linke und dann der rechte Unterbaum erwartet. Blätter werden durch das Sonderzeichen '.' (Punkt) und innere Knoten durch '*' (Stern) kodiert. Beispiel: `"*c.*d.."` steht für einen Baum mit Wurzel-Markierung 'c' und leerem linken Unterbaum. Der rechte Unterbaum hat die Markierung 'd' und keine weiteren Unterbäume.

(b) Schreiben Sie eine Anzeigefunktion `showtree :: Tree -> String`, die einen Baum in übersichtlicher Weise in einen String wandelt (der von Gofer ausgegeben wird).

(c) Weiterhin interessiert die Höhe eines Baums: `hoehe :: Tree -> Int`, wobei ein leerer Baum die Höhe 0 hat.

(d) Die Funktion `anzahl :: Tree -> Int` berechne die Anzahl der inneren Knoten (und damit die der gespeicherten Zeichen) eines Baumes.

(e) Mit der Funktion `spiegeln :: Tree -> Tree` soll ein Baum gespiegelt werden, d.h., in jedem Knoten sind linker und rechter Unterbaum zu vertauschen.

(f) Mit der Funktion `ersetzeChar :: (Tree,Char,Char) -> Tree` möchte man alle Vorkommen des alten Zeichens (zweites Argument) durch das neue Zeichen ersetzen. Die Baumstruktur bleibt dabei erhalten.

(g) Erst die Funktion `ersetzeTree :: (Tree,Char,Tree) -> Tree` verändert die Baumstruktur: `ersetzeTree t ch tneu` modifiziert Baum `t`, indem sämtliche mit dem Zeichen `ch` markierten Teilbäume durch den neuen Teilbaum `tneu` ersetzt werden.

(h) Der Pfad eines Baumes ist ein Weg von der Wurzel zu einem Teilbaum, ohne einen Knoten mehrfach zu durchlaufen. Die beim Durchlaufen aufgesuchten Knoten enthalten Zeichen, die sich zu einem Wort zusammensetzen lassen. Beispielsweise bezeichnet das Wort „abd" einen Pfad im Baum `parse "*a.*b*c..*d.."`, ebenso „ab", nicht jedoch „ac". Schreiben Sie eine Funktion `istPfad :: Tree -> String -> Bool`, die testet, ob ein Wort einen Pfad bezeichnet.

(i) Schreiben Sie eine Funktion `wortmenge :: Tree -> [String]`, die alle Worte ausgibt, die im Baum einen Pfad bezeichnen: Der Baum wird damit also als Darstellung für Wortmengen benutzt.

Aufgabe 1.60. (F1.59) Fixpunkt rekursiver Sorten
Im folgenden betrachten wir die rekursive Sortenvereinbarung

```
data Tree = Leaf | Node (Char,Tree,Tree)
```

aus Aufgabe 1.59.

(a) Definieren Sie die zu obiger Definition gehörende Abbildung Δ in Buchnotation.
(b) Sei $M_0 = \{\bot\}$, $M_{i+1} = \Delta(M_i)$. Berechnen Sie M_3.
(c) Charakterisieren Sie informell die Mengen M_i. Wie sieht die Menge $M = \bigcup_{i \in \mathbb{N}} M_i$ aus?
(d) Es gilt immer $M_{i+1} \subseteq \Delta(M_i)$
   Finden Sie eine Menge K für die nicht gilt : $\Delta(K) \supseteq K$
(e) (**) Gibt es eine weitere Menge F, die ebenfalls Fixpunkt von Δ ist, wobei $F \neq M$?

Aufgabe 1.61. Java, Sequenzen
Zur Implementierung von Sequenzen über natürlichen Zahlen wird gewöhnlich folgende Java-Geflechtdefinition verwendet, die *einfach verkettete Liste* genannt wird:

```
public class IntSequence {
    IntSequenceElement    _firstElement;
}
public class IntSequenceElement {
    int                   _content;
    IntSequenceElement    _nextElement;
}
```

Abbildung A1.2 zeigt das zu den Attribut-Definitionen gehörende Klassendiagramm, das auch beschreibt, welche Methoden in Teilaufgabe (b) zu realisieren sind.

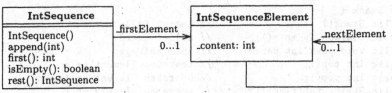

Abb. A1.2. Klassendiagramm für die einfach verkettete Liste (Aufgabe 1.61)

(a) (P) Vervollständigen Sie diese Datenstruktur um die notwendigen Konstruktoren, Selektoren (get...) und Modifikations-Methoden (set...) zur Erzeugung von Objekten und zum Zugriff und zur Veränderung ihrer Attribute.

(b) **(P)** Implementieren Sie die Sequenzoperationen append, first, rest und isEmpty in Java. Warum existiert die für Sequenzen typische Operation empty bereits unter anderem Namen und muß nicht zusätzlich realisiert werden?

(c) **(P)** Schreiben Sie für die Klasse IntSequence eine Java-Methode mit dem Namen ringlist, die durch Modifikation des letzten Elements einer Liste die nichtleere Liste zu einer Ringliste umbaut.

(d) Welche graphische Struktur haben die Geflechte, die mit der oben gegebenen Datenstruktur dargestellt werden können?

(e) Welche der Geflechte können nicht mehr erzeugt werden, wenn die Operationen zur Modifikation von Geflechten auf die Sequenzoperationen gemäß Teilaufgabe (b) beschränkt werden?

Aufgabe 1.62. (F1.61) Keller, Warteschlangen

Geflechte der Klasse IntSequence können auch dazu benutzt werden, Keller und Warteschlangen über natürlichen Zahlen zu implementieren. Das sind Datenstrukturen, die mehrere Elemente derselben Art speichern können. Sie unterscheiden sich voneinander durch die Zugriffsart: Bei *Kellern* ist das erste zugegriffene Element genau das zuletzt eingefügte (LIFO-Strategie, „last in – first out"), bei *Warteschlangen* ist das erste zugegriffene Element gerade auch das zuerst eingefügte (FIFO-Strategie, „first in – first out"). Die Rechenstrukturen der Keller und der Warteschlangen über natürlichen Zahlen werden in Java durch folgende Signaturen realisiert (siehe $INFO/A1.62):

```
class Queue {
  public Queue();                    // Leere Warteschlange
  public boolean isEmpty();          // Warteschlange leer?
  public void enqueue(int param);    // hinten anfuegen
  public int front();                // erstes Element holen
  public int dequeue();              // erstes Element entfernen
  public String toString();          // Ausgabe [el1,el2,...]
}

class Stack {
  public Stack();                    // Leerer Keller
  public boolean isEmpty();          // Keller leer?
  public void push(int param);       // oben anfuegen
  public int top();                  // oberstes Element holen
  public int pop();                  // oberstes Element entfernen
  public String toString();          // Ausgabe [el1,el2,...]
}
```

(a) Schreiben Sie die Einfügeoperationen push bzw. enqueue unter der Annahme, daß durch top bzw. front jeweils auf das erste Element des aktuellen Geflechts zugegriffen wird.

(b) **(P)** Geben Sie eine vollständige Implementierung für Keller und Warteschlangen an. Die oben aufgeführten Signaturen befinden sich unter $INFO/A1.61.

Aufgabe 1.63. (F1.62) Warteschlangen mit Listenkopf
Eine Warteschlange wird in Aufgabe 1.62 durch eine Liste repräsentiert, in
die immer am Ende eingefügt wird. Der Nachteil dieser Lösung ist, daß das
Einfügen am Ende auf einfach verketteten Listen eine aufwendige Operation
ist. Dies kann behoben werden, indem zu jeder Liste ein Zeiger auf das letzte
Element in einem sogenannten „Listenkopf" gespeichert wird:

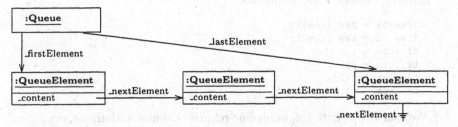

Abb. A1.3. Einfach verkettete Liste mit Listenkopf (Aufgabe 1.63)

(a) Geben Sie eine Java-Klassenstruktur für Listen dieser Art an.
(b) Geben Sie eine direkte und effiziente Implementierung der Operation
enqueue an, die ein Element hinten an die Liste anhängt.
(c) **(P)** Geben Sie eine vollständige und eigenständige Implementierung für
Warteschlangen an, die die Operationen mit Listen dieser Art ausführt.

Aufgabe 1.64. (PF1.63) Java, Warteschlangen
Die Rechenstruktur der Warteschlangen aus Aufgabe 1.63 werde durch folgende zusätzliche Methode erweitert:

```
class Queue {
   ...
   // Entfernen des zuletzt eingefuegten Elements
   public int dequeueLast();
}
```

Für eine effiziente Realisierung dieser Funktion empfiehlt es sich, neben einem
Listenkopf eine *doppelte Verkettung* der Elemente vorzusehen.

(a) Ändern Sie die Implementierung der Klasse Queue bzw. QueueElement
so ab, daß jedes Element der Warteschlange einen zusätzlichen Verweis
auf das vorhergehende Element trägt.
(b) Implementieren Sie jetzt dequeueLast.

Aufgabe 1.65. Java, Binärbäume
Gegeben sei die folgende Java-Klasse mit drei Attributen und einem Konstruktor für binäre Bäume:

```
public class Tree {
  public Tree left;
  public Tree right;
  public int info;

  public Tree() { info = 0; left = null; right = null; }
}
```

und das folgende Programmstück:

```
Tree t1 = new Tree();
Tree t2 = new Tree();
t1.info = 1;
t2.info = 2;
t1.right = t2;
t2.left = t1;
```

(a) Welcher Effekt tritt auf, wenn eine rekursiv definierte Methode, etwa zur Ausgabe eines Baums, auf t1 oder t2 angewendet wird?

(b) Welche Eigenschaften muß ein Zeigergeflecht der Klasse Tree erfüllen, um tatsächlich einen binären Baum zu repräsentieren?

Aufgabe 1.66. (P) Java, Binärbäume
Diese Aufgabe ist identisch zu Aufgabe 1.59, allerdings soll als Programmiersprache Java verwendet werden. Hierzu finden Sie in $INFO/A1.66 die Datenstruktur und Methodensignaturen für Bäume der in Aufgabe 1.59 betrachteten Art.

Lösen Sie damit die Teilaufgaben (a) bis (i) von Aufgabe 1.59 analog in Java.

A1.9 Objektorientierte Programmierung

Aufgabe 1.67. Sichtbarkeit in Java
Um zu verhindern, daß fremde Klassen bzw. deren Programmierer in unzulässiger Weise die Attribute einer Klasse modifizieren oder auslesen, wird in den Codierungsstandards empfohlen, Attribute zu privatisieren. Dadurch kann sichergestellt werden, daß Attribute von außen nicht zugreifbar sind und damit keine Verletzungen von Invarianten erfolgen können. In den frühen Phasen der Entwicklung eines Systems, ist es jedoch häufig sinnvoll Attribute zunächst nicht in ihrer Sichtbarkeit zu beschränken bzw. explizit zu modellieren, ob das Attribut für andere Klassen zugreifbar sein soll. Dies geschieht mit den Schlüsselwörtern public, protected und private. Ein Beispiel für eine solche Klasse ist:

```
class B {
  public    A attr1;
  protected A attr2;
  private   A attr3;
            A attr4;
}
```

Ziel dieser Aufgabe ist es, diese Klasse so abzusichern, daß kein unbefugter Zugriff auf ihre Attribute erfolgen kann.

(a) Ein Zugriff auf Attribute kann entweder lesend oder schreibend erfolgen. Privatisieren Sie alle Variablenkomponenten durch Verwendung des Schlüsselworts `private`. Wie lassen sich nun durch Einführung von geeigneten Methoden für Lesen und Schreiben die gleichen Lese- und Schreibzugriffe auf Attribute wie bisher ermöglichen? Welche Vorteile hat der Zugriff durch Methoden gegenüber dem direkten Attributzugriff?

(b) In Java gibt es nur Schlüsselwörter, die Lese- und Schreibzugriffe gleichermaßen einschränken. Häufig ist es jedoch so, daß ein Attribut von beliebigen Klassen gelesen, aber nur von der eigenen Klasse modifiziert werden darf. Wie müssen die Zugriffsmethoden mit Schlüsselwörtern geschützt werden, um einen `readonly`-Zugriff zu realisieren?

(c) Welche Bedeutung hat die Verwendung des Schlüsselworts `protected` in Java in Bezug auf Zugriffsschutz?

Aufgabe 1.68. (F1.53) Java, Sorten
In den Aufgaben 1.53 und 1.55 war diese Aufgabenstellung bereits unter den Programmiersprachen Gofer und Modula-2 zu lösen. Dieses mal möchte der Anwender die nachfolgend beschriebene Datenstruktur in Java erstellt sehen:
Eine bei uns arbeitende Person hat einen Vor- und Nachnamen, eine Wohnadresse, bestehend aus Straße, Hausnummer, Wohnort, Postleitzahl und Telefonnummer. Von jeder Person sind Geburtsdatum, Geschlecht, Einstelldatum und Monatsgehalt festzuhalten. Ist jemand verheiratet, so sind Hochzeitsdatum und Name des Ehegatten zu vermerken.

(a) Definieren Sie eine Java Datenstruktur zur Repräsentation obiger Daten.

(b) Schreiben Sie einen Konstruktor `Person` zur Erstellung eines Datensatzes für ledige Mitarbeiter.

(c) Schreiben Sie eine Methode `hochzeit`, um die Hochzeit einer ledigen Person in ihren Datensatz einzutragen.

(d) **(P)** Schreiben Sie Konstruktoren zur Erstellung von Datensätzen für weitere von Ihnen definierte Datentypen (Klassen), beispielsweise für Datum oder Adresse. Implementieren Sie alle Ihre Klassen in Java.

(e) **(P)** Schreiben Sie eine Java Methode `drucke`, die einen Personen-Datensatz gut formatiert (lesbar) ausgibt.

(f) Entwerfen Sie ein Klassendiagramm für Ihre Lösung.

Aufgabe 1.69. (PF1.54) Java, Sorten

Ein Firmeninhaber legt Ihnen folgende Beschreibung für eine in Java zu erstellende Datenstruktur vor:

Unsere Firma XY hat genau sieben Dienstwägen, woran sich auch nie etwas ändern wird. Von jedem dieser Wagen sind Kilometerstand, Kaufdatum, Neupreis, Marke und Kennzeichen festzuhalten. Manche Wägen besitzen einen Anhänger mit eigenem Kennzeichen, mit jeweils eigenem Kaufdatum, Neupreis und Kilometerstand.

Außerdem sind zu jedem Wagen die Menge der insgesamt verbrauchten Liter Benzin zu vermerken.

(a) Definieren Sie geeignete Java Klassen zur Repräsentation obiger Daten. Definieren Sie einen geeigneten Datensatz für die Firma XY und legen Sie diesen in einer statischen Variable ab.

(b) Der Firmeninhaber hält es für wichtig u.a. zu wissen, wieviele Kilometer insgesamt gefahren wurden, welcher Wagen welchen Durchschnittsverbrauch hat und wie teuer sein Fuhrpark war. Schreiben Sie eine Methode `statistik`, die nützliche Informationen berechnet und ausgibt.

(c) Schreiben Sie eine Methode `fahrtenEintrag`, die die Fahrt eines Wagens in den Datensatz einträgt. Dabei wird davon ausgegangen, daß nach jeder Fahrt der Wagen vollgetankt wird.

(d) Schreiben Sie eine Methode `drucke`, die den gesamten Fuhrpark-Datensatz gut formatiert (lesbar) ausgibt.

(e) Vergleichen Sie Ihre Arbeitseffektivität, sowie die Längen der Quelldateien mit der Lösung in Gofer aus Aufgabe 1.54.

Aufgabe 1.70. Vererbung, Java

Vererbung ist ein Stilmittel der objektorientierten Programmierung, das für verschiedene Zwecke eingesetzt werden kann. Es kann zur Strukturierung einer Menge von Objekten genauso eingesetzt werden wie zur Erweiterung der Datenstruktur und der Methoden, die zur Verfügung gestellt werden.

(a) Entwerfen Sie eine Java-Klassenstruktur die folgende Sachverhalte widerspiegelt: In einer Firma werden vor allem Segelschiffe und Kreuzer als Wassertransportvehikel eingesetzt. Diese reisen entweder einzeln oder in einem Konvoi bestehend aus mehreren einzelnen Schiffen oder Teilkonvois. Zu jedem Transportmittel soll das gesamte Ladevolumen und die maximale Geschwindigkeit bestimmt werden können.

(b) Ordnen Sie folgende aus der Biologie bekannten Gattungsbegriffe in eine Klassenhierarchie: Rose, Fisch, Tier, Affe, Lebewesen, Schimpanse, Vogel, Pflanze, Mensch.

Aufgabe 1.71. Vererbung, Java

Gegebenen ist nachfolgende Subklassen-Struktur. Berechnen Sie das Ergebnis des Aufrufs `new C().bar(2)` unter Beachtung der dynamischen Bindung.

```
class A {
  public int foo(int x) {
    return 2*x;
  }
  public int bar(int x) {
    return foo(x+1)+1;
  }
}
class B extends A {
  public int foo(int x) {
    if(x > 5)
      return super.foo(x);
    else
      return foo(bar(x));
  }
}
class C extends B {
  public int foo(int x) {
    return bar(x+2);
  }
  public int bar(int x) {
    return super.foo(2*x)-1;
  }
}
```

Aufgabe 1.72. (P) Vergleiche in Java

In Java spielt das Konzept der Referenzen auf Objekte eine wesentliche Rolle. Die Referenz auf ein Objekt definiert auch dessen Identität. Zwei Objekte sind genau dann gleich, wenn ihre Referenzen identisch sind. Demgegenüber können unterschiedliche Objekte durchaus dieselben Attributwerte beinhalten. Java bietet deshalb mit == einen Referenzvergleich, der genau dann true liefert, wenn beide Objekte identisch sind. Demgegenüber ist auf Objekten eine Methode equals definiert, die einen Wertevergleich der Attribute vornimmt.

(a) Welches Ergebnis hat das folgende Code-Stück:

```
String a = "te";
a += "xt";
String b = "text";
String c = a;
if( a==b )        System.out.println("a==b");
if( a.equals(b) ) System.out.println("a.equals(b)");
if( a==c )        System.out.println("a==c");
```

(b) Implementieren Sie eine Vergleichsfunktion für die folgende Klasse:

```
class Person {
    int alter;
    boolean mann;
    String name;
}
```

(c) Fügen Sie der Klasse `Person` ein Attribut `personalNummer` hinzu und nehmen Sie an, daß die Personalnummer eindeutig ist. Wie kann die Vergleichsfunktion `equals` umdefiniert werden?

Aufgabe 1.73. (PF1.62) Java, Vector
In Aufgabe 1.62 wurden die Rechenstrukturen Keller- und Warteschlange durch verkettete Listen realisiert. Java bietet mit der Klasse `Vector` eine Klasse, die diese Funktionalität bereits weitgehend übernimmt. Implementieren Sie unter Benutzung eines Vector-Objekts einen Keller- und eine Warteschlange in je eine eigene Klasse. Testen Sie die neue Implementierung anhand bereits früher entwickelter Testdatensätze.

Aufgabe 1.74. (P) Testen in Java, JUnit, Sortieren
JUnit ist ein objektorientiertes Framework, das speziell dafür entwickelt wurde, effizient Tests für Programme zu schreiben. Die Java-Version von JUnit steht auf der CD zur Verfügung. Ziel dieser Aufgabe ist die Definition einer geeigneten Sammlung von Tests (Test-Suite), die die Korrektheit des nachfolgenden Sortieralgorithmus testet:

```java
class Shakersort implements Sorter{

  public void sort( int seq[] ) {
    // erstes Element der unsortierten Sequenz
    int b = 0;
    // letztes Element der unsortierten Sequenz
    int t = seq.length-1;

    while ( t > b ) {
      // Durchlauf in aufsteigender Richtung
      int newT = b;
      for ( int i = b; i < t; i++ ) {
        if ( seq[i]>seq[i+1] ) {
          int temp = seq[i];
          seq[i]   = seq[i+1];
          seq[i+1] = temp;
          newT = i+1;
        }
      }
      t = newT;

      // Duchlauf in absteigender Richtung
      int newB = t;
      for ( int i = t; i > b; i-- ) {
        if ( seq[i-1]>seq[i] ) {
          int temp = seq[i];
          seq[i]   = seq[i-1];
          seq[i-1] = temp;
          newB = i-1;
        }
      }
      b = newB;
```

```
        }
      }
   }
```

Hierbei handelt es sich um den Shakersort, einem modifizierten Bubblesort, der die zu sortierende Sequenz einmal aufsteigend und einmal absteigend
durchläuft.

(a) Nutzen Sie den in $INFO/A1.74 zur Verfügung gestellten Coderahmen
    und implementieren Sie damit einen ersten eigenen Test.

(b) Entwerfen Sie eine Sammlung von Tests, die Standardfälle und Randfälle
    für den obigen Sortieralgorithmus abdecken. Denken Sie insbesondere an
    Randfälle, in denen leere oder einelementige Sequenzen, oder Sequen-
    zen mit mehreren gleichen Elementen auftreten. Für die Definition einer
    Sammlung von Tests gibt es in JUnit die Möglichkeit, eine Test-Suite zu
    definieren. Machen Sie sich mit dieser Möglichkeit vertraut und imple-
    mentieren Sie Ihre Tests in einer solchen.

(c) Tauschen Sie nun den doch sehr ineffizienten Sortieralgorithmus durch
    einen anderen Sortieralgorithmus aus (zum Beispiel Quicksort) und prü-
    fen Sie, ob dieser ebenfalls korrekt arbeitet. Da Ihr neuer Sortieralgo-
    rithmus nach einem anderen Verfahren arbeitet, ist es eventuell sinnvoll
    weitere Tests zu identifizieren, die auf die Besonderheiten des neuen Al-
    gorithmus eingehen. Welche derartigen Tests halten Sie für notwendig?
    Realisieren Sie diese gegebenenfalls in einer zweiten Test-Suite und fügen
    Sie die erste Test-Suite hinzu.

(d) Sind mehrere Algorithmen mit derselben Funktionalität gegeben, so
    können diese gegeneinander geprüft werden. Wie sieht ein derartiges Test-
    Verfahren aus?

Aufgabe 1.75. (P) Testen in Java
Das Suchen von Fehlern kann eine zeitraubende und anstrengende Tätigkeit
sein. Wichtig ist deshalb vor allem eine systematische Vorgehensweise. Eine
Funktion wird getestet, indem einige Standardanwendungen sowie alle denk-
baren Randsituationen getestet werden. Beim Datentyp Sequenz sind etwa
die leere oder die einelementige Sequenz Randfälle, während z.B. eine fünfele-
mentige Sequenz als Standardfall angesehen werden kann. Spielen die Inhalte
der Sequenz eine Rolle, so sind weitere Fälle zu unterscheiden. Reagiert eine Funktion auch dann korrekt, wenn die Sequenz aus mehreren gleichen
Elementen besteht?

   In $INFO/A1.75 befindet sich eine Implementierung einer Sequenz über
Integer-Zahlen, die das beigelegte Interface IntSequence implementiert. Die
Implementierung besitzt zehn verschiedene Betriebsmodi 0..9, von denen
jedoch nur einer korrekt arbeitet, während alle anderen mindestens einen
Fehler beinhalten.

(a) Implementieren Sie mit JUnit eine Test-Suite, mit deren Hilfe Sie den
    richtigen Betriebsmodus finden und für jeden fehlerhaften Betriebsmo-

dus einen Fehler durch Test nachweisen. Der Betriebsmodus kann bei Erzeugung der Sequenz mit BuggyIntSequence(int) gesetzt werden.

(b) (**) Auch in den Betriebsmodi 10..19 tritt jeweils ein Fehler auf, den es durch geeignete Tests zu identifizieren und nachzuweisen gilt. Vorsicht: manche dieser Fehler sind sehr schwer zu finden, weil sie nur unter bestimmten Bedingungen oder durch einen Seiteneffekt bedingt auftreten. Alle Fehler sind jedoch reproduzierbar und keiner durch einen Zufallsgenerator verursacht. Eine Maßnahme wäre z.B. die Nutzung einer korrekten Sequenzimplementierung, um damit die Ergebnisse der fehlerhaften Implementierung gegenzuprüfen. Datensätze können dann systematisch oder per Zufall erzeugt und überprüft werden.

A2. Aufgaben zu Teil II: Rechnerstrukturen und maschinennahe Programmierung

A2.1 Codierung und Informationstheorie

Aufgabe 2.1. Hammingabstand

Eine Bank möchte durch Vergabe geeigneter Kontonummern Überweisungen sicherer machen, und zwar bei einfachen Schreib- und Lesefehlern der dezimalen Kontonummern, d.h. bei falscher Ziffernangabe in einer einzigen, aber beliebigen Dezimalstelle (Fehlerklasse A), bzw. bei einer einzigen irrtümlichen Vertauschung zweier aufeinanderfolgender Ziffern (Fehlerklasse B).

(a) Schlagen Sie geeignete Methoden (A) bzw. (B) zur Nummernvergabe vor, so daß bei Auftreten von Fehlern der Klasse A bzw. B eine Überweisung als fehlerhaft zurückgewiesen werden kann! Begründung!

(b) (*) Der Hammingabstand $H : Dez \times Dez \rightarrow \mathbb{N}$ zweier Darstellungen $d(n), d(m) \in Dez$ von natürlichen Zahlen $n, m \in \mathbb{N}$ in Dezimalschreibweise sei definiert als Anzahl der Stellen, in denen die Ziffern ungleich sind. (Beispiel: $H(12, 310) = 2$). Es gibt eine Funktion $c : \mathbb{N} \rightarrow \mathbb{N}$ mit der Eigenschaft für alle $n \in \mathbb{N}$:

$$c(n) = min_{x \in \mathbb{N}} \{ \forall y < n : H(d(c(y)), d(x)) \geq 3 \}.$$

Berechnen Sie $c(13)$! Diskutieren Sie die Eigenschaften von c hinsichtlich ihrer Verwendung bei der Vergabe von Kontonummern!

Aufgabe 2.2. Codebaum, Entropie

Gegeben sei die in Tabelle A2.1 beschriebene Nachrichtenquelle über dem Alphabet A = $\{1, \ldots, 6\}$, die die Zeichen mit der (durch p_z) beschriebenen Wahrscheinlichkeitsverteilung erzeugt, und eine Codierung $c: A \rightarrow \mathbb{B}^*$ der Zeichen durch Binärworte.

(a) Geben Sie graphisch den Codebaum zur Codierung c an.

(b) Bestimmen Sie die Entropie der Nachrichtenquelle.

(c) Bestimmen Sie die mittlere Wortlänge der Codierung c.

(d) (P) Entwerfen Sie unter sinnvollem Einsatz von Vererbung eine Java-Datenstruktur CTree zur Darstellung solcher Codebäume.

(e) (P) Schreiben Sie eine einfache Java-Methode, die den zur Codierung c gehörigen Codebaum als Objektgeflecht aufbaut.

Tab. A2.1. Nachrichtencodierung mit Wahrscheinlichkeiten (Aufgabe 2.2)

z	p_z	$c(z)$
1	$\frac{1}{9}$	LOOL
2	$\frac{1}{9}$	LOOO
3	$\frac{1}{9}$	LOL
4	$\frac{1}{6}$	LLL
5	$\frac{1}{6}$	LLO
6	$\frac{1}{3}$	OL

Aufgabe 2.3. (PF2.2) Codebaum

In dieser Aufgabe soll das Kernstück eines Verfahrens programmiert werden, mit dem für einen gegebenen Binärcode ein Codebaum gemäß Aufgabe 2.2 aufgebaut werden kann. Für die Darstellung von Bit-Sequenzen verwenden wir Boolesche Arrays vom Typ `boolean[]`. Erweitern Sie Ihr Programm um eine Methode

```
insertCTree( CTree tree, int value, boolean[] code ),
```

die in einem Codebaum `tree` ein Zeichen `value` mit der Binärcodierung `code` einträgt. Wenn eine Verletzung der Fanobedingung entdeckt wird, soll eine Fehlermeldung ausgegeben werden.

Aufgabe 2.4. (EF2.3) Huffman-Algorithmus

Der Huffman-Algorithmus liefert zu einer gegebenen Wahrscheinlichkeitsverteilung p_z für ein Alphabet Z von Zeichen eine (wortlängen-)optimale binäre Zeichencodierung c. Der Algorithmus beruht auf den Eigenschaften folgender Rekursionsidee:

Man identifiziert die zwei Zeichen z' und z'' mit den kleinsten Wahrscheinlichkeiten zu einem neuen Zeichen z_{neu} mit der Wahrscheinlichkeit $p_{neu} = p_{z'} + p_{z''}$. Kann man nun eine optimale binäre Codierung c_{neu} für diese neue Zeichenmenge finden, so kann man daraus eine optimale binäre Codierung für die Zeichenmenge Z bilden, indem man die Codierung c definiert als

$$c(z) =_{\text{def}} \begin{cases} c_{neu}(z) & \text{falls } z \neq z' \text{ und } z \neq z'' \\ c_{neu}(z_{neu}) \circ \langle 0 \rangle & \text{falls } z = z' \\ c_{neu}(z_{neu}) \circ \langle L \rangle & \text{falls } z = z'' \end{cases} \quad \text{für } z \in Z$$

Also wird in dem gesamten Codebaum, der durch c_{neu} definiert wird, das Blatt für z_{neu} ersetzt durch den Teilcodebaum aus Abb. A2.1.

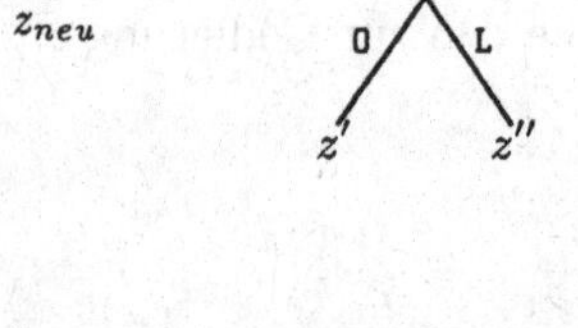

Abb. A2.1. Teilcodebaum (Aufgabe 2.4)

(a) Wenden Sie das Verfahren an, um einen optimalen Codebaum für das Alphabet $Z = \{x_1, ..., x_9\}$ mit der Wahrscheinlichkeitsverteilung aus Tabelle A2.2 zu erzeugen.

Tab. A2.2. Wahrscheinlichkeitsverteilung für Z (Aufgabe 2.4 (a))

z	x_1	x_2	x_3	x_4	x_5	x_6	x_7	x_8	x_9
p_z	$\frac{1}{36}$	$\frac{1}{24}$	$\frac{1}{18}$	$\frac{1}{12}$	$\frac{1}{9}$	$\frac{1}{8}$	$\frac{5}{36}$	$\frac{1}{6}$	$\frac{1}{4}$

(b) **(P)** Schreiben Sie ein Java-Programm mit Tests, das aus einer Wahrscheinlichkeitsverteilung für ein Alphabet einen optimalen Codebaum konstruiert. Hinweis: Sie benötigen eine Datenstruktur für Codebäume, (vgl. Aufgabe 2.2) in der man zusätzlich auch Wahrscheinlichkeiten verwalten kann, und eine Liste (z.B. Vector), in der auch Teilcodebäume abgelegt werden können.

A2.2 Binäre Schaltnetze und Schaltwerke

Aufgabe 2.5. Boolesche Funktionen
Zwei Boolesche Funktionen $f, g \colon \mathbb{B}^3 \to \mathbb{B}$ seien durch folgende Tabelle gegeben.

x	0	0	0	0	L	L	L	L
y	0	0	L	L	0	0	L	L
z	0	L	0	L	0	L	0	L
$f(x,y,z)$	0	0	0	0	0	0	L	0
$g(x,y,z)$	L	0	L	0	L	L	0	0

(a) Geben Sie die Wahrheitstafeln zu den Booleschen Funktionen $f \wedge g$, $f \vee g$ und $\neg f$ an.
(b) Untersuchen Sie, ob $f \geq g$, $g \geq f$ und $g \geq \neg f$ gültige Aussagen sind.

Aufgabe 2.6. Boolesche Terme
Gegeben seien die beiden Booleschen Terme

$$t_1 =_{\text{def}} x \Rightarrow (y \Rightarrow z), \qquad t_2 =_{\text{def}} (x \Rightarrow y) \wedge (\neg x \Rightarrow z)$$

Führen Sie für die beiden Terme folgende Schritte durch:

(a) Geben Sie die Wertetabelle (Wahrheitstafel) des Terms an.
(b) Geben Sie die vollständige disjunktive Normalform (DNF) des Terms an.
(c) Geben Sie, falls möglich, eine vereinfachte Darstellung der DNF mit Beweis an.
(d) Geben Sie ein Schaltnetz für die durch den Term bezeichnete Boolesche Funktion an, das aus NOT-, AND- und OR-Gattern aufgebaut ist.

(e) Geben Sie ein äquivalentes Schaltnetz an, das ausschließlich aus NAND-Gattern aufgebaut ist. Ein NAND-Gatter realisiert die Funktion:

$$nand: \mathbb{B}^2 \to \mathbb{B}, \quad nand(x,y) = \neg(x \wedge y).$$

Aufgabe 2.7. Halbaddierer, Volladdierer

Es sei w die Funktion, die ein $(n+1)$-Tupel von Booleschen Werten als Dualdarstellung einer natürlichen Zahl interpretiert,

$$w(a_0, a_1, \ldots, a_n) = \sum_{i=0}^{n} w(a_i) * 2^i, \quad w(O) = 0, \quad w(L) = 1.$$

Wir definieren einen 2-stelligen Halbaddierer HA^2 als Funktion

$$HA^2 : (a_0, a_1, b_0, b_1) \in \mathbb{B}^4 \quad \to \quad (s_0, s_1, \ddot{u}_1) \in \mathbb{B}^3,$$
$$w(s_0, s_1, \ddot{u}_1) = w(a_0, a_1) + w(b_0, b_1).$$

Einen 2-stelligen Volladdierer definieren wir mit:

$$VA^2 : (a_0, a_1, b_0, b_1, \ddot{u}_0) \in \mathbb{B}^5 \quad \to \quad (s_0, s_1, \ddot{u}_1) \in \mathbb{B}^3,$$
$$w(s_0, s_1, \ddot{u}_1) = w(HA^2(a_0, a_1, b_0, b_1)) + w(\ddot{u}_0).$$

(a) Stellen Sie eine Wertetabelle für den 2-stelligen Halbaddierer HA^2 auf.

(b) Konstruieren Sie ein Schaltnetz für HA^2.

(c) Konstruieren Sie ein Schaltnetz für VA^2.

(d) Konstruieren Sie ein Addiernetz ADD für die Addition von 6-stelligen Binärzahlen. Verwenden Sie dabei die bereits konstruierten Netze.

Aufgabe 2.8. Schaltnetze, Termdarstellung

(a) Eine Boolesche Funktion $F: \mathbb{B}^3 \to \mathbb{B}^2$ sei durch folgende Tabelle gegeben:

a	0	0	0	0	L	L	L	L
b	0	0	L	L	0	0	L	L
c	0	L	0	L	0	L	0	L
x	0	0	0	0	0	L	0	L
y	0	0	0	L	0	0	0	L

i) Zeigen Sie: $w(x,y) = w(a,b) * w(c)$. (Zu w siehe Aufgabe 2.7.)

ii) Entwerfen Sie ein Schaltnetz, das F darstellt.

iii) Geben Sie zu dem Schaltnetz für F eine funktionale Termdarstellung an.

(b) Geben Sie das Schaltnetz in Bilddarstellung an, das zu folgendem funktionalen Term gehört:

$$(((NOT\|([(AND\|I) \cdot OR, \Pi_2^3] \cdot P)) \cdot (OR\|V))\|K(0) \cdot (AND\|OR) \cdot (U\|I).$$

Aufgabe 2.9. Halbsubtrahierer, Vollsubtrahierer

Ein Halbsubtrahierer $HS : \mathbb{B}^2 \to \mathbb{B}^2$ hat folgende Wertetabelle:

a	0	0	L	L
b	0	L	0	L
$HS(a,b)$	$(0,0)$	(L,L)	$(L,0)$	$(0,0)$

Die Wertetabelle realisiert die Subtraktion $a -_2 b$ von zwei 1-Bit-Zahlen $a, b \in \mathbb{B}$, wobei $HS(a,b) = (d, \ddot{u})$ in d die Differenz und in $\ddot{u}$ einen (negativen) Übertrag liefert.

(a) Geben Sie ein Schaltnetz für HS an.

(b) Konstruieren Sie unter Zuhilfenahme von Halbsubtrahierern einen Vollsubtrahierer $VS : \mathbb{B}^3 \to \mathbb{B}^2$, der zusätzlich einen Übertrag berücksichtigt, d.h., daß gilt:

$$VS(a,b,\ddot{u}) = (d, \ddot{u}') \iff w(a) - w(b) - w(\ddot{u}) = w(d) - 2 * w(\ddot{u}').$$

(c) Geben Sie für zwei 4-stellige Binärzahlen ein Subtrahiernetz an.

Aufgabe 2.10. Schaltnetze, Negation

(a) Sei eine Zahl in Einerkomplement-Darstellung bzw. Zweierkomplement-Darstellung gegeben. Welche Form hat die Codierung der entsprechenden negativen Zahl?

(b) Geben Sie ein Schaltnetz an, das die Negation im Einer- bzw. Zweierkomplement realisiert. Sie können das Blockschaltbild eines Halbaddierers benutzen.

Seien $c_2^{16} : [-2^{15}, 2^{15} - 1] \to \mathbb{B}^{16}$ und $c_2^{32} : [-2^{31}, 2^{31} - 1] \to \mathbb{B}^{32}$ Darstellungen von Zahlen im Zweierkomplement auf 16- bzw. 32-Bit-Worten.

(c) Wie lautet eine Konversionsfunktion $k : \mathbb{B}^{16} \to \mathbb{B}^{32}$ von 16-Bit-Worten auf 32-Bit-Worte, so daß der Wert der dargestellten Zahl erhalten bleibt, d.h.

$$k(c_2^{16}(x)) = c_2^{32}(x) \text{ für alle } x \in [-2^{15}, 2^{15} - 1]$$

Aufgabe 2.11. (*) Schaltnetze, Datenbus

Im folgenden soll das Schaltnetz für den Datenbus $DB_2 : \mathbb{B}^2 \times \mathbb{B}^2 \times \mathbb{B}^{4*2} \to \mathbb{B}^{4*2}$ konstruiert werden. Der Datenbus wählt abhängig von der Belegung der ersten beiden Steuerbits aus seinen vier 2-fachen Eingangsbündeln das i-te Bündel aus und schaltet es in Abhängigkeit des zweiten Steuerbit-Paares auf das j-te 2-fache Ausgangsbündel. DB_2 ist also folgendermaßen definiert:

$$DB_2(s_1^E, s_2^E, s_1^A, s_2^A, a_1^0, a_2^0, \ldots, a_1^3, a_2^3) = \langle 0 \ldots 0 y_1^j y_2^j 0 \ldots 0 \rangle,$$

wobei $y_1^j y_2^j = a_1^i a_2^i$, falls $w(s_1^E, s_2^E) = i$ und $w(s_1^A, s_2^A) = j$. Die Konstruktion eines Schaltnetzes für den Datenbus erfolgt in drei Schritten:

(a) Konstruktion eines Schaltnetzes für einen Multiplexer MX_2: $\mathbb{B}^2 \times \mathbb{B}^{4*2} \to$ $\mathbb{B}^2$, der abhängig von der Belegung seiner zwei Steuerbits das i-te 2-fache Eingangsbündel auswählt:

$$MX_2(s_1^E, s_2^E, a_1^0, a_2^0, \ldots, a_1^3, a_2^3) = \langle a_1^i, a_2^i \rangle, \text{ falls } w(s_1^E, s_2^E) = i.$$

(b) Konstruktion eines Schaltnetzes für einen Demultiplexer DMX_2: $\mathbb{B}^2 \times$ $\mathbb{B}^2 \to \mathbb{B}^{4*2}$, der abhängig von der Belegung seiner zwei Steuerbits das 2-fache Eingangsbündel auf das j-te 2-fache Ausgangsbündel schaltet:

$$DMX_2(s_1^A, s_2^A, a_1, a_2) = \langle 0...0 y_1^j y_2^j 0...0 \rangle$$

mit $y_1^j y_2^j = a_1 a_2$ und $w(s_1^A, s_2^A) = j$.

(c) Komposition der beiden Schaltnetze aus (a) und (b).

(d) Verallgemeinerung: Wie sieht das Schaltnetz für einen Datenbus mit n k-fachen Eingangs- und m k-fachen Ausgangsbündeln aus? Wieviele Steuerbits werden dabei benötigt?

Aufgabe 2.12. (P) Schaltfunktion

Eine Schaltfunktion mit einem Ausgang heißt *erfüllbar*, wenn es eine Belegung ihrer Eingänge gibt, so daß der Ausgang mit L besetzt ist.

(a) Definieren Sie eine Java-Klasse Belegung, mit wenigstens den Zugriffsfunktionen

```
public int length()
public boolean bit(int n)
```

mit deren Hilfe die Belegung der i-ten Eingangsleitung ($0 \leq i \leq$ length() $- 1$) festgestellt werden kann.

(b) Eine Schaltfunktion kann in Java durch ein Interface der Form

```
interface Schaltfunktion
{
  public boolean eval(Belegung b);
  public int length();
}
```

dargestellt werden. Realisieren Sie in der Java-Klasse CheckErfuellbar eine Methode

```
abstract class CheckErfuellbar implements Schaltfunktion
{
  public boolean checkErfuellbar();
}
```

die feststellt, ob eine Schaltfunktion mit n Eingängen erfüllbar ist und gegebenenfalls eine sie erfüllende Eingangsbelegung ausgibt.

(c) Testen Sie Ihre Funktion an eigenen Beispielen, indem Sie Subklassen von CheckErfuellbar für verschiedene Schaltfunktionen realisieren.

Aufgabe 2.13. Schaltwerksfunktionen

Schaltwerksfunktionen mit n Eingängen und mit m Ausgängen können in Analogie zur Zustandsautomatendarstellung mit *funktionalen Gleichungen* der Bauart

$$F(w\&s) = w'\&G(s), \ w \in \mathbb{B}^n, \ w' \in \mathbb{B}^m$$

definiert werden. F stellt dabei eine zu definierende Funktion dar, die sich auf eine geeignet gewählte Hilfsfunktion G abstützt. Für G existiert gegebenenfalls ein ebensolches funktionales Gleichungssystem. Für jedes F werden die Gleichungen um $F(\varepsilon) = \varepsilon$ ergänzt. Eine zu definierende Schaltwerksfunktion f wird schließlich entweder wie F definiert oder durch $f(s) = H(s)$ mit einer geeigneten Hilfsfunktion in Beziehung gesetzt. (H entspricht also dem Anfangszustand, eine funktionale Gleichung entspricht einer Transition $\delta(F, w) = (G, w')$ vom Zustand F in Zustand G.)

(a) Gegeben sei folgende informelle Beschreibung einer Schaltwerksfunktion

   $f \colon (\mathbb{B}^2)^* \to \mathbb{B}^* \colon$

   „Alle Bits des ersten Eingangs werden solange auf den Ausgang übertragen, bis auf mindestens einem der beiden Eingänge ein L zum ersten Mal auftritt. Ab einschließlich dem ersten Auftreten von L werden alle Bits von demjenigen Eingang übertragen, auf dem das L-Bit nicht aufgetreten ist. Sollten auf beiden Eingängen L-Bits empfangen werden, wird die Übertragung der Bits in jedem Fall bei dem zweiten Eingang fortgesetzt."

   i) Geben Sie die zugehörige Definition von f mit funktionalen Gleichungen an.

   ii) Ist f speichernd? Begründen Sie Ihre Antwort.

   iii) Ist f bistabil? Begründen Sie Ihre Antwort.

   iv) Geben Sie ein Gofer-Programm an, das die Schaltwerksfunktion f berechnet. Dazu definieren Sie den Datentyp Bit und verwenden Tupel- und Listentypen zur geeigneten Beschreibung der dazu notwendigen Datenstrukturen.

(b) Gegeben sei folgende informelle Beschreibung eines *pegel-gesteuerten D-Latches*

   $g \colon (\mathbb{B}^2)^* \to \mathbb{B}^* \colon$

   „Der erste Eingang sei als *Clock*-Leitung und der zweite als *Data*-Leitung bezeichnet. Wird auf der Clock-Leitung ein L-Bit empfangen, wird das Bit der Data-Leitung auf den Ausgang übertragen. Liegt auf der Clock-Leitung ein O-Bit an, so behält der Ausgang seinen alten Wert bei. Es soll angenommen werden, daß der Ausgabewert zu Beginn auf O liegt."

   i) Geben Sie die zugehörige Definition von g mit funktionalen Gleichungen an.

   ii) Ist g speichernd? Begründen Sie Ihre Antwort.

   iii) Ist g bistabil? Begründen Sie Ihre Antwort.

iv) Geben Sie ein Gofer-Programm an, das die Schaltwerksfunktion g berechnet.

Aufgabe 2.14. Zustandsautomat, RS-Flip-Flop

Gegeben sei das Schaltwerk aus Abb. A2.2, wobei d_1 und d_2 Verzögerungsglieder D sind:

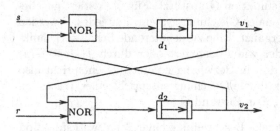

Abb. A2.2. RS-Flip-Flop (Aufgabe 2.14)

(a) Geben Sie den zugehörigen endlichen Automaten mit Zustandsmenge $Z = \mathbb{B}^2$ an, wobei die Zustände den Inhalten von d_1 und d_2 entsprechen.

(b) Entscheiden Sie für alle Zustände und Eingaben des Automaten aus (a), ob nach Konstanthalten der Eingabe über mehrere Takte ein Zustand erreicht wird, der sich durch weitere Eingabe derselben Werte nicht mehr verändert. Geben Sie ggf. die Anzahl der dazu benötigten Takte an.

(c) **(E)** Diskutieren Sie die Eigenschaften der zu dem gegebenen Schaltwerk gehörenden Schaltwerksfunktion.

(d) Für jeden Zustand z des Automaten aus (a) wird die Schaltwerksfunktion g_z folgendermaßen definiert:

$$g_z : (\mathbb{B}^2)^* \to (\mathbb{B}^2)^*,$$
$$g_z(\varepsilon) = \varepsilon,$$
$$g_z(\langle w \rangle \circ s) = \langle w' \rangle \circ g_{z'}(s) \text{ für } w \in (\mathbb{B}^2)^*,$$

wobei $(w', z') = h(w, z)$ und h die Zustandsübergangsfunktion des Automaten ist. Berechnen Sie

$$g_{\mathrm{OL}}(\langle \langle \mathrm{OL}\rangle\langle \mathrm{OL}\rangle\langle \mathrm{LO}\rangle\langle \mathrm{LO}\rangle\langle \mathrm{OL}\rangle\langle \mathrm{OL}\rangle\rangle) \quad \text{sowie}$$
$$g_{\mathrm{LL}}(\langle \langle \mathrm{OO}\rangle\langle \mathrm{OO}\rangle\langle \mathrm{OL}\rangle\langle \mathrm{OL}\rangle\langle \mathrm{OO}\rangle\rangle).$$

Aufgabe 2.15. Serien-Addierer

Gegeben sei das Serien-Addierschaltwerk aus Abb. A2.3.

Es besteht aus zwei Halbaddierern, einem OR-Gatter und einem Verzögerungsglied D.

(a) Geben Sie das Ein/Ausgabeverhalten des Serien-Addierschaltwerks in Abhängigkeit vom Zustand des Verzögerungsgliedes D an.

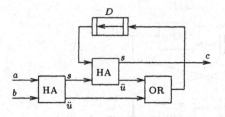

Abb. A2.3. Serien-Addierschaltwerk
(Aufgabe 2.15)

(b) Geben Sie einen endlichen Zustandsautomaten mit Ausgabe an, der das Verhalten des seriellen Addierers simuliert.

(c) Wie kann mit einem solchen Addierwerk die Addition zweier n-stelliger Binärzahlen realisiert werden?

Aufgabe 2.16. Schaltwerk, Zustandsautomat
Gegeben sei das Schaltwerk aus Abb. A2.4, wobei d_1 und d_2 Verzögerungsglieder der Sorte D sind.

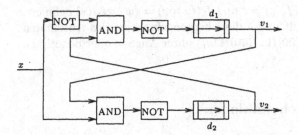

Abb. A2.4. Schaltwerk
(Aufgabe 2.16)

(a) Geben Sie den zugehörigen endlichen Automaten an.

(b) Entscheiden Sie für alle Zustände und Eingaben des Automaten aus (a), ob Konstanthalten der Eingabe über mehrere Takte in einen Zustand führt, der bei weiterem Beibehalten der Eingabe nicht mehr verändert wird. Geben Sie jeweils diesen Zustand und die Anzahl der zu seinem Erreichen benötigten Takte an.

(c) Zu jedem Zustand z des Automaten wird wie üblich die Schaltwerksfunktion g_z definiert. Berechnen Sie die Ausgabe bei $g_{00}(\langle\langle 0\rangle\langle 0\rangle\langle L\rangle\langle L\rangle\langle 0\rangle\rangle)$ und $g_{0L}(\langle\langle 0\rangle\langle 0\rangle\langle 0\rangle\langle L\rangle\langle L\rangle\langle L\rangle\rangle)$.

Aufgabe 2.17. Schaltwerk, Zustandsautomat
Gegeben sei das Schaltwerk aus Abb. A2.5, wobei d_1 und d_2 Verzögerungsglieder D_1 sind.

(a) Geben Sie in Tabellenform den zugehörigen endlichen Automaten mit Zustandsmenge $Z = \mathbb{B}^2$ an, wobei die Zustände den Inhalten von d_1 und d_2 entsprechen.

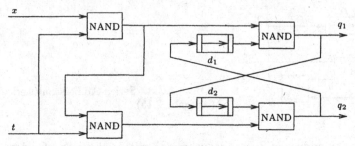

Abb. A2.5. Schaltwerk (Aufgabe 2.17)

(b) Entscheiden Sie für alle Zustände und Eingaben des Automaten aus (a), ob Konstanthalten der Eingabe über mehrere Takte in einen Zustand führt, der bei weiterem Beibehalten der Eingabe nicht mehr verändert wird. Geben Sie jeweils diesen Zustand und die Anzahl der zu seinem Erreichen benötigten Takte an.

(c) Für jeden Zustand z des Automaten aus (a) wird die Schaltwerksfunktion $f_z \colon (\mathbb{B}^2)^* \to (\mathbb{B}^2)^*$ durch $f_z(\varepsilon) = \varepsilon$ und $f_z(\langle w \rangle \circ s) = \langle w' \rangle \circ f_{z'}(s)$ definiert, falls $(w', z') = \delta(w, z)$ gilt und δ die Übergangsfunktion des Automaten ist. Berechnen Sie $f_{\text{L0}}(\langle \langle 00 \rangle \langle \text{LL} \rangle \langle 00 \rangle \langle \text{LL} \rangle \rangle)$ unter Angabe aller benötigten Zwischenschritte.

A2.3 Aufbau von Rechenanlagen

Aufgabe 2.18. MI Adressiermodi

Im folgenden sollen die Adressiermodi der MI benutzt werden, um auf Operanden mit Kennung W (**word**) zugreifen zu können, die folgendermaßen spezifiziert sind:

(a) Inhalt des Registers R0,

(b) Inhalt ab Speicherzelle $M[i]$, deren Adresse i im Register R1 steht,

(c) nacheinander auf die Inhalte ab Speicherzelle $M[i]$ und $M[i \oplus 4]$, wobei i im Register R2 steht,

(d) die Konstante -2,

(e) Inhalt ab Speicherzelle $M[i]$, wobei deren Adresse i in einer weiteren Speicherzelle steht, deren Adresse in Register R3 steht,

(f) den Inhalt ab einer Speicherzelle, deren Adresse 45_{10} ist.

Gegeben sei eine zusammenhängende Folge von Wörtern, die aufeinanderfolgend ab den Adressen $M[i], M[i \oplus 4], M[i \oplus 8], \ldots$ abgelegt sind.

(g) Operand sei das j-te Wort dieser Folge. Die Basisadresse i stehe im Register R4, der Index j im Register R5.

(h) Operand sei das j-te Wort dieser Folge. i sei in einer Speicherzelle enthalten, deren Adresse im Register R4 stehe. Der Index j stehe im Register R5.

(i) In Register R6 sei eine Basisadresse b gegeben. Operand sei der Inhalt der Speicherzelle mit der Adresse $b \oplus 9$.

Geben Sie geeignete Adressiermodi für die Fälle (a)–(i) an. Gibt es mehrere alternative Möglichkeiten? Geben Sie außerdem die hexadezimale Kodierung dieser Adressiermodi im Speicher der MI an.

Aufgabe 2.19. Speicherverwaltung
Schreiben Sie unter der Verwendung der folgenden Java-Vereinbarungen

```
// Konstanten zur Darstellung von Speicherformaten
final static int B = ...; // Byte
final static int H = ...; // Halbwort
final static int W = ...; // Wort
final static int F = ...; // Float
final static int D = ...; // Double

// Speicher
byte M[] = new byte[65536];
```

in derselben Klasse eine Methode

```
public void moveBlock(int kennung,
                      int from, int length, int to)
```

die in einer hinreichend großen Reihung M die Anzahl von length Objekten der Kennung kennung beginnend ab Reihungsindex from verschiebt, wobei der Ziel-Reihungsindex durch to angegeben wird. Die Elemente B, H, W, F und D stellen einen Aufzählungstyp für Kennungen von Speicherformaten dar.

Aufgabe 2.20. (*) Gleitpunktarithmetik
Seien $t, B \in \mathbb{Z}$ positive ganze Zahlen mit $t, B > 1$. Wir definieren die t-stelligen Gleitpunktzahlen zur Basis B als Teilmenge der reellen Zahlen wie folgt:

$G_{t,B} = \{m \cdot B^k : m \in Man_{t,B} \text{ und } k \in \mathbb{Z}\}$ mit

$Man_{t,B} = \{m \in \mathbb{Z} : B^{t-1} \leq |m| < B^t \text{ oder } m = 0\}$

Durch Einschränkung der Exponenten k definieren wir die Teilmenge von Maschinenzahlen bezüglich $emin, emax \in \mathbb{Z}$

$MG_{t,B,emin,emax} = \{m \cdot B^{-t} \cdot B^e : m \in Man_{t,B} \text{ und } emin \leq e \leq emax\}$

(a) Markieren Sie $MG_{4,2,-3,2}$ auf der Zahlengeraden und geben Sie die größte bzw. kleinste positive Zahl $maxMG$ bzw. $minMG$ aus $MG_{4,2,-3,2}$ an.

(b) Jede reelle Zahl x kann einer nächstgelegenen Gleitpunktzahl $g(x) \in G_{t,B}$ zugeordnet werden. Wir definieren dazu die Abbildung $g : \mathbb{R} \to G_{t,B}$ mit

$$g(x) = sgn(x) \cdot \lfloor |x| + \tfrac{1}{2}(\lceil |x| \rceil - \lfloor |x| \rfloor) \rfloor,$$

wobei $\lfloor y \rfloor$ (bzw. $\lceil y \rceil$) die größte (bzw. kleinste) Gleitpunktzahl $r \in G_{t,B}$ mit $r \leq y$ (bzw. $y \leq r$) bedeutet.

Berechnen Sie $g(1.8)$, $g(3.8)$, $g(11.5)$ und $g(0.01)$ aus $G_{4,2}$. Welche Werte sind aus $MG_{4,2,-3,2}$?

(c) Wir erweitern $MG_{t,B,emin,emax}$ durch zwei Symbole $\pm\infty$ (Überlaufsymbol) und ± 0 (Unterlaufsymbol) zur Menge

$$EMG = MG_{t,B,emin,emax} \cup \{\pm\infty, \pm 0\}$$

und führen die Abbildung $mg : \mathbb{R} \to EMG$ ein:

$$mg(x) = \begin{cases} g(x) & : \quad \text{falls } g(x) \in MG_{t,B,emin,emax} \\ \pm\infty & : \quad \text{falls } |g(x)| > maxMG \\ \pm 0 & : \quad \text{falls } 0 < |g(x)| < minMG \end{cases}$$

Überzeugen Sie sich davon, daß mg korrekt definiert ist!

(d) (**) Eine korrekt rundende Addition $+_{mg}$ auf den erweiterten Maschinenzahlen EMG ist für alle $x, y \in MG_{t,B,emin,emax}$ gegeben durch

$$x +_{mg} y = mg(x + y).$$

Entwickeln Sie für $B = 2$ einen geeigneten Algorithmus zur Berechnung der Addition $+_{mg}$, der mögliche Vereinfachungen durch Fallunterscheidung berücksichtigt. Kodieren Sie dazu die Maschinenzahlen durch entsprechende Tupel ganzer Zahlen (m, e) und verwenden Sie die in Java verfügbaren Operationen für ganze Zahlen.

Aufgabe 2.21. (PF2.20) Gleitpunktarithmetik

In dieser Aufgabe soll der in der Aufgabe 2.20 entwickelte Algorithmus zur Berechnung korrekt rundender Addition auf $MG_{8,2,-15,14}$ in Java programmiert werden. Kodieren Sie die erweiterten Maschinenzahlen durch *Mantisse m* und *Charakteristik E*, d.h. durch Tupel (m, E) ganzer Zahlen mit $B^{t-1} \leq |m| < B^t$ oder $m = 0$, und $0 \leq E \leq 2^5 - 1$. Die Dekodierung $w((m, E)) \in EMG$ sei definiert durch

$$w((m, E)) = \begin{cases} m \cdot B^{-t} \cdot B^{E-1+emin} & : \quad \text{falls } 0 < E < 2^5 - 1 \\ \pm\infty & : \quad \text{falls } E = 2^5 - 1 \\ \pm 0 & : \quad \text{falls } E = 0 \end{cases}$$

A2.4 Maschinennahe Programmstrukturen

Aufgabe 2.22. MI Move-Befehl
Die Maschine MI verfügt über einen Befehl MOVE W („move word") mit der Bytedarstellung $b = A0_{16}$.

(a) Geben Sie für die Registerbelegung und den Speicherauszug von Tabelle A2.3 die entsprechende Darstellung der Befehle, die von H'400' bis H'427' kodiert sind, in symbolischer Notation laut Buch [B92] an.

(b) Beschreiben Sie die Wirkung der Abarbeitung der Befehlssequenz auf den Speicher, auf die Register R0 bis R15 und auf die Statusflags C, V, Z und N, indem Sie den Inhalt der geänderten Größen nach jedem Befehl angeben.

Tab. A2.3. Speicherauszug (Aufgabe 2.22 (a))

Registerbelegung der MI:
R0 := 0, ..., R13 := 0, R14 := H'7FF4AD84', R15 := H'400', C := 0,
V := 0, N := 0, Z := 0

Adresse	Inhalt	Adresse	Inhalt	Adresse	Inhalt
400	A0	414	53	500	00
401	9F	415	A0	501	00
402	00	416	B2	502	05
403	00	417	00	503	04
404	05	418	54	504	FF
405	00	419	A0	505	FF
406	50	41A	41	506	FF
407	A0	41B	62	507	FE
408	02	41C	55	508	00
409	51	41D	A0	509	00
40A	A0	41E	85	50A	05
40B	8F	41F	56	50B	06
40C	00	420	A0	50C	00
40D	00	421	41	50D	00
40E	05	422	B5	50E	05
40F	00	423	02	50F	00
410	52	424	57		
411	A0	425	A0		
412	A2	426	58		
413	04	427	77		

Aufgabe 2.23. MI Programm, Arraysuche
Gegeben sind folgende Java-Vereinbarungen:

```
final static int N = 1000;
int a[] = new int[N];
int b[] = new int[N];
```

Ein Wert vom Typ int wird in Java durch ein Wort (4 Byte) im Speicher dargestellt. Die Startadressen der Felder a und b im Speicher seien bekannt.

(a) Geben Sie eine MI-Befehlsfolge an, welche die Reihung a in die Reihung b kopiert.
(b) Schreiben Sie eine MI-Befehlsfolge, die für die Reihung a überprüft, ob es einen Index i gibt mit a[i]=0. Wenn ja, so soll am Ende in Register R0 der Wert 1 und in Register R1 der kleinste dieser Indizes stehen; andernfalls soll Register R0 anschließend den Wert 0 haben.

Aufgabe 2.24. (F2.23) MI Programm, Zähler in Array

Gegeben seien folgende Java-Definitionen, die in der MI entsprechend zu Aufgabe 2.23 dargestellt seien:

```
final static int N = 1000;
int a[] = new int[N];
```

Schreiben Sie ein MI-Programmstück, das zählt, wieviele negative Zahlen in der Reihung a vorkommen. Das Ergebnis soll am Ende in Register R0 stehen. Objekte vom Typ int sollen Wortformat haben.

Aufgabe 2.25. MI Programm, Summe

Im folgenden sollen Befehlsfolgen in der MI-Assemblersprache geschrieben werden. Versehen Sie dabei Ihre MI-Befehlsfolgen mit ausreichend Kommentaren.

(a) Schreiben Sie eine MI-Befehlsfolge, die den Absolutbetrag einer ganzen Zahl x berechnet. Nehmen Sie dazu an, daß x in Register R1 steht. Das Ergebnis soll in Register R0 abgelegt werden.
(b) Zur Berechnung der Funktion $\text{sum}(x) = \sum_{i=0}^{x} i$ ist folgendes Programm gegeben:

var nat n:=x;
var nat m:=0;
while n $\neq$ 0 **do** (n, m):=(n-1, n+m) **od**;
{Resultat in Variable m}

Übertragen Sie dieses Programm in eine Folge von MI-Befehlen. Nehmen Sie dazu an, daß x in Register R0 steht; R1 und R2 sollen für die Variablen n bzw. m benutzt werden.

Aufgabe 2.26. MI Adressiermodi

Gegeben ist ein Datenbereich von N ($N \geq 0$) aufeinanderfolgenden Integerzahlen im Wortformat, der bei der Adresse a beginnt. Sei im folgenden $a[i]$ die Abkürzung für den Wert der i-ten Integerzahl im Datenbereich.

Entwickeln Sie ein MI-Programm in drei Varianten, wie in den Teilaufgaben (a)–(c) beschrieben. Dieses Programm berechnet die Summe $\sum_{i=0}^{N-1} a[i]$

und legt sie im Register R0 ab. Dabei werden N im Register R1 und die Anfangsadresse a des Datenbereichs im Register R2 zur Verfügung gestellt. (Die Inhalte der Register R1 und R2 dürfen überschrieben werden.)

(a) Verwenden Sie für den Zugriff auf die Elemente eine relative Adressierung ohne Indexangabe.

(b) Verwenden Sie für den Zugriff auf die Elemente eine indizierte relative Adressierung.

(c) Verwenden Sie für den Zugriff auf die Elemente eine Kelleradressierung.

Aufgabe 2.27. (F1.40) MI Programm, Fibonacci
In Aufgabe 1.40 wurde folgendes Programmstück zur Berechnung der Fibonacci-Zahlen hergeleitet:

```
k:=0; a:=1; b:=0;
```
while $\neg(k\overset{?}{=}n-1)$ do k, a, b:=k+1, a+b, a od
{Ergebnis in a}

Übertragen Sie dieses Programmstück in eine MI-Befehlsfolge. Nehmen Sie dazu an, daß n in Register R0 steht. Für die anderen Variablen sollen folgende Register verwendet werden: R1 für b, R2 für a, R3 für k.

Aufgabe 2.28. MI Unterprogramm, Fibonacci
Die rekursive Rechenvorschrift

```
public int fib(int n) {
  if (n <= 1)
    return n;
  else
    return fib(n-1) + fib(n-2);
}
```

berechnet die n-te Fibonacci-Zahl. Entwickeln Sie diese Prozedur in der Maschinensprache MI. Benutzen Sie dabei eine an die rekursive Rechenvorschrift fib angepaßte einfache Unterprogrammtechnik. Die Parameterübergabe bei den rekursiven Aufrufen soll in Anlehnung an das Buch [B92] durch eine Standardschnittstelle erfolgen.

Aufgabe 2.29. (F2.19) MI Unterprogramm, Moveblock
Schreiben Sie in Anlehnung an Aufgabe 2.19 ein (geschlossenes) MI-Unterprogramm

    moveBlock(int kennung, int from, int length, int to)

das im zur Verfügung stehenden Adreßraum die Anzahl von length Objekten der Kennung kennung beginnend ab Adresse from verschiebt, wobei die Zieladresse durch to angegeben wird. Halten Sie sich dabei an die im Buch [B92] angegebenen Parameterübergabekonventionen und nehmen Sie an, daß die Kennungsangabe in Form eines Zeichens in ASCII-Code erfolgt ($k \in \{'B','H','W','F','D'\}$).

Aufgabe 2.30. MI Programm, Array revertieren

Im folgenden soll ein MI-Programm geschrieben werden. Dabei wird von folgenden Java-Typvereinbarungen ausgegangen:

```
final static int N = ...;
int a[] = new int[N];
```

wobei $N \geq 0$ als natürlichzahlige Konstante vereinbart sei. Die Reihung a zu *revertieren* heißt, das erste mit dem letztem Element zu vertauschen, u.s.w.

Schreiben Sie eine MI-Befehlsfolge, die die Reihung a revertiert. Setzen Sie dabei voraus, daß die Reihung a wie üblich durch N+1 aufeinanderfolgende Worte im Speicher repräsentiert ist. (Insbesondere werden also Werte des Typs int durch jeweils ein Wort im Speicher dargestellt.) Außerdem dürfen Sie voraussetzen, daß die Adresse des ersten Worts von a (also von a[0]) in Register R0 und N in Register R1 steht.

Aufgabe 2.31. MI Programm, Horner-Schema, Binärdarstellung

(a) Schreiben Sie ein vollständiges MI-Programm in Assemblersprache, das den Wert eines Polynoms $p(x) = \sum_{i=0}^{n} a_i \cdot x^i$ für MI-Gleitpunktzahlen $x = t$ nach dem *Horner*-Schema wie folgt berechnet:

$$y_0 = a_n, \quad y_i = y_{i-1} \cdot t + a_{n-i}, \quad 1 \leq i \leq n.$$

Es sei $p(x) = 1 - x + x^2 - x^4$ und $t = 0.5$.

(b) Entwickeln Sie ein MI-Unterprogramm zur Konvertierung von Darstellungen nicht-negativer ganzer Zahlen x zu einer Basis $B \in \mathbb{N}$ in die Binärdarstellung. Die Darstellung von x sei dabei ein n-Tupel $(b_1, \ldots, b_n)$ mit $b_i \in \mathbb{N}$, $0 \leq b_i < B$ und der Dekodierung $x = \sum_{i=0}^{n-1} b_{n-i} \cdot B^i$.

Aufgabe 2.32. MI, komplexe Datentypen

Gegeben seien folgende Java-Vereinbarungen:

```
static final int N = 1000;
int f[] = new int[N];
C obj;

class C {
  int i;
  byte b;
  C c;
}
```

(a) Wie können die Variablen f und obj im Speicher der MI dargestellt werden?

(b) Geben Sie Adressiermodi auf der MI an, die für folgende Java-Ausdrücke geeignet sind:

```
f[6],       obj.c,       obj.c.i
```

Aufgabe 2.33. MI Programm, Binärbaum-Rekursion

Gegeben sei folgende Java-Klasse zur Darstellung von Binärbäumen:

```
class BinTree
{
  int info;
  BinTree left, right;
}
```

(a) Wie lassen sich Binärbäume dieses Typs auf der MI repräsentieren?
(b) Schreiben Sie für diese Klasse eine Java-Methode

```
        public BinTree isInBT(int a)
```

die in einem gegebenen Binärbaum nach der Integerzahl a sucht und entweder denjenigen Teilbaum, der die Zahl im obersten Knoten enthält, oder null zurückliefert.

(c) Setzen Sie die Java-Methode isInBT in ein geschlossenes MI-Unterprogramm um (Parameterübergabekonventionen gemäß Buch [B92]).

Aufgabe 2.34. MI Unterprogramm, Palindrom

Gegeben sei folgendes Programmstück zur Palindromprüfung:

```
⌈ var bool ispalin := true;
  proc up = (string s0, var bool pass):
  ⌈ var string s := s0;
    while pass ∧ (length(s)>1) do
          pass, s := (first(s) ≐ last(s)), lrest(rest(s))
    od ⌋;
  up(<ABA>, ispalin) ⌋
```

(a) Setzen Sie *nur* den im gegebenen Programmstück enthaltenen Aufruf der Prozedur up (letzte Zeile!) in die Assemblersprache der MI um (Parameterübergabekonventionen gemäß Buch). Dabei wird jedes Element der Sorte **string** als Folge von Bytes (Operanden der Kennung B) realisiert, von denen das erste die Länge der Zeichenkette (maximal bis 255) bezeichnet und die übrigen die Zeichen der Zeichenkette in ASCII-Code darstellen.

(b) Übertragen Sie die Prozedur up in die Assemblersprache der MI als geschlossenes Unterprogramm und übergeben Sie die Parameter gemäß der Konventionen im Buch. Dabei darf die lokale Variable s durch Register realisiert werden, die die Anfangsadresse und die Länge der Zeichenkette von Parameter s0 enthalten.

A3. Aufgaben zu Teil III: Systemstrukturen und systemnahe Programmierung

A3.1 Prozesse, Kommunikation und Koordination in verteilten Systemen

Aufgabe 3.1. Aktionsstruktur, Zustandsautomat

Ein vereinfachter Automat zum Verkauf von Schokoladentafeln funktioniert folgendermaßen: Als Geldeinwurf werden 1- und 2-Euro-Stücke akzeptiert. Mit zwei Druckknöpfen kann man zwischen einer großen und einer kleinen Tafel Schokolade wählen. Eine große Tafel kostet 2 Euro, eine kleine 1 Euro. Bei Wahl einer kleinen Tafel und Einwurf eines 2-Euro-Stückes wird mit der Schokolade 1 Euro Wechselgeld ausgegeben (ebenso bei Wahl einer großen Tafel und Einwurf eines 1-Euro-Stückes, gefolgt von einem 2-Euro-Stück).

(a) Das Verhalten des Automaten soll durch eine Aktionsstruktur formalisiert werden. Geben Sie eine geeignete Aktionenmenge an.

(b) Geben Sie typische Beispiele für Prozesse über der Aktionenmenge aus (a) an, die mögliche Abläufe beim Betrieb des Automaten beschreiben.

(c) Der oben definierte Automat soll durch einen endlichen Zustandsautomaten beschrieben werden. Geben Sie eine geeignete Zustandsmenge und die Zustandsübergangsfunktion an!

Aufgabe 3.2. Aktionsstruktur, Sequentialisierung

Der Prozeß $P = (\{e1, e2, e3, e4, e5, e6, e7\}, \leq, \alpha)$ sei durch den Graphen A3.1 gegeben.

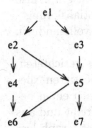

Abb. A3.1. Graph eines Prozesses (Aufgabe 3.2)

Für $\alpha : \{e1, \ldots, e7\} \to \{a1, \ldots, a7\}$ gelte $\alpha(ei) = ai, i = 1, \ldots, 7$.

(a) Beschreiben Sie (graphisch) ein Präfix von P, das das Ereignis $e5$ enthält.
(b) Welche Spuren haben die vollständigen Sequentialisierungen von P?
(c) Geben Sie eine nichtvollständige Sequentialisierung von P an.

Aufgabe 3.3. (P) Aktionsstruktur, Darstellung

Ein Aktionsgraph ist ein knotenmarkierter, gerichteter, zyklenfreier Graph und dient zur Repräsentation einer endlichen Aktionsstruktur. Dabei werden Ereignisse durch Knoten, die Aktionen durch Markierungen der Knoten und die Kausalitätsrelation durch Kanten dargestellt. Entwerfen Sie in der Programmiersprache Java eine Datenstruktur zur Darstellung von Aktionsgraphen und ein Programm, das einen Aktionsgraphen in geeigneter Form einliest, die interne Speicherstruktur aufbaut und diese in verständlicher Gestalt wieder ausgibt. Effizienzgesichtspunkte und Fehlerkontrollen können vernachlässigt werden.

Vorschlag zur Lösung: Wählen Sie natürliche Zahlen als Ereignisse und Buchstaben als Aktionen (Markierung). Implementieren Sie eine Klasse für Knoten der Aktionsstruktur und eine Klasse, die die Knoten verwaltet, sowie das Einlesen und die Ausgabe durchführt.

Aufgabe 3.4. (PF3.3) Aktionsstruktur, Sequentialisierung

In der Aufgabe 3.3 wird ein Aktionsgraph im Speicher aufgebaut. Wir erweitern nun diesen Graphen um eine Komponente, die für jeden Knoten die Anzahl der auf ihn gerichteten Pfeile zählt. Ein Knoten ist genau dann ohne Vorgänger, wenn dieser Referenzzähler = 0 ist.

Benutzen Sie diesen Mechanismus, um eine vollständige Sequentialisierung der Aktionsstruktur zu berechnen und auszugeben, indem Sie aus dem Graph sukzessive alle Knoten ohne Vorgänger entfernen.

Erweitern Sie Ihr Programm aus Aufgabe 3.3 (oder alternativ den Lösungsvorschlag aus `$INFO/L3.3`) um eine solche Komponente. Versuchen Sie dabei gewinnbringend Vererbung einzusetzen, um z.B. die ursprüngliche Knotenklasse ohne Modifikation wiederzuverwenden.

Aufgabe 3.5. (PF3.4) Aktionsstruktur

Wenn die einer Aktionsstruktur zugrundeliegende partielle Ordnung (Kausalitätsrelation) zu einer linearen Ordnung ergänzt wird, der Aktionsgraph also sequentiell wird, sprechen wir von einer „vollständigen Sequentialisierung". Erweitern Sie Ihr Programm zu Aufgabe 3.4, so daß es alle vollständigen Sequentialisierungen ausgibt.

Vorschlag zur Lösung: Vollständige Sequentialisierung eines gerichteten, zyklenfreien Graphen wird am besten durch „topologisches Sortieren" bewerkstelligt. Prinzipiell wird dabei so vorgegangen, daß man sich einen beliebigen vorgängerfreien Knoten sucht, diesen in einer Liste aufreiht und aus dem Graphen streicht. Diese Schritte werden wiederholt, bis der Graph leer ist. In unserem Fall sind alle topologischen Sortierungen zu finden, also alle jeweils vorgängerfreien Knoten zu betrachten.

Aufgabe 3.6. (E*) Ereignisstruktur, partielle Ordnung
Ist eine Ereignisstruktur $p1$ Präfix einer Ereignisstruktur $p2$, so schreiben wir
$p1 \leq_{prä} p2$. Beweisen Sie: Die Relation $\leq_{prä}$ bildet eine partielle Ordnung.

Aufgabe 3.7. Aktionsdiagramm
Sie sind zu Gast im Olympiastadion beim Lokalderby der beiden Clubs FC-
Bayern und 1860 München. Mit Ihrem Blick für das Wesentliche abstrahieren
Sie das Geschehen auf ein Aktionsdiagramm über der Aktionenmenge $A =_{def}$
{anpfiff, tor_FCB, tor_1860, abpfiff}.

(a) Beschreiben Sie ein mögliches Spiel, in dem drei Tore fallen und keine
    Mannschaft torlos bleibt, als Aktionsdiagramm p über dem Alphabet A.
(b) Seien p1 bzw. p2 die Teilprozesse von p, welche genau diejenigen Ereignis-
    se umfassen, welche nicht mit tor_FCB bzw. tor_1860 markiert sind. Ge-
    ben Sie den Prozeß p0 an, für den das Prädikat ispar(p0, p1, p2, {anpfiff,
    abpfiff}) gilt. Warum kann man es ablehnen, p0 als eine Beschreibung
    einer möglichen Begegnung FCB-1860 zu verstehen? (Hinweis: Es gibt
    nur einen Ball!)

Aufgabe 3.8. Petri-Netze
Beantworten Sie für die beiden in Abb. A3.2 bzw. Abb. A3.3 angegebenen
Booleschen Petri-Netze folgende Fragen:

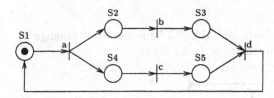

Abb. A3.2. Boolesches
Petri-Netz (Aufgabe 3.8)

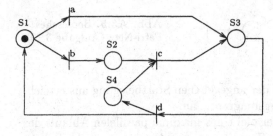

Abb. A3.3. Boolesches
Petri-Netz (Aufgabe 3.8)

(a) Welche Belegungen sind erreichbar?
(b) Existiert ein nicht-sequentieller Ablauf? (Beispiel!)
(c) Ist eine Verklemmung erreichbar?
(d) Ändern sich die möglichen Abläufe, wenn natürlichzahlige Belegungen
    zugelassen werden?

Aufgabe 3.9. Petri-Netze

Gegeben sei das Boolesche Petri-Netz aus Abb. A3.4 mit der Stellenmenge $P = \{w, x, y, z\}$ und der Transitionenmenge $T = \{a, b, c, d\}$.

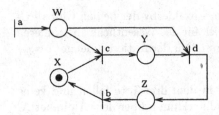

Abb. A3.4. Boolesches Petri-Netz (Aufgabe 3.9)

Beachten Sie, daß die Transition a genau dann schaltbereit ist, wenn der Platz w nicht belegt ist.

(a) Welche Belegungen sind von der angegebenen Startbelegung aus erreichbar? Geben Sie einen dem Petri-Netz entsprechenden Automaten an.

(b) Geben Sie einen maximal parallelen (unvollständigen) Ablauf des Petri-Netzes an, der genau sieben Ereignisse enthält.

(c) Geben Sie ein natürlichzahliges Petri-Netz mit Anfangsbelegung an, das dieselben Abläufe wie das Boolesche Petri-Netz besitzt.

Aufgabe 3.10. Petri-Netze

Gegeben sei das Boolesche Petri-Netz aus Abb. A3.5 mit der Stellenmenge p ={w,x,y,z} und der Transitionenmenge t = {a,b,c,d,e}.

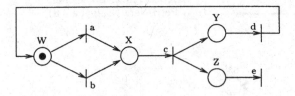

Abb. A3.5. Boolesches Petri-Netz (Aufgabe 3.10)

(a) Welche Belegungen sind von der angegebenen Startbelegung aus erreichbar? Geben Sie das Übergangsdiagramm an.

(b) Geben Sie (graphisch) ein Beispiel eines maximal parallelen Ablaufs des Petri-Netzes an, bei dem alle Transitionen mindestens zweimal schalten.

(c) Geben Sie einen Agenten an, der dieselben maximal parallelen Abläufe wie das obige Boolesche Petri-Netz besitzt.

Aufgabe 3.11. Petri-Netze
Bearbeiten Sie für das in Abb. A3.6 angegebene Boolesche Petri-Netz folgende Teilaufgaben:

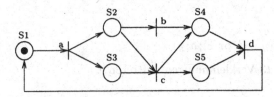

Abb. A3.6. Boolesches
Petri-Netz (Aufgabe 3.11)

(a) Welche Belegungen sind erreichbar? Geben Sie dazu den zugehörigen Zustands-Übergangs-Automaten in graphischer Form an.

(b) Ist eine Verklemmung erreichbar? Begründen Sie Ihre Antwort.

(c) Ändern sich die möglichen Abläufe, wenn natürlichzahlige Belegungen zugelassen werden, aber die Ausgangsbelegung gleich bleibt?

(d) Geben Sie einen Agenten t an, der die Abläufe des obigen Petri-Netzes beschreibt.

Aufgabe 3.12. Agenten, Erzeuger/Verbraucher
Ein Standardbeispiel für parallel ablaufende Systeme ist das Erzeuger/Verbraucher-Problem. Ein *Erzeuger* ist ein unendlicher (Teil-)Prozeß, der abwechselnd die zwei Aktionen

produce(x)   und   **write(x)**

ausführt. Er symbolisiert einen Vorgang, der ein Objekt erzeugt und ausliefert. Ein *Verbraucher* ist ein unendlicher (Teil-)Prozeß, der abwechselnd die zwei Aktionen

read(y)   und   **consume(y)**

ausführt. Er symbolisiert einen Vorgang, der ein Objekt anfordert und verarbeitet. Abläufe von Erzeuger und Verbraucher sollen über einen einelementigen Pufferspeicher gekoppelt werden. Dabei soll sichergestellt werden, daß jedes in den Pufferspeicher geschriebene Datum genau einmal gelesen wird.

(a) Geben Sie Petri-Netze und Startbelegungen an, die die Abläufe von Erzeuger und Verbraucher darstellen. Setzen Sie anschließend diese Petri-Netze mit Hilfe weiterer Plätze zu einem Petri-Netz zusammen, das die Abläufe von Erzeuger und Verbraucher koppelt.

(b) Beschreiben Sie das Erzeuger/Verbraucher-Problem mittels eines Agenten EV.

Aufgabe 3.13. Agenten, Verklemmung

Bestimmen Sie alle Abläufe folgender Agenten mit der Aktionenmenge $A = \{a, b, c\}$:

$t0 =_{def} a; (b \textbf{ or } c)$
$t1 =_{def} a; (b \| c)$
$t2 =_{def} (x :: a; b; x) \|_{\{b\}} (y :: b; a; y)$
$t3 =_{def} (x :: a; (b \textbf{ or } c); x) \|_{\{b,c\}} (y :: (b \textbf{ or } c); a; y)$

Können in den Agenten $t2$ und $t3$ Verklemmungen auftreten?

Aufgabe 3.14. Agenten

Bestimmen Sie alle Abläufe folgender Agenten über der Aktionenmenge $A = \{a, b, c, d\}$:

$t0 =_{def} (a \textbf{ or } b) \|_{\{a\}} (a \textbf{ or } c)$
$t1 =_{def} ((x :: a; x) \|_{} (y :: b; y)) \|_{\{a\}} (z :: a; b; z)$
$t2 =_{def} (x :: a; (b \textbf{ or } c); x) \|_{\{a\}} (y :: (b \textbf{ or } c); a; y)$
$t3 =_{def} (x :: a; ((b; c) \textbf{ or } (c; d)); x) \|_{\{b,c,d\}} (y :: a; (b \textbf{ or } c); (c \textbf{ or } d); y)$

Welche dieser Agenten sind verklemmungsfrei? Besitzen die beiden Teilagenten von t3 dieselben Ablaufmengen?

Aufgabe 3.15. Agenten, Ampel

Gegeben ist eine Kreuzung zweier Straßen mit einer bzw. zwei Fahrbahnen, wobei der Verkehrsfluß auf den einzelnen Fahrbahnen durch Agenten mit der Aktion q (von „überqueren") beschrieben ist (siehe Abb. A3.7).

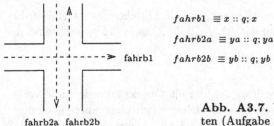

$fahrb1 \equiv x :: q; x$

$fahrb2a \equiv ya :: q; ya$

$fahrb2b \equiv yb :: q; yb$

Abb. A3.7. Verkehrsregelung durch Agenten (Aufgabe 3.15)

Um Unfälle zu vermeiden, wird die Menge $H = \{pa, va, pb, vb\}$ von Hilfsaktionen eingeführt. Modifizieren Sie die Agenten $fahrb1$, $fahrb2a$ und $fahrb2b$ durch Einfügen von Aktionen aus H zu Agenten $fahrb1'$, $fahrb2a'$ und $fahrb2b'$, und schreiben Sie einen Agenten $ampel$ über der Aktionenmenge H, so daß der Agent $kreuzg$

$kreuzg \equiv (fahrb1' \| fahrb2a' \| fahrb2b') \|_H ampel$

verhindert, daß Fahrzeuge beider Straßen gleichzeitig die Kreuzung überqueren, jedoch Fahrzeuge von fahrb2a und fahrb2b unabhängig voneinander die

Kreuzung überqueren läßt. Benutzen Sie die Hilfsaktionen wie Semaphor-Operationen P und V.

Aufgabe 3.16. Agenten, Abläufe

(a) Geben Sie zu den beiden Agenten

$t1 =_{def}$ a; (b **or** c);d und
$t2 =_{def}$ a; (b $\|$ c);d

alle Prozesse p und Agenten t an, mit $t1 \xrightarrow{p} t$ bzw. $t2 \xrightarrow{p} t$.

(b) Geben Sie zwei Petri-Netze N1, N2 mit Anfangsbelegungen $b1$ bzw. $b2$ an, deren Abläufe mit denen von $t1$ bzw. $t2$ übereinstimmen.

(c) Bestimmen Sie die Abläufe der Agenten

$t3 =_{def} x :: a; b; x$ und
$t4 =_{def} x :: a; y :: (b; x$ **or** $y)$.

Aufgabe 3.17. (F3.12) Prozeßprädikate, Erzeuger/Verbraucher

Wir betrachten erneut das Erzeuger/Verbraucher-Problem (vgl. Aufgabe 3.12). Der Datenaustausch zwischen Erzeuger und Verbraucher mit Hilfe eines einelementigen Puffers wird folgendermaßen beschrieben:

i) Erzeuger und Verbraucher greifen nicht gleichzeitig auf den Puffer zu.
ii) Vor jedem lesenden Zugriff erfolgt ein schreibender Zugriff.
iii) Jedes in den Puffer geschriebene Datum wird genau einmal gelesen, wobei der Puffer einelementig ist.

(a) Diese informelle Beschreibung des Zugriffs auf den Puffer soll nun formalisiert werden. Geben Sie Prädikate an, die zulässige Prozesse charakterisieren.

(b) Erfüllen die Abläufe des Agenten EV von Aufgabe 3.12 (b) diese Prädikate?

Aufgabe 3.18. (*) Semaphore

Gegeben sei das folgende Programm in Buchnotation [B98]:

```
prog:  [proc incr = (nat a, var nat b):b := a+1;
           var nat z1, z2, z3:= 1, 3, 5;
       [     sema bool s1, s2, s3 := true, true, true;
          ⌈      P(s1); P(s2); incr(z1, z2); V(s1); V(s2)
          ‖      P(s2); P(s3); incr(z2, z3); V(s2); V(s3)
          ‖      P(s3); P(s1); incr(z3, z1); V(s1); V(s3)  ⌋  ];
           z3    ]
```

(a) Die möglichen Abläufe des Programmstückes

    [**sema bool** s1, s2, s3:= ... ⌈...‖...‖...⌋]

können durch den Agenten

$t =_{def} ((\text{init1} \parallel \text{init2} \parallel \text{init3}); (\text{t1}\parallel\text{t2}\parallel\text{t3})) \parallel_S (\text{sema1} \parallel \text{sema2} \parallel \text{sema3})$

beschrieben werden, wobei

init1 $=_{def}$ (s1 := **true**),
sema1 $=_{def}$ x::(s1 := **true**; s1 := **false**; x),
t1 $=_{def}$ (s1 := **false**; s2 := **false**; incr(z1, z2); s1 := **true**; s2 := **true**),
S $=_{def}$ {si := **true**, si := **false** | i = 1, 2, 3}
und init2, init3, sema2, sema3, t2, t3 entsprechend definiert sind.

Geben Sie alle möglichen verklemmungsfreien Abläufe hinsichtlich der Reihenfolge der incr-Aufrufe an. Geben Sie außerdem einen einfachen Verklemmungszustand des Agenten t an.

(b) Ändern Sie den Agenten t bzw. das Programm prog möglichst geringfügig, so daß keine Verklemmungszustände mehr auftreten und der Zugriff auf die Variablen sequentiell stattfindet.

Aufgabe 3.19. Prozeßkoordination, Read/Write
Gegeben sei eine Variable **var int** x, auf die über die Prozeduren

proc write = (**int** w)   {x erhält den Wert von w}   und
proc read = (**var int** v) {v erhält den Wert von x}

zugegriffen wird. Diese Prozeduren können von mehreren parallel ablaufenden Programmen aufgerufen werden. Implementieren Sie die Prozeduren *write*- und *read* so, daß zu jedem Zeitpunkt entweder beliebig viele Lesevorgänge oder genau ein Schreibvorgang stattfinden können. Zur Koordination der Prozesse sollen dabei

(a) **await** Konstrukte
(b) Semaphore

verwendet werden.

Aufgabe 3.20. Prozeßkoordination, Erzeuger/Verbraucher
Gegeben sei der bereits aus Aufgabe 3.12 bekannte Agent EV zur Lösung des Erzeuger/Verbraucher-Problems mit einelementigem Puffer:

$\text{EV} \equiv (\text{E} \parallel \text{V}) \parallel_{\{\text{write}(x),\ \text{read}(y)\}} \text{P}$

mit

E $\equiv$ erz:: produce(x); write(x); erz
V $\equiv$ verb:: read(y); consume(y); verb
P $\equiv$ puffer:: write(x); read(y); puffer

Zu den Agenten E und V sind jeweils gleichwertige Programmstücke:

Für E: **var** x; **while** true **do** produce(x); write(x) **od**;
Für V: **var** y; **while** true **do** read(y); consume(y) **od**;

Überführen Sie den Agenten EV in ein gleichwertiges Programm, das

(a) mit dem **await**-Konstrukt bzw.
(b) mit Semaphoren arbeitet.
(c) **(P)** In $INFO/semaphore ist die Java-Implementierung des einelementigen Puffers angegeben, in der allerdings der Puffer selbst ungeschützt ist. Schreiben Sie eine neue Lösung, in der sich der Puffer selbst mit Semaphoren absichert.

Aufgabe 3.21. Prozeßkoordination, Ringpuffer

Mehrere parallel ablaufende Teilprozesse benutzen die Datenstruktur eines *Ringpuffers* der Länge N (N>0) zur Datenübergabe (siehe Abb. A3.8).

var int array $[0 : N - 1]$ ringpuffer;
var [0:N-1] start := 0;
var [0:N-1] länge := 0;

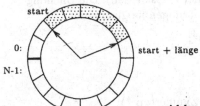

Abb. A3.8. Ringpuffer mit Länge N (Aufgabe 3.21)

Es sollen nun zwei Prozeduren

proc write = (**int** n): ⌈... insert(n) ...⌋   und
proc readremove = (**var int** m):⌈... extract(m) ...⌋

für den schreibenden bzw. lesenden Zugriff auf den Ringpuffer entwickelt werden. Benutzen Sie dabei die folgenden Operationen *insert* und *extract* (die keine Überlauf- und Unterlaufbehandlungen durchführen):

proc insert = (**int** n):
⌈ ringpuffer[(start+länge) **mod** N] := n; länge := länge+1 ⌋

proc extract = (**var int** m):
⌈ m := ringpuffer[start]; start := (start+1) **mod** N; länge := länge-1 ⌋

Durch Synchronisation soll garantiert werden,

– daß gleichzeitig höchstens ein Prozeß über die Funktionen *write* und *readremove* auf den Ringpuffer zugreift,
– daß kein Überlauf bzw. Unterlauf des Ringpuffers *ringpuffer* stattfindet, d.h. zu jedem Zeitpunkt gilt: $0 \leq länge \leq N$,

– daß sich die Prozesse nicht verklemmen (sofern genügend Schreib- und Lese-Operationen ausgeführt werden) und sich nicht mehr als nötig behindern.

(a) Geben Sie in Buchnotation eine Lösung für *write* und *readremove* mittels **await**-Konstrukten an.

(b) Geben Sie in Buchnotation eine Lösung für *write* und *readremove* an, die sich auf (Boolesche und/oder natürlichzahlige) Semaphore abstützt. Wie müssen die Semaphore initialisiert sein (unter der Annahme, daß der Puffer anfangs leer ist)?

(c) **(P)** Implementieren Sie den Ringpuffer in Java, indem Sie die Lösung für den einelementigen Puffer aus $INFO/L3.20 geeignet umbauen.

Aufgabe 3.22. Semaphore, Hotelreservierung

Gegeben seien die folgenden Programmstücke, die einige Aspekte eines Reservierungssystems für Hotelzimmer in einfacher Weise modellieren. Eine Buchung besteht aus einer Anzahl von Einzelreservierungen für Zimmer verschiedener Art (z.B. in verschiedenen Hotels oder Preisklassen). Die Buchung wird nur angenommen, wenn alle Einzelreservierungen möglich sind:

nat N = „Anzahl verschiedener Zimmertypen";
sort typ = 1..N;
sort buchung = **array** [1..N] **nat**;
var array [1..N] **nat** vorrat;
    (* Zur Verfügung stehende Anzahl pro Zimmertyp *)

func prüfe = (**array** [1..N] **nat** vorrat, **typ** t, **nat** anzahl) **bool**:
    (vorrat[t]-anzahl $\geq$ 0);

proc reserviere = (**var array** [1..N] **nat** vorrat, **typ** t, **nat** anzahl):
    ⌈ vorrat[t] := vorrat[t] - anzahl ⌋

proc buche = (**var array** [1..N] **nat** vorrat, **buchung** b, **var bool** ok):
    ⌈ ok := **true**;
    for i := 1 **to** N **do** ok := ok $\wedge$ prüfe(vorrat, i, b[i]) **od**;
    if ok **then**
    for i :=1 **to** N **do** reserviere(vorrat, i, b[i]) **od fi** ⌋

(a) Betrachten Sie zwei parallel ablaufende Inkarnationen von „buche". Konstruieren Sie für N=2 eine Situation, in der mehrere Reservierungen für ein und dasselbe Zimmer vergeben werden.

(b) Sorgen Sie durch Einführung von Semaphoren dafür, daß die zusammengehörigen Prüfungen und Reservierungen einer Buchung nur zusammenhängend bearbeitet werden.

(c) Verfeinern Sie die Lösung so, daß beliebig viele parallele „buche"-Prozeduren auf den Vorrat zugreifen können, wobei voneinander unabhängige Buchungen (auf disjunkten Zimmertypen) parallel ausgeführt werden können.

(d) **(P)** Realisieren Sie Ihre Lösung in Java.

Aufgabe 3.23. Semaphore, Bergbahn
Auf einer in beiden Richtungen befahrenen Bahnstrecke befindet sich ein eingleisiger Abschnitt mit erheblicher Steigung. Die in der Skizze mit *berg1*, *berg2*, *steigung*, *tal1*, *tal2* bezeichneten Gleisabschnitte können jeweils nur einen Zug aufnehmen. Die Außenbereiche *oben1*, *oben2*, *unten1*, *unten2* sind stets frei zugänglich.

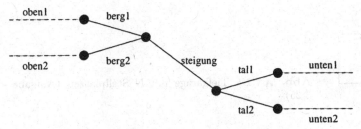

Abb. A3.9. Bahnstrecke mit Steigung (Aufgabe 3.23)

Die Aktionen aufwärtsfahrender Züge seien:

```
while (TRUE)
{
  fahre("auf","unten1","tal1");
  fahre("auf","tal1","steigung");
  fahre("auf","steigung","berg1");
  fahre("auf","berg1","oben1");
}
```

Die Aktionen abwärtsfahrender Züge seien:

```
while (TRUE)
{
  fahre("ab","oben2","berg2");
  fahre("ab","berg2","steigung");
  fahre("ab","steigung","tal2");
  fahre("ab","tal2","unten2");
}
```

Synchronisieren Sie je zwei auf- und abwärtsfahrende Züge mit Semaphoren so, daß sich ein kollisions- und verklemmungsfreier Zugverkehr ergibt. Auch Auffahrunfälle von Zügen in gleicher Fahrtrichtung sind zu verhindern. Anfangs seien alle Gleisstrecken frei. Wegen der starken Steigung sind zusätzlich folgende Bedingungen zu beachten:

i) Aufwärtsfahrende Züge dürfen weder auf *tal1* noch auf *steigung* angehalten werden: *tal1* wird als Anlauf benötigt, um die Steigung mit vollem Schwung zu überwinden.

ii) Abwärtsfahrende Züge dürfen nicht auf *steigung* angehalten werden: Zum Abbremsen braucht man *tal2* als Auslauf.

Die Synchronisation darf nicht zu grob erfolgen. Es ist z.B. ineffizient, alle Gleisstrecken zusammen zur ausschließlichen Benutzung durch einen einzigen Zug zu reservieren.

Aufgabe 3.24. (PF3.23) Semaphore, Java
Implementieren Sie Ihre Lösung aus der Aufgabe 3.23 in Java, wobei Sie die Implementierung der Semaphore aus $INFO/semaphore verwenden können. Realisieren Sie Züge durch Objekte und Fahraktionen durch Methodenaufrufe.

Aufgabe 3.25. Semaphore, Tiefgarage
Gegeben ist eine Tiefgarage mit N Stellplätzen und einer Zufahrt, die sowohl von einfahrenden als auch von ausfahrenden Autos benutzt wird (siehe Abb. A3.10).

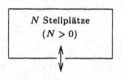

Abb. A3.10. Tiefgarage mit N Stellplätzen (Aufgabe 3.25)

Schreiben Sie eine Prozedur *parke*, die die *Einfahrt*, das *Parken* und das *Verlassen* jeweils eines Autos in die Tiefgarage beschreibt. Stellen Sie durch

(a) ausschließlich *ganzzahlige* Semaphore
(b) ausschließlich *Boolesche* Semaphore

sicher, daß sich in der Tiefgarage höchstens N Autos gleichzeitig befinden und daß die Zufahrt von höchstens einem Auto gleichzeitig benutzt wird.

(c) **(P)** Implementieren Sie die Lösung aus (a) unter Zuhilfenahme der ganzzahligen Semaphore in $INFO/semaphore/SemaNat.java.

Aufgabe 3.26. Semaphore, Straße
Ein Straßenstück mit jeweils genau einer Spur für jede Richtung ist durch ein einspuriges Teilstück unterbrochen, welches in der Mitte eine Ausweichstelle für genau ein Fahrzeug besitzt. Die in Abb. A3.11 mit t_1, *as* und t_2 bezeichneten Abschnitte des einspurigen Teilabschnitts können jeweils genau ein Fahrzeug aufnehmen. Die einzelnen Teilabschnitte sind durch • begrenzt.

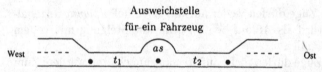

Abb. A3.11. Einspuriges Straßenstück mit Ausweichstelle (Aufgabe 3.26)

Fahrzeuge, die in Ost-West-Richtung das einspurige Teilstück passieren, müssen aufgrund der Verkehrsbeschilderung stets die Ausweichstelle befahren. Dies gilt nicht für Fahrzeuge, die das einspurige Teilstück in West-Ost-Richtung befahren. Falls ein Fahrzeug in *as* steht, können Fahrzeuge der Gegenrichtung vorbeifahren. Ferner dürfen in jeder Fahrtrichtung mehrere Fahrzeuge die Straßenstücke t_1 und t_2 befahren.

Für die in West-Ost- bzw. Ost-West-Richtung fahrenden Fahrzeuge ergeben sich folgende Programmfragmente.

$F_{wo} \equiv \{\langle befahre\ t_1\rangle; \langle verlasse\ t_1\ und\ befahre\ t_2\rangle; \langle verlasse\ t_2\rangle\}$
$F_{ow} \equiv \{\langle befahre\ t_2\rangle; \langle verlasse\ t_2\ und\ befahre\ as\rangle;$
$\qquad\quad \langle verlasse\ as\ und\ befahre\ t_1\rangle; \langle verlasse\ t_1\rangle\}$

Synchronisieren Sie die Programmfragmente F_{ow} und F_{wo} unter Verwendung von Booleschen Semaphoren und den Semaphor-Operationen P und V so, daß sich ein kollisions- und verklemmungsfreier Straßenverkehr auf dem einspurigen Teilstück ergibt. Geben Sie eine Lösung an, bei der sich mindestens zwei Fahrzeuge gleichzeitig im besagten Straßenstück befinden dürfen. Zu Beginn soll das einspurige Teilstück leer sein. Geben Sie Typ, Initialisierung und Verwendungszweck der von Ihnen eingeführten Semaphore an.

A3.2 Betriebssysteme und Systemprogrammierung

Aufgabe 3.27. (E) MI, Prozeßkoordination

Die Programmierung binärer Semaphore auf der Modellmaschine MI erfolgt unter Benutzung der Befehle JBSSI bzw. JBCCI.

(a) Wie lauten die Entsprechungen für die Deklaration „**sema bool** s := **true**" und die Anweisungen P(s) und V(s) in MI-Assemblersprache?
(b) Geben Sie eine mögliche Implementierung ganzzahliger Semaphore an, die sich auf binäre Semaphor-Operationen abstützt!
(c) Geben Sie (in MI-Assembler) eine Realisierung von ganzzahligen Semaphoren auf der Maschine MI an.

Aufgabe 3.28. (E) Speichersegmente

Im folgenden sollen die Inhalte von k Feldern *(Segmenten)* in einem Speicher

[1:n] **array var m** sp

repräsentiert werden. Die Anzahl der Segmente (maximal *maxseg*) und die Länge der einzelnen Segmente kann sich dynamisch mit Hilfe folgender Operationen ändern:

sort snr = 1:maxseg, **sort adr** = 1:n,
func kreiere = **snr**:　　　　　　„Anlegen eines neuen Segments (Länge 0);
　　　　　　　　　　　　　　　　Resultat ist eine Segmentnummer"

proc erweitere = (**snr** s, **m** x): „Verlängere Segment Nr. s um
ein Element mit Wert x"
proc lösche = (**snr** s): „Lösche das Segment Nr. s"
func lese = (**snr** s, **adr** i)**m**: „Lese i-ten Wert aus dem Segment s"

(a) Skizzieren Sie eine Implementierung der obigen Funktionen und Prozeduren, die durch Verschiebung von Segmenten den Speicherplatz opti-
mal ausnutzen. Zeigen Sie, daß eine solche Implementierung bei n = 20,
maxseg = 3, die folgende Sequenz von Anforderungen ausführen kann:

(1) Kreieren dreier Segmente;
(2) 5-malige Erweiterung von Segment 1;
(3) 5-malige Erweiterung von Segment 2;
(4) 5-malige Erweiterung von Segment 3;
(5) 3-malige Erweiterung von Segment 1;
(6) 2-malige Erweiterung von Segment 2;
(7) Löschen von Segment 1;
(8) 3-malige Erweiterung von Segment 3;
(9) 2-malige Erweiterung von Segment 1.

(b) Geben Sie eine Implementierung der obigen Funktionen und Prozeduren
an, die ohne Verschieben auskommt und dennoch die angegebene Sequenz
von Anforderungen erfüllen kann.

(c) Wie groß ist bei maxseg = 3, n = 1000 der zusätzliche organisatorische
Aufwand pro Speicherelement in sp
   i) falls die Elemente in **m** ein Byte lang sind;
   ii) falls die Elemente in **m** jeweils 512 Byte lang sind?

A3.3 Interpretation und Übersetzung von Programmen

Aufgabe 3.29. Automat, Zahlformat
Für die Darstellung natürlicher und reeller Zahlen ist folgende BNF-Syntax
gegeben:

⟨natZ⟩ ::= ⟨Ziffer⟩ ⟨Ziffer⟩*
⟨reeZ⟩ ::= ⟨Ziffer⟩ ⟨Ziffer⟩* . ⟨Ziffer⟩* {E {+|-} ⟨Ziffer⟩ ⟨Ziffer⟩* }

(a) Geben Sie einen endlichen Automaten an, der natürliche und reelle Zahlen akzeptiert und sie unterscheidet.

Ein Scanner muß im allgemeinen eine Sequenz von Symbolen verarbeiten,
in der die Symbole durch Trennzeichen begrenzt sind (z.B. im Ausdruck
3.4E-4⊔+⊔123.E+3). Dazu muß die Beschreibung der Grammatik um gewisse
semantische Aktionen ergänzt werden, wie z.B. Initialisierung der Variablen,
Eintrag in Symboltabelle, Anfügen des gelesenen Zeichens an das bereits
gelesene Symbol.

(b) Wie kann man den Automaten aus Teilaufgabe (a) so ergänzen, daß er Trennzeichen adäquat behandelt und die semantischen Aktionen auslöst?
(c) Geben Sie die Struktur eines Programms in Java an, das die Komponenten benutzt, um die Eingabe nach Symbolen zu scannen. Dabei soll für jedes gelesene Symbol eine gewisse Aktion, wie z.B. Eintragen in eine Symboltabelle, ausgeführt werden.

Aufgabe 3.30. Lexikalische Analyse
Ein Binärbaum heißt gesättigt, wenn jeder Knoten

– entweder keine Nachfolgerknoten hat (Blatt)
– oder genau zwei Nachfolgerknoten hat.

Betrachtet werde die Menge aller gesättigten Binärbäume, deren Blätter Markierungen tragen. Als Markierungen sind alle Wörter der Länge 2 über dem Alphabet A = {a,b,c} zulässig.

Diese Bäume können durch Wörter einer formalen Sprache L, einer Sprache von Baumdarstellungen, beschrieben werden, die durch folgende Beispiele erläutert wird. Ein nur aus der Wurzel bestehender Ein-Knoten-Baum wird dargestellt durch die Markierung der Wurzel. Einige etwas komplexere Bäume sind in Abb. A3.12 dargestellt.

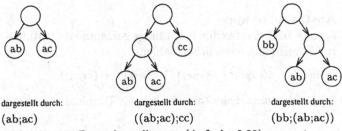

dargestellt durch: dargestellt durch: dargestellt durch:
(ab;ac)   ((ab;ac);cc)   (bb;(ab;ac))

Abb. A3.12. Baumdarstellungen (Aufgabe 3.30)

(a) Skizzieren Sie den Baum, der durch ((cc;ba);(ab;ac)) dargestellt wird.
(b) Wie lautet der Zeichenvorrat der Sprache L? Geben Sie für die lexikalische Analyse der Sprache L eine Symbolmenge an, die alle Markierungen umfaßt.
(c) Beschreiben Sie die Sprache L in BNF-Notation.
(d) Begründen Sie, weshalb die lexikalische Analyse der Sprache L ohne zusätzliche Trennzeichen durchgeführt werden kann.
(e) Geben Sie für die Sprache L einen deterministischen endlichen Automaten ohne Fehlerzustände an, der die Erkennung der Menge der Symbole durchführt. Kennzeichnen Sie deutlich Anfangszustand und akzeptierende Endzustände.

Aufgabe 3.31. Abstrakte Syntax für Boolesche Terme
Gegeben sei die folgende BNF-Syntax für Boolesche Terme:

⟨Term⟩   ::= true | false | ⟨Variable⟩ | ¬ ⟨Term⟩
                  | (⟨Term⟩ ∧ ⟨Term⟩) | (⟨Term⟩ ∨ ⟨Term⟩)

(a) Geben Sie in Buchnotation eine Sortendeklaration für die Sorte **term** der
    abstrakten Syntaxbäume zu dieser Syntax an. Dabei können Sie eine Sor-
    te **variable** für die Darstellung von Variablenbezeichnern voraussetzen.
(b) Übertragen Sie die Sortendeklaration aus (a) in entsprechende Java-
    Klassen-Deklarationen. Für Variablen nutzen Sie die Klasse `String`.
(c) **(E)** Geben Sie Java-Methoden

    `public String prefix (Term t)`

    an, die einen Booleschen Term gemäß folgender Syntax ausgeben, die
    Präfixoperatoren für die Booleschen Verknüpfungen benutzt:

    ⟨Term⟩   ::= 1 | 0 | ⟨Variable⟩ | N ⟨Term⟩
                      | K ⟨Term⟩ ⟨Term⟩ | D ⟨Term⟩ ⟨Term⟩

    Es handelt sich hierbei um die sogenannte Lukasiewicz-Notation für Aus-
    sagenlogik. N steht für Negation, K für Konjunktion (und), D für Dis-
    junktion (oder).

Aufgabe 3.32. Abstrakte Syntax
Gegeben sei die folgende BNF-Syntax für vollständig geklammerte arithmetische Ausdrücke zur Berechnung natürlicher Zahlen:

⟨expr⟩   ::= ⟨nat⟩ | (⟨expr⟩ + ⟨expr⟩) | (⟨expr⟩ * ⟨expr⟩)

Dabei steht ⟨nat⟩ für eine natürliche Zahl, die hier als Terminal angesehen
wird.

(a) Geben Sie in Buchnotation eine Sortendeklaration für die Sorte **expr** der
    abstrakten Syntaxbäume zu dieser Syntax an. Die Sorte **nat** soll dabei
    zur Repräsentation der Ausdrücke der Form ⟨nat⟩ verwendet werden.
(b) Übertragen Sie die Sortendeklaration aus (a) in entsprechende Deklara-
    tionen in Gofer und in Java.
(c) **(P)** Es soll eine Gofer-Funktion zur textuellen Darstellung arithmetischer
    Ausdrücke entwickelt werden. Die Prozedur soll eine *minimal geklammer-
    te* Schreibweise unter Ausnutzung der üblichen Vorrangregeln („Punkt
    vor Strich") erzeugen. Z.B. soll der zum voll geklammerten Ausdruck
    $(1 + ((2 * (3 + 4)) + 5))$ gehörige Syntaxbaum ausgegeben werden als:
    $1 + 2 * (3 + 4) + 5$.
    Lösungshinweis:
    Die *Prioritäten* der Operatoren seien natürliche Zahlen:

    „+" habe Priorität 1, „*" habe Priorität 2.

Falls ein Operator f einem Teilausdruck E (im Syntaxbaum) direkt über-
geordnet ist, muß E genau dann geklammert werden, wenn die Priorität
des obersten Operators in E echt kleiner als die Priorität von f ist.
Geben Sie eine Gofer-Funktion

```
eprint :: Expr -> Int -> String
```

an, die den Ausdruck t :: Expr gemäß obiger Regeln ausdruckt, wobei
das zweite Argument die Priorität des t direkt übergeordneten Operators
angebe. Der Aufruf erfolgt also z.B. mit

```
eprint t 1
```

Entwerfen Sie eine Testsuite für Ihr Programm.

Bemerkungen zu den nachfolgenden Aufgaben 3.33-3.41

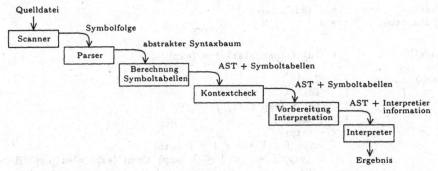

Abb. A3.13. Schema eines Interpretierers

Mit den folgenden acht Aufgaben wird zum einen anhand eines Interpreters für die im Buch [B98] vorgestellte Programmiersprache AS in die Techniken des Compilerbaus Einblick genommen. Zum anderen wird mit dieser
zusammenhängenden Folge von Aufgaben ein kleines Projekt bearbeitet, das
in inkrementell aufeinander aufbauende Arbeitseinheiten gepackt ist. Grup-
penarbeit ist hier besonders sinnvoll.

Die Sprache AS ist eine applikative Programmiersprache, die im Buch
[B98] bereits als Beispiel zur Codeerzeugung verwendet wurde. In den nachfolgenden Aufgaben werden darüber hinaus Standardwerkzeuge, wie *JFlex*
und *CUP* zur Bearbeitung von BNF und Grammatiken vorgestellt und benutzt. Siehe dazu auch Abschnitt 3.3.9.

Der in diesen Aufgaben entstehende Interpreter läßt sich schematisch
gemäß Abb. A3.13 charakterisieren.

Aufgabe 3.33. (E) Scannen, JFlex

Mit dem Werkzeug *JFlex* können Scanner automatisch aus einer nichtrekursiven BNF-Notation generiert werden. Dazu wird von JFlex eine spezielle Sprache bereitgestellt, die den Entwurf eines vorgruppierenden Automaten wie in Aufgabe 3.29 (b)-(c) erleichtert. Für die im Buch vorgestellte Programmiersprache AS soll nun ein Scanner als JFlex-Eingabedatei beschrieben werden. Dabei wird neben der Vorgruppierung eines Programmtextes die Verwaltung einer Symboltabelle im Vordergrund stehen. Die Programmiersprache AS hat folgende Grammatik:

⟨program⟩	::=	input ⟨par list⟩
		functions ⟨dekl list⟩
		output ⟨exp list⟩
		end

⟨par list⟩	::=	⟨id⟩ {, ⟨id⟩}*
⟨exp list⟩	::=	⟨exp⟩ {, ⟨exp⟩}*
⟨dekl list⟩	::=	⟨dekl⟩ {, ⟨dekl⟩}*

| ⟨id⟩ | ::= | [⟨Buchstabe⟩]+ |
| ⟨Buchstabe⟩ | ::= | a \| ... \| z |

| ⟨dekl⟩ | ::= | ⟨id⟩ (⟨par list⟩) = ⟨exp⟩ |

⟨exp⟩	::=	⟨Zahl⟩
	|	⟨id⟩
	|	⟨id⟩ (⟨exp list⟩)
	|	(⟨exp⟩)
	|	- ⟨exp⟩
	|	⟨exp⟩ [+ | * | / | -] ⟨exp⟩
	|	if ⟨exp⟩ [= | < | ≤] ⟨exp⟩ then ⟨exp⟩ else ⟨exp⟩ fi

| ⟨Zahl⟩ | ::= | [0 \| ... \| 9]+ |

Damit wird zum Beispiel das folgende kleine AS-Programm erkannt:

```
input a,b
functions div(x,y) = if x < y
                     then 0
                     else div(x-y,y)+1
                     fi,
          mod(x,y) = if x < y
                     then x
                     else mod(x-y,y)
                     fi
output div(a,b), mod(a,b)
end
```

(a) Stellen Sie fest, welche *Schlüsselwörter*, *Zeichengruppen* und *Trennzeichen* in der BNF-Grammatik enthalten sind.

(b) Setzen Sie die in Teilaufgabe (a) ermittelten BNF-Ausdrücke der Symbolklassen in eine für JFlex verständliche Notation um.

(c) Die an den Scanner anzuschließende Symboltabelle enthält zunächst lediglich einfache Informationen über die Identifikatoren. Entwerfen Sie
eine Schnittstelle zur Verwaltung der Symboltabelle, die eine Such- und
Eintragsoperation enthält. Die Suchoperation soll dabei die Anzahl der
Auftreten eines Identifikators zurückliefern.

(d) Formulieren Sie anhand der in Teilaufgabe (c) entwickelten Schnittstelle
diejenigen semantischen Aktionen, die zur Behandlung von Identifikatoren, des Schlüsselwortes "then" und von '(' gehören. Geben Sie deren
Behandlung als JFlex-Anweisung an. Entwickeln Sie dazu ebenfalls die
Klasse Yytoken deren Objekte einzelne Tokenarten charakterisieren.

Aufgabe 3.34. (EPF3.33) Scannen, JFlex
Für die Programmiersprache AS soll mit JFlex ein Scanner automatisch ge-
neriert werden. Vervollständigen Sie dazu die in Aufgabe 3.33 entwickelten
Teile der JFlex-Eingabedatei.

(a) Entwerfen Sie alle notwendigen Token, und tragen Sie diese in der Datei
Yytoken.java ein. Die Token werden mit positiven Zahlen aufsteigend
numeriert.

(b) Setzen Sie den zur Programmiersprache AS gehörenden Scanner in JFlex-
Anweisungen um. Ergänzen Sie jeden regulären Ausdruck um eine entsprechende semantische Aktion. Die Verarbeitung von Zahlen kann in
dieser Aufgabe unberücksichtigt bleiben.

(c) Programmieren Sie die in Aufgabe 3.33 (c) entwickelte Schnittstelle der
Symboltabellen unter Verwendung einer Hashtabelle aus. Implementie-
ren Sie die Symboltabelle, so daß neben dem Namen des Identifikators
(Schlüssel) auch die Anzahl seiner Vorkommen (Wert) vermerkt wird.

(d) Entwerfen Sie eine main-Funktion in einer Klasse Main, die die Symboltabelle initialisiert und die Vorgruppierung geeignet protokolliert.

(e) Testen Sie den Scanner mit einem geeigneten Beispiel.

Aufgabe 3.35. (E*F3.34) Parsen, CUP
Mit dem auf *Yacc* basierenden Werkzeug *CUP* können Parser aus Grammatiken in BNF-Notation generiert werden. Dazu stellt CUP eine eigene Notation
für Grammatiken bereit (siehe Abschnitt 3.3.9). In dieser Aufgabe wird für
die Programmiersprache AS zur Entwicklung eines Parsers die Erstellung einer CUP-Eingabedatei vorbereitet. Dabei steht neben der Spracherkennung
der Aufbau eines zu jedem Programm gehörenden abstrakten Syntaxbaums
(Zerteilungsbaums) im Vordergrund.

(a) Formulieren Sie die in Aufgabe 3.33(a) gegebene BNF-Grammatik für AS
in einer für CUP verständlichen Form. Weil der Parser mit dem Scanner aus Aufgabe 3.34 zusammenarbeiten soll, ist bei der Formulierung
die Repräsentation der Symbolklassen als Terminal (siehe Schlüsselwort
terminal) zu berücksichtigen, die Sie in Aufgabe 3.34(a) erarbeitet haben.

(b) Geben Sie für die Darstellung des abstrakten Syntaxbaums in Java eine Schnittstelle (Interface) an, die die Operationen zur Umwandlung als String (toString) enthält. Diese Schnittstelle erlaubt eine Zusammenfassung der gemeinsamen Funktionalität der Syntaxbaum-Klassen. Diese Abstraktion von konkreten Klassen wird in späteren Aufgaben um Funktionalität erweitert.

(c) Formulieren Sie die abstrakte Syntax, die zur Sprache der AS-Ausdrücke (Nichtterminal ⟨exp⟩) gehört. Erstellen Sie daraus eine Klassensignatur für dieses Nichtterminal und einiger seiner Varianten, die das Interface aus (b) implementieren und die zur Syntaxbaumdarstellung benötigten Attribute enthalten. Der Konstruktor dient dabei jeweils zur Erstellung des Knotens der entsprechenden Nichtterminalklasse. Benutzen Sie für jede wesentliche, also strukturell unterschiedliche Variante eine eigene abgeleitete Klasse.

(d) Programmieren Sie eine dieser Klassen mit ihren Methoden.

(e) Erstellen Sie die Klassenhierarchie für alle Nichtterminale.

(f) Damit ein Parser entsteht, der den Aufbau des abstrakten Syntaxbaums vornimmt, werden den Produktionen semantische Aktionen mitgegeben, die den Wertekeller des Parsers nutzen. Versehen Sie die Produktion für AS-Ausdrücke ⟨exp⟩ mit geeigneten semantischen Aktionen.

Geben Sie für den zur Programmiersprache AS gehörenden Parser die benötigte Typschnittstelle der Nichtterminale an.

Aufgabe 3.36. (EPF3.35) Parsen, CUP

Implementieren Sie den in Aufgabe 3.35 besprochenen Parser inklusive des Aufbaus des abstrakten Syntaxbaums. Vervollständigen Sie dazu die in Aufgabe 3.35 angegebenen Teile der CUP-Eingabedatei in parser.cup und beachten Sie die Hinweise aus Kapitel 3.3.9.

Aufgabe 3.37. (E*F3.35) Symboltabellen, Kontextbedingungen

Syntaktische Bedingungen, die für die syntaktische Korrektheit eines Programms erforderlich sind und nicht mit der BNF-Beschreibung einer Sprache überprüft werden, bezeichnet man als Kontextbedingungen. Die Überprüfung der Kontextbedingungen wird an dem Ergebnis des Parsens, das ist eine geeignete Darstellung des abstrakten Syntaxbaums, vorgenommen. Im folgenden wird eine Kontextüberprüfung für die Sprache AS basierend auf der Ausgabe des Parsers von Aufgabe 3.35 vorgenommen.

(a) Geben Sie ein der Sprache AS entsprechendes Programm an, bei dem Namenskonflikte der Bezeichner auftreten. Formulieren Sie informell Kontextbedingungen, die diese Namenskonflikte verhindern.

(b) Entwerfen Sie Strukturen, die für jede Stelle, an der Variablen deklariert und gebunden werden, eine eigene Symboltabelle anlegen. Darin sollen jeweils nur die gebundenen Variablen abgelegt werden. Modifizieren Sie die in Aufgabe 3.33 entworfene Symboltabelle, um darin Informationen, wie die Art und gebenenfalls die Stelligkeit des Identifikators, abzulegen. Legen Sie die Symboltabellen im abstrakten Syntaxbaum ab.

(c) Geben Sie weitere Kontextbedingungen der Sprache AS informell an. Belegen Sie die Notwendigkeit dieser Kontextbedingungen jeweils mit einem Beispiel, das der BNF-Beschreibung von AS entspricht, aber nicht sinnvoll ist.

(d) Geben Sie Beispiele für fehlerhafte AS-Programme an, die nicht mit der Überprüfung der Kontextbedingungen erkannt werden können.

Aufgabe 3.38. (P*F3.37) Kontextbedingungen

Implementieren Sie die Überprüfung der Kontextbedingungen für die Sprache AS aus Aufgabe 3.37 in Java. Als Ausgangspunkt ist der Parser von Aufgabe 3.36 zu verwenden.

Aufgabe 3.39. (EF3.38) Interpretation

In dieser Aufgabe wird ansatzweise ein Interpreter für die funktionale Programmiersprache AS in Java entwickelt.

(a) Für die Interpretation sind für die Eingabevariablen des Programms Werte einzugeben. Zur Vereinfachung werden diese Werte durch eine Argumentzeile im Programm angegeben. Erweitern Sie die Syntax von AS um diese Argumente, so daß etwa folgende Eingabe möglich ist:

```
input a,b
functions div(x,y) = if x < y
                     then 0
                     else div(x-y,y)+1
                     fi,
          mod(x,y) = if x < y
                     then x
                     else mod(x-y,y)
                     fi
output div(a,b), mod(a,b), a+b
arguments 324, 17
end
```

Welche neuen Kontextbedingungen entstehen?

(b) Wenn Variablenidentifikatoren ausgewertet werden, wird die Bereitstellung der entsprechenden Belegung benötigt. Welche Datenstruktur ist für das Environment sinnvoll, wenn eine
– statische Bindung der Variablen und
– ein effizienter Zugriff ohne Benutzung der Stringnamen
gewünscht ist. Wie wird das Environment repräsentiert? Welche weiteren Maßnahmen sind zur Vorbereitung der Interpretation notwendig?

(c) Nachdem alle Vorbereitungen getroffen wurden, ist nun eine Methode `interpret` zu schreiben, die die Interpretation durchführt. Geben Sie für die Klassen `Tident`, `Texpinfix` und `Tfun` die Implementierung dieser Methode an.

Aufgabe 3.40. (PF3.39) Interpretation
Erweitern Sie die in der Aufgabe 3.38 entwickelte Lösung um den in Aufgabe 3.39 angedachten Interpreter.

Aufgabe 3.41. (PE**F3.40) Interpretation, Programmiersprache

Der in der Aufgabe 3.40 fertiggestellte Interpreter für die Programmiersprache AS ist in seiner Verwendbarkeit deutlich eingeschränkt. Zum einen kann die Programmiersprache AS um einige Konzepte erweitert werden, zum anderen kann der Interpreter verbessert werden. Führen Sie manche der folgenden Verbesserungen durch:

(a) Stellen Sie eine Bibliothek vordefinierter Funktionen für AS zur Verfügung.

(b) Erweitern Sie AS um Arrays.

(c) Führen Sie ein Typsystem mit den Typen `integer`, `boolean` und `String` ein.

(d) Modifizieren Sie den Interpreter so, daß er eine variable Anzahl von Argumenten von Kommandozeile verarbeiten kann.

(e) Erweitern sie AS um einen Mechanismus zum Exception-Handling.

(f) Betten Sie AS in eine einfache Anweisungssprache ein, die Zuweisungen, Fallunterscheidungen und Schleifen besitzt.

(g) Erweitern Sie AS um Konzepte der Programmierung mit Funktionen höherer Ordnung. Das heißt, eine Funktion kann als Parameter in einer Variable übergeben werden und dort wieder als Funktion genutzt werden. Beispiel:

```
input a,b
functions twice(f,x) = f(f(x)),
          double(x) = 2*x,
          inc(x) = x+1
output twice(double,a), twice(inc,b)
end
```

(h) Entwickeln Sie ein Modulkonzept für AS, so daß Teile des Programms in eigenständigen Dateien abgelegt werden können.

Aufgabe 3.42. (P*F3.40) Übersetzung
Fügen Sie Ihrer Lösung aus Aufgabe 3.40 eine Funktion hinzu, die den eingelesenen und auf Korrektheit geprüften abstrakten Syntaxbaum in eine Java-Klasse überführt, die dieselbe Berechnung durchführt. Durch die Kombination Ihres Übersetzers mit einem Java-Compiler entsteht so ein Compiler für AS.

Aufgabe 3.43. (E) Parsen, XML
Die Extensible Markup Language (XML) ist eine semantikfreie Syntaxkonvention zur strukturierten textuellen Darstellung von Daten. Grundelement der XML sind Paare sogenannter öffnender bzw. schließender Tags der Form

<xyz> bzw. </xyz>. Diese Paare beinhalten Nutzinformation in Form von Text, Kommentaren und möglicherweise weiteren Tags. Eine XML-Datei kann zum Beispiel wie folgt aussehen:

```
<?xml version="1.0" ?>
<daten>
    <person name="Schoenberg, Arnold"
            geburtsjahr="1874" todesjahr="1951">
        <werk>
            <name>Klaviersuite op. 25</name>
        </werk>
    </person>
    <person name="Bernstein, Leonard"
            geburtsjahr="1918" todesjahr="1990">
        <werk>
            <name>Trouble in Tahiti</name>
            <datum>1952</datum>
        </werk>
        <werk>
            <name>West Side Story</name>
            <ort>New York</ort>
        </werk>
    </person>
</daten>
```

Leere Tag-Paare können abkürzend als <xyz/> geschrieben werden. Desweiteren können öffnende Tags Attribute enthalten, die in der Form name="wert" notiert werden. Die Einrückung der XML-Daten dient nur zur besseren Lesbarkeit und entspricht der Einrückkonvention bei Java-Quelltexten. Zusammengehörige Klammerpaare werden jeweils gleichweit eingerückt.

Wegen der standardisierten Syntax aller XML-Sprachen existieren eine Reihe von Werkzeugen zur Verarbeitung XML-konformer Datenformate. Bei Parsern existieren dabei prinzipiell zwei Ansätze:

– Der Parser liest den gesamten Datensatz und gibt eine Datenstruktur zurück, die den Inhalt der Datei repräsentiert.
– Der Parser liest den Text ein und informiert einen selbst geschriebenen „Eventhandler" über jedes gelesene Element.

Der SAX-Parser arbeitet nach letzterem Prinzip. In $INFO/A3.43 finden Sie eine erweiterte Form obiger XML-Datei, sowie das Grundgerüst eines Parsers für XML-Dateien, der auf dem SAX-Parser aufbaut, indem ein eigener EventHandler realisiert wurde. Dieser EventHandler implementiert eine vorgegebene Schnittstelle, die sich zur Verarbeitung von Aufrufen („Callback") aus dem SAX heraus eignet.

(a) Machen Sie sich mit dem Programm in $INFO/A3.43 vertraut und schreiben Sie es geeignet um, so daß das durchschnittliche Lebensalter der Personen der gegebenen XML-Datei berechnet und ausgegeben wird.

XML-Strukturen zeichnen sich vor allem durch die Klammerung mittels Paaren von Tags aus. In einer XML-Datei macht die Nutzinformation oft nur einen kleinen Anteil der Gesamtdatei aus. Allgemein verspricht man sich jedoch von der Benutzung von XML und den zur Verfügung stehenden Werkzeugen eine effektivere Umgangsweise, also schnellere Anpassung von Datensätzen, weniger Aufwand bei der Umformung etc. Dennoch sind klassische Ansätze zur Datenbeschreibung manchmal überlegen.

(b) Stellen Sie die Struktur der XML-Datei und analoger Dateien in BNF-Notation dar.

(c) Entwerfen Sie eine BNF für eine alternative, kompakte Dateiform, die ohne XML-Tags auskommt, indem sie ggf. andere Schlüsselwörter und Trennzeichen verwenden.

(d) Entwerfen Sie Klassen, die zur Speicherung der in der XML-Datei vorkommenden Daten geeignet sind.

Aufgabe 3.44. (PEF3.43) Parsen, XML

(a) Erweitern Sie die statistische Auswertung der Aufgabe 3.43 (a) um die durchschnittliche Anzahl der Werke pro Komponist.

(b) Geben Sie die eingelesenen Daten in formatierter Form aus.

(c) Sortierten Sie die Ausgabe nach den Komponisten.

Die Internetseitenbeschreibungssprache HTML ist ab der Version 4 selbst ein XML-konformer Dialekt. In der Praxis tritt häufig die Situation auf, daß in einer Datenbankanfrage Daten im XML-Format geliefert werden, die nicht direkt visualisierbar sind. Diese Daten sollen von einem Programm in eine benutzerspezifische, optisch ansprechende Form gebracht werden - z.B. für einen Browser.

(d) Schreiben Sie ein Programm, das den Inhalt der XML-Dateien aus Aufgabe 3.43 in HTML konvertiert und in eine Datei schreibt.

A4. Aufgaben zu Teil IV:
Theoretische Informatik,
Algorithmen und Datenstrukturen,
Logikprogrammierung, Objektorientierung

A4.1 Formale Sprachen

Aufgabe 4.1. Semi-Thue-Systeme

Gegeben ist das Semi-Thue-System $(V^*, \Rightarrow)$ mit $V = \{0, L\}$ und den Ersetzungsregeln

$000 \to 0$	$L00 \to 0$
$00L \to L$	$LOL \to L$
$0L0 \to 0$	$LL0 \to 0$
$0LL \to L$	$LLL \to L$

(a) Ist die Relation $\Rightarrow$ noethersch? Ist sie konfluent? (Begründungen)

(b) Bestimmen Sie alle bezüglich $\Rightarrow$ irreduziblen Wörter aus V^*.

(c) Sei $I : V^* \to \mathbb{N}$ die Binärzahlinterpretation:

$I(\varepsilon) = 0$
$I(w \circ \langle 0 \rangle) = 2 * I(w)$
$I(w \circ \langle L \rangle) = 2 * I(w) + 1$

Zeigen Sie, daß die Anwendung von $\to$ Geradzahligkeit und Ungeradzahligkeit erhält, d.h., daß für alle $w, v \in V^*$ gilt:

$w \Rightarrow v \Rightarrow I(w) \bmod 2 = I(v) \bmod 2.$

(d) Bestimmen Sie die durch $\Leftrightarrow^*$ auf V^* erzeugte Äquivalenzklasseneinteilung. (Verwenden Sie dazu die Ergebnisse aus den bisherigen Teilaufgaben.)

Aufgabe 4.2. Chomsky-Grammatik, Linksnormalformen

Gegeben ist die reduktive Chomsky-Grammatik $G = (T, N, \to, Z)$ mit $T = \{a, b\}$, $N = \{Z\}$ und den Produktionen

$ab \to Z$	$aZb \to Z$	
$ba \to Z$	$bZa \to Z$	$ZZ \to Z.$

(a) Geben Sie alle (sequentiellen) Ableitungen des Worts $abab$ an. Sind alle diese Ableitungen strukturell äquivalent? Welche Ableitungen sind Linksnormalformen?

(b) Charakterisieren Sie den Sprachschatz $L_r(G)$ der Grammatik G.

Aufgabe 4.3. Chomsky-Hierarchie
Gegeben seien folgende reduktive Chomsky-Grammatiken:

(a) $G_1 = (\{a\}, \{Z\}, \{aa \to Z, aaZ \to Z\}, Z)$
(b) $G_2 = (\{a\}, \{Z\}, \{aa \to Z, aZa \to Z\}, Z)$
(c) $G_3 = (\{a, b\}, \{Z\}, \{ab \to Z, aZb \to Z\}, Z)$
(d) $G_4 = (\{a, b, c\}, \{A, B, C\}, P, A)$,   wobei
$P = \{bc \to C, bCc \to CB, Bc \to cB, aC \to A, aAB \to A\}$

Ordnen Sie jede dieser Grammatiken in die Chomsky-Hierarchie ein und charakterisieren Sie den zugehörigen Sprachschatz. Geben Sie außerdem je ein Beispiel für die Ableitung eines Wortes aus dem Sprachschatz an.

Aufgabe 4.4. Semi-Thue-Grammatik, Chomsky-Grammatik
Zeigen Sie, daß die Semi-Thue-Grammatik

$$G_1' = (\{a, Z\}, \{aa \to Z, aaZ \to Z\}, Z)$$

nicht äquivalent zu der Chomsky-Grammatik G_1 aus Aufgabe 4.3(a) ist. Können Sie eine zu G_1 äquivalente Semi-Thue-Grammatik angeben?

Aufgabe 4.5. (P) Generative Chomsky-Grammatiken

(a) Schreiben Sie ein Java-Programm, das eine Chomsky-0-Grammatik einliest und die Komponenten der Grammatik in einer geeigneten Datenstruktur speichert.
(b) Implementieren Sie eine Methode, die alle Terminalwörter generativ erzeugt, die über Ableitungen der maximalen Länge n von der Wurzel der Grammatik ableitbar sind. Die Länge einer Ableitung ist definiert als die Zahl der vorkommenden Ableitungsschritte $\to$.
Beachten Sie, daß Regelanwendungen nicht nur an verschiedenen Positionen eines Wortes, sondern auch mit verschiedenen Ersetzungsregeln möglich sind.

Aufgabe 4.6. Chomsky-Grammatik, Chomsky-Hierarchie
Gegeben sei die folgende reduktive Chomsky-Grammatik:

$$G_1 = (\{a, b, c, d\}, \{Z, S\}, P, Z)$$
$$P = \{bc \to S, bSc \to S, aSd \to Z, aZd \to Z\}$$

Ordnen Sie diese Grammatik in die Chomsky-Hierarchie ein, und charakterisieren Sie den zugehörigen Sprachschatz. Geben Sie außerdem ein Beispiel für die Ableitung eines Wortes aus dem Sprachschatz an.

Aufgabe 4.7. Chomsky-Grammatik, Palindrom
Gegeben sei der folgende Sprachschatz:

$$L(G_2) = \{w \mid w \text{ ist ein geradzahliges Palindrom über dem Alphabet } \{a, b\}\}$$

Finden Sie eine reduktive Chomsky-2-Grammatik, die $L(G_2)$ akzeptiert. Geben Sie außerdem ein Beispiel für die akzeptierende Linksableitung eines Wortes aus dem Sprachschatz an.

Ein geradzahliges Palindrom ist eine Folge von Buchstaben, die vorwärts und rückwärts gelesen gleich lautet und gerade Länge hat.

Aufgabe 4.8. EA, Chomsky-3-Grammatik, reguläre Ausdrücke

Geben Sie zu jeder der folgenden Sprachen über dem Zeichenvorrat $\{a, b\}$ einen endlichen Automaten und eine Chomsky-3-Grammatik an, welche die jeweilige Sprache akzeptieren, sowie einen regulären Ausdruck, der die Sprache beschreibt.

(a) $\{a^n b^m \mid n, m \in \mathbb{N}\}$
(b) $\{w \in \{a, b\}^* \mid w$ enthält mindestens ein a und mindestens ein $b\}$
(c) $\{w \in \{a, b\}^* \mid$ an drittletzter Stelle in w steht das Zeichen $b\}$

Aufgabe 4.9. (PF4.5) Reduktive Grammatiken

(a) Ein Wort soll mit den Regeln einer Grammatik reduziert werden. Wieder ist eine natürliche Zahl als Beschränkung der maximalen Ableitungslänge zu verwenden. Neben der Aufzählung der Ableitungen soll die Prozedur feststellen, ob die Wurzel erreicht wurde, d.h., das eingegebene Wort zu der Sprache der Grammatik gehört. Verwenden Sie hierzu soweit wie möglich das in Aufgabe 4.5 entwickelte Programm.
(b) Schreiben Sie eine Methode, die prüft, ob eine eingegebene Grammatik vom Typ Chomsky-3 ist.

Aufgabe 4.10. Konstruktion von ε-freien DEA aus NEA

Sei der folgende endliche nichtdeterministische Automat $A = (S, T, s_0, Z, \delta)$ mit $S = \{s_0, s_1, s_2, s_3, s_4, s_5\}$, $T = \{a, b, c\}$, $Z = \{s_0\}$ und δ gemäß Diagramm A4.1 gegeben.

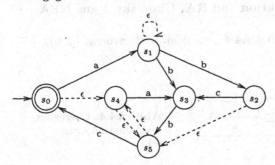

Abb. A4.1. Übergangsdiagramm (Aufgabe 4.10 (a))

(a) Konstruieren Sie einen äquivalenten endlichen Automaten ohne ε-Übergänge.
(b) Konstruieren Sie einen äquivalenten deterministischen endlichen Automaten.

Aufgabe 4.11. Konstruktion von ε-freien DEA aus NEA

(a) Sei der nichtdeterministische endliche Automat $A = (S, T, s_0, Z, \delta)$ mit $S = \{s_0, s_1, s_2, s_3, s_4, s_5\}$, $T = \{f, +, -, \#, z, \ .\ , \%\}$, $Z = \{s_5\}$ und δ gemäß Diagramm A4.2 gegeben.

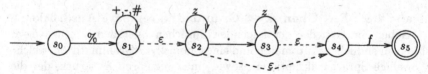

Abb. A4.2. Übergangsdiagramm (Aufgabe 4.11 (a))

(Der Automat akzeptiert Formatangaben für reelle Zahlen der C-Prozedur `printf`.) Konstruieren Sie einen äquivalenten (nichtdeterministischen) Automaten ohne ε-Übergang.

(b) Gegeben sei der endliche ε-freie nichtdeterministische Automat $A = (S, T, s_0, Z, \delta)$ mit $S = \{s_0, s_1, s_2, s_3\}$, $T = \{a, b\}$, $Z = \{s_3\}$, δ gemäß Diagramm A4.3.

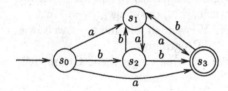

Abb. A4.3. Übergangsdiagramm (Aufgabe 4.11 (b))

Konstruieren Sie einen äquivalenten (ε-freien) deterministischen Automaten.

Aufgabe 4.12. (E) Konstruktion von RA, Chomsky-3 aus NEA

Gegeben sei der endliche Automat A4.4 über dem Zeichenvorrat $\{0, L\}$.

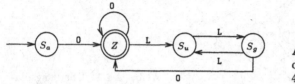

Abb. A4.4. Übergangsdiagramm (Aufgabe 4.12)

(a) Beschreiben Sie die akzeptierte Sprache.
(b) Konstruieren Sie einen äquivalenten regulären Ausdruck.
(c) Konstruieren Sie eine äquivalente Chomsky-3-Grammatik.

Aufgabe 4.13. (P) Deterministische endliche Automaten

(a) Entwerfen Sie eine effiziente Datenstruktur zur Repräsentation deterministischer endlicher Automaten.
(b) Entwerfen Sie eine einfache Einlese- und Ausgabemethode.
(c) Schreiben Sie eine Java-Methode, die Eingabewörter einliest und auf Akzeptanz durch den Automaten testet und dazu die Liste der durchlaufenen Zustände ausgibt.
(d) Schreiben Sie eine Java-Methode, die einen gegebenen eingelesenen Automaten mit einem Fehlerzustand vervollständigt.
(e) Schreiben Sie eine Java-Methode, die den erreichbaren Teilautomaten berechnet und ausgibt.

Aufgabe 4.14. (PF4.13*) Konstruktion minimaler DEA
Erweitern Sie die Lösung aus Aufgabe 4.13 um eine Java-Methode, die ε-freie, deterministische, endliche Automaten nach dem Potenzmengen-Verfahren in äquivalente Automaten mit minimaler Zustandsmenge überführt.

Aufgabe 4.15. (E*) Chomsky-2-Grammatiken, Kellerautomaten
Gegeben ist die reduktive Chomsky-2-Grammatik $G = (T, N, \to, Z)$ mit $T = \{a, b, c\}$, $N = \{Z\}$ und den Ersetzungsregeln

$c \to Z$
$aZZb \to Z$.

(a) Konstruieren Sie nach der Vorgehensweise aus dem Buch einen zu G äquivalenten nichtdeterministischen Kellerautomaten.
(b) Geben Sie für das Wort *aaccbcb* eine Ableitung in G und eine akzeptierende Rechnung des Kellerautomaten an.
(c) Geben Sie einen zu G äquivalenten nichtdeterministischen Kellerautomaten an, der Zeichenreihen nach dem Top-Down-Verfahren akzeptiert.
(d) Geben Sie für das Wort aus (b) eine akzeptierende Rechnung des Kellerautomaten aus (c) an.
(e) Skizzieren Sie Strategien, um mit den Kellerautomaten aus (a) und (d) in deterministischer Weise Zeichenreihen zu analysieren.

Aufgabe 4.16. (*) Chomsky-2-Grammatiken, Kellerautomaten
Gegeben ist die reduktive Chomsky-2-Grammatik $G = (T, N, \to, Z)$ mit $T = \{a, b\}$, $N = \{Z\}$ und den Ersetzungsregeln

$b \to Z$
$aZaZa \to Z$.

(a) Konstruieren Sie einen zu G äquivalenten nichtdeterministischen Kellerautomaten.
(b) Geben Sie für das Wort *aababaaba* eine Ableitung in G und eine akzeptierende Konfigurationsfolge des Kellerautomaten an.

(c) Geben Sie einen zu G äquivalenten nichtdeterministischen Kellerautomaten an, der Zeichenreihen nach dem Top-Down-Verfahren akzeptiert.

(d) Geben Sie für das Wort aus (b) eine akzeptierende Berechnung des Kellerautomaten aus (c) an.

(e) Gibt es eine Strategie, um mit den Kellerautomaten aus (a) und (c) in
deterministischer Weise Zeichenreihen zu analysieren?

Aufgabe 4.17. (*) Chomsky-2-Grammatiken, Kellerautomaten
Gegeben ist die reduktive Chomsky-2-Grammatik $G = (T, N, \rightarrow, Z)$ mit $T = \{a, b\}$, $N = \{X, Z\}$ und den Ersetzungsregeln:

$$a \rightarrow X \qquad Xbb \rightarrow Z \qquad aZ \rightarrow X$$

(a) Konstruieren Sie einen zu G äquivalenten nichtdeterministischen Bottom-
Up-Kellerautomaten.

(b) Geben Sie für das Wort *aabbbb* eine Ableitung in G und eine akzeptierende
Konfigurationsfolge des Kellerautomaten aus (a) an.

(c) Skizzieren Sie eine Strategie, um mit dem Kellerautomaten aus (a) in
deterministischer Weise Zeichenreihen zu analysieren.

A4.2 Berechenbarkeit

Aufgabe 4.18. Turing-Maschinen, Palindrom
Sei die Funktion *palindrom* : $\{a, b\}^* \rightarrow \{0, L\}$ definiert durch:

$$palindrom(w) = \begin{cases} L \text{ falls w ein Palindrom ist} \\ 0 \text{ sonst} \end{cases}$$

Geben Sie eine Turing-Maschine an, die die Funktion *palindrom* berechnet.

Aufgabe 4.19. Turing-Maschinen, Strichzahlmultiplikation
Geben Sie eine Turing-Maschine an, die die Multiplikation zweier Zahlen in
Strichzahldarstellung berechnet. Die Zahlen werden durch '⊔' getrennt.

Aufgabe 4.20. Turing-Maschinen, Wortduplikation
Konstruieren Sie eine Turing-Maschine $D = (T, S, d, s_0)$ mit $T = \{a\}$, die
ein Wort dupliziert. Die Maschine soll also für alle $n \in \mathbb{N}$, wenn sie mit der
Bandkonfiguration

$$\ldots \#a^n\#\ldots$$
$\uparrow$*Schreib-/Lesekopf*

startet, mit der Bandkonfiguration

$$\ldots \#a^n\#a^n\#\ldots \text{ anhalten.}$$
$\uparrow$

Versuchen Sie, die Aufgabe systematisch zu lösen. Finden Sie zunächst Turing-Maschinen, die Teilaufgaben bewältigen. Machen Sie sich klar, wie solche Teilmaschinen miteinander verbunden werden können. Zeichnen Sie dann einen Transitionsgraphen von D, in dem die definierten Teilmaschinen als Kantenbeschriftung auftauchen. Bemühen Sie sich um eine verständliche (und korrekte) Lösung.

Aufgabe 4.21. (P) Turing-Maschinen, Java

(a) Entwerfen Sie eine Java-Datenstruktur, die ein beidseitig unendliches Turing-Band implementiert, in der Annahme, daß nur endlich viele Zeichen von # verschieden sind.
(b) Entwickeln Sie eine Datenstruktur zur Speicherung des Programms einer Turing-Maschine.
(c) Schreiben Sie ein Programm, das eine Turing-Maschine auf einer Angabe simuliert und testen Sie es ausreichend.

Aufgabe 4.22. Registermaschinen, Zuweisung, Subtraktion

Geben Sie für folgende Konstrukte bzw. Funktionen n-Registermaschinen-Programme an:

(a) Zuweisung des Inhalts von Register s_i an Register s_j.
(b) Bedingte Zuweisung: Falls Register s_m den Wert 0 enthält, erhält Register s_j den Wert von Register s_i, sonst den von Register s_k.
(c) Totale Subtraktion sub, die auf ganzen Zahlen wie folgt definiert ist:

$$sub(x,y) = \begin{cases} x - y, & \text{falls } x \geq y \\ 0, & \text{falls } x < y \end{cases}$$

Aufgabe 4.23. (*) Registermaschinen, Division

Geben Sie für die ganzzahlige Division $div : \mathsf{N} \times \mathsf{N} \to \mathsf{N}$ mit Rest $mod : \mathsf{N} \times \mathsf{N} \to \mathsf{N}$ ein Registermaschinen-Programm an. Zu Anfang stehen die Argumente m und n in den Registern s_m bzw. s_n; die Ergebnisse von $div(m,n)$ und $mod(m,n)$ sollen am Ende in Register s_q bzw. s_r stehen.

Aufgabe 4.24. (*) Registermaschinen

(a) Geben Sie ein Registermaschinenprogramm für folgende Operation an, die das Maximum max von zwei Zahlen bestimmt:

$$s_0 := max(s_1, s_2)$$

Die Registerinhalte von s_1 und s_2 dürfen überschrieben werden. Kommentieren Sie Ihr Programm.
(b) Versuchen Sie, auf einer Registermaschine indirekte Adressierung zu modellieren. Konkret ist der Wert von s_i in ein Register zu kopieren, dessen Nummer in s_0 steht.

(c) Wir definieren *k-beschränkte* N-*Registermaschinen* als Registermaschinen mit unendlich vielen Registern $s_m, m \in \mathbb{N}$, mit der Einschränkung, daß in den Registern nur Werte $0, \ldots, k$ $(k > 0)$ gespeichert werden können. Die Programme und deren Semantik sind definiert wie bei Registermaschinen mit dem Unterschied, daß die Operation $succ_n$ den Wert des Registers n nur inkrementiert, falls er kleiner als k ist, und sonst unverändert läßt. Kann man am Text eines Programms einer k-beschränkten N-Registermaschine feststellen, wieviele Register bei Ausführung des Programms höchstens verwendet werden? Haben k-beschränkte N-Registermaschinen volle Registermaschinen-Berechenbarkeit? Begründen Sie Ihre Antworten.

Aufgabe 4.25. Primitive Rekursion

Geben Sie eine primitiv rekursive Darstellung der Funktion $sqrt : \mathbb{N} \to \mathbb{N}$ an:

$sqrt(n) = m$, so daß $m^2 \leq n$ und $(m + 1)^2 > n$

Verwenden Sie dazu bereits kennengelernte primitiv rekursive Funktionen.

Aufgabe 4.26. (P) Primitive Rekursion

In $INFO/A4.26 sind folgende Gofer-Funktionen definiert:

```
zero1 x = 0                          -- zero(1)
pi11 x = x                           -- identity = pi11
succ x = x + 1                       -- succ
pi31 (x, y, z) = x                   -- pi_3_1
pi33 (x, y, z) = z                   -- pi_3_3
comp g h x  = g( h x )               -- Kompositionsoperator o
              -- Kompositionsoperator o fuer i = 2:
comp2 g h1 h2 x  = g( h1 x, h2 x )
              -- Rekursionsoperator nach Buch fuer k = 1:
prim_rec :: (Int -> Int) -> ((Int,Int,Int) -> Int) ->
                                  ((Int,Int) -> Int)
prim_rec g h = f    where       f (x, 0)   = g x
                                f (x, n+1) = h (x, n, f (x, n))
```

(a) Definieren Sie die Addition und die Multiplikation unter Verwendung der zur Verfügung stehenden Funktionen in primitiv rekursiver Form, also etwa

```
add = prim_rec ...
```

(b) (*) Implementieren Sie alle Funktionen in Java, indem Sie sie als Methoden realisieren und Funktionsübergabe durch Objekte simulieren.

Aufgabe 4.27. (*) μ-Rekursion

Geben Sie μ-rekursive Darstellungen der Funktionen $u, f, q : \mathbb{N} \to \mathbb{N}$ an:

(a) Wir setzen:

$$u(n) = \begin{cases} \text{Schrittzahl bei Berechnung } ulam(n); & \text{falls } ulam(n) \text{ definiert} \\ \text{undefiniert} & \text{sonst} \end{cases}$$

Dabei sei *ulam* wie folgt definiert:

$$ulam(n) = \begin{cases} 1 & \text{falls } n \leq 1 \\ ulam(\frac{n}{2}) & \text{falls } n \text{ gerade}, n \neq 0 \\ 3*n+1 & \text{sonst} \end{cases}$$

(b) Es sei:

$$f(n) = \begin{cases} n & \text{falls } n \text{ gerade} \\ \text{undefiniert} & \text{sonst} \end{cases}$$

(c) Es sei:

$$q(n) = \begin{cases} m & \text{so daß } m^2 = n, \text{ falls ein solches } m \in \mathbb{N} \text{ existiert} \\ \text{undefiniert} & \text{sonst} \end{cases}$$

Aufgabe 4.28. (E) Berechenbarkeit, Monotonie

Sei M eine Turing-Maschine mit den Eingabezeichen $\{0, L\}$. Sei $I : \{0, L\}^* \to \mathbb{N}$ die Binärzahlinterpretation. Der Turing-Maschine M werde folgendermaßen eine Funktion $f_M : \mathbb{N} \to \mathbb{N}^\perp$ zugeordnet: Für jedes $n \in \mathbb{N}$ bezeichne $\langle a_1 \ldots a_k \rangle$ ($k \in \mathbb{N}$) eine eindeutige Binärzahldarstellung von n. Die Turing-Maschine M *repräsentiert* damit die mathematische Funktion f_M.

Falls M für die Anfangskonfiguration $\#^\infty \underset{\uparrow Schreib\text{-}/Lesekopf}{\#} a_1 \ldots a_k \ \#^\infty$

– mit $\ldots \# \underset{\uparrow}{b_0} \ldots b_m \# \ldots, \quad b_0 \in \{0, L, \#\}; b_1, \ldots, b_m \in \{0, L\}, \ m \in \mathbb{N}$

anhält, dann ist $f_M(n) = I(\langle b_1 \ldots b_m \rangle)$
– nicht anhält, dann ist $f_M(n) = \perp$.

(a) Gegeben ist die Funktion $c : \mathbb{N}^\perp \to \{0, L\}^\perp$ mit $c(x) = L$ für alle $x \in \mathbb{N}^\perp$. Ist c monoton? Gibt es eine Turing-Maschine TC so, daß für jedes M die Funktion $c \circ f_M$ durch geschicktes Zusammensetzen von TC und M berechnet werden kann?

(b) Gegeben ist die Funktion $is_0 : \mathbb{N}^\perp \to \{0, L\}^\perp$ mit

$$is_0(x) = \begin{cases} L, & \text{falls } x = 0 \\ 0, & \text{falls } x \in \mathbb{N} \setminus \{0\} \\ \perp, & \text{falls } x = \perp \end{cases}$$

Ist is_0 monoton? Gibt es eine Turing-Maschine $TISO$ so, daß für jedes M die Funktion $is_0 \circ f_M$ durch geschicktes Zusammensetzen von $TISO$ und M berechnet werden kann?

(c) Gegeben ist die Funktion $eq_0 : \mathbb{N}^\perp \to \{0, L\}^\perp$ mit

$$eq_0(x) = \begin{cases} L, & \text{falls } x = 0 \\ 0, & \text{falls } x \in \mathbb{N}^\perp \setminus \{0\} \end{cases}$$

Ist eq_0 monoton? Gibt es eine Turing-Maschine $TEQ0$ so, daß für jedes M die Funktion $eq_0 \circ f_M$ durch geschicktes Zusammensetzen von $TEQ0$ und M berechnet werden kann?

Aufgabe 4.29. (*) Entscheidbarkeit, rekursive Aufzählbarkeit
Sei T ein Zeichenvorrat. Beweisen Sie folgende Aussage: Sind eine Sprache
$L \subseteq T^*$ und ihr Komplement $T^* \setminus L$ rekursiv aufzählbar, so ist L entscheidbar.

Aufgabe 4.30. (**) Primitive Rekursion, μ-Rekursion

(a) Definieren Sie die primitiv rekursive Funktion $prim$:

$$prim : \mathbb{N} \to \mathbb{N}, \; prim(n) = \begin{cases} 0 & \text{falls } n \text{ eine Primzahl oder } n = 1 \\ 1 & \text{sonst} \end{cases}$$

(b) Definieren Sie mit Hilfe des μ-Operators eine Funktion $nprim : \mathbb{N} \to \mathbb{N}$, so
daß $nprim(n)$ die n-te Primzahl berechnet. Außerdem soll $nprim(0) = 1$
gelten.

(c) Zeigen Sie, daß die Funktion $nprim$ aus Teilaufgabe (b) primitiv rekursiv
ist. Hinweis: Für jede Primzahl p gibt es (mindestens) eine Primzahl q
mit $p < q \leq p! + 1$.

A4.3 Komplexitätstheorie

Aufgabe 4.31. Komplexitätsanalyse von palin

(a) Geben Sie in Buchnotation eine rekursive Rechenvorschrift

fct palin = (**seq** s) **bool**

an, die bestimmt, ob die Sequenz s ein Palindrom ist.
Dabei dürfen Sie folgende Grundoperationen auf **seq** voraussetzen:

isempty (Test auf leere Sequenz),
first („vorderstes" Element einer Sequenz),
rest (Sequenz ohne das „vorderste" Element),
last („letztes" Element einer Sequenz),
upper (Sequenz ohne das „letzte" Element).

(b) Geben Sie eine Abschätzung dafür an, wieviele elementare Operationen
zur Berechnung von palin(s), abhängig von der Länge von s, benötigt werden. Jede der oben aufgeführten Operationen benötige eine Zeiteinheit,
ebenso das Durchlaufen einer Fallunterscheidung. Von welcher Zeitkomplexität ist palin?

(c) Welche Konsequenzen hat es für die Zeitkomplexität von palin, wenn die
Operationen last und upper nicht mehr nur eine Zeiteinheit in Anspruch
nehmen, sondern über first und rest definiert werden müssen, wie das bei
linear verketteten Listen der Fall ist?

Aufgabe 4.32. Rundreiseproblem
Zu entwickeln ist ein Programm in Buchnotation, das zu N ($N \geq 1$) gegebenen Städten eine Rundreise durch alle N Städte mit minimaler Länge
berechnet. Zur Darstellung der N Städte sei die Sorte

sort town = 0 : (N − 1)

deklariert. Für die Permutationen der N Städte verwenden wir die Sortendeklaration

sort permutation = [0 : (N − 1)] array town.

Die Entfernungen zwischen je zwei Städten seien in einer Entfernungstabelle

dist: [0 : (N − 1), 0 : (N − 1)] array nat

gegeben.

(a) Schreiben Sie folgende Prozeduren:
  − proc perm = (var set permutation S)
    liefert in S alle Permutationen der N Städte.
  − proc length = (permutation p, var nat l)
    liefert zu einer Permutation p die Länge l der durch p festgelegten
    Reise, wobei man von der letzten Stadt in die erste zurückkehrt.
  − proc min = (set permutation S, var permutation p, var nat l)
    liefert zu einer nichtleeren Menge S von Permutationen eine Permutation p, die eine kürzeste Rundreise in S beschreibt und die Länge l
    dieser Rundreise.
  − proc mintour = (var permutation p, var nat l)
    liefert (unter Abstützung auf die vorigen Prozeduren) in p eine minimale Rundreise durch die N Städte und in l die Länge dieser Rundreise.
(b) Modifizieren Sie die Prozedur mintour aus (a) derart, daß die Berechnung
    aller Permutationen der N Städte mit der Minimumsuche verschränkt
    stattfindet.
(c) Vergleichen Sie die Zeitkomplexitäten der Versionen der Prozedur mintour aus (a) und (b).
(d) (P) Implementieren Sie den Algorithmus in Java.

Aufgabe 4.33. (P) Komplexitätsanalyse, Warteschlangen
Geben Sie für folgende Rechenstrukturen geeignete Implementierungen in
der Programmiersprache Java an, so daß alle Operationen in konstanter Zeit
möglich sind.

(a) Warteschlange:

sort	w	−− Warteschlange mit Elementen der
		−− Sorte el Warteschlangenoperationen
fct is_empty_w = (w) bool		
fct enqueue_w = (w,el) w	−− hänge hinten an
fct front_w = (w) el	−− gib erstes Element
fct dequeue_w = (w) w	−− entferne erstes Element

(b) Beidseitige Warteschlange:

sort   **b**   — Beidseitige Warteschlange
                                         — Operationen für beidseitige
                                         — Warteschlange
fct is_empty_b = **(b) bool**
fct insert_b =   **(el, b) b**   — hänge vorne an
fct append_b =   **(b, el) b**   — hänge hinten an
fct first_b =   **(b) el**   — gib erstes Element
fct rest_b =   **(b) b**   — entferne erstes Element
fct last_b =   **(b) el**   — gib letztes Element
fct lead_b =   **(b) b**   — entferne letztes Element

Aufgabe 4.34. (F4.32) Rundreisealgorithmus 2
Modifizieren Sie Ihre Prozedur

proc mintour = (**var permutation, var nat**)

aus Aufgabe 4.32 so, daß nur noch solche Permutationen aufgezählt werden,
die zur Berechnung einer kürzesten Rundreise wirklich benötigt werden. Dabei sollen während der Berechnung solche Pfade dynamisch abgeschnitten
werden, die auf keine neue kürzeste Rundreise führen können.

A4.4 Effiziente Algorithmen und Datenstrukturen

Aufgabe 4.35. Komplexität von Mergesort

(a) Geben Sie eine Funktion mergesort an, die eine Sequenz sortiert, indem
    die Sequenz in zwei Teile zerlegt wird, die einzeln sortiert und dann zu
    einer sortierten Sequenz zusammengefügt werden. Analysieren Sie die
    Komplexität von mergesort.
(b) Zu sortieren sei eine Sequenz s von n Zahlen im Bereich $1 \ldots k$. Was
    ist die Komplexität des Sortierproblems, falls $n = O(k)$ angenommen
    werden kann?

Aufgabe 4.36. Bäume in Feldern
Ein vollständiger binärer Baum B der Höhe h soll in einem Feld A gespeichert werden. Die Wurzel von B wird in $A[1]$ gespeichert. Wird ein Knoten
k in $A[i]$ gespeichert, so soll $parent(k)$ in $A[i$ div $2]$ gespeichert werden, falls
$i > 1$. Wie groß muß A mindestens sein? Geben Sie eine Prozedur an, die
einen solchen Baum in einem Feld speichert, sowie Prozeduren für die üblichen Zugriffsfunktionen. Bestimmen Sie deren Zeitkomplexitäten. Für welche
binären Bäume und für welche Operationen auf Bäumen ist diese Darstellung
geeignet?

Aufgabe 4.37. (E) AVL-Bäume
Zur Darstellung von AVL-Bäumen ist folgende Sortendeklaration gegeben:

sort avl = cons(**avl** left, **data** root, **integer** i, **avl** right) | emptytree

Dabei habe i für jeden AVL-Baum **avl** t folgende Bedeutung:

$i(t) = \text{hi(left}(t)) - \text{hi(right}(t))$

wobei $hi(t)$ die Höhe des Baums t berechnet. Die Sorte **data** ist ihrerseits strukturiert in einen Schlüssel und einen Wert:

sort data = d(**key** k, **value** v)

(a) Schreiben Sie eine Rechenvorschrift

    fct insert = (**avl** a, **data** d) (**avl, bool**),

    die d in den AVL-Baum a einfügt, so daß wieder ein AVL-Baum entsteht. Der resultierende AVL-Baum t werde in der 1. Komponente des Ergebnisses zurückgeliefert und der Wert hi(a) $\neq$ hi(t) in der 2. Komponente.

(b) Schreiben Sie eine Rechenvorschrift

    fct delete = (**avl** a, **key** k) (**avl, bool**),

    die das Element mit Schlüssel k aus dem AVL-Baum a löscht, so daß wieder ein AVL-Baum entsteht. Der resultierende AVL-Baum t werde in der 1. Komponente des Ergebnisses zurückgeliefert und der Wert hi(a) $\neq$ hi(t) in der 2. Komponente.

(c) Erweitern Sie die Datenstruktur der AVL-Bäume derart, daß in logarithmischer Zeit auch das n-t größte Element des Baumes ermittelt werden kann.
    Beachten Sie: Die Komplexitäten der anderen Operationen sollen nicht verändert werden.

Aufgabe 4.38. (PF4.37) AVL-Bäume in Java
Implementieren Sie die von Ihnen in Aufgabe 4.37 enwickelten Operationen für AVL-Bäume in der Programmiersprache Java.

Aufgabe 4.39. Nichtdeterminismus, Failure
Gegeben sind N Städte ($N > 1$) und eine Tabelle

array $[0 : N - 1, 0 : N - 1]$ **nat** cost,

die die Fahrtkosten zwischen je zwei Städten enthält. Schreiben Sie eine nichtdeterministische Rechenvorschrift

fct tour = (**nat** max) (**bool, permutation**),

die unter Verwendung von **failure** überprüft, ob es eine Reise durch die N Städte gibt, die höchstens max DM kostet. Die erste Komponente des Ergebnisses sagt aus, ob es eine solche Rundreise gibt; wenn ja, gibt die zweite eine solche Rundreise an.

Aufgabe 4.40. Streuspeicherverfahren
Die Verwaltung der Patientenakten soll mit Rechnerunterstützung durch-
geführt werden. Für den effizienten Zugriff auf den Akteninhalt bieten sich
Streuspeicherverfahren an. Schreiben Sie

(a) mit direkter Verkettung
(b) mit offener Adressierung

die folgenden Funktionen:

disperse = (**key** k)[1 : n]	– berechnet den Streuindex für k
stored = (**store** s, **key** k) **bool**	– überprüft, ob k registriert ist
insert = (**store** s, **key** k, **data** d) **store**	– fügt die Daten d für k in s ein
get = (**store** s, **key** k) **data**	– liest die Daten von Patient k
delete = (**store** s, **key** k) **store**	– löscht die Daten für Patient k

Aufgabe 4.41. (PF4.40) Streuspeicherverfahren
Implementieren Sie die von Ihnen in Aufgabe 4.40 enwickelten Operationen
für Streuspeichertabellen mit offener Adressierung oder mit direkter Verkettung in der Programmiersprache Java.

Aufgabe 4.42. Warteschlangen mit Prioritäten
Warteschlangen mit Prioritäten sind Warteschlangen, bei denen jedem Ele-
ment der Schlange eine Priorität $n \in \mathbb{N}$ zugeordnet ist. Größere Zahlen bedeu-
ten höhere Priorität. Ein Element kann (mit gleichen oder unterschiedlichen
Prioritäten) auch mehrmals in einer Prioritätswarteschlange vorkommen. Zur
Implementierung verwenden wir Sequenzen über der Sorte

sort prel = pe(**nat** prio, **el** elem),

die Paare aus Priorität und dem eigentlichen Element der Sorte **el** enthält.
Dabei ist pe Konstruktor, und prio und elem sind Selektoren. Auf Prioritätswarteschlangen gibt es folgende Operationen:

fct empty_p = **seq prel**
    /* ist die leere Prioritätswarteschlange */
fct enqu_p = (**seq prel** s, **prel** p) **seq prel**
    /* fügt p in die Prioritätswarteschlange s ein */
fct max = (**seq prel** s) **prel**
    /* liefert zu einer nichtleeren Prioritätswarteschlange s irgendein
       Prioritätselement mit maximaler Priorität */
fct dequ_p = (**seq prel** s) **seq prel**
    /* entfernt aus einer nichtleeren Prioritätswarteschlange s das
       Prioritätselement max(s) */

Im folgenden dürfen Sie die üblichen Operationen auf Sequenzen verwenden:

(a) Implementieren Sie Prioritätswarteschlangen als unsortierte Sequenzen.
    Geben Sie dafür Rechenvorschriften für die Operationen enqu_p, max
    und dequ_p an. Von welcher Ordnung sind die Zeitkomplexitäten von

enqu_p(s, p), *max(s)* und *dequ_p(s)* in Abhängigkeit von der Länge der Sequenz *s*? (Begründung, ohne formale Rechnung)

(b) Implementieren Sie Prioritätswarteschlangen nun als sortierte Sequenzen in Richtung abnehmender Prioritäten. Geben Sie Rechenvorschriften für die Operationen *enqu_p*, *max* und *dequ_p* an. Von welcher Ordnung sind die Zeitkomplexitäten von *enqu_p(s, p)*, *max(s)* und *dequ_p(s)* in Abhängigkeit von der Länge der Sequenz *s*? (Begründung, ohne formale Rechnung)

A4.5 Beschreibungstechniken in der Programmierung

Aufgabe 4.43. Algebraische Spezifikation

(a) Definieren Sie eine Spezifikation für Punkte in der zweidimensionalen Ebene. Gehen Sie davon aus, daß alle Koordinaten natürliche Zahlen (**nat**) sind.

(b) Erweitern Sie die Spezifikation aus (a) um Strecken, eine Funktion, die testet ob ein Punkt auf einer Strecke liegt, sowie um eine Funktion, die testet ob sich zwei Strecken an einem Koordinatenpunkt schneiden.

Aufgabe 4.44. (E) Datenbankspezifikation
Gegeben ist folgende Anforderungsspezifikation:

„Eine Fakultät ist in Institute gegliedert, denen Professoren zugeordnet sind. Jede Fakultät bietet Studiengänge an, deren Studenten von den Professoren dieser Fakultät in geeigneten Vorlesungen unterrichtet werden. Für jeden Studiengang ist eine Anzahl von Vorlesungen, ggf. auch von Vorlesungen anderer Fakultäten notwendig."

(a) Übertragen Sie die strukturelle Information des obigen Textes in ein E/R-Modell. Welche oben gegebenen Informationen können Sie dabei nicht berücksichtigen?

(b) Welche Bedingung über mehrere Entitäten und Relationen hinweg läßt sich finden, die nicht im E/R-Modell dargestellt werden kann? Formulieren Sie diese als informelle Restriktion.

(c) **(P)** Implementieren Sie das gefundene E/R-Modell in Java. Realisieren Sie Entitäten als Klassen und Beziehungen durch Referenzattribute. Überlegen Sie sich, wo eine zweiseitige (symmetrische) Verzeigerung notwendig ist, und wo eine einseitige (gerichtete) Form ausreicht? Implementieren Sie einen Konsistenzcheck für Kardinalitäten und obige Restriktion.

L1. Lösungen zu Teil I: Problemnahe Programmierung

L1.1 Information und ihre Repräsentation

Lösung 1.1. Boolesche Terme

(a) Die einzige passende Belegung ist in Abb. L1.1 dargestellt.

Abb. L1.1. Neue Gehegeverteilung im Zoo (Lösung 1.1 (a))

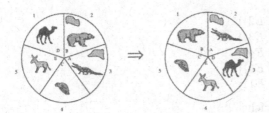

Eine mögliche Begründung:

- Für den Alligator und das Chamäleon gibt es jeweils nur eine Möglichkeit umzuziehen: nach 2 bzw. 5.
- Wenn der Alligator in 2 wohnt, kommen für den Esel 1 und 3 nicht in Frage, also muß er nach 4.
- Der Bär darf nicht nach 3, um den Esel nicht zu beunruhigen, also zieht er nach 1.
- Für das anspruchslose Dromedar bleibt nur noch 3.

(b) Wir betrachten folgende 25 elementare Aussagen (die sich auf die neue Belegung beziehen):

A1	Alligator in Gehege 1	B1	Bär in Gehege 1
A2	Alligator in Gehege 2	B2	Bär in Gehege 2
A3	Alligator in Gehege 3	B3	Bär in Gehege 3
A4	Alligator in Gehege 4	B4	Bär in Gehege 4
A5	Alligator in Gehege 5	B5	Bär in Gehege 5

$C1, \ldots, C5$ analog für das Chamäleon
$D1, \ldots, D5$ analog für das Dromedar
$E1, \ldots, E5$ analog für den Esel.

Die im Text gemachten Aussagen lassen sich nun wie folgt formalisieren. Dabei wird die gleiche Information in einem anderen Informationssystem (und zwar in dem der Aussagenlogik) repräsentiert.
„Gehege Nr. 2 und 3 haben einen kleinen Teich, nur hier fühlt sich der Alligator wohl.":

$A2 \lor A3$

„Nur Gehege Nr. 4 und 5 taugen für das Chamäleon.":

$C4 \lor C5$

„Der Esel erträgt es nicht, wenn er direkt neben dem Alligator oder Bär wohnt.":

$$\neg((A1 \lor B1) \land (E5 \lor E2))$$
$$\land \ \neg((A2 \lor B2) \land (E1 \lor E3))$$
$$\land \ \neg((A3 \lor B3) \land (E2 \lor E4))$$
$$\land \ \neg((A4 \lor B4) \land (E3 \lor E5))$$
$$\land \ \neg((A5 \lor B5) \land (E4 \lor E1))$$

„Alle Tiere müssen umziehen.":

$\neg A3 \land \neg B2 \land \neg C4 \land \neg D1 \land \neg E5$

(c) Zur Bestimmung geeigneter Plätze für Alligator und Chamäleon reichen obige Aussagen aus. Für die anderen Tiere sind aber noch folgende Aussagen nötig, die in der Aufgabenstellung *überhaupt nicht* erwähnt wurden. „Gesunder Menschenverstand" und die Ausgangssituation suggerieren folgende zusätzlichen Regeln:
„Jedes Tier muß in ein Gehege."

$X1 \lor X2 \lor X3 \lor X4 \lor X5$ für alle $X \in \{A, \ldots, E\}$

„In jedes Gehege darf nur ein Tier."

$\neg(Xi \land Yi)$ für $X, Y \in \{A, \ldots, E\}$ mit $X \neq Y$ und $i \in \{1, \ldots, 5\}$

„Der Zoo hat von jedem Tier nur ein Exemplar."

$\neg(Xi \land Xj)$ für $X \in \{A, \ldots, E\}$ und $i, j \in \{1, \ldots, 5\}$ mit $i \neq j$.

Man beachte, daß die vollständigen Booleschen Terme für diese Aussagen (ohne die verwendeten Abkürzungen wie „für alle $X \in \{A, \ldots, E\}$") ziemlich große und unhandliche Terme ergeben würden. Die *Prädikatenlogik* erlaubt es, solche Aussagen streng formal, aber kompakt zu formulieren.

Lösung 1.2. Boolesche Terme

(a) Um die eindeutige Zuordnung der Operanden zu ihren Operatoren durch die Klammerstruktur zu gewährleisten, müssen die Terme mit den zugehörigen Operatoren geklammert werden, z.B.: $(t_1 \wedge t_2)$ statt $t_1 \wedge t_2$. Entsprechend korrekt geklammerte gleichwertige Terme sind:

zu t_1: $(((x \Rightarrow y) \wedge (y \Rightarrow z)) \wedge (z \Rightarrow x))$
zu t_2: $(((x \wedge y) \wedge z) \vee ((\neg x) \wedge ((\neg y) \wedge (\neg z))))$

Da die standardmäßigen Interpretationen von $\wedge$ bzw. $\vee$ (nämlich $and^{\mathbb{B}}$ bzw. $or^{\mathbb{B}}$) assoziativ sind, ist die Wahl der Klammerung $((x \wedge y) \wedge z)$ oder $(x \wedge (y \wedge z))$ egal.
Aufgrund der Vorrangregeln „$\neg$" vor „$\wedge$" vor „$\vee$" vor „$\Rightarrow$" kann man in t_1 *keine* weiteren Klammern weglassen.
In t_2 kann man *alle* Klammern weglassen: $x \wedge y \wedge z \vee \neg x \wedge \neg y \wedge \neg z$.

(b) Zwei Terme t_1 und t_2 sind semantisch äquivalent, falls für alle Belegungen β der Variablen von t_1 und t_2 gilt:

$$I_\beta[t_1] = I_\beta[t_2].$$

Die Werte der Interpretationen $I_\beta[t]$ in Abhängigkeit von β berechnet man schrittweise über die Teilterme des Terms t, wie in den Wertetabellen L1.1 und L1.2 dargestellt. Aus Platzgründen werden in den Wertetabellen statt den Wahrheitswerten *true* und *false* L und 0 verwendet.

Tab. L1.1. Wertetabelle für t_1 (Lösung 1.2 (b))

x	0	0	0	0	L	L	L	L
y	0	0	L	L	0	0	L	L
z	0	L	0	L	0	L	0	L
$x \Rightarrow y$	L	L	L	L	0	0	L	L
$y \Rightarrow z$	L	L	0	L	L	L	0	L
$(x \Rightarrow y) \wedge (y \Rightarrow z)$	L	L	0	L	0	0	0	L
$z \Rightarrow x$	L	0	L	0	L	L	L	L
$(x \Rightarrow y) \wedge (y \Rightarrow z) \wedge (z \Rightarrow x)$	L	0	0	0	0	0	0	L

Da die letzten Zeilen der beiden Tabellen übereinstimmen, sind t_1 und t_2 semantisch äquivalent.
Diese Methode ist natürlich nur für Terme mit wenigen Variablen geeignet.

Tab. L1.2. Wertetabelle für t_2 (Lösung 1.2 (b))

x	0	0	0	0	L	L	L	L
y	0	0	L	L	0	0	L	L
z	0	L	0	L	0	L	0	L
$\neg x$	L	L	L	L	0	0	0	0
$\neg y$	L	L	0	0	L	L	0	0
$\neg z$	L	0	L	0	L	0	L	0
$x \wedge y$	0	0	0	0	0	0	L	L
$x \wedge y \wedge z$	0	0	0	0	0	0	0	L
$\neg x \wedge \neg y$	L	L	0	0	0	0	0	0
$\neg x \wedge \neg y \wedge \neg z$	L	0	0	0	0	0	0	0
$(x \wedge y \wedge z) \vee (\neg x \wedge \neg y \wedge \neg z)$	L	0	0	0	0	0	0	L

(c) Ein Boolescher Term t ist eine Tautologie, wenn für alle Belegungen β gilt: $I_\beta[t] = L$. Nachweis erfolgt über die Wertetabelle L1.3.

Tab. L1.3. Wertetabelle für $(\neg x \Rightarrow x) \Rightarrow x$ (Lösung 1.2 (c))

x	0	L
$\neg x$	L	0
$\neg x \Rightarrow x$	0	L
$(\neg x \Rightarrow x) \Rightarrow x$	L	L

Da die letzte Zeile nur L-Einträge enthält, ist der Term eine Tautologie.

Lösung 1.3. Boolesche Äquivalenz

Es ist zu zeigen, daß die Interpretationen der drei Terme hinsichtlich aller Belegungen übereinstimmen. Das wird mit Hilfe der Wertetabelle L1.4 gezeigt.

Tab. L1.4. Wertetabelle (Lösung 1.3)

x	0	0	0	0	L	L	L	L
y	0	0	L	L	0	0	L	L
z	0	L	0	L	0	L	0	L
$y \Rightarrow z$	L	L	0	L	L	L	0	L
$x \Rightarrow (y \Rightarrow z)$	L	L	L	L	L	L	0	L
$x \wedge y$	0	0	0	0	0	0	L	L
$(x \wedge y) \Rightarrow z$	L	L	L	L	L	L	0	L
$x \Rightarrow y$	L	L	L	L	0	0	L	L
$x \Rightarrow z$	L	L	L	L	0	L	0	L
$(x \Rightarrow y) \Rightarrow (x \Rightarrow z)$	L	L	L	L	L	L	0	L

Lösung 1.5. Exklusives Oder

Unter den 16 semantisch verschiedenen, zweistelligen Booleschen Operatoren hat auch das *exklusive Oder*, definiert durch $x \oplus y =_{def} (x \wedge \neg y) \vee (\neg x \wedge y)$ eine einprägsame Bedeutung, wie aus der Wertetabelle L1.5 hervorgeht.

Tab. L1.5. Wertetabelle für $x \oplus y$ (Lösung 1.5)

x	0	0	L	L
y	0	L	0	L
$\neg x$	L	L	0	0
$\neg y$	L	0	L	0
$x \wedge \neg y$	0	0	L	0
$\neg x \wedge y$	0	L	0	0
$(x \wedge \neg y) \vee (\neg x \wedge y)$	0	L	L	0

Um zu beweisen, daß das exklusive Oder assoziativ ist, d.h. die semantische Äquivalenzbeziehung $(x \oplus y) \oplus z = x \oplus (y \oplus z)$ gilt, läßt sich ebenfalls eine Wertetabelle nutzen.

Lösung 1.6. Substitution

Die Aufgabenstellung enthält bereits den Hinweis, daß ein weiterer Identifikator (nämlich z) eine Rolle spielt. Die folgenden 3 Substitutionen

[z/x]   [x/y]   [y/z]

haben, in dieser Reihenfolge angewandt, den gleichen Effekt wie die gegebene Substitution:

$((t[z/x])[x/y])[y/z] = t\ [y/x,\ x/y]$

Lösung 1.7. Boolesche Algebra

(a) $true \wedge x$

    $= (x \vee \neg x) \wedge x$ Gesetz für Boolesche Terme (Konstante true)

    $= x \wedge (x \vee \neg x)$ Kommutativgesetz

    $= x$ Neutralitätsgesetz

(b) $true \vee x$

    $= true \wedge (true \vee x)$ gemäß Aufgabe (a)

    $= true$ Absorptionsgesetz

(c) $(x \wedge y) \vee (\neg x \wedge \neg y)$

    $= ((x \wedge y) \vee \neg x) \wedge ((x \wedge y) \vee \neg y)$ Distributivgesetz

    $= (\neg x \vee (x \wedge y)) \wedge (\neg y \vee (x \wedge y))$ 2 × Kommutativgesetz

    $= (\neg x \vee x) \wedge (\neg x \vee y) \wedge (\neg y \vee x) \wedge (\neg y \vee y)$ 2 × Distributivgesetz

    $= (\neg x \vee y) \wedge (x \vee \neg x) \wedge (\neg y \vee x) \wedge (y \vee \neg y)$ Kommutativgesetz

    $= (\neg x \vee y) \wedge (\neg y \vee x)$ 2 × Neutralitätsgesetz

    $= (x \Rightarrow y) \wedge (y \Rightarrow x)$ Def. von $\Rightarrow$

(Hier wurden zur Vereinfachung einige Anwendungen des Assoziativitätsgesetzes nicht explizit erwähnt.)

(d) und

(e) Wir lösen beide Teilaufgaben gemeinsam, indem wir die drei Ausgangsterme in den gleichen Term $(\neg x \lor \neg y) \lor z$ überführen.

Lösung 1.8. Boolesche Algebra

Mit Hilfe der Gesetze der Booleschen Algebra zeigen wir die Assoziativität des exklusiven Oders $\oplus$, das durch $x \oplus y = (x \land \neg y) \lor (\neg x \land y)$ definiert ist. Hilfreich ist die Beziehung

$$(*) \qquad \neg(x \oplus y) = (\neg x \land \neg y) \lor (x \land y)$$

die zunächst aus den bestehenden Gesetzen hergeleitet wird:

$\neg(x \oplus y)$
$= \neg((x \land \neg y) \lor (\neg x \land y))$ Definition von $\oplus$
$= \neg(x \land \neg y) \land \neg(\neg x \land y)$ Gesetz von de Morgan
$= (\neg x \lor y) \land (x \lor \neg y)$ de Morgan, Involutionsgesetz
$= (\neg x \land x) \lor (\neg x \land \neg y) \lor (y \land x) \lor (y \land \neg y)$ Distr., Komm., Ass.
$= (\neg x \land \neg y) \lor (x \land y)$ Neutr., Komm.

mit $(*)$ steht nun ein weiteres Gesetz der Booleschen Algebra zur Verfügung:

$(x \oplus y) \oplus z$
$= (x \oplus y) \land \neg z \lor \neg(x \oplus y) \land z$ Def. $\oplus$
$= ((x \land \neg y) \lor (\neg x \land y)) \land \neg z \lor ((\neg x \land \neg y) \lor (x \land y)) \land z$ Def. $\oplus$, $(*)$
$= (x \land \neg y \land \neg z) \lor (\neg x \land y \land \neg z) \lor (\neg x \land \neg y \land z) \lor (x \land y \land z)$ Distr., Ass.

   Sowie

$x \oplus (y \oplus z)$
$= (x \land \neg(y \oplus z)) \lor (\neg x \land (y \oplus z))$ Def. $\oplus$
$= (x \land ((\neg y \land \neg z) \lor (y \land z))) \lor (\neg x \land ((y \land \neg z) \lor (\neg y \land z)))$ Def. $\oplus$, $(*)$
$= (x \land \neg y \land \neg z) \lor (x \land y \land z) \lor (\neg x \land y \land \neg z) \lor (\neg x \land \neg y \land z)$ Distr., Ass.
$= (x \land \neg y \land \neg z) \lor (\neg x \land y \land \neg z) \lor (\neg x \land \neg y \land z) \lor (x \land y \land z)$ Komm.

Da sich beide Seiten auf den gleichen Term reduzieren lassen, gilt $(x \oplus y) \oplus z = x \oplus (y \oplus z)$.

Lösung 1.11. Boolesche Terme, Induktion

In dieser Aufgabe kann die vollständige Induktion (VI) an einem Beispiel exakt geübt werden. Die zu beweisende Aussage selbst ist trivial. Boolesche Terme sind laut Buch [B92]

(1) *true*, *false* und jeder Identifikator $x \in Id$,

(2) für jeden Term t auch $(\neg t)$

(3) für je zwei Terme t_1, t_2 auch $(t_1 \land t_2)$ und $(t_1 \lor t_2)$

und nichts sonst. (Implikation und Äquivalenz werden in dieser Aufgabe nur als Schreibabkürzungen betrachtet.)

Wir sprechen von der $\vee\neg$-Form eines Terms, wenn dieser nur die beiden Operatoren $\vee$ und $\neg$ enthält. Die Reduktion eines Terms t ist die Umwandlung in einen semantisch äquivalenten Term s, d.h. $s = t$. Für diese Aufgabe interessieren uns solche Reduktionen, die s in $\vee\neg$-Form bringen.

Die VI über den Aufbau Boolescher Terme wird über die Induktion auf den natürlichen Zahlen $\mathbb{N}$ definiert. Dazu wird eine Maßfunktion $m : T \to \mathbb{N}$ eingeführt, die die Anzahl der Operatoren eines Terms mißt: (T bezeichne die Menge aller Booleschen Terme.)

$$m(true) = 0, \qquad\qquad m(false) = 0,$$
$$m(x) = 0 \text{ für alle } x \in Id, \qquad m(\neg t) = 1 + m(t),$$
$$m(t_1 \wedge t_2) = 1 + m(t_1) + m(t_2), \qquad m(t_1 \vee t_2) = 1 + m(t_1) + m(t_2)$$

Dadurch kann jetzt eine VI über die natürlichen Zahlen $\mathbb{N}$ geführt werden. Eine Induktion besteht aus Induktionsanfang (IA) und Induktionsschritt (IS). In beiden Teilen wird eine geeignete Aussage gezeigt, so daß mit Hilfe des Induktionsprinzips die Behauptung folgt.

Induktionsanfang (IA): Zu zeigen ist: „Jeder Boolesche Term t mit Maß $m(t) = 0$ besitzt eine semantisch äquivalente $\vee\neg$-Form."

Nach Definition von m haben genau die Terme $true$, $false$ und x ($x \in$ Id) das Maß 0. Diese Terme sind bereits in $\vee\neg$-Form (und sind zu sich selbst semantisch äquivalent).

Induktionsschritt (IS): Im IS wird von einer Induktionsvoraussetzung (IV) ausgegangen, von der angenommen wird, daß sie für ein gegebenes, festes $n \in \mathbb{N}$ erfüllt ist.

Hier wird als IV folgende Aussage verwendet: „Jeder Boolesche Term t mit Maß $m(t) \leq n$ besitzt eine semantisch äquivalente $\vee\neg$-Form". Jetzt wird gezeigt, daß IV auch für $n+1$ erfüllt ist.

Beweis: Sei t ein Term mit Maß $m(t) \leq n + 1$.

(a) Ist $m(t) \leq n$, so ist (wegen der IV) nichts mehr zu zeigen.

(b) Ist $m(t) = n + 1$, so ist $m(t) \geq 1$. Aufgrund der Minimalitätseigenschaft der Menge der Booleschen Terme muß t von der Form $true$, $false$, x, $(\neg t_1)$, $(t_1 \wedge t_2)$ oder $(t_1 \vee t_2)$ sein. Da $m(t) > 0$, kommen die ersten drei Alternativen nicht in Frage. Für die anderen Alternativen wird eine Fallunterscheidung eingeführt:

  i) t ist von der Form $(\neg t_1)$, dann gilt $m(t) = 1 + m(t_1)$, also
  $m(t_1) = m(t) - 1 = n \leq n$.
  Laut IV gibt es einen zu t_1 äquivalenten Term s_1 in $\vee\neg$-Form. Dann ist auch $(\neg s_1)$ in $\vee\neg$-Form und es gilt
  $t = (\neg t_1) = (\neg s_1)$.

  ii) t ist von der Form $(t_1 \vee t_2)$, dann gilt $m(t) = 1 + m(t_1) + m(t_2)$, also
  $m(t_1) = m(t) - 1 - m(t_2) \leq n$ und
  $m(t_2) = m(t) - 1 - m(t_1) \leq n$.

Nach IV gibt es äquivalente Terme s_1, s_2, die in $\vee\neg$-Form sind, so daß $s_1 = t_1$ und $s_2 = t_2$. Dann ist $(s_1 \vee s_2)$ in $\vee\neg$-Form und es gilt $t = (t_1 \vee t_2) = (s_1 \vee s_2)$.

iii) t ist von der Form $(t_1 \wedge t_2)$, dann gilt $m(t) = 1 + m(t_1) + m(t_2)$, also wieder

$m(t_1) = m(t) - 1 - m(t_2) \leq n$ und
$m(t_2) = m(t) - 1 - m(t_1) \leq n$.

Nach IV gibt es äquivalente Terme s_1, s_2, die in $\vee\neg$-Form sind, so daß $s_1 = t_1$ und $s_2 = t_2$. Jetzt wird z.B. mit Wahrheitstafelmethode gezeigt, daß

$(s_1 \wedge s_2) = (\neg((\neg s_1) \vee (\neg s_2)))$

für alle Booleschen Terme s_1, s_2 gilt. Der Term $(\neg((\neg s_1) \vee (\neg s_2)))$ ist in $\vee\neg$-Form und es gilt

$t = (t_1 \wedge t_2) = (s_1 \wedge s_2) = (\neg((\neg s_1) \vee (\neg s_2)))$.

Mit dem Induktionsprinzip folgt jetzt die Behauptung.

Anmerkungen: Das Finden geeigneter Zerlegungen einer Behauptung in IA und IV ist eine nichttriviale Aufgabe, die ein geübtes Auge erfordert. Das Finden von Maßfunktionen kann später oft wegfallen, wenn man andere Induktionsformen (Noethersche Induktion, Fixpunktinduktion, Berechnungsinduktion) verwendet.

Lösung 1.12. Substitution, Induktion

Wir haben zu zeigen, daß für jeden Booleschen Term t, in dem der Identifikator y nicht vorkommt, der Term $(t[y/x])[x/y]$ gleich zum Term t ist.

Das geschieht durch strukturelle Induktion über den Aufbau des Booleschen Terms t. In Aufgabe 1.11 wurde gezeigt, wie sich dieses Induktionsprinzip auf die vollständige Induktion über natürlichen Zahlen zurückführen läßt. Deshalb wird in dieser Aufgabe auf die explizite Rückführung verzichtet.

Induktionsanfang:

Fall 1: t ist ein Identifikator.

Sei also $t \cong z$. Laut Buch [B92] ist dann z ein anderer Identifikator als y.

Üblicherweise würde man diesen Sachverhalt als $z \neq y$ beschreiben. Wir verwenden hier das Zeichen $\cong$, um die syntaktische Gleichheit von Booleschen Termen und Identifikatoren zu bezeichnen (die nicht mit der semantischen Äquivalenz zu verwechseln ist!), und schreiben: Es gilt nicht $z \cong y$.

Fall 1.1: Es gilt $z \cong x$.

Dann $(t[y/x])[x/y] \cong (x[y/x])[x/y] \cong y[x/y] \cong x \cong t$.

Fall 1.2: Es gilt nicht $z \cong x$.

Dann $(t[y/x])[x/y] \cong (z[y/x])[x/y] \cong z[x/y] \cong z \cong t$.

Fall 2: t ist entweder *true* oder *false*. Der Fall ist analog zu Fall 1.2.

Induktionsschritt:

Fall 1: t ist von der Form $\neg t_1$.
  Sei also $t \cong \neg t_1$. Die Induktionsvoraussetzung gilt dann für t_1.
  Dann

$$(t[y/x])[x/y]$$
$$\cong ((\neg t_1)[y/x])[x/y]$$
$$\cong \neg((t_1[y/x])[x/y]) \qquad \text{(Induktive Def. der Substitution)}$$
$$\cong \neg t_1 \qquad\qquad\qquad \text{(Induktionsvoraussetzung)}$$
$$\cong t.$$

Fall 2: t ist von der Form $t_1 \lor t_2$ oder $t_1 \land t_2$. Der Fall ist analog zu Fall 1.

L1.2 Rechenstrukturen und Algorithmen

Lösung 1.13. Textersetzung

(a) Das Textersetzungssystem ist nicht deterministisch, denn es gibt Regeln
    deren linke Seite Anfang der linken Seite einer anderen (gelegentlich an-
    wendbaren) Regel ist.
    Das Textersetzungssystem ist terminierend, weil die Regeln verkürzend
    sind (bis auf die letzte Regel, die aber auf jede Eingabe nur endlich viele
    Male anwendbar ist).
    Das Textersetzungssystem ist für alle eingegebenen Binärwörter deter-
    miniert. Die Verzweigungsmöglichkeiten für Berechnungen ergeben sich
    durch die vier ersten Regeln. Es ist leicht zu prüfen, daß jede alternative
    Berechnung zum gleichen Ergebnis führt:

$$g0\rangle \to g\rangle \to 0 \qquad gL\rangle \to u\rangle \to L$$
$$u0\rangle \to u\rangle \to L \qquad uL\rangle \to g\rangle \to 0$$

Damit ist auch gezeigt:

(b) Die ersten vier Regeln sind überflüssig, denn es gibt jeweils zwei andere
    Regeln, die hintereinander ausgeführt zum gleichen Ergebnis führen.

(c) Das Textersetzungssystem überprüft, ob ein Binärwort eine gerade An-
    zahl von L (Ergebnis 0) oder eine ungerade Anzahl von L enthält (Ergeb-
    nis L).

(d) Das Textersetzungssystem entspricht seiner Spezifikation:
    Das Textersetzungssystem verarbeitet die Eingabezeichen von links nach
    rechts. Interpretiert man

    g als „die Anzahl der bisher gelöschten Zeichen L ist gerade",
    u als „die Anzahl der bisher gelöschten Zeichen L ist ungerade",

so ist diese Aussage jedenfalls nach dem ersten Schritt, der Anwendung der letzten Regel, wahr. Sofern sie nach m Schritten wahr gewesen ist, ist sie nach dem (m+1)-ten offenbar auch wahr. Der letzte Berechnungsschritt liefert dann den Vergleich mit dem Paritybit.

(e) Hier sind z.B. folgende Lösungen vorstellbar:

i) $00 \to 0$, $0L \to L$, $L0 \to L$, $LL \to 0$, $\langle \to \varepsilon$, $\rangle \to \varepsilon$

Nach Markov werden zunächst alle 0 gestrichen, solange mehr als ein Binärzeichen dasteht; dann alle LL, solange mehr als zwei Binärzeichen dastehen; abschließend wird $\langle LL \rangle$ durch 0 bzw. $\langle L \rangle$ durch L ersetzt. Als normales Textersetzungssystem wäre diese Lösung hochgradig nichtdeterministisch, aber dennoch determiniert.

ii) $\langle 0 \to \langle$, $\rangle 0 \to \rangle$, $\langle L \to \rangle$, $\rangle L \to \langle$, $\langle\rangle \to 0$, $\rangle\rangle \to L$

Die Binärzeichen werden (unabhängig von der Anwendungsstrategie) von links nach rechts gelöscht; im führenden Zeichen wird festgehalten, ob eine gerade („$\langle$") oder ungerade („$\rangle$") Anzahl von L gelöscht wurde.

(f) Paritybit-Generator über dem Zeichenvorrat $\{0, L, \langle, \rangle, g, u\}$:

$$u\rangle \to 0\rangle \qquad g\rangle \to L\rangle \qquad g0 \to 0g \qquad gL \to Lu$$
$$u0 \to 0u \qquad uL \to Lg \qquad g\langle \to \langle g$$

Lösung 1.14. Terminierungsfunktion

Ein Mittel, die Terminierung eines Algorithmus (hier Textersetzungsalgorithmus R) zu zeigen ist die Angabe einer *Terminierungsfunktion*. Eine Terminierungsfunktion ist eine Funktion $T_R : V^* \to \mathbb{N}$, die jedem Term eine natürliche Zahl zuordnet. Gilt für jede Ersetzung $s \to t$, die durch Anwendung einer Regel aus R entsteht, daß $T(s) > T(t)$, so terminiert R.

Denn würde R nicht terminieren, so gäbe es eine unendliche Berechnungssequenz

$$t_1 \to t_2 \to t_3 \to \ldots$$

und damit eine unendliche absteigende Folge natürlicher Zahlen

$$T(t_1) > T(t_2) > T(t_3) > \ldots$$

Das kann nach der Definition der natürlichen Zahlen nicht sein. $T(t_1)$ ist sogar eine obere Schranke für die Länge der Berechnungssequenz.

(a) $V = \{O, L\}$,   (i) $LL \to \varepsilon$,   (ii) $O \to \varepsilon$

Beispiel: $L\underline{O}LOL \to \underline{LL}OL \to \underline{O}L \to L$. (Anwendungsstellen sind unterstrichen.)

Die Berechnung ist offensichtlich längenverkürzend. Dies führt zu der Terminierungsfunktion $T_1(t) = |t|$.

Im Detail ist zu zeigen, daß für jede Ersetzung $s \to t$ gilt $T_1(s) > T_1(t)$. Dies geschieht durch Fallunterscheidung nach den Regeln:

i) $s = a \circ LL \circ b$, $t = a \circ \varepsilon \circ b$
$T_1(s) = |a \circ LL \circ b| = |a| + |LL| + |b| = 2 + |a| + |b|$
$T_1(t) = |a \circ b| = |a| + |b| < T_1(s)$

ii) $s = a \circ O \circ b$, $t = a \circ \varepsilon \circ b$
$T_1(s) = |a \circ O \circ b| = |a| + |O| + |b| = 1 + |a| + |b|$
$T_1(t) = |a \circ b| = |a| + |b| < T_1(s)$

(b) $V = \{A, B\}$,   (i) $A \to BB$,   (ii) $B \to \varepsilon$

Beispiel: $AB\underline{A} \to AB\underline{BB} \to AB\underline{B} \to \underline{AB} \to \underline{B}BB \to B\underline{B} \to \underline{B} \to \varepsilon$

Hier gibt es die verlängernde Regel (i). Dadurch muß die Terminierungsfunktion T_2 die Anzahl der vorkommenden A stärker gewichten als die Anzahl der vorkommenden B. Es werden zunächst zwei Hilfsfunktionen

$|s|_x =_{\text{def}}$ Anzahl der in Wort s vorkommenden Zeichen x

definiert. Damit kann z.B. $T_2(t) = 3|t|_A + |t|_B$ gewählt werden.

Zu zeigen ist noch, daß für jede Ersetzung $s \to t$ gilt $T_2(s) > T_2(t)$. Dies geschieht wieder durch Fallunterscheidung nach den Regeln unter Ausnutzung der Eigenschaft $T_2(s_1 \circ s_2) = T_2(s_1) + T_2(s_2)$:

i) $s = a \circ A \circ b$, $t = a \circ BB \circ b$
$$T_2(s) = 3|s|_A + |s|_B = 3|a|_A + |a|_B + 3|A|_A + |A|_B + 3|b|_A + |b|_B$$
$$= 3|a|_A + |a|_B + 3 + 0 + 3|b|_A + |b|_B$$

$$T_2(t) = 3|t|_A + |t|_B = 3|a|_A + |a|_B + 3|BB|_A + |BB|_B + 3|b|_A + |b|_B$$
$$= 3|a|_A + |a|_B + 0 + 2 + 3|b|_A + |b|_B < T_2(s)$$

ii) $s = a \circ B \circ b$, $t = a \circ \varepsilon \circ b$
$$T_2(s) = 3|s|_A + |s|_B = 3|a|_A + |a|_B + 3|B|_A + |B|_B + 3|b|_A + |b|_B$$
$$= 3|a|_A + |a|_B + 0 + 1 + 3|b|_A + |b|_B$$

$$T_2(t) = 3|t|_A + |t|_B = 3|a|_A + |a|_B + 3|b|_A + |b|_B < T_2(s)$$

(c) $V = \{U, X\}$, $XU \to UX$

Beispiel: $\underline{XU}UX \to U\underline{XU}X \to UUXX$

Der Zeichenvorrat V besteht aus zwei Zeichen. Ersetzt man U durch O und X durch L, so erhält man die Ersetzungsregel die Form $LO \to OL$. Interpretiert man die Wörter $t \in V^*$ als Binärzahlen $bin(t)$, so gilt

$bin(a \circ LO \circ b)$
$= bin(a) * 2^{|b|+2} + bin(\underline{LO}) * 2^{|b|} + bin(b)$
$> bin(a) * 2^{|b|+2} + bin(\underline{OL}) * 2^{|b|} + bin(b)$
$= bin(a \circ OL \circ b)$

Also besitzt bin die Eigenschaft einer Terminierungsfunktion.

Eine alternative Betrachtung ist durch das Messen von Fehlständen möglich: Der Textersetzungsalgorithmus sortiert jedes Wort aus V^*. Da die Lage jedes Zeichens im Wort eine Rolle spielt, läßt sich als Terminierungsfunktion eine Funktion T_3 einführen, welche die Fehlstände eines Wortes mißt. Ein Fehlstand eines Wortes s aus V^* ist ein Paar (i, k) von natürlichen Zahlen (wobei $i < k$), das besagt, daß an Position i des Worts s ein X und Position k des Worts ein U vorkommt. Terminierungsfunktion:

$$T_3(t) = |\{(i, k) \in \mathbb{N} \times \mathbb{N} : i < k, t_i = X, t_k = U\}|$$

Lösung 1.16. Textersetzung

(a) $V = \{A, B, Z\}$, Eingabemenge ist $\{\langle Z \rangle\}$, Ausgabemenge: alle Palindrome. Textersetzungssystem R:

$$Z \to \varepsilon \quad Z \to B \quad Z \to BZB$$
$$Z \to A \quad Z \to AZA$$

R ist nichtdeterminiert, da z.B. $Z \to \varepsilon$ und $Z \to A$ möglich sind. Daher ist R auch nichtdeterministisch. R ist auch nicht terminierend, Bsp. $Z \to AZA \to AAZAA \to \dots$

(b) Siehe Buch [B92], Teil I, Abschnitt 2.1.

(c) $V = \{t, r, u, e, f, a, l, s, (,), \vee, \neg, B\}$, Eingabemenge ist V^*, Ausgabe ist B bei Erkennung, sonst ist die Eingabe kein korrekter Boolescher Term. Textersetzungssystem R:

$$true \to B \quad false \to B \quad (B) \to B$$
$$(\neg B) \to B \quad (B \vee B) \to B$$

R ist nicht deterministisch, da $(true \vee false) \to (B \vee false)$ und $(true \vee false) \to (true \vee B)$. Aber R ist determiniert, da sich die linken Seiten nicht überlappen. (Ist eine Regel an einer Stelle anwendbar, so kann dort nur diese angewendet werden. Sie bleibt auch anwendbar, solange sie nicht angewendet wurde.)

R ist terminierend; eine Terminierungsfunktion ist etwa $T(w) = |w|$.

(d) $V = \{t, r, u, e, f, a, l, s, (,), \vee, \neg\}$. Die Eingabemenge bilden alle in (c) als korrekt erkannten Worte. Ausgabe: $\langle true \rangle$, wenn wahr, $\langle false \rangle$, wenn falsch. Textersetzungssystem R:

$$(true) \to true \qquad (false) \to false$$
$$(\neg true) \to false \qquad (\neg false) \to true$$
$$(true \vee true) \to true \qquad (true \vee false) \to true$$
$$(false \vee true) \to true \qquad (false \vee false) \to false$$

R ist nicht deterministisch, da

$$((true) \vee (false)) \to (true \vee (false)) \text{ und}$$
$$((true) \vee (false)) \to ((true) \vee false),$$

aber R ist determiniert, da keine linke Seite einer Regel Teilwort einer anderen linken Seite ist, und terminierend: $T(w) = |w|$.

Lösung 1.17. Rechenstruktur NAT+

(a) Die Rechenstruktur NAT+ hat drei Operationen: zero, succ und add.
Während zero und succ für terminale Grundterme der Sorte **nat** verwendet werden, muß für add ein Termersetzungssystem angegeben werden, das auf die vorgegebenen Normalformen führt.

Das entsprechende System kann dem Buch [B92], Teil I, Abschnitt 2.3,
entnommen werden. Die totale Korrektheit wird ebenfalls dort skizziert.
Das System lautet:

```
add(zero,y) → y
add(succ(x),y) → succ(add(x,y))
```

Diese Aufgabe dient hauptsächlich dazu, in die Umsetzung von Termersetzungssystemen, deren Regeln auf eine vorgegebene Normalform ausgerichtet sind, in Gofer-Notation einzuführen. Eine solche vorgegebene
Normalform wird immer über den Termaufbau gebildet. In diesem Fall
wird für jede Alternative im ersten Argument eine eigene Regel angegeben.

Durch Umbau in Gofer-Notation erhält man demnach folgendes Skript:

```
add :: (Int,Int) -> Int
add (0,y) = y
add (x+1,y) = add (x,y) + 1
```

(b) Um ein geeignetes Termersetzungssystem für die Rechenstruktur NATK
anzugeben, muß ein Regelsystem für die Operation wege der Funktionalität

fct wege = (nat, nat) nat

angegeben werden.

Die Lösungsidee ist die folgende: Eine Bewegungsmöglichkeit (1) (d.i.
nach links) oder (2) (d.i. nach unten) wird ausgewählt und der Weg
zum Ursprung (0,0) fortgesetzt. Da die Anzahl der Wege gefordert ist,
müssen die Bewegungsmöglichkeiten addiert werden. Weil die Signatur
von NATK diejenige von NAT+ einschließt, kann hierzu die Operation
add als Hilfsoperation verwendet werden. Insgesamt erhält man:

```
wege(zero,zero) -> succ(zero)    gemäß Hinweis ist N(0,0) = 1
```

gemäß Hinweis ist $N_{(0,0)} = 1$

```
wege(succ(x),zero) -> succ(zero)   Weg ist in diesen beiden Fällen
wege(zero,succ(y)) -> succ(zero)   eindeutig, denn er kann jeweils nur
                                   in einer Richtung fortgesetzt werden
```

```
wege(succ(x),succ(y)) -> add(    Addition der Bewegungsmöglichkeiten
   wege(succ(x),y),             Möglichkeit (2)
   wege(x,succ(y)))             Möglichkeit (1)
```

Die Umsetzung in Gofer-Notation ist einfach: $INFO/L1.17/wege.gs.

Lösung 1.18. Gofer-Rechenstruktur String

(a) Folgende Termersetzungssysteme erfüllen die gestellten Anforderungen. Wie in Aufgabe 1.17 sind die Regeln auf eine bestimmte Normalform ausgerichtet; und zwar auf eine Darstellung von Sequenzen entweder als leere Sequenz oder durch den „Doppelpunkt"-Operator von Gofer (zur Erinnerung: (x:s = [x]++s)). Bei der Formulierung der Muster für Sequenzen (linke Seiten der Regeln) wurde deshalb darauf geachtet, dem induktiven Aufbau von Sequenzen mit diesen beiden Operatoren zu folgen.

Insbesondere ist die Verwendung von „++" in der linken Seite einer Regel in Gofer unzulässig, da das System nicht in der Lage ist, die Assoziativitätseigenschaft des ++-Operators auszunutzen. Dies entspricht genau der Situation bei Zahlen, wo in der linken Seite zwar das Muster „k+1" verwendet werden darf, nicht aber komplexere Ausdrücke wie etwa k*5.

```
copyc :: (Char, Int) -> String
copyc(c, 0) = []
copyc(c, k+1) = c:copyc(c, k)

copy1 :: (String, Int) -> [String]
copy1(s, 0) = []
copy1(s, k+1) = s:copy1(s, k)

copy2 :: (String, Int) -> [String]
copy2("", k) = []
copy2(c:s, k) = copyc(c, k):copy2(s, k)

headl :: [String] -> String
headl([]) = []
headl(s:ss) = head(s):headl(ss)

taill :: [String] -> [String]
taill([]) = []
taill(s:ss) = tail(s):taill(ss)

transp :: [String] -> [String]
transp([]) = []
transp("":ss) = []
transp((c:s):ss) = headl((c:s):ss):transp(taill((c:s):ss))
```

In $INFO/L1.18/strings.gs ist eine Implementierung dieser Funktionen zusammmen mit einigen Test zu finden.

(b) Man wähle $k = 0$ und $s \neq$ "", also z.B. $s =$ "abc". Dann gilt:

```
copy2("abc", 0) = ["", "", ""]
transp(copy1("abc", 0)) = []
```

(c) Siehe $INFO/L1.18/strings.gs.

Lösung 1.19. Gofer-Rechenstruktur

(a) Eine Lösung für „rev" ist folgende:

```
rev :: String -> String
rev ("") = ("")
rev (c:s) = rev(s)++[c]
```

Eine sehr einfache, aber richtige Lösung für „palin":

```
palin :: String -> Bool
palin(s) = (s == rev(s))
```

Eine weniger triviale Lösung für die Palindrom-Aufgabe ist:

```
palin' :: String -> Bool
palin'("") = True
palin'([c]) = True
palin'(c:s) = (last(s) == c) && palin'(init(s))
```

(b) In $INFO/L1.19/palin.gs ist eine Implementierung dieser Funktionen zusammen mit einigen Tests zu finden.

Lösung 1.20. (*) Zeichenfolgen, Termersetzung, Normalform

(a) Wir stellen die Anfangswortrelation durch ein Pfeildiagramm dar: Ein Pfeil $x \to y$ bedeutet, daß y Anfangswort von x ist.

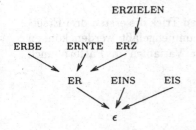

Abb. L1.2. Anfangswortrelation (Lösung 1.20 (a))

Dabei sind die Pfeile weggelassen, die sich ergeben aus
  i) der Reflexivität $x \to x$
  ii) der Transitivität $x \to z$, falls $x \to y$ und $y \to z$,
der Anfangswortrelation. Das sich ergebende *Hassediagramm* ist in Abb. L1.2 zu sehen.

(b) x heißt Anfangswort von y (i.Z. $x \sqsubseteq y$) $\Leftrightarrow_{def} \exists r \in V^* : x \circ r = y$
Dabei bezeichne $\circ$ die Konkatenation.

(c) Wir bezeichnen die Menge der Normalformen für Sequenzen mit N. Wir definieren eine Abbildung Nt durch $nf: V^* \to N$ mit

$nf[<>] = \texttt{empty}$,
$s \in V^* \Rightarrow nf[\langle A \rangle \circ s] = \texttt{append}(\texttt{a}, nf)$,
$s \in V^* \Rightarrow nf[\langle B \rangle \circ s] = \texttt{append}(\texttt{b}, nf[s])$.

Durch Induktion über die Länge der Sequenz zeigt man leicht die Gleichung:

$$\forall s \in V^* : I[nf[s]] = s,$$

wobei I die Interpretation in SEQK bedeutet, also bezeichnet der Term $nf[s]$ die Sequenz s. Insbesondere läßt sich jede Sequenz durch einen Term darstellen.

Außerdem müssen wir zeigen, daß die Normalform eindeutig ist, d.h., daß gilt:

$$\forall t_1, t_2 \in N : I[t_1] = I[t_2] \;\Rightarrow\; t_1 = t_2.$$

Durch Induktion über den Termaufbau zeigt man:

$$\forall t \in N : nf[I[t]] = t$$

und hat damit:

$$I[t_1] = I[t_2] \;\Rightarrow\; nf[I[t_1]] = nf[I[t_2]] \;\Rightarrow\; t_1 = t_2$$

(d) Termersetzungsregeln mit Variablen x, y, z:

```
istanfang (append(z,x), append(z,y) ) → istanfang (x,y),
istanfang (append(a,x), append(b,y)) → false,
istanfang (append(b,x), append(a,y)) → false,
istanfang (empty, y) → true,
istanfang (append(z,x), empty) → false.
```

(e) Man beachte, daß in Gofer mit einem kleinen Trick die ersten drei Ersetzungsregeln in eine einzige Gleichung zusammengefaßt werden können und wegen des Gleichbesetzungstabus für Variablen in Pattern auch müssen.

```
istanfang :: (String,String) -> Bool
istanfang ("", s) = True
istanfang (x:s1,"") = False
istanfang (x:s1,y:s2) = (x==y) && istanfang (s1,s2)
```

In $INFO/L1.20/istanf.gs ist eine Implementierung dieser Funktionen zusammen mit einigen Test zu finden.

Lösung 1.21. Gofer, Sortieren

Gofer ist eine Programmiersprache, die viele im Buch [B92] vorkommende Konzepte unterstützt. So kann man etwa Termersetzungssysteme (mit einer nur geringfügig abweichenden Syntax) als Gofer-Programme verwenden. Aber auch die im Buch detailliert eingeführte Notation für funktionale Programme läßt sich leicht in Gofer übersetzen und ausführen. Dies wird hier am Beispiel von Aufgabe (a) demonstriert.

Für ein und dieselbe Aufgabenstellung können also unterschiedliche Lösungen unter Benutzung verschiedener Programmierstile angegeben werden, ohne die Programmiersprache zu wechseln.

(a) Die grundsätzliche Idee für ein funktionales Programm zur Berechnung des Minimums einer Sequenz (in Gofer auch Liste genannt) von Zahlen ist folgende Definition:

   i) Das Minimum einer leeren Sequenz ist undefiniert.

   ii) Das Minimum einer einelementigen Sequenz ist das einzige darin vorkommende Element.

   iii) Das Minimum einer mindestens zweielementigen Sequenz ist die kleinere der folgenden beiden Zahlen:

      – erstes Element der Sequenz

      – Minimum der um das erste Element verkürzten Sequenz.

Diese Definition ist *rekursiv*, d.h., die Definition greift auf den gerade definierten Begriff zurück, allerdings in einem einfacheren Anwendungsfall (hier einer kürzeren Sequenz). Dadurch kann die Definition als Algorithmus umgesetzt werden.

Zur Auswertung der Formulierung „die kleinere der folgenden beiden Zahlen" wird laut Aufgabenstellung eine Funktion „min" vorausgesetzt, die in Gofer als zweistelliger Operator vorhanden ist.

Den Algorithmus von oben kann man bei Verwendung des min-Operators direkt als Termersetzungssystem repräsentieren. Es ergibt sich folgendes Programm:

```
minlist :: [Int] -> Int
minlist([]) = undefined
minlist([x]) = x
minlist(x1:x2:s) = x1 'min' minlist(x2:s)
```

Die Konstante „undefined" entspricht dem Zeichen ⊥ aus dem Buch.

Das Gofer-Programm läßt sich noch vereinfachen. Erstens kann man die erste Zeile (den „undefined"-Fall) einfach weglassen. Auch bei fehlenden Fällen liefert Gofer eine Fehlermeldung, also ist der Effekt im wesentlichen derselbe.

Zweitens kann ausgenutzt werden, daß Gofer die Regeln in einer festen Reihenfolge (von oben nach unten) anzuwenden versucht. Man muß also in der letzten Zeile nicht unbedingt ein Muster für eine mindestens zweielementige Sequenz verwenden. Statt (x2:s) läßt sich ein einfacher Identifikator verwenden, da der Fall der einelementigen Sequenz bereits von der mittleren Regel abgefangen wird.

Das vereinfachte Programm im regelorientierten Stil lautet:

```
minlist([x]) = x
minlist(x:s) = x 'min' minlist(s)
```

Wenn die funktionale Programmiersprache des Buches als Ausgangspunkt gewählt wird, entsteht eine etwas andere Formulierung. In Buchnotation lautet der obige Algorithmus:

```
fct minlist' = (seq int s: ¬(s =? empty)) int:
    if rest(s) =? empty
    then first(s)
    else min(first(s), minlist'(rest(s))) fi
```

Auch diese Rechenvorschrift läßt sich nach Gofer übertragen. Die Regeln
dafür gehen aus Abschnitt 3.1 hervor. Besonders ist zu beachten:

- In Gofer muß der Funktionsname zweimal angegeben werden (da hier
  die Angabe der Funktionalität auch vom Rumpf getrennt werden darf
  – was wir nicht empfehlen).
- Die Parameterrestriktion ($\neg(s =? empty)$) steht in Gofer hinter der
  Funktionssignatur.
- Die Funktion first heißt in Gofer head, rest heißt tail.
- Die Fallunterscheidung in Gofer enthält kein abschließendes „fi".

Es ergibt sich:

```
minlist':: [Int] -> Int
minlist'(s) | s /= [] =
        if tail(s) == []
        then head(s)
        else head(s) 'min' minlist'(tail(s))
```

(b) Bei den weiteren Teilaufgaben wird die erste (regelorientierte) Schreibweise verwendet, da sie etwas kürzer und übersichtlicher ist.

Eine rekursive, also als Algorithmus verwendbare Definition des k-kleinsten Elements wurde bereits in der Aufgabenstellung gegeben. Daraus
ergibt sich das Gofer-Programm:

```
kmin :: ([Int], Int) -> Int
kmin(s, 1)   = minlist(s)
kmin(s, k+1) = kmin(del(s, minlist(s)), k)
```

Dazu wird als Hilfsfunktion eine Funktion benötigt, die das erste Auftreten einer bestimmten Zahl aus einer Sequenz von Zahlen löscht.

```
del :: ([Int], Int) -> [Int]
del([], y) = []
del(x:s, y) = if x == y then s else x:del(s,y)
```

(c) Die Lösungsidee ist: Das Einsortieren in eine leere Sequenz ist trivial.
Wenn die Sequenz nicht leer ist, ist zu überprüfen, ob das einzufügende
Element kleiner als das erste Element der (laut Voraussetzung sortierten!)
Sequenz ist. Falls ja, genügt es, das neue Element der Sequenz
voranzustellen; falls nein, muß das neue Element in den (kürzeren) Rest
der Sequenz einsortiert werden.

```
ins :: ([Int], Int) -> [Int]
ins([], y) = [y]
ins(x:s, y) = if y < x then y:x:s else x:ins(s,y)
```

(d) Die Lösung für die angegebene Hilfsfunktion besteht einfach darin, der Reihe nach alle in der zweiten Sequenz enthaltenen Elemente mittels „ins" in die erste Sequenz einzusortieren:

```
insort1 :: ([Int], [Int]) -> [Int]
insort1(t, []) = t
insort1(t, x:s) = insort1(ins(t, x), s)
```

Man kann nun ein Sortierprogramm als Spezialfall aus insort1 gewinnen. Dazu sortiert man alle in der zu sortierenden Sequenz vorhandenen Elemente in die leere Sequenz ein:

```
insort(s) = insort1([], s)
```

Der zweite Parameter in „insort1" spielt die Rolle einer *Hilfsvariablen* in konventioneller Programmierung. In funktionaler Programmierung sagt man stattdessen, „insort wird in insort1 *eingebettet*".

(e) Das k-kleinste Element einer Sequenz ist natürlich gleich dem k-ten Element der sortierten Sequenz, also:

```
kmin' :: ([Int], Int) -> Int
kmin'(s, k) = insort(s) !! (k-1)
```

Es ist überflüssiger Aufwand, die gesamte Sequenz zu sortieren, wenn man nur am k-kleinsten Element interessiert ist. Deshalb läßt sich die Sortierfunktion so spezialisieren, daß sie nur einen k Zeichen langen Anfang der bereits sortierten Sequenz aufbewahrt.

```
kmin'' :: ([Int], Int) -> Int
kmin''(s, k) = kmin1(s, [], k)

kmin1 :: ([Int], [Int], Int) -> Int
kmin1([], t, k) = t !! (k-1)
kmin1(x:s, t, k) = kmin1(s, k 'take' ins(t, x), k)
```

(f) Siehe $INFO/L1.21/sort.gs.

Lösung 1.22. (PF1.21) Testen in Gofer

Tests bilden neben Validierung, Verifikation, Code-Inspektion und Reviews ein wesentliches Konzept zur Sicherstellung der Qualität eines Softwaresystems. Für kleine Programme reichen interaktive Tests meist aus. Dabei wird das Programm mit einem Testdatensatz gestartet und das Ergebnis vom Tester manuell geprüft. Arbeiten jedoch mehrere Entwickler über einen größeren Zeitraum an einem Programmsystem, so gerät diese Methode schnell an ihre Grenzen. Entwickler geraten mit der Zeit immer mehr in die *Testfalle*: Je mehr Funktionalität existiert, um so mehr muß getestet werden, um sicher zu stellen, daß Funktionalitätserweiterungen und -veränderungen nicht bereits lauffähigen Code wieder kaputt machen. Dementsprechend wird der Testanteil mit der Zeit immer größer.

Eine Automatisierung dieser Tests und eine damit mögliche Wiederverwendung von Testwissen ist deshalb dringend geboten. Dies kann durch implementierte Testprozeduren geschehen. Das prinzipielle Vorgehen besteht darin, einen Testdatensatz für eine Funktion zu entwerfen, die Funktion darauf anzuwenden und das Ergebnis mit einem vorher berechneten Ergebnis zu vergleichen. Weil der Entwickler seine Funktionen selbst immer am besten kennt, sollten Tests idealerweise während oder sogar vor der eigentlichen Implementierung entworfen werden. Eine ausgewogene Sammlung von Testdatensätzen ist wichtig. Zu viele Testdatensätze erfordern hohen Implementierungsaufwand für Tests, zu wenige erhöhen das Risiko Fehler zu übersehen.

(a) Die Funktion `minlist` besteht aus zwei Alternativen, die beide einfache Funktionsrümpfe besitzen. Darüber hinaus führt der rekursive Aufruf von `minlist` implizit zu weiteren Tests. Ein einzelner Testdatensatz mit einer Liste von mindestens zwei Elementen ist daher im Prinzip ausreichend. Wir entscheiden uns dennoch für folgende zwei Testdatensätze [7,5,6] und [6,6].

(b) Die interaktive Ausführung von Tests mit den manuellen Prüfen von Testergebnissen ist deshalb fehleranfällig, weil bei vielen solchen Tests Menschen dazu neigen, fehlerhafte Ergebnisse zu übersehen. Es ist deshalb ratsam Testergebnisse auf Basis der Spezifikation einer Funktion manuell zu berechnen und mit dem tatsächlichen Ergebnis zu vergleichen. Entsprechend der Spezifikation von `minlist` erwarten wir die Ergebnisse 5 und 6.

(c) Für die Prüfung, ob die Funktion `minlist` auf den Testdatensätzen das gewünschte Ergebnis liefert wäre im Prinzip folgender Ausdruck ausreichend:

```
minlist [7,5,6] == 5
```

Werden jedoch mehrere ähnliche Tests geschrieben, so ist die Ausgabe eines Booleschen Wahrheitswertes nicht ausreichend. Vielmehr möchte man im Fehlerfall eine aussagekräftige Information. Wir verwenden daher `let`-Konstrukte, um zunächst das Ergebnis zu berechnen und im Fehlerfall mit der Hilfsfunktion `show'` auszugeben. Ein Test auf einem Datensatz hat dann folgendes Aussehen:

```
let result = minlist [7,5,6]
in if result==5 then "OK."
    else "\nERROR-minlist1:"++(show' result)++"\n"
```

Die Ausgabe im Fehlerfall beinhaltet einen Identifikator des Fehlercodes (`minlist1`) gemeinsam mit dem fehlerhaften Resultat. Der zweite Datensatz wird analog in einem Test codiert. Wir erhalten als Ergebnis eine Sammlung von Einzeltests, die zu einem String konkateniert werden.

```
testMinlist :: String
testMinlist =
  (let result = minlist [7,5,6]
   in if result==5 then "OK."
      else "\nERROR-minlist1:"++(show' result)++"\n"
  )++(
   let result = minlist [6,6]
   in if result==6 then "OK."
      else "\nERROR-minlist2:"++(show' result)++"\n"
  )
```

(d) In `$INFO/L1.22/test.gs` sind entsprechende Implementierungen zu finden. Eine Zusammenfassung der Einzeltests kann durch einfache Konkatenation der entstehenden Strings vorgenommen werden:

```
tests :: String
tests = testMinlist++testKmin++testDel++testIns++
        testInsort1++testInsort++testKmin'
```

(e) Die Funktion `insort` besitzt eine sehr einfache Implementierung. Deshalb wäre im Prinzip ein einzelner Testdatensatz ausreichend. Weil jedoch diese Funktion auch außerhalb des Gofer-Skripts zur Verfügung gestellt werden soll, empfiehlt es sich zusätzlich eine Sammlung von Tests zu realisieren, die nicht durch Inspektion der Funktionsimplementierung entstanden sind. Solche Tests heißen auch *Funktionstests* oder *Black-Box-Tests*. Die bisherigen *White-Box-Tests* wurden vom Entwickler selbst und idealerweise parallel zur Funktionsimplementierung entworfen.
Black-Box-Tests haben dem gegenüber eine andere Entstehungsgeschichte. Sie werden vom Anwender einer Funktion (hier also ein anderer Entwickler) gemeinsam mit der Spezifikation erstellt und helfen ein gemeinsames Verständnis für die zu realisierende Funktionalität zwischen Anwender und Entwickler zu gewinnen. Dieses Vorgehen hilft beiden Parteien ihr Zutrauen in die korrekte Umsetzung der richtigen Funktionalität zu erhöhen. Im Zweifelsfall kann der Anwender weitere Tests entwerfen um Zweifel auszuräumen und gegebenenfalls Fehler nachzuweisen. Für `insort` werden deshalb die in Tabelle L1.6 angegebenen Testfälle realisiert.
Die Anzahl der Tests für `insort` ist signifikant höher als für die bisherigen Funktionen. Deshalb führen wir eine Hilfsfunktion `assert` ein, die gemeinsame Code-Stücke heraus faktorisiert. Dadurch wird der Code kompakter und die Testdatensätze können in einer tabellenartigen Form ähnlich zu L1.6 definiert werden. Die Funktion `assert` hat folgendes Aussehen:

```
assert :: ([Int], [Int], String) -> String
assert(istErgebnis, sollErgebnis, label) =
  if istErgebnis==sollErgebnis then "OK."
  else "\nERROR-"++label++": "++(show' istErgebnis)++"\n"
```

Tab. L1.6. Testdatensätze für die Funktion `insort` (Lösung 1.22 (e))

Eingabe	Soll-Ergebniss	Fehleridentifikator
[]	[]	`insortLeer`
[4]	[4]	`insort4`
[4,3]	[3,4]	`insort43`
[4,4]	[4,4]	`insort44`
[3,4,5]	[3,4,5]	`insort345`
[5,3,4]	[3,4,5]	`insort534`
[5,4,3]	[3,4,5]	`insort543`
[9,8,3,5,6,4]	[3,4,5,6,8,9]	`insortViele`
[9,8,3,5,6,4,3,5,6,6,3]	[3,3,3,4,5,5,6,6,8,9]	`insortVieleDoppelt`

Diese Funktion vergleicht das tatsächlich berechnete Ergebnis (erstes Argument) mit dem Soll-Ergebnis (zweites Argument) und gibt eine mit einem Identifikator versehene Fehlermeldung aus, wenn beide Werte nicht übereinstimmen. Die Tests für `insort` können nun formuliert werden als:

```
testInsort =
  assert (insort []  ,[]  ,"insortLeer")++
  assert (insort [4] ,[4] ,"insort4") ++
  ...
```

Durch Nutzung von Funktionalen wie `map` und `concat` kann die Aufschreibung der Tests übrigens weiter kompaktifiziert werden.

Lösung 1.27. (F1.20) Zeichenfolgen, Teilwort

(a) Die leere Sequenz ist Teilwort jedes Wortes $s \in V^*$. Eine nichtleere Sequenz s ist nicht Teilwort der leeren Sequenz. Jeder Anfang eines Wortes ist auch Teilwort. Ist ein Wort $s1$ nicht Anfang eines nichtleeren Wortes s, so kann man s um das erste Zeichen verkürzen und weitersuchen. Daraus gewinnen wir folgende partiell korrekten Termersetzungsregeln:

```
istteilwort (empty, s) → true
istteilwort (append(x,s), empty) → false
istteilwort (s1,append(x,s2)) → istanfang(s1,append(x,s2))
                                 ∨ istteilwort(s1,s2)
```

Für die Reduktion von `istanfang` verwenden wir wieder die (partiell korrekten) Regeln aus Aufgabe 1.20.

Wir benötigen noch die (partiell korrekten) Regeln zur Reduktion Boolescher Terme über den Konstanten true und false zusammen mit der ∨ - Operation, die bei Anwendung der dritten `istteilwort`-Regel entstehen:

```
true ∨ x → true, x ∨ true → true, false ∨ false → false
```

Die partielle Korrektheit der Regeln sieht man leicht ein, wenn man formal die Regelpfeile durch Gleichheitssymbole ersetzt und die semantische Gültigkeit der entstandenen Gleichungen zeigt.

(b) **fct istanfang = (seqm x,seqm y) bool:**
```
    if x = empty
    then true
    elif y = empty
        then false
        elif first(x) = first(y)
            then istanfang (rest(x),rest(y))
            else false
    fi,
```

fct istteilwort = (seqm x,seqm y) bool:
```
    if istanfang(x,y)
    then true
    elif y = empty
        then false
        else istteilwort(x,rest(y))
    fi
```

(c) Gofer-Programm analog (a):
Gestützt auf das Gofer-Programm für `istanfang` aus Aufgabe 1.20 läßt sich `istteilwort` wie folgt umsetzen:

```
istteilwort :: (String,String) -> Bool
istteilwort ("","") = True
istteilwort (x:s,"") = False
istteilwort (s1,x:s2) = istanfang (s1,x:s2)
                        || istteilwort (s1,s2)
```

Gofer-Programm analog (b):

```
istteilwort :: (String,String) -> Bool
istteilwort (x,y) =
    if istanfang (x,y) == True
    then True
    else if y == ""
        then False
        else istteilwort (x, rest (y))
```

Lösung 1.29. (E*) Vierwertige „Boolesche Algebra"
Gegeben sei eine Menge M und eine von M verschiedene, nichtleere Teilmenge U; sei C das Komplement von U in M. Sei nun $F = \{M, U, C, \emptyset\}$. Hinsichtlich der Operationen Vereinigung, Durchschnitt und Komplement ist F eine Boolesche Algebra. Welche Gesetze bleiben gültig, wenn als dritte Operation nicht das Komplement gewählt wird, sondern die Negation, definiert durch

$$-M = \emptyset, \; -U = U, \; -C = C, \; -\emptyset = M \; ?$$

Kommutativität, Assoziativität, Idempotenz, Absorption und Distributivität sind Eigenschaften der, Vereinigung und des Durchschnitts und sind daher gültig. Die übrigen Gesetze enthalten die Negation und sind zu überprüfen.

(a) Nachweis des Involutionsgesetzes $\neg\neg x = x$ durch Wertetabelle L1.7. Linke und rechte Seite der Gleichung sind also semantisch äquivalent.

Tab. L1.7. Wertetabelle für das Involutionsgesetz $\neg\neg x = x$ (Lösung 1.29 (a))

$\beta(x)$	M	U	C	$\emptyset$
$I_\beta[\neg x]$,d.i. $-\beta(x)$	$\emptyset$	U	C	M
$I_\beta[\neg\neg x]$,d.i. $--\beta(x)$	M	U	C	$\emptyset$

(b) Nachweis des Gesetzes von de Morgan $\neg(x \wedge y) = \neg x \vee \neg y$ durch Wertetabelle L1.8

Tab. L1.8. Wertetabelle für ein Gesetz von de Morgan (Lösung 1.29 (b))

x	M	M	M	M	U	U	U	U	C	C	C	C	$\emptyset$	$\emptyset$	$\emptyset$	$\emptyset$
y	M	U	C	$\emptyset$	M	U	C	$\emptyset$	M	U	C	$\emptyset$	M	U	C	$\emptyset$
$\neg x$	$\emptyset$	$\emptyset$	$\emptyset$	$\emptyset$	U	U	U	U	C	C	C	C	M	M	M	M
$\neg y$	$\emptyset$	U	C	M	$\emptyset$	U	C	M	$\emptyset$	U	C	M	$\emptyset$	U	C	M
$\neg x \vee \neg y$	$\emptyset$	U	C	M	U	U	M	M	C	M	C	M	M	M	M	M
$x \wedge y$	M	U	C	$\emptyset$	U	U	$\emptyset$	$\emptyset$	C	$\emptyset$	C	$\emptyset$	$\emptyset$	$\emptyset$	$\emptyset$	$\emptyset$
$\neg(x \wedge y)$	$\emptyset$	U	C	M	U	U	M	M	C	M	C	M	M	M	M	M

(c) Das Neutralitätsgesetz gilt nicht, wie man an der Belegung $\beta(x) = C, \beta(y) = U$ sieht:

$$I_\beta[x \vee (y \wedge \neg y)] = C \cup (U \cap U) = M \neq C = I_\beta[x]$$

Trotzdem gelten die Gesetze $x \vee \mathit{false} = x$, $x \wedge \mathit{true} = x$ und $\mathit{false} = \neg\mathit{true}$, wie man unmittelbar sieht. Nicht aber gilt das "tertium non datur" $(x \vee \neg x) = \mathit{true}$.

L1.3 Programmiersprachen und Programmierung

Lösung 1.30. BNF

(a) ⟨Fun⟩ = succ | pred | abs

(b) ⟨B⟩ = ⟨A⟩ | b⟨A⟩
    ⟨A⟩ = {a{b{⟨A⟩}}}

(c) ⟨C⟩ = { a⟨C⟩b | b⟨C⟩a }*

(d) $\langle$Var$\rangle$ = $\langle$Letter$\rangle$ $\{\langle$Letter$\rangle|\langle$Ziffer$\rangle\}^{*}$
$\langle$Letter$\rangle$ = a | b | c | d | ... | z | A | B | ... | Z | _
$\langle$Ziffer$\rangle$ = 0 | 1 | ... | 9

(e) $\langle$GanzeZahl$\rangle$ = $\{-|+\}$ $\{\langle$Ziffer$\rangle\}^{+}$

(f) $\langle$Ausdruck$\rangle$ = $\langle$GanzeZahl$\rangle$ | $\langle$Var$\rangle$ | $\langle$Fun$\rangle$ ($\langle$Ausdruck$\rangle$)
                | ($\langle$Ausdruck$\rangle$ + $\langle$Ausdruck$\rangle$)
                | ($\langle$Ausdruck$\rangle$ * $\langle$Ausdruck$\rangle$)

(g) $\langle$Fun$\rangle$ ist bereits durch eine einzige nicht rekursive Regel beschrieben. $\langle$B$\rangle$ = $\{$b$\}\{$ab$\}^{*}\{$a$\}$ erfüllt die Bedingungen ebenfalls.

Da $\langle$Letter$\rangle$ und $\langle$Ziffer$\rangle$ in der geforderten Form sind, kann $\langle$Var$\rangle$ durch Expansion dieser syntaktischen Einheiten ebenfalls in die geforderte Form gebracht werden. Analoges gilt für $\langle$GanzeZahl$\rangle$.

$\langle$C$\rangle$ und $\langle$Ausdruck$\rangle$ können nicht entrekursiviert werden. Sie beinhalten klammerartige Strukturen, die nicht durch reguläre Ausdrücke beschrieben werden können. Zu ihrer Beschreibung sind rekursive Produktionen notwendig.

Lösung 1.31. (PE*) Parsen
Eine mögliche Lösung verwendet die Technik des *Parsens durch rekursiven Abstieg*. Dabei wird jedem Nichtterminal der Grammatik eine Funktion zugeordnet, die aus einem Eingabestring einen erkannten Präfix entfernt, und dabei einen Ausgabestring produziert. Mit einem Booleschen Flag wird festgestellt, ob ein Nichtterminal erkannt wurde:

```
closeb,factor,mulop,summand,addop,expression
                    :: String -> (String,Bool,String)
----------
closeb (')':s) = (s,True,"")
closeb s       = (s,False,"!C:"++s)
----------
factor ('(':s) = let (r1,b1,e1) = expression s
                     (r2,b2,e2) = closeb r1
          in if b1 && b2 then (r2,True,e1) else (s,False,"!F:("++s)
factor (a:s) = if '0'<=a && a<='9' then (s,True,[a])
                          else (a:s,False,"!F:"++(a:s))
----------
mulop ('*':s) = let (r1,b1,e1) = factor s
                    (r2,b2,e2) = mulop r1
          in if b1 then if b2 then (r2,True,"("++e1++"*"++e2++")")
                           else (r1,True,e1)
                   else (s,False,"!M:*"++s)
mulop s = (s,False,"!M:"++s)
----------
summand s = let (r1,b1,e1) = factor s
                (r2,b2,e2) = mulop r1
      in if b1 then if b2 then (r2,True,"("++e1++"*"++e2++")")
                       else (r1,True,e1)
               else (s,False,"!S:"++s)
----------
```

```
addop ('+':s) = let (r1,b1,e1) = summand s
                    (r2,b2,e2) = addop r1
        in if b1 then if b2 then (r2,True,"("++e1++"+"++e2++")")
                            else (r1,True,e1)
                  else (s,False,"!A:+"++s)
addop s = (s,False,"!A:"++s)

----------

expression s = let (r1,b1,e1) = summand s
                   (r2,b2,e2) = addop r1
        in if b1 then if b2 then (r2,True,"("++e1++"+"++e2++")")
                            else (r1,True,e1)
                  else (s,False,"!E:+"++s)
----------

za_parse :: String -> String
za_parse s = let (r,b,e) = expression s
             in if b && (r=="") then e else "!Fehler"
```

Die Umsetzung in Gofer ist in `$INFO/L1.31/parsen.gs` zu finden.

L1.4 Applikative Programmiersprachen

Lösung 1.32. Rekursive Funktionen, Fixpunkt, Fakultät

(a) Das zugehörige Funktional ist:

$$\tau : (\mathbb{N}^\perp \to \mathbb{N}^\perp) \to (\mathbb{N}^\perp \to \mathbb{N}^\perp),$$

so daß für beliebige $f \in (\mathbb{N}^\perp \to \mathbb{N}^\perp), n \in \mathbb{N}^\perp$ gilt:

$$\tau[f](n) = \begin{cases} \perp & \text{falls } n = \perp \\ 1 & \text{falls } n = 0 \\ n * f(n-1) & \text{falls } n \geq 1 \end{cases}$$

(b) Für $\tau[1]$ liefert Einsetzen der Definition von τ:

$$\tau[1](n) = \begin{cases} \perp & \text{falls } n = \perp \\ 1 & \text{falls } n = 0 \\ n * 1(n-1) = n & \text{falls } n \geq 1 \end{cases}$$

Für die Funktion F gilt analog:

$$\tau[F](n) = \begin{cases} \perp & \text{falls } n = \perp \\ 1 & \text{falls } n = 0 \\ n * F(n-1) = n * ((n-1)!) & \text{falls } n \geq 1 \end{cases}$$

$$= \begin{cases} \perp & \text{falls } n = \perp \\ 1 & \text{falls } n = 0 \\ n! & \text{falls } n \geq 1 \end{cases}$$

$$= F(n).$$

Also ist die Funktion F ein Fixpunkt des Funktionals τ.

(c) Einsetzen der Definitionen und Vereinfachen liefert für $n \in \mathbb{N}^{\perp}$:

$$f_0(n) = \perp$$

$$f_1(n) = \tau[f_0](n) = \begin{cases} \perp & \text{falls } n = \perp \\ 1 & \text{falls } n = 0 \\ n * f_0(n-1) & \text{falls } n \geq 1 \end{cases} = \begin{cases} \perp & \text{falls } n = \perp \\ 1 & \text{falls } n = 0 \\ \perp & \text{falls } n \geq 1 \end{cases}$$

$$f_2(n) = \tau[f_1](n) = \begin{cases} \perp & \text{falls } n = \perp \\ 1 & \text{falls } n = 0 \\ n * f_1(n-1) & \text{falls } n \geq 1 \end{cases} = \begin{cases} \perp & \text{falls } n = \perp \\ 1 & \text{falls } n = 0 \\ 1 & \text{falls } n = 1 \\ \perp & \text{falls } n \geq 2 \end{cases}$$

$$f_3(n) = \tau[f_2](n) = \begin{cases} \perp & \text{falls } n = \perp \\ 1 & \text{falls } n = 0 \\ n * f_2(n-1) & \text{falls } n \geq 1 \end{cases} = \begin{cases} \perp & \text{falls } n = \perp \\ 1 & \text{falls } n = 0 \\ 1 & \text{falls } n = 1 \\ 2 & \text{falls } n = 2 \\ \perp & \text{falls } n \geq 3 \end{cases}$$

(d) Als Verallgemeinerung dieser Funktionsfolge liegt nahe:

$$f_i(n) = \begin{cases} \perp & \text{falls } n = \perp \\ F(n) & \text{falls } n < i \\ \perp & \text{falls } n \geq i \end{cases}$$

(Genauer Beweis durch vollständige Induktion über i).

(e) Es gilt: $f^{\infty} = F$.

Begründung: Für jede obere Schranke f der Folge f_i gilt:

$$f(n) = F(n) \qquad \text{für } n \in \mathbb{N}.$$

Denn für ein beliebiges $n \neq \perp$ gibt es ein f_i (z.B. $i = n + 1$), so daß $f_i(n) = F(n)$. Eine obere Schranke f muß im Sinne der im Buch [B92] definierten Approximationsordnung $\sqsubseteq$ größer sein als dieses f_i. Da in diesem Fall $f_i(n) \neq \perp$, bedeutet das $f(n) = f_i(n) = F(n)$.

Also gilt auch für die kleinste obere Schranke: $f^{\infty} = F$.

(f) Gofer eignet sich hervorragend dazu, Funktionale zu definieren und auf Funktionen anzuwenden:

```
tau :: (Int -> Int) -> (Int -> Int)
tau(f)(n) = if n==0 then 1 else n*f(n-1)

f0 :: Int -> Int
f0 n = undefined

f1 :: Int -> Int
f1 n = tau(f0)(n)
```

```
f2 :: Int -> Int
f2 n = tau(f1)(n)
```

tau ist eine Funktion höherer Ordnung, das heißt sie hat als Argumente
Funktionen und gibt als Ergebnis wieder Funktionen aus.
Durch die rekursive Definition

```
fac :: Int -> Int
fac n = (tau fac) n
```

wird die Fakultätsfunktion als kleinster Fixpunkt von tau implementiert.
Die Umsetzung in Gofer ist in $INFO/L1.32/taufac.gs zu finden.

Lösung 1.33. Rekursive Funktionen, Fixpunkt, Summe

(a) Die partielle Korrektheit eines Termersetzungssystems bezüglich der Interpretation in einer vorgegebenen Rechenstruktur läßt sich einfach dadurch zeigen, daß man die Interpretation der linken und rechten Seite
jeder Regel bestimmt und zeigt, daß diese Werte immer übereinstimmen
(siehe Abschnitt 2.3 im Buch [B92]).
Für die erste Regel

```
sumlist([]) = 0
```

ist also zu zeigen, daß die Interpretation von sumlist([]) in der Rechenstruktur SEQZ gleich der Interpretation von 0 in SEQZ ist. Um die
Schreibweise übersichtlich zu halten, verzichten wir hier auf die explizite Definition von Belegungen (siehe Abschnitt 2.2 im Buch [B92]) und
verwenden bei Termen, die aus vordefinierten Funktionen aufgebaut sind
(wie 0 oder []) die gleiche Notation für den Term und seine Interpretation. Wir unterscheiden nur in der Wahl der Schriftart. So ist [] eine
Zeichenreihe mit zwei Zeichen, die die leere Sequenz [] (auch ϵ) repräsentiert. Somit ist im wesentlichen die Funktion sumlist zu interpretieren
und wir haben zu zeigen, daß

$$\text{sumlist}^{\text{SEQZ}}([]) = 0$$

gilt. Das ergibt sich einfach daraus, daß die Länge von [] gleich 0 ist:

$$\text{sumlist}^{\text{SEQZ}}([]) = \sum_{i=1}^{0} x_i = 0$$

Ebenso muß man für die zweite Gleichung zeigen:

$$\text{sumlist}^{\text{SEQZ}}(x : s) = x + \text{sumlist}^{\text{SEQZ}}(s)$$

Dies zeigt man wie folgt:

$$\text{sumlist}^{\text{SEQZ}}(x : s)$$
$$= \sum_{i=1}^{n} x_i, \text{ wobei } x_1 = x, s = [x_2, \ldots, x_n], n \geq 1$$
$$= x + \sum_{i=2}^{n} x_i$$

$$= x + \sum_{i=1}^{n-1} y_i, \text{ wobei } s = [y_1, \ldots, y_{n-1}], \text{ d.h. } y_i = x_{i+1} \text{ für } 1 \le i < n$$

$$= x + \texttt{sumlist}^{\text{SEQZ}}(s).$$

(b) Analog zu Aufgabe 1.32 ist das Funktional:

$$\tau : (\mathbb{S}^\perp \to \mathbb{Z}^\perp) \to (\mathbb{S}^\perp \to \mathbb{Z}^\perp),$$

so daß für beliebige $f \in (\mathbb{S}^\perp \to \mathbb{Z}^\perp), s \in \mathbb{S}^\perp$ gilt:

$$\tau[f](s) = \begin{cases} \perp & \text{falls } s = \perp \\ 0 & \text{falls } s = [] \\ head(s) + f(tail(s)) & \text{falls } s \ne [] \end{cases}$$

Wir zeigen nun, daß die auf der Angabe definierte Funktion G

$$G : \mathbb{S}^\perp \to \mathbb{Z}^\perp,$$

$$G(s) = \begin{cases} \perp & \text{falls } s = \perp \\ \texttt{sumlist}^{\text{SEQZ}}(s) & \text{sonst} \end{cases}$$

für $s \in \mathbb{S}^\perp$ ein Fixpunkt von τ ist, d.h. daß $\tau[G] = G$. Dazu äquivalent ist, daß

$$\forall s \in \mathbb{S}^\perp : \tau[G](s) = G(s),$$

was wir über eine Fallunterscheidung für s behandeln können:

Fall 1: $s = \perp$
$$\tau[G](s) = \perp = G(s).$$

Fall 2: $s = []$
$$\tau[G](s) = 0 = \sum_{i=1}^{0} x_i = \texttt{sumlist}^{\text{SEQZ}}([]) = G(s).$$

Fall 3: $s \ne []$, d.h. $s = [x_1, \ldots, x_n], n \ge 1$.
$$\tau[G](s)$$
$$= head(s) + G(tail(s))$$
$$= x_1 + G([x_2, \ldots, x_n])$$
$$= x_1 + \sum_{i=1}^{n-1} x_{i+1}$$
$$= x_1 + \sum_{i=2}^{n} x_i$$
$$= \sum_{i=1}^{n} x_i$$
$$= G(s).$$

Bei genauer Betrachtung erkennt man, daß die beiden Beweise dieser Teilaufgaben *gleichwertig* sind.

Der in Teil (b) explizit angesprochene $\perp$-Fall wird in Teil (a) implizit durch die Annahme der Striktheit von $\texttt{sumlist}^{\text{SEQZ}}$ abgedeckt. Die Funktion G dient in der Angabe nur zur Verdeutlichung, sie ist identisch zur als strikt angenommenen Funktion $\texttt{sumlist}^{\text{SEQZ}}$.

Hinweis: Das bedeutet nicht, daß man die in Aufgabe 1.32 behandelte Fixpunkt-Theorie der Rekursion völlig durch die relativ einfache Beweistechnik aus (a) ersetzen kann! Denn die Fixpunkt-Theorie erlaubt es, explizit zu beschreiben, welche Bedeutung eine rekursive Funktion hat (nämlich

$f^\infty =_{\text{def}} sup\{f_i | i \in \mathbb{N}\}$ bzw. den kleinsten Fixpunkt von τ). In der Aufgabe 1.33 (a) und (b) dagegen wurde die Interpretation vorgegeben und nur gefragt, ob diese Interpretation mit der Definition des funktionalen Programms verträglich ist. Dies läßt sich gleichwertig durch Einsetzen der Interpretation (a) oder mit fixpunkttheoretischen Mitteln (b) zeigen.

Lösung 1.34. Rekursive Funktionen, Fixpunkt

(a) $\tau : (\mathbb{N}^\perp \times \mathbb{A}^\perp \to \mathbb{S}^\perp) \to (\mathbb{N}^\perp \times \mathbb{A}^\perp \to \mathbb{S}^\perp)$

$$\tau[f](x,z) = \begin{cases} \varepsilon & \text{falls } x = 0, z \in \mathbb{A} \\ \langle z \rangle \circ f(x-1,z) & \text{falls } x > 0, z \in \mathbb{A} \\ \perp & \text{falls } x = \perp \text{ oder } z = \perp \end{cases}$$

(b) $f_i : \mathbb{N}^\perp \times \mathbb{A}^\perp \to \mathbb{S}^\perp$ für $i \in \mathbb{N}$

$$f_0(x,z) = \perp$$

$$f_1(x,z) = \begin{cases} \varepsilon & \text{falls } x = 0, z \neq \perp \\ \perp & \text{sonst} \end{cases}$$

$$f_2(x,z) = \begin{cases} \varepsilon & \text{falls } x = 0, z \neq \perp \\ \langle z \rangle & \text{falls } x = 1, z \neq \perp \\ \perp & \text{sonst} \end{cases}$$

$$f_3(x,z) = \begin{cases} \varepsilon & \text{falls } x = 0, z \neq \perp \\ \langle z \rangle & \text{falls } x = 1, z \neq \perp \\ \langle zz \rangle & \text{falls } x = 2, z \neq \perp \\ \perp & \text{sonst} \end{cases}$$

$$f_4(x,z) = \begin{cases} \varepsilon & \text{falls } x = 0, z \neq \perp \\ \langle z \rangle & \text{falls } x = 1, z \neq \perp \\ \langle zz \rangle & \text{falls } x = 2, z \neq \perp \\ \langle zzz \rangle & \text{falls } x = 3, z \neq \perp \\ \perp & \text{sonst} \end{cases}$$

(c) Beweis durch vollständige Induktion nach i:

Induktionsanfang(IA): $i = 0$

Damit gibt es kein j mit $0 \leq j < i$; also ist nichts zu zeigen.

Induktionsschritt (IS): $i \to i+1$

Induktionsvoraussetzung: $f_i(k,z) = copy(k,z)$ für $0 \leq k < i$

Es gelte $0 \leq j < i+1$.

Nach Definition der Funktionenfolge gilt:

$$f_{i+1}(j,z) = \tau[f_i](j,z)$$

Fallunterscheidung:

Fall 1: $j = 0$

$$\tau[f_i](0,z) = \varepsilon = copy(0,z)$$

Fall 2: $j > 0$
Dann gilt wegen $(j - 1) < i$
$$\tau[f_i](j, z) = \langle z \rangle \circ f_i(j - 1, z)$$
$$= \langle z \rangle \circ copy(j - 1, z) \qquad \text{(nach IV)}$$
$$= copy(j, z)$$

(d) Es gilt $f^\infty = copy$.
Begründung: Für ein beliebiges $n \in \mathbb{N}^\perp$ gilt nach (c) $f_{n+1}(n, z) = copy(n, z)$. Damit kann die Funktion $copy$ beliebig durch die f_i angenähert werden.

(e) Zu zeigen: $\tau[copy] = copy$.

$$\tau[copy](x, z) = \begin{cases} \varepsilon & \text{falls } x = 0, z \in \mathbb{A} \\ \langle z \rangle \circ copy(x - 1, z) & \text{falls } x > 0, z \in \mathbb{A} \\ \perp & \text{falls } x = \perp \text{ oder } z = \perp \end{cases}$$

$$= \begin{cases} \varepsilon & \text{falls } x = 0, z \in \mathbb{A} \\ copy(x, z) & \text{falls } x > 0, z \in \mathbb{A} \\ \perp & \text{falls } x = \perp \text{ oder } z = \perp \end{cases}$$

$$= copy(x, z).$$

(f) Nach dem Satz von Kleene ist wegen (d) die Funktion $copy$ der schwächste Fixpunkt von τ. $copy$ ist eine totale Funktion. Somit kann es keinen weiteren Fixpunkt geben, der größer als $copy$ ist. Also ist $copy$ der einzige Fixpunkt von τ.

Lösung 1.36. Rekursionsarten, Fibonacci

(a) Wir betrachten ein neugeborenes Kaninchenpaar. Nach einem Monat ist das Paar erwachsen und zeugungsfähig. Nach dem 2. Monat wird ein weiteres Kaninchenpaar geboren.
Wir bezeichnen die Anzahl der während eines vollen n-ten Monats lebenden (und geborenen) Kaninchenpaare mit $K(n)$. Es gilt, daß alle $K(n)$ Kaninchenpaare am Ende des n-ten Monats erwachsen sind. Damit ergibt sich

$$K(1) = 1 \, , \, K(2) = 1 \text{ und } K(3) = 2.$$

Die Anzahl der Anfang des $(n + 1)$-ten Monats neugeborenen Kaninchenpaare ist $K(n - 1)$.
Da von der Sterblichkeit abgesehen wird, ergibt sich

$$K(n + 1) = K(n) + K(n - 1), \text{ für alle } n \text{ mit } 2 \le n.$$

Also $K(n) = fib(n)$.

(b) Die Berechnung von $fib(1)$ und $fib(2)$ benötigt keine weiteren Aufrufe von fib.

Falls $3 \leq n$, führt der Aufruf $fib(n)$ zur Berechnung auch von $fib(n-1)$ und $fib(n-2)$, die jeweils ihrerseits $AA(n-1)$ bzw. $AA(n-2)$ Aufrufe von fib erfordern. Damit gilt:

$$AA(n) = \begin{cases} 1 & \text{falls } n = 1 \text{ oder } n = 2 \\ 1 + AA(n-1) + AA(n-2) & \text{falls } 3 \leq n \end{cases}$$

Beweis der Gleichung $AA(n) = 2 * fib(n) - 1$ durch Induktion über n.

(c) Wir zeigen zunächst den Hinweis durch Induktion über den Abstand von n und k.

Induktionsanfang: Für $n - k = 1$, d.h. $k = n - 1$ gilt:

$$f(n, k, fib(k+1), fib(k)) = fib(k+1) = fib(n)$$

Induktionsschritt: Für $k > 1$ wird $n - k$ erhöht, d.h. k verkleinert:

$$\begin{aligned}
&f(n, k-1, fib(k), fib(k-1)) = && \text{Definition von } f \\
&f(n, k, fib(k) + fib(k-1), fib(k)) = && \\
&f(n, k, fib(k+1), fib(k)) = && \text{Induktionsannahme} \\
&fib(n)
\end{aligned}$$

Daher auch für $k = 1$: $f(n, 0, 1, 0) = fib(n) = f(n, k, fib(k+1), fib(k))$ Dadurch läßt sich sofort erkennen, daß fib in f eingebettet werden kann. Technisch erfolgt die Einbettung durch

fct fib1 = (nat n) nat : f(n,0,1,0),

wenn angenommen wird, daß f durch eine entsprechende Deklaration gebunden ist. f kann auch im Rumpf von fib1 lokal deklariert werden.

(d) Bei fib treten im else-Zweig zwei (unabhängige) rekursive Aufrufe auf. Deshalb ist fib kaskadenartig rekursiv.

Demgegenüber gibt es im Rumpf von f einen einzigen rekursiven Aufruf, der seinerseits nicht in einem zu berechnenden Term steht, sondern als letzte Aktion in einem Zweig einer Fallunterscheidung. f ist daher repetitiv rekursiv.

(e) Es gilt $AA_{fib1}(n) = n + 1$.
Der Induktionsbeweis hierfür ist trivial.

Lösung 1.37. (P*) Kürzester Weg

```
-- Lee-Algorithmus
type Pixel = (Int,Int)
type Wave = [Pixel]
type Path = [Pixel]
obstacles = [(2,3), (2,4), (3,2), (4,2)] :: [Pixel]
m = 7 :: Int
n = 7 :: Int


permitted :: Pixel -> Bool
permitted (x,y) =  0<=x && x<m && 0<=y && y<n
                && (x,y)'notElem'obstacles
```

```
-- Berechnet alle Nachbarn einer Pixelliste
neighbors :: [Pixel] -> [Pixel]
neighbors [] = []
neighbors ((x,y):ps) = [(x,y+1),(x,y-1),(x-1,y),(x+1,y)]
                           ++ neighbors ps

-- Berechnet naechste Welle: Menge der erlaubten, neuen Nachbarn
-- w = aktuelle Welle, old = alle frueheren Wellen
nextWave :: (Wave,[Pixel]) -> Wave
nextWave(w,old) = nub (filter (nub (neighbors w) \\ (old++w)))
     where filter [] = []
             filter (a:s) = (if permitted(a) then [a] else [])
                              ++ filter s
     -- Standardfunktion a\\b entfernt alle Vorkommen von b in a
     -- filter entfernt alle nicht erlaubten Pixel
     -- Standardfunktion nub entfernt doppelte Elemente

-- Berechnet Wellen ausgehend von aktueller Wellensequenz
-- b=Ziel, w=aktuelle Welle, ws=Vorgaenger
waves :: (Pixel,[Wave]) -> [Wave]
waves (b,w:ws) = if b'elem'w then ws
                      else waves(b,nextWave(w,flat ws):w:ws)

-- Liste von Listen 'flachdruecken'
flat :: [Wave] -> [Pixel]
flat [] = []
flat (a:s) = a++(flat s)

-- Pfad aus den Wellen berechnen
path :: (Pixel,Pixel,[Wave]) -> Path
path (a,b,[]) = [a]
path (a,b,w:ws) =
        path(a, firstCommon(neighbors [b],w), ws) ++ [b]
        where firstCommon (a:s,w) = if a'elem'w then a
                                      else firstCommon (s,w)

-- Routing Hauptfunktion:
leeRoute :: (Pixel,Pixel) -> Path
leeRoute (a,b) | permitted a && permitted b =
                                path (a,b,waves(b,[[a]]))
```

Die Umsetzung dieses Lösungsvorschlags und die Entwicklung geeigneter Tests bleibt dem Leser überlassen.

Lösung 1.38. Repetitive Rekursion

(a) $rev(x) =$ if $x \overset{?}{=} \varepsilon$ then ε
$\qquad\qquad$ else rev(rest(x)) $\circ$ mf(x) fi

(Expandieren)

$=$ if $x \overset{?}{=} \varepsilon$ then ε else
$\quad$ (if rest(x) $\overset{?}{=} \varepsilon$ then ε
$\qquad\qquad\qquad$ else rev(rest(rest(x))) $\circ$ mf(rest(x)) fi) $\circ$ mf(x) fi

(Vertauschung von Fallunterscheidung und Operation)

$=$ if $\qquad x \overset{?}{=} \varepsilon$ then ε else
$\quad$ if $\quad$ rest(x) $\overset{?}{=} \varepsilon$ then ($\varepsilon \circ$ mf(x))
$\qquad\qquad\qquad$ else (rev(rest(rest(x))) $\circ$ mf(rest(x))) $\circ$ mf(x) fi fi

(Expandieren, elif-Schreibweise einführen)

$=$ $\quad$ if $\qquad x \overset{?}{=} \varepsilon$ then $\quad \varepsilon$
$\quad$ elif $\quad$ rest(x) $\overset{?}{=} \varepsilon$ then $\quad$ ($\varepsilon \circ$ mf(x))
$\qquad\qquad\qquad$ else $\quad$ ((if rest^2(x) $\overset{?}{=} \varepsilon$ then ε
$\qquad\qquad\qquad\qquad$ else rev(rest(rest^2(x))) $\circ$ mf(rest^2(x)) fi
$\qquad\qquad\qquad\qquad$) $\circ$ mf(rest(x))) $\circ$ mf(x) fi

...

(Rest verläuft analog)

(b) Expandieren der rekursiven Funktion rev in der Gleichung rev1(x, s) = rev(x) $\circ$ s und gleichzeitige Vereinfachung führt für den Fall $x \neq \varepsilon$ zu

$\qquad$ rev1(x, s) $=$ rev(x) $\circ$ s $=$ (rev(rest(x)) $\circ$ mf(x)) $\circ$ s
$\qquad\qquad\qquad$ $=$ rev(rest(x)) $\circ$ (mf(x) $\circ$ s)
$\qquad\qquad\qquad$ $=$ rev1(rest(x), mf(x) $\circ$ s).

Damit ergibt sich die folgende Deklaration

```
fct rev1 = (string x, string s) string:
    if x =? empty then s
                else rev1(rest(x), conc(make(first(x)),s)) fi
```

(c) Wir zeigen, daß die in (b) angegebene Deklaration eine Funktion rev1 definiert, die die Gleichung

$\qquad$ rev1(x, s) $=$ rev(x) $\circ$ s

erfüllt. Für s = empty folgt dann sofort rev1(x, empty) = rev(x).
Wir zeigen die Gleichung durch Induktion über die Länge von x.
Induktionsanfang: len(x) = 0, d.h. x = empty

$\qquad$ rev1(empty, s) $=$ s.

Wegen rev(empty) = empty folgt die Gleichung.

Induktionsschluß:

```
  rev1(x,s)
= rev1 (rest(x), conc(make(first(x)), s))   (Deklaration von rev1)
= rev(rest(x)) o conc(make(first(x)),s)     (Induktionsannahme)
= (rev(rest(x)) o make(first(x))) o s       (Assoziativität von o)
= rev(x) o s                                (Deklaration von rev)
```

(d) Sei

fct fac1 = (nat x, nat s) nat:
   if x $\overset{?}{=}$ 0 then s
            else fac1 (x - 1, x * s)) fi

Dann kann `fac` folgendermaßen eingebettet werden:

fct fac = (nat x) nat: fac1(x,1)

Lösung 1.39. (F1.19) Repetive Rekursion, Totale Korrektheit

(a) Die Sequenz $x = \langle c_1 \ldots c_n \rangle$ ist definitionsgemäß genau dann ein Palindrom, wenn $\langle c_1 \ldots c_n \rangle = \langle c_n \ldots c_1 \rangle$ gilt. Die leere Sequenz ist dabei ebenfalls ein Palindrom.

Wir können davon ausgehen, daß diese Eigenschaft wohldefiniert ist und eindeutig eine strikte Boolesche Funktion $palin_S : \mathbb{S}^\perp \to \mathbb{B}^\perp$ definiert. $\mathbb{S}$ sei dabei die Menge der Zeichenreihen über $\mathbb{A}$.

Wir zeigen, daß $palin_S$ kleinster Fixpunkt des Funktionals τ ist, das zur Rechenvorschrift `palin` gehört. Damit wird gezeigt, daß $palin_S$ identisch zur Bedeutung von `palin` ist.

Das zu `palin` gehörige Funktional $\tau : (\mathbb{S}^\perp \to \mathbb{B}^\perp) \to (\mathbb{S}^\perp \to \mathbb{B}^\perp)$ ist :

$$\tau[f](x) = \begin{cases} \perp & \text{falls } x = \perp \\ true & \text{falls } |x| = 0 \\ true & \text{falls } |x| = 1 \\ first(x) \overset{?}{=} last(x) \wedge f(lrest(rest(x))) & \text{sonst} \end{cases}$$

($|x|$ ist die Länge von x.)

Der Beweis von $\tau[palin_S] = palin_S$ wird durch Einsetzen in die Gleichung $\tau[palin_S] = palin_S$ und durch Fallunterscheidung vorgenommen und bleibt dem Leser überlassen. Der Beweis zeigt, daß $palin_S$ ein Fixpunkt von τ ist.

Terminierung von `palin` für alle Zeichenreihen x:

Wir zeigen die Terminierung für alle x, weil damit leicht folgt, daß $palin_S$ auch kleinster Fixpunkt ist, denn es muß gelten $fix[\tau] \sqsubseteq palin_S$. Wenn $fix[\tau]$ aber eine totale Funktion ist (d.h. $fix[\tau](x) \neq \perp$), dann bedeutet das $fix[\tau] = palin_S$.

Als Terminierungsfunktion T für `palin` wählen wir die Länge von Sequenzen: $T(x) = |x|$.

Es gilt im Aufruffall: $T(x) = |x| = 2 + |lrest(rest(x))| > |lrest(rest(x))| = T(lrest(rest(x)))$.

(b) In diesem speziellen Fall genügt eine einfache Umformung der Fallunterscheidung, um eine repetitive Version zu erreichen:

```
fct palin1 = (string x) bool:
    if x ≐ empty              then true
    elif rest(x) ≐ empty      then true
    elif ¬(first(x) ≐ last(x))then false
                              else palin1(lrest(rest(x))) fi
```

Die zuweisungsorientierte nichtrekursive Rechenvorschrift kann schematisch aus der repetitiven Form `palin1` gewonnen werden. Durch Ausnutzen der *sequentiellen* Und- und Oder-Verknüpfungen ∧ und ∨ sind Optimierungen des Codes möglich. In vielen Programmiersprachen, so auch Java und Gofer, werden ∧ und ∨ (bzw. && und ||) immer als sequentielle Verknüpfungen interpretiert.

```
fct palin2 = (string x) bool:
⌈   var nat z := x;
    while ¬(z ≐ empty) ∧ ¬(rest(z) ≐ empty)
          ∧ (first(z) ≐ last(z))
    do z := lrest(rest(z)) od;
    (z ≐ empty) ∨ (rest(z) ≐ empty)    ⌋
```

L1.5 Zuweisungsorientierte Ablaufstrukturen

Lösung 1.40. (F1.36) Programmtransformation, Fibonacci

(a) Zu jeder rekursiven Rechenvorschrift von repetitivem Rekursionstyp gibt es eine äquivalente Wiederholungsanweisung, die die Elemente der Rechenvorschrift verwendet. Für dieses Beispiel lautet die Wiederholungsanweisung:

while ¬(k ≐ n-1) do n,k,a,b := n,k+1,a+b,a od;

Die Variable n wird hier nicht verändert, also ist dies gleichwertig zu:

while ¬(k ≐ n-1) do k,a,b := k+1,a+b,a od;

(b) Bei der Umformung einer kollektiven Zuweisung in eine Folge von Einzelzuweisungen kann es nötig sein, Hilfsvariablen einzuführen, um die „alten" Werte von Variablen zwischenzuspeichern. Dies ist auch hier nötig, da die beiden Zuweisungen an a und b den alten Wert der jeweils anderen Variablen benötigen. Die gesuchte Wiederholungsanweisung ist unter Verwendung einer Hilfsvariablen **var nat h**:

while ¬(k $\stackrel{?}{=}$ n-1) **do** k := k+1; h := a; a := a+b: b := h **od**;

Hinweis: Es empfiehlt sich generell, solche Hilfsvariablen so lokal wie möglich zu deklarieren, und außerdem, wenn die Programmiersprache dies erlaubt, zwischen Hilfsidentifikatoren (d.h. Konstanten, die nicht verändert werden) und echten Hilfsvariablen (die auch verändert werden) zu unterscheiden. Dies ist in Java genauso wie in Buchnotation möglich:

while ¬(k $\stackrel{?}{=}$ n-1)
    do nat h := a; k := k+1; a := a+b; b := h **od**;

(c) In Aufgabe 1.36 wurde gezeigt, wie man die Fibonacci-Funktion in die Funktion f einbetten kann. Es gilt nämlich:

fib(n) = f(n, 0, 1, 0)

Die hier gegebenen Werte können als Anfangswerte („Initialisierung") der Variablen k, a und b verwendet werden:

k := 0; a := 1; b := 0;
while ¬(k $\stackrel{?}{=}$ n-1) **do** k := k+1; h := a; a := a+b; b := h **od**;

Damit existiert ein zuweisungsorientiertes Programm für die Fibonacci-Funktion. Vor Start des Programms muß die Variable n den Wert des zu berechnenden Arguments n haben, nach Ablauf des Programms enthält die Variable a den Wert fib(n).

Man beachte, daß der Ablauf des Programms undefiniert ist, falls n = 0. (Die Abfrage auf n-1 ist in diesem Fall unzulässig.)

(d) Die Umschreibung nach Java ist nach den getroffenen Vorbereitungen trivial, wobei die while-Schleife durch eine for-Schleife ersetzt werden kann:

```
int a = 0;
int b = 1;
for( int k = 0; k < n; k++ ) {
    int h = a;
    a = b;
    b = b + h;
}
```

(e) Es entsteht folgendes Java-Programm:

```
import java.io.*;

class Fibonacci
{
  static int fibonacci( int n ) {
    // "nullte" Fibonacci Zahl
    int a = 0;
    // erste Fibonacci Zahl
    int b = 1;
```

```
                // Schleife ueber n Iterationen
                for( int k = 0; k < n; k++ ) {
                  // Kollektivanweisung (a, b) := (b, a+b)
                  // wird aufgeloest mit Hilfsvariable h.
                  int h = a;
                  a = b;
                  b = b + h;
                }
                return a;
              }

              public static void main( String args[] ) {
                int n = inputZahl();
                int ergebnis = fibonacci(n);
                System.out.println(
                    "Die "+n+"te Fibonaccizahl ist: " + ergebnis);
              }

              public static int inputZahl() {
                // Eine Zahl im Integerformat einlesen:
              }
            }
```

Lösung 1.43. (P) Transitive Hülle

(a) Zu Beweiszwecken notieren wir die Relation $T(R, x)$ als R^x.

Zu zeigen ist dann $\forall y, z \in V : yR^x x \wedge xR^x z \Rightarrow yR^x z$.

Da definitionsgemäß $R^x = R \cup \overline{R}$, wobei $\overline{R} = \{(y, z) : yRx \wedge xRz\}$ gilt, sind 4 Fälle zu unterscheiden.

Fall 1: $yRx \wedge xRz$

Nach Definition von R^x folgt daraus $yR^x z$.

Fall 2: $y\overline{R}x \wedge xRz$, das heißt: $(yRx \wedge xRx) \wedge xRz$

Es folgt wiederum $yR^x z$.

Fall 3: $yRx \wedge x\overline{R}z$

analog zu 2.

Fall 4: $y\overline{R}x \wedge x\overline{R}z$, das heißt: $(yRx \wedge xRx) \wedge (xRx \wedge xRz)$

Es folgt wiederum $yR^x z$.

(b) Wir übernehmen die Notation aus Teilaufgabe (a) und nehmen an, daß R in x transitiv ist.

Zu zeigen ist nun $\forall u, v \in V : uR^y x \wedge xR^y v \Rightarrow uR^y v$.

Analog wie in (a) sind wiederum 4 Fälle zu unterscheiden.

Fall 1: $uRx \wedge xRv$

Nach Definition von R^y folgt daraus $uR^y v$.

Fall 2: $(uRy \wedge yRx) \wedge xRv$

Da R in x transitiv ist, folgt aus $yRx \wedge xRv$ zunächst yRv.

Es gilt also $uRy \wedge yRv$, mithin, definitionsgemäß, $uR^y v$.

Fall 3: $uRx \wedge (xRy \wedge yRv)$

analog 2.

Fall 4: $(uRy \wedge yRx) \wedge (xRy \wedge yRv)$

Abschwächung liefert $uRy \wedge yRv$, d.h., definitionsgemäß, $uR^y v$.

(c) Die programmtechnische Umsetzung der Berechnung der transitiven Hülle ist zusammen mit einer Test-Sammlung und einer Einbettung in eine graphische Oberfläche in $INFO/L1.43 zu finden.

(d) Siehe ebenfalls $INFO/L1.43.

Lösung 1.45. Lebensdauer, Sichtbarkeit

In einem Programmausdruck kann ein Identifikator x mehrfach vereinbart und damit gebunden sein. Die Lebensdauer von x umfaßt den gesamten Bindungsbereich; der Sichtbarkeitsbereich von x entspricht der Lebensdauer abzüglich der inneren Bereiche mit neuen Vereinbarungen für x. Die Identifikatoren n, q1 und q0 besitzen die in Tabelle L1.9 angegebene Lebensdauer und Sichtbarkeit.

Tab. L1.9. Lebensdauer und Sichtbarkeit von Variablen (Lösung 1.45)

	Lebensdauer					Sichtbarkeit				
	n	q1	n	q0	n	n	q1	n	q0	n
`fct addParity = (nat n) nat:`	•					•				
`⌈fct q1 = (nat n) bool:`	•	•	•	•		•	•	•		
`    if n ≟ 0    then false`	•	•	•	•		•	•	•		
`    elif even(n) then q1(n/2)`	•	•	•	•		•	•	•		
`               else q0(n/2)`	•	•	•	•		•	•	•		
`    fi,`		•	•	•			•	•		
`fct q0 = (nat n) bool:`	•	•	•	•	•	•	•		•	•
`    if n ≟ 0    then true`	•	•		•	•	•	•		•	•
`    elif even(n) then q0(n/2)`	•	•		•	•	•	•		•	•
`               else q1(n/2)`	•	•		•	•	•	•		•	•
`    fi;`		•	•	•			•	•		
`if q0(n)        then n*2`	•	•		•		•	•	•		
`                else n*2 + 1`	•	•		•		•	•		•	
`fi ⌋`	•	•	•			•	•	•		

Lösung 1.46. Sichtbarkeit

Der Wert des Abschnitts ist gleich dem Wert des letzten Ausdrucks und ergibt 16. Eine konsistente Umbenennung der Variablen ist hilfreich, um Sichtbarkeit festzustellen:

```
⌈ nat xa = 1, nat ya = 2, nat za = 3;
   ⌈ fct yb = (nat yc) nat: xa+yc+za;
      ⌈ fct xb = (nat xc) nat: xc+yb(za);
         ⌈ nat zb = 5; xb(yb(zb))   ⌋ ⌋ ⌋ ⌋
```

Lösung 1.47. (F1.40) Iteration, Zusicherungsmethode

(a) a enthält offensichtlich immer den Wert $fib(k + 1)$, b den Wert $fib(k)$. Andererseits soll nach Abbruch der **while**-Schleife $k = n - 1$ gelten. Daher ist folgende Bedingung benutzbar:

$$P \equiv (a = fib(k + 1) \land b = fib(k) \land k \leq n - 1)$$

Wir zeigen, daß P tatsächlich eine Invariante ist:
Soll an Position (2) die Zusicherung P gelten, so muß an Position (1) nach Mehrfachanwendung des Zuweisungsaxioms gemäß der Regel der sequentiellen Komposition stehen:

$$P[h/b][a + b/a][k + 1/k][a/h] \equiv$$
$$(a + b = fib(k + 2) \land a = fib(k + 1) \land k + 1 \leq n - 1),$$

denn es gilt der Reihe nach:

```
{ P[h/b][a + b/a][k + 1/k][a/h] }
h := a;
{ P[h/b][a + b/a][k + 1/k] }
k := k+1;
{ P[h/b][a + b/a] }
a := a+b;
{ P[h/b] }
b := h
{ P }.
```

Wegen $fib(k) + fib(k + 1) = fib(k + 2)$ und $n < N \Rightarrow n + 1 \leq N$ gilt:

$$k < n - 1 \land P$$
$$\equiv (k < n - 1 \land a = fib(k + 1) \land b = fib(k) \land k \leq n - 1)$$
$$\Rightarrow (a = fib(k + 1) \land a + b = fib(k + 2) \land k + 1 \leq n - 1)$$

Also kann mit der Abschwächungsregel abgeleitet werden:

$$\{ k < n - 1 \land P \} \; h := a; k := k + 1; a := a + b; b := h \; \{ P \}$$

und ist P als Invariante nachgewiesen.
Damit wird auch klar, was an den Stellen (1), (2) und (3) stehen muß. Aber erst Teilaufgabe (b) zeigt, ob das wirklich für den Korrektheitsbeweis genügt:

(1) $k < n - 1 \land P$
(2) P
(3) $P \land \neg(k < n - 1)$

(b) Für den Rumpf der **while**-Schleife wurde schon bewiesen, daß die Zusicherung (2) bzgl. der Zusicherung (1) (partiell) korrekt ist. Die Zusicherung (3) ergibt sich unmittelbar aus der Anwendung des Axioms für die Wiederholungsanweisung. Es bleibt folgendes zu zeigen:

i) $(3) \Rightarrow a = fib(n)$
ii) $\{ \ true \ \} \ k := 0; a := 1; b := 0 \ \{ \ P \ \}$,
   d.h. $true \Rightarrow P[0/b][1/a][0/k]$

Zu i):

$$\neg(k < n - 1) \wedge a = fib(k + 1) \wedge b = fib(k) \wedge k \leq n - 1$$
$$\Rightarrow \ k = n - 1 \wedge a = fib(k + 1)$$
$$\Rightarrow \ a = fib(n).$$

Zu ii):

$P[0/b][1/a][0/k]$
$= (1 = fib(0 + 1) \wedge 0 = fib(0) \wedge 0 \leq n - 1)$
$= (1 = fib(1) \wedge 0 = fib(0) \wedge 0 \leq n - 1)$
$= (true \wedge 0 = fib(0) \wedge 0 \leq n - 1) \quad \{ 1 = fib(1) \ \text{nach Def.} \}$
$= true \wedge true \wedge 0 \leq n - 1 \qquad \{ 0 = fib(0) \ \text{nach Angabe} \}$
$= true \wedge true \wedge true \qquad \{ n > 0 \ \text{nach Angabe} \}$
$= true \qquad \{ \ \text{Boolesche Algebra} \ \}.$

(c) Um die Terminierung von **while** C **do** S **od** zu beweisen, muß ein Ausdruck E gefunden werden mit:

   i) $E \leq 0 \wedge P \ \Rightarrow \ \neg C$ (Terminierungsfall)
   ii) $\{ \ (E = i + 1) \wedge C \wedge P \ \} \ S \ \{ \ E \leq i \wedge P \ \}$ (Iterationsfall)

Für den Ausdruck $E =_{\text{def}} n - 1 - k$ ist Punkt i) trivial. Ferner gilt mit dem Zuweisungsaxiom und der Rechnung von Teilaufgabe (a):

$\{ \ n - 1 - k - 1 \leq i \wedge k < n - 1 \wedge P \ \}$
nat h = a; k := k + 1; a := a + b : b := h
$\{ \ n - 1 - k \leq i \wedge P \ \}$

Weiter zeigt man:

$$n - 1 - k - 1 \leq i \quad \Leftrightarrow \quad n - 1 - k \leq i + 1 \quad \Leftarrow \quad n - 1 - k = i + 1$$

und mit der Abschwächungsregel ist Punkt ii) bewiesen.

Aus (b) und (c) folgt damit die Korrektheit des Programmstücks, das zu gegebenem n die Fibonacci-Zahl $fib(n)$ in a ablegt.

Lösung 1.48. Zusicherungsmethode

Die einzufügenden Zusicherungen müssen genau so beschaffen sein, daß sie die Anwendung der Schlußregeln zulassen. Der kritische Punkt ist dabei, eine geeignete *Invariante* für den Schleifenrumpf zu finden, d.h. eine Zusicherung P, die folgendes erfüllt:

$\{ \ \neg isempty(s2) \wedge P \ \}$
`s1:=conc(make(first(s2)),s1); s2 := rest(s2)`
$\{ \ P \ \}$

Nützlich ist dazu das Betrachten von Zwischensituationen in denen die Schleife bereits einige Male ausgeführt wurde, aber noch nicht abgebrochen wird. Nach i Durchläufen $(1 \leq i \leq n)$ haben die Variablen folgende Werte:

$s1 = \langle x_i \ldots x_1 \rangle$, $s2 = \langle x_{i+1} \ldots x_n \rangle$

Es gilt also mit der Funktion *rev* (Aufgaben 1.19 und 1.38):

$rev(s2) \circ s1 = \langle x_n \ldots x_1 \rangle$

Mehrfache Anwendung des Zuweisungsaxioms zusammen mit der Regel für sequentielle Komposition ergibt:

$\{\ rev(rest(s2)) \circ conc(make(first(s2)), s1) = \langle x_n \ldots x_1 \rangle\ \}$
$s1\ :=\ conc(make(first(s2)),s1);\ s2\ :=\ rest(s2)$
$\{\ rev(s2) \circ s1 = \langle x_n \ldots x_1 \rangle\ \}$

und die erste Zusicherung kann man leicht umformen unter der Voraussetzung von $s2 \neq \varepsilon$:

$rev(rest(s2)) \circ conc(make(first(s2)), s1)$
$= rev(rest(s2)) \circ \langle first(s2) \rangle \circ s1$
$= rev(s2) \circ s1.$

Also haben wir mit

$P \equiv rev(s2) \circ s1 = \langle x_n \ldots x_1 \rangle$

eine geeignete Invariante gefunden. Das Programm wird nun mit folgenden Zusicherungen angereichert:

(1) $\{\ s1 = \varepsilon \wedge s2 = \langle x_1 \ldots x_n \rangle\ \}$
(2) $\{\ P\ \}$
(3)   **while** $\neg$ isempty(s2) **do**
(4) $\{\ \neg isempty(s2) \wedge P\ \}$
(5) $s1\ :=\ conc(make(first(s2)),s1);\ s2\ :=\ rest(s2)$
(6) $\{\ P\ \}$
(7)   **od**
(8) $\{\ isempty(s2) \wedge P\ \}$
(9) $\{\ s1 = \langle x_n \ldots x_1 \rangle\ \}$

Die Zusicherung in Zeile (2) ist eine Folgerung aus (1) (mit der Abschwächungsregel):

$rev(\langle x_1 \ldots x_n \rangle) \circ \varepsilon = rev(\langle x_1 \ldots x_n \rangle) = \langle x_n \ldots x_1 \rangle$

Die Zusicherung in Zeile (8) folgt nun zusammen mit den obigen Überlegungen aus der Regel für die **while**-Schleife. Die Zusicherung in Zeile (9) ist wieder eine einfache Folgerung von Zeile (8):

$rev(\varepsilon) \circ s1 = \langle x_n \ldots x_1 \rangle$ bedeutet $s1 = \langle x_n \ldots x_1 \rangle$.

Lösung 1.49. Terminierung, Zusicherungsmethode

(a) Zwar ist die Gleichung $x = quo \cdot y + rem$ eine Invariante, aber die Nachbedingung, die sich zerlegen läßt in

$$P \wedge rem < y \text{ mit } P \equiv x = quo \cdot y + rem \wedge 0 \le rem,$$

empfiehlt wegen der Bedingung der **while**-Schleife eine stärkere Invariante. Offenbar ist das eben definierte P ein geeigneter Kandidat, wie wir nun nachrechnen:

Das Axiom für Zuweisungen ergibt zusammen mit der Regel für sequentielle Komposition folgende Vorbedingung für die kollektive Zuweisung in der **while**-Schleife unter der Nachbedingung P:

$$P[quo + 1/quo][rem - y/rem] \equiv$$
$$(x = (quo + 1) \cdot y + rem - y) \wedge 0 \le rem - y$$

Es ist unmittelbar erkennbar, daß die erhaltene Bedingung äquivalent ist mit $P \wedge rem \ge y$.

Nach der Regel für die **while**-Schleife haben wir zum gegebenen Programmstück unter der in der Angabe befindlichen Nachbedingung die Invariante P als Vorbedingung gefunden. Daher ist nur noch zu zeigen, daß die gegebene Vorbedingung die Invariante sichert:

$$quo = 0 \wedge rem = x \Rightarrow rem \ge 0$$

gilt trivialerweise, weil rem von der Sorte **nat** ist.

$$quo = 0 \wedge rem = x \Rightarrow quo \cdot y + rem = 0 \cdot y + x = x.$$

Daher ist mit der Abschwächungsregel die (partielle) Korrektheit des Programmstücks gezeigt.

Sei ab jetzt $y > 0$. Zur Erinnerung: Für den Nachweis der Terminierung von **while** C **do** S **od** ist ein geeigneter Ausdruck E zu finden, so daß

  i) $E \le 0 \wedge P \Rightarrow \neg C$ (Terminierungsfall)
 ii) $\{ (E = i + 1) \wedge C \wedge P \} \, S \, \{ E \le i \wedge P \}$ (Iterationsfall)

Für den Ausdruck $E =_{\text{def}} rem$ ist Punkt i) trivial, weil $0 < y \le rem \le 0$ nicht erfüllt sein kann. Punkt ii) wird durch zweifache Anwendung des Axioms für Zuweisungen gelöst.

Die *Nichtterminierung* für $y = 0$ zeigt sich darin, daß die Variable rem durch die kollektive Zuweisung nicht geändert wird. Damit bleibt aber die Bedingung der **while**-Schleife bei jedem Durchlauf erfüllt, und sie terminiert nicht. Ganz allgemein gilt die Regel:

$$\{ P \wedge C \} \, S \, \{ P \wedge C \} \Rightarrow \{ P \} \text{ while } C \text{ do } S \text{ od } \{ \mathit{false} \}$$

$P \wedge C$ wird nämlich dann trivialerweise zu einer Invariante und gemäß der Regel für die **while**-Schleife ist die Nachbedingung tatsächlich gleich $P \wedge C \wedge \neg C = \mathit{false}$.

(b) Eine mögliche Invariante ist

$$P \equiv s = \langle c \ldots c \rangle \wedge length(s) = n - k$$

oder, wenn die Funktion *copy* von Aufgabe 1.34 benutzt wird,

$$P \equiv s = copy(n - k, c)$$

Lösung 1.50. Invariante, Zusicherungsmethode
P und Q sind Invarianten, wie sich mit der Zusicherungsmethode und etwas Rechnung zeigen läßt.

Lösung 1.51. (*) Invariante, Zusicherungsmethode, Bubblesort

(a)
```
public void exchange( int a[], int i, int j) {
    int h = a[i];
    a[i] = a[j];
    a[j] = h;
}
```
(b) Wir nehmen an, daß $N = 4$ und stellen das Feld senkrecht dar (höchster Index oben). Der zu sortierende Feldinhalt sei: $a[0] = 5$, $a[1] = 2$, $a[2] = 4$, $a[3] = 1$, $a[4] = 3$.

Die Spalten der Tabelle L1.10 illustrieren den Feldinhalt bei Zwischenschritten des Sortierens. Vollständige Durchläufe der inneren Schleife sind durch senkrechte Linien markiert.

Tab. L1.10. Feldinhalte bei Bubblesort (Lösung 1.51 (b))

$(i = 4)$	3	3	3	3	5	5	5	5
$(i = 3)$	1	1	1	5	3	3	4	4
$(i = 2)$	4	4	5	1	1	4	3	3
$(i = 1)$	2	5	4	4	4	1	1	2
$(i = 0)$	5	2	2	2	2	2	2	1

Der Algorithmus läßt große Zahlen wie Blasen im Wasser an die Oberfläche steigen (daher sein Name). Die „Blasen" sind in obiger Darstellung markiert.

(c) Eine geeignete Invariante für den Sortiereffekt der äußeren Schleife ist:

$$P =_{\text{def}} \forall i : bound \leq i < N \ \Rightarrow \ (a[i] \leq a[i + 1])$$

Vor Betreten der Schleife ist $bound = N$, also gibt es keine i zwischen $bound$ und N, die Bedingung P ist also erfüllt.

Am Ende des Schleifenrumpfs (und unter der Voraussetzung, daß P beim Betreten der Schleife gegolten hat) bezeichnet t die letzte Position, an der eine Veränderung vorgenommen wurde. Zwischen t und $bound$ stehen also alle Feldelemente in der richtigen Reihenfolge. Oberhalb von $bound$ gilt dasselbe aufgrund der Voraussetzung. Also gilt P auch für den neuen Wert $bound = t$.

Wenn die Schleife ganz verlassen wurde, gilt P und zusätzlich *bound* $= 0$. Das bedeutet, daß das gesamte Feld sortiert ist.

Für die innere Schleife gilt eine ganz ähnliche Invariante:

$$Q =_{\text{def}} \forall i : t \leq i < j \ \Rightarrow \ (a[i] \leq a[i+1])$$

Vor Betreten der Schleife gilt Q trivialerweise wegen $t = 0$ und $j = 0$.

Wenn in der Schleife keine Veränderung außer der Erhöhung von j vorgenommen wird, gilt Q am Ende des Rumpfs, da gerade die zusätzlich notwendige Bedingung $(a[i] < a[i+1]$, wobei i gleich dem neuen Wert von j) durch die Abfrage sichergestellt wurde. Falls eine Veränderung vorgenommen wird, werden t und j neu definiert und für das einzige in Frage kommende i in diesem Bereich (nämlich t) wurde Q durch die Vertauschung sichergestellt.

Nach Verlassen der Schleife gilt Q und $j = bound$. Das bedeutet, daß die Feldelemente zwischen t und *bound* in der richtigen Position stehen, was oben für den Beweis der äußeren Schleife verwendet wurde.

(d) BubbleSort ist am effizientesten für bereits sortierte Felder (hier ist nur ein überprüfender Durchlauf nötig, also in der Größenordnung von N Operationen).

BubbleSort ist aber ziemlich ineffizient, wenn das Eingabefeld genau in der umgekehrten Reihenfolge sortiert ist. Hier wird für jedes Feld ein eigener Durchlauf durch die innere Schleife nötig, man benötigt also in der Größenordnung von $(n * (n + 1))/2$ Operationen.

BubbleSort hat nur geringe praktische Relevanz. Allerdings ist es interessant als ein Sortierverfahren mit außergewöhnlich kurzem Programmtext.

L1.6 Sortendeklarationen

Lösung 1.53. (P) Gofer, Sorten

(a) Die Datenstruktur wird bottom-up entwickelt. Natürlich gibt es Alternativen zu der hier vorgeschlagenen Datenstruktur.

Für Texte steht in Gofer die Sorte String zur Verfügung. Mithilfe von Typsynonymen werden aussagekräftige Typnamen vergeben:

```
type Vorname = String
type Nachname = String
```

Ein Typsynonym wirkt als „alias". Das bedeutet "Klaus" ist nun sowohl ein Wert der Sorte String als auch der Sorten Vorname und Nachname. Weil Personennamen mehrfach benötigt werden, wird ein weiteres Typsynonym in Form eines Tupels bestehend aus Vor- und Nachnamen definiert:

```
type Name = (Vorname,Nachname)
```

Weitere Teile der Adresse sind Straße, Hausnummer, Ort, Postleitzahl und Telefonnummer, die ebenfalls durch Typsynonyme dargestellt werden:

```
type Strasse        = String
type Hausnummer     = Int
type Wohnort        = String
type Postleitzahl   = String
type Telefonnummer  = String
```

Dabei werden Postleitzahl und Telefonnummer als Strings dargestellt, unter anderem weil beide eine führende „0" besitzen können. Damit läßt sich die Sorte Adresse als Tupel notieren:

```
type Wohnadresse =
        (Strasse,Hausnummer,Wohnort,Postleitzahl,Telefonnummer)
```

In analoger Weise lassen sich die restlichen Sorten darstellen. Zu beachten ist allerdings in Programmen, daß nicht jedes Element der Sorte Datum auch ein gültiges Datum darstellt:

```
type Tag            = Int
type Monat          = Int
type Jahr           = Int
type Datum          = (Tag,Monat,Jahr)
type Geburstdatum   = Datum
type Einstelldatum  = Datum
type Hochzeitsdatum = Datum
```

Für das Geschlecht wird eine Aufzählungssorte eingeführt. Für den Familienstand, wird eine um Argumente erweitere Aufzählungssorte genutzt:

```
data Geschlecht     = Mann | Frau
type Monatsgehalt   = Int
data Ehestatus      = Ledig | Verheiratet(Name,Hochzeitsdatum)
```

Damit läßt sich die komplette Sorte Person, zur Repräsentation aller für den Kunden wesentlichen Daten von Personen darstellen. Dazu wird wieder ein Tupel gewählt:

```
type Person = (Name,Wohnadresse,Geburstdatum,Geschlecht,
               Einstelldatum,Monatsgehalt,Ehestatus)
```

Da die Sorte Person stark auf Typsynonymen beruht, ist es von Interesse, sich die „expandierte" Form dieser Sorte zu betrachten. Eine gleichwertige Definition wäre folgendes gewesen:

```
type Person = ((String,String),
               (String,Int,String,String,String),
               Datum,Geschlecht,Datum,Int,Ehestatus)
```

Diese Fassung, die nahezu auf Typsynonyme verzichtet, ist sichtlich weniger lesbar. Es wird deutlich, daß die geeignete Wahl systematischer und aussagekräftiger Namen für Variablen, Attribute, Funktionen, Methoden, aber auch Sorten, Datentypen und Klassen eine wesentliche Rolle bei der Entwicklung großer Systeme spielt.

(b) Zunächst ist die Funktionalität der Prozedur **person** festzulegen. Diese läßt sich aus dem vom Anwender vorgegebenen Text erkennen.

```
person :: (Name,Wohnadresse,Geburstdatum,Geschlecht,
           Einstelldatum,Monatsgehalt) -> Person
person(name,adr,geb,s,e,m) = (name,adr,geb,s,e,m,Ledig)
```

(c) Die Prozedur **hochzeit** ergänzt die Information in einem Datensatz, die neu anfällt, wenn eine Person heiratet. Natürlich wird der Familienstand auf verheiratet gesetzt. Außerdem wird getestet, ob Bigamie vorliegt. Dieser Test kann in Gofer sehr elegant realisiert werden, indem durch Pattern-Matching die Funktion nur auf Daten mit der Konstante Ledig angewandt werden kann:

```
hochzeit :: (Person, Name, Hochzeitsdatum) -> Person
hochzeit((name,adr,geb,s,e,m,Ledig), gatte, hochzeitsdatum) =
        (name,adr,geb,s,e,m,Verheiratet(gatte,hochzeitsdatum))
```

(d) Die komplette Implementierung inklusive der Funktion **drucke** steht in `$INFO/L1.53/person.gs` zur Verfügung.

Lösung 1.55. (EPF1.53) Modula-2, Sorten

(a) Die Datenstruktur wird bottom-up entwickelt. Natürlich gibt es zahlreiche Alternativen zu der hier vorgeschlagenen Datenstruktur.
Für Texte bis zu 40 Zeichen (Namen etc.) benutzen wir die Sorte:

```
TYPE STRING = ARRAY [0..39] OF CHAR;
```

Personennamen werden mehrfach benötigt, daher wird eine weitere Sorte definiert, und zwar ein Verbund bestehend aus Vor- und Nachnamen:

```
NAME = RECORD
           vorname: STRING;
           nachname: STRING;
       END;
```

Weitere Teile der Adresse sind Straße, Hausnummer, Ort, Postleitzahl und Telefonnummer, die durch Sortensynonyme, einer Unterbereichssorte und einer weiteren Stringsorte dargestellt werden:

```
STRASSE     = STRING;
HAUSNUMMER  = CARDINAL;
ORT         = ARRAY [0..59] OF CHAR;
POSTLEID    = [00000..99999];
TELEFON     = ARRAY [0..30] OF CHAR;
```

Damit läßt sich jetzt die Sorte Adresse als Verbund notieren:

```
ADRESSE = RECORD
            strasse:       STRASSE;
            hausnummer:    HAUSNUMMER;
            ort:           ORT;
            postleitzahl:  POSTLEID;
            telnum:        TELEFON;
          END;
```

In analoger Weise lassen sich die restlichen Sorten darstellen. Zu beachten ist allerdings in Programmen, daß nicht jedes Element der Sorte Datum auch ein gültiges Datum darstellt:

```
TAG   = [1..31];
MONAT = [1..12];
JAHR  = CARDINAL;
DATUM = RECORD
            tag: TAG;
            monat: MONAT;
            jahr: JAHR;
          END;
```

Für Geschlecht und Familienstand werden je eine Aufzählungssorte eingeführt:

```
GESCHLECHT    = (weiblich,maennlich);
FAMILIENSTAND = (ledig,verheiratet);
GEHALT        = CARDINAL;
```

Damit läßt sich die komplette Sorte Person, zur Repräsentation aller für den Anwender wesentlichen Daten von Personen darstellen. Dazu wird ein Verbund gewählt, der einen varianten Anteil hat. Dieser variante Anteil wird benutzt, um die beiden alternativen Familienstände darzustellen. Als Diskriminator wird natürlich ein Element genau dieser Sorte gewählt:

```
PERSON = RECORD
            name:           NAME;
            wohnhaft:       ADRESSE;
            geburt:         DATUM;
            geschlecht:     GESCHLECHT;
            einstellung:    DATUM;
            monatsgehalt:   GEHALT;
            CASE familienstand:FAMILIENSTAND OF
              ledig: (* keine weitere Information *)
                |
              verheiratet:
                hochzeit:   DATUM;
                gatte:      NAME;
            END;
          END;
```

(b) Zunächst ist die Funktionalität der Prozedur `PersonLedig` festzulegen. Diese läßt sich aus dem vom Anwender vorgegebenen Text erkennen.

```
PROCEDURE PersonLedig (VAR p: PERSON; n: NAME;
   w: ADRESSE;geburt: DATUM; s: GESCHLECHT;
   einstellung: DATUM; monatsgehalt: GEHALT);
BEGIN
   p.name            := n;
   p.wohnhaft        := w;
   p.geburt          := geburt;
   p.geschlecht      := s;
   p.einstellung     := einstellung;
   p.monatsgehalt    := monatsgehalt;
   p.familienstand   := ledig;
END PersonLedig;
```

(c) Die Prozedur Hochzeit ergänzt die Information in einem Datensatz, die neu anfällt, wenn eine Person heiratet. Natürlich wird der Familienstand auf verheiratet gesetzt. Außerdem wird getestet, ob Bigamie vorliegt. Der zu verändernde Datensatz wird wieder als VAR-Parameter übergeben, aber diesesmal nur modifiziert (in/out-Parameter).

```
PROCEDURE Hochzeit (VAR p: PERSON; hochzeit: DATUM; gatte: NAME);
BEGIN
   CASE p.familienstand OF
      ledig:
         p.familienstand    := verheiratet;
         p.hochzeit         := hochzeit;
         p.gatte            := gatte; |
      verheiratet:
         WriteString("Bigamie!");
         WriteLn;
         HALT;
   END;
END Hochzeit;
```

L1.7 Maschinennahe Sprachelemente:
Sprünge und Referenzen

Lösung 1.57. Maschinennahe Programme

(a)
```
       i := 0;
loop: if i > MaxArray then goto end fi;
       a[i] := i;
       i := i+1;
       goto loop;
end:
```

Die Endabfrage muß vor dem Schleifenrumpf stattfinden, weil es sein kann, daß dieser gar nicht ausgeführt wird (0 > Maxarray).

(b)
```
m1:   if b = 0 then goto m fi;
11:   if a < b then goto l fi;
      a := a - b;
      goto 11;
1:    h := a; a := b; b := h;
      goto m1;
m:    ...
```

Eine effizientere Fassung wäre:

```
      goto m;
11:   a := a - b;
m1:   if a >= b then goto 11 fi;
      h := a; a := b; b := h;
m:    if b ≠ 0 then goto m1 fi;
```

Lösung 1.58. (F1.57) Kontrollflußdiagramme

(a) Das Kontrollflußdiagramm für Aufgabe 1.57(a) ist in Abb. L1.3 angegeben.

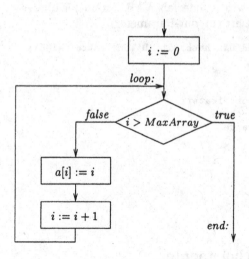

Abb. L1.3. Kontrollflußdiagramm für die Initialisierung eines Arrays (Lösung 1.58 (a))

(b) Abbildung L1.4 enthält das Kontrollflußdiagramm für Aufgabe 1.57(b).

L1.8 Rekursive Sortendeklarationen

Lösung 1.60. (F1.59) Fixpunkt rekursiver Sorten

(a) Die Abbildung Δ ist definiert als Abbildung einer Menge von Werten in eine neue Menge von Werten. Wir nehmen an D sei das Werteuniversum:

$$\Delta : \mathbb{P}(D) \to \mathbb{P}(D)$$
$$\Delta(M) = \{\epsilon\} \cup \{(c, l, r) | c \in \mathbb{A}; l, r \in M \setminus \{\bot\}\} \cup \{\bot\}$$

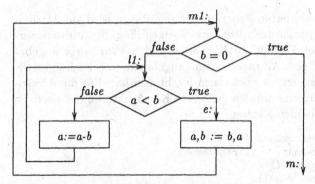

Abb. L1.4. Kontrollflußdiagramm für ggT (Lösung 1.58 (b))

wobei A als Semantik von **Char** die Mengen aller Zeichen darstellt.
ϵ denotiert ein Blatt; alle anderen definierten Elemente von $\Delta(M)$ sind
Tripel die sich aus einem Zeichen $c \in A$ und zwei definierten Elementen
l, r aus M zusammensetzen.

(b) $M_1 = \{\epsilon, \bot\}$
$M_2 = \{\epsilon, \bot, (c, \epsilon, \epsilon) | c \in A\}$
$M_3 = \{\epsilon, \bot, (c_1, \epsilon, \epsilon), (c_1, (c_2, \epsilon, \epsilon), (c_3, \epsilon, \epsilon))$
$\qquad (c_1, \epsilon, (c_3, \epsilon, \epsilon))$
$\qquad (c_1, (c_2, \epsilon, \epsilon), \epsilon) | c_1, c_2, c_3 \in A\}$

(c) M_i enthält neben $\bot$ alle Bäume mit einer Höhe die kleiner ist als i.
Entsprechend enthält M alle endlichen Bäume.

(d) Die Mengeninklusion $M_0 \subseteq M_1 \subseteq M_2 \subseteq \ldots$ gilt im allgemeinen nicht für
jede Kette. Zum Beispiel gilt für $K = \{('X', \epsilon, \epsilon)\}$:

$$\Delta(K) = \{\epsilon, \bot, (c, ('X', \epsilon, \epsilon), ('X', \epsilon, \epsilon)) | c \in A\}$$

und sogar $K \cap \Delta(K) = \emptyset$.

(e) M ist eine Menge bestehend aus *endlichen* Bäumen. Jeder Baum hat
nur eine endliche Höhe, d.h., jeder Pfad in jedem Baum ist endlich. Man
beachte jedoch, daß die Höhe *unbeschränkt* ist, das heißt, daß zu jeder
natürlichen Zahl n ein Baum gefunden werden kann, dessen Höhe n über-
steigt.
Wir benutzen als F die Menge von Bäumen, die auch (abzählbar) unendliche Pfade zulassen. Offensichtlich gilt $M \subseteq F, F \neq M$ und durch
Nachrechnen stellt man fest : $\Delta(F) = F$.

Lösung 1.61. Java, Sequenzen
Aus Aufgabe 1.42 steht bereits eine Implementierung von Sequenzen über Integerzahlen zur Verfügung. Es werden dort allerdings andere Bezeichnungen
und Operationen verwendet. Insbesondere sind dort die Operationen **make**
und **conc** anstelle von **append** implementiert. Deshalb wird diese Implementierung hier nicht wiederverwendet.

(a) Wie in der objektorientierten Programmierung üblich, wird auf Attribute von anderen Objekten aus nicht direkt zugegriffen. Stattdessen werden Operationen der Formen getVariable und setVariable angeboten. Zusätzlich wird eine Abfragefunktion angeboten, mit der festgestellt wird, ob ein Sequenzelement noch einen Nachfolger hat. Für die Anwendung einer Datenstruktur werden geeignete Konstruktoren definiert. Es entstehen folgende beiden Klassen:

```java
public class IntSequence {
  IntSequenceElement    _firstElement;
  public IntSequence() {
    _firstElement = null;
  }
  public IntSequence( IntSequenceElement firstElement ) {
    _firstElement = firstElement;
  }
  public IntSequenceElement getFirstElement() {
    return _firstElement;
  }
}

public class IntSequenceElement {
  int                _content;
  IntSequenceElement _nextElement;
  public IntSequenceElement( int content ) {
    _nextElement = null;
    _content    = content;
  }
  public IntSequenceElement( int content,
                             IntSequenceElement successor  ) {
    _nextElement = successor;
    _content    = content;
  }
  public void setSuccessor( IntSequenceElement successor ) {
    _nextElement = successor;
  }
  public boolean hasSuccessor() {
    return ( _nextElement != null );
  }
  public int getValue() {
    return _content;
  }
  public IntSequenceElement getSuccessor() {
    return _nextElement;
  }
}
```

(b) Auf Basis der zur Verfügung stehenden Operationen werden die Sequenzmethoden append, first, rest und isEmpty in der Klasse IntSequence realisiert. Diese Funktionalität wird ausschließlich in dieser Klasse angesiedelt, um eine zu starke Zergliederung in verschiedene Funktionskomponenten zu vermeiden. Alternativ wäre zum Beispiel eine Realisierung der append-Methode auf Basis einer rekursiv operierenden Methode in der Klasse IntSequenceElement möglich gewesen.

Die zusätzlich notwendige Sequenzoperation empty wird in der objekt-orientierten Programmierung zweckmäßigerweise als Konstruktor zur Verfügung gestellt, da die Erzeugung einer neuen Sequenz nicht auf einer bereits existierenden Sequenz basieren kann (wie würde sonst die erste Sequenz erzeugt?). Mit dem Konstruktor IntSequence() steht damit eine Realisierung der Operation empty zur Verfügung.

Übrigens: Eine Delegation der Frage, wie Objekte eines Typs erzeugt werden, kann mit dem Entwurfsmuster Factory vorgenommen werden (siehe [GHJV96]). Darin übernimmt eine weitere Klasse bzw. eine Methode dieser Klasse die Aufgabe bei Bedarf leere Sequenzen zu erzeugen und verkapselt damit die Information, wie dieses realisiert ist.

```java
public void append( int param ) {
  IntSequenceElement newElem = new IntSequenceElement(param);
  if ( isEmpty() ) {
    _firstElement = newElem;
  }
  else {
    IntSequenceElement elem = _firstElement;
    while ( elem.hasSuccessor() ) {
      elem = elem.getSuccessor();
    }
    elem.setSuccessor( newElem );
  }
}

public int first() {
  return _firstElement.getValue();
}

public boolean isEmpty() {
  return ( _firstElement == null );
}

public IntSequence rest() {
  return new IntSequence(_firstElement.getSuccessor());
}
```

Beachtenswert ist die Methode rest, die einen neuen Sequenzkopf aufbaut, aber die darunterliegende verkettete Liste von Sequenzelementen übernimmt. Wird in der Ursprungssequenz ein neues Element mit append angehängt, so hat dies Seiteneffekte auf die mit rest entstandene Sequenz.

(c) Die Erzeugung einer Ringliste ist denkbar einfach: Zunächst wird das letzte Element gesucht und dann dessen Nachfolger auf das erste Element der Liste gesetzt:

```
public void ringlist() {
    IntSequenceElement elem = _firstElement;
    while ( elem.hasSuccessor() ) {
      elem = elem.getSuccessor();
    }
    elem.setSuccessor( _firstElement );
}
```

Nach Aufruf dieser Methode arbeitet zum Beispiel die Methode append
nicht mehr, denn es gibt kein „letztes" Element mehr, an das angehängt
werden kann.

Abbildung L1.5 veranschaulicht die Situation nach Aufruf der Methode
ringlist.

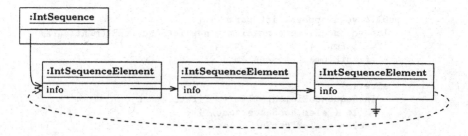

Abb. L1.5. Wirkung von ringlist auf eine Liste (Lösung 1.61 (c))

(d) Objekte der Klasse IntSequenceElement enthalten in ihrem Attribut
    _nextElement immer nur eine Referenz. Dabei treten drei Möglichkeiten
    auf:
    – Die Referenz ist gleich null, dann liegt das letzte Element vor und das
      beschriebene Geflecht ist, falls es nicht leer ist, graphisch gesehen, eine
      Linie; ein solches Geflecht heißt *lineare* Liste.
    – Die Referenz ist nicht gleich null und verweist nicht auf ein in dem
      Geflecht bereits vorhandenes Element.
    – Die Referenz verweist auf ein in dem Geflecht bereits vorhandenes Ele-
      ment, dann hat das Geflecht einen Zyklus.

Ein Geflecht, das nur aus einem Zyklus besteht, heißt *Ringliste*. Klar ist
auch, daß nur endliche Geflechte dargestellt werden können. Insgesamt
gibt es demnach drei wesentliche Varianten der graphischen Struktur eines Geflechts der Klasse IntSequenceElement (siehe Abb. L1.6):
– lineare Liste,
– Ringliste,
– Konkatenation einer linearen Liste mit einer Ringliste.

Für die Darstellung von Sequenzen ist die lineare Liste am besten geeignet, weil der Durchlauf durch eine Sequenz, ob rekursiv oder iterativ
spielt dabei keine Rolle, im letzten Element terminieren muß. Die bloße

Abb. L1.6. Mögliche Strukturen mit Listen aus Klasse `IntSequenceElement` (Lösung 1.61 (d))

Vereinbarung der Datenstruktur `IntSequenceElement` reicht demnach nicht aus, das Auftreten eines Zyklus zu verhindern, wie an der zuletzt betrachteten Verwendung von `ringlist` abgelesen werden kann.

Zudem ist es möglich, daß dasselbe (direkt oder indirekt) referierte Objekt zu verschiedenen dargestellten Geflechten gehört. Bei Änderungen an einem Objekt ändern sich dadurch mehrere dargestellte Geflechte. Es entsteht ein *Seiteneffekt*, der meist ungewollt ist und zu schwer auffindbaren Fehlersituationen führen kann.

Durch Veränderungen von Referenzattributen kann auch der Fall eintreten, daß ein Objekt durch keine Verweiskette mehr erreicht werden kann, also nicht zum dargestellten Geflecht irgendeiner Variablen gehört. Dies passiert etwa bei Aufruf von `setSuccessor` mit einem neuen Wert. Das vorher durch `_nextElement` referenzierte Restgeflecht verliert seinen Verweis, wenn nicht durch andere Zeiger ein solcher besteht. In Java wird in diesem Fall der automatisch ausgeführte Garbage Collector die unerreichbar gewordenen Objekte entfernen.

(e) Die Beschränkung der Geflechterzeugung auf die Sequenzoperationen verhindert die Entstehung von Zyklen, wie man schnell einsieht. Die einzige „gefährliche" Methode könnte `append` sein, weil dort aber immer nur neu erzeugte Objekte hinten angehängt werden und diese Objekte eine `null`-Referenz beinhalten, kann durch die vorhandenen Operationen kein zyklisches Geflecht erzeugt werden. Kritisch ist jedoch die nicht zu den traditionellen Sequenzoperationen gehörende Operation `setSuccessor`, die sehr wohl einen Zyklus erzeugen kann. Deshalb dürfen solche Operationen nicht `public` angeboten werden, wenn sichergestellt werden soll, daß keine Zyklen entstehen.

Lösung 1.65. Java, Binärbäume

(a) Das gegebene Programmstück erzeugt das Geflecht aus Abb. L1.7.

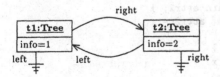

Abb. L1.7. Ungültige Binärbaumstruktur (Lösung 1.65 (a))

Betrachtet man nun `t1` als die Wurzel eines Binärbaumes, so gibt es von dieser Wurzel aus einen *unendlichen* Pfad im Baum (bei abwechselnder

Wahl des rechten und des linken Nachfolgers). Eine Rechenvorschrift, die versucht, diesen Baum vollständig zu durchlaufen, kann nicht terminieren. Analoges gilt für t2.

(b) Das Geflecht, das von einem Objekt der Klasse Tree aus erreichbar ist, repräsentiert genau dann einen Baum, wenn für jeden erreichbaren Knoten *der Pfad von der Wurzel zu diesem Knoten eindeutig* ist.

Dies schließt zyklische Geflechte wie in Teilaufgabe (a) aus, bei denen manche Knoten auf unendlich vielen Pfaden erreichbar sind. Es gibt aber auch zyklenfreie Geflechtsstrukturen zur Klasse Tree, die dennoch keine echten Bäume sind und deshalb von der obigen Definition ebenfalls ausgeschlossen werden. Ein Beispiel ist das Geflecht aus Abb. L1.8.

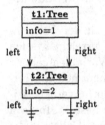

Abb. L1.8. Gerichteter azyklischer Graph (Lösung 1.65 (b))

Solche Strukturen werden *gerichtete azyklische Graphen* (DAGs) genannt.

L1.9 Objektorientierte Programmierung

Lösung 1.67. Sichtbarkeit in Java

(a) Als Ergebnis entsteht folgendes Programm mit vier privaten Attributen:

```
class B {
    private A attr1, attr2, attr3, attr4;

    public A getAttr1() { return attr1; }
    public void setAttr1(A x) { attr1 = x; }

    protected A getAttr2() { return attr2; }
    protected void setAttr2(A x) { attr2 = x; }

    A getAttr4() { return attr4; }
    void setAttr4(A x) { attr4 = x; }
}
```

Sowohl Attribute als auch Methoden können mit den Schlüsselwörtern public, protected und private markiert werden, um die Zugreifbarkeit von außen zu regulieren. public erlaubt freien Zugriff von allen anderen

Klassen. private ist das genaue Gegenstück, es erlaubt nur den Zugriff innerhalb der eigenen Klasse. private ist damit der am stärksten wirkende Zugriffsschutz. Aus diesem Grunde sind für das Attribut attr3 keine zusätzlichen Methoden notwendig. Das Schlüsselwort protected erlaubt den Zugriff auf ein Attribut oder eine Methode von allen Subklassen sowie für alle Klassen innerhalb desselben Pakets (package). Dabei wird von der Annahme ausgegangen, daß Klassen innerhalb desselben Pakets im Verantwortungsbereich derselben Entwicklergruppe liegen, und diese Entwickler durchaus wissen, was es bedeutet auf ein Attribut lesend oder schreibend zuzugreifen. Wird keines der drei Schlüsselwörter explizit angegeben, so gilt ein sogenannter Default-Sichtbarkeitsbereich „package access" genannt. In diesem Fall ist der Zugriff für alle Klassen desselben Pakets erlaubt. Der Default-Sichtbarkeitsbereich ist dementsprechend strenger als protected aber weniger restriktiv als private.

Dem direkten Zugriff auf Attribute einer fremden Klasse ist normalerweise ein indirekter Zugriff durch Methoden vorzuziehen. Für die beiden primären Zugriffsarten, Lesen und Schreiben werden deshalb standardmäßig zwei Methoden angeboten: sogenannte get- und set-Methoden. Diese haben standardmäßig die oben gezeigte Funktionalität. Wird es jedoch notwendig, in einer Subklasse sicher zu stellen, daß bei Veränderung eines Attributs ein weiteres Attribut mitverändert wird, so kann durch Überschreiben der genannten Methoden in einer Subklasse die Konsistenz der Attribute sichergestellt werden. Dies kann erfolgen, ohne daß anderer Code, der auf indirekte Weise auf diese Attribute zugreift, modifiziert werden muß. Bei direktem Attributzugriff müssten die zugreifenden Klassen ebenfalls modifiziert werden. Eine dahingehende Erweiterung des Systems wäre also wesentlich weniger lokal als es durch den indirekten Attributzugriff möglich ist. Des weiteren kann mit Hilfe des Schlüsselworts synchronized, das in späteren Aufgaben noch intensiver eingesetzt wird, eine Synchronisierung des Datenzugriffs in nebenläufigen Systemen erfolgen.

(b) Ein readonly-Zugriff erlaubt allgemeines Lesen, aber nur private Modifikationen. Entsprechend wird das Attribut als private realisiert und nur eine public-Lesemethode angeboten:

```
private A attr;

public A getAttr() { return attr; }
```

(c) Entgegen anderslautender Meinungen bietet das Konzept protected in Java keinen Zugriffsschutz und kann deshalb auch die Datenintegrität gegen fremde Zugriffe nicht sichern. Dies zeigt das folgende Beispiel:

```
public class A {
  protected String name;
}
```

```
public class Benutzer extends A {
  public static void setName (A x, String s) {
    x.name=s;
  }
}
```

Eine von einem beliebigen Anwender erstellbare Benutzerklasse stellt damit eine öffentliche Methode zur Verfügung, die es erlaubt, in jedem A-Objekt dessen Namen zu ändern. Aus der Sicht der Datenintegrität ist also eine protected-Komponente in Java äquivalent zu einer public-Komponente.

Lösung 1.68. (F1.53) Java, Sorten

(a) Die Datenstruktur wird bottom-up entwickelt. Natürlich gibt es auch hier zahlreiche Alternativen zu der vorgeschlagenen Datenstruktur. Aufgrund der Vielfalt verwendbarer Konzepte in der objektorientierten Modellierung stehen sogar mehr Variationen als bei funktionalen oder prozeduralen Sprachen zur Verfügung.

Personennamen werden mehrfach benötigt. Daher werden Vor- und Nachname in einer eigenen Klasse zusammengefügt:

```
public class Name {
  private String _firstName;
  private String _lastName;
}
```

Datumsangaben werden ebenfalls als Klasse dargestellt. Dabei ist jedoch zu beachten, daß nicht jede Attributkombination ein korrektes Datum darstellt. Vielmehr ist eine Korrektheitsprüfung bei der Erstellung und der Änderung von Datumsangaben notwendig.

```
public class Date {
  private int _year;
  private int _month;
  private int _day;
}
```

Eine Adresse besteht unter anderem aus Straße, Hausnummer, Ort, Postleitzahl und Telefonnummer, die durch Strings repräsentiert werden. Auch Zahlen werden durch Strings repräsentiert, da sonst führende 0en, Leerzeichen, Bindestriche oder Hausnummern der Form 1b nicht dargestellt werden könnten:

```
public class Address {
  private String _street;
  private String _residence;
  private String _zipCode;
  private String _phoneNumber;
  private String _houseNumber;
}
```

Durch die generelle Verwendung von Zeichenketten beliebiger Länge entstehen eine Reihe von Kontextbedingungen. In Adresssystemen wird heute häufig eine Überprüfung der Korrektheit mit einer eigenen Datenbank oder zumindest ein Plausibilitätstest vorgenommen.

Für Geschlecht und Familienstand wären zwei Aufzählungssorten ideal. Da Java keine Aufzählungssorten kennt, kann nur eine Emulation einer Aufzählung durchgeführt werden. Für das Geschlecht werden zwei Integer-Konstanten eingeführt:

```
static public int MALE   = 1001;
static public int FEMALE = 1002;
```

Damit kann das Geschlecht als Attribut der Sorte int definiert werden. Für den Familienstand wird eine andere Variante gewählt. Da eine verheiratete Person weitere Merkmale besitzt, werden zunächst diese Merkmale in einer eigenen Klasse zusammengefasst:

```
public class MarriageData {
  private Date     _marriageDate;
  private Name     _name;
}
```

Ein Attribut dieser Klasse wird in der nachfolgend definierten Klasse Person angelegt. Ist dieses besetzt, so ist die Person verheiratet. Ist dieses mit dem Wert null belegt, so ist die Person unverheiratet. Um die Situation zu dokumentieren wird eine explizite Funktion zur Feststellung des Ehestatus definiert:

```
public class Person {
  // Enumeration fuer Geschlecht _sex
  static public int MALE   = 1001;
  static public int FEMALE = 1002;

  private Name            _name;
  private Address         _address;
  private Date            _birthday;
  private Date            _employmentDate;

  // Enumeration mit den Werten MALE, FEMALE
  private int             _sex;

  // Gehalt auf Euro genau
  private long            _salary;

  // null gdw. unverheiratet
  private MarriageData    _marriageData;

  public boolean isMarried() {
    return _marriageData != null;
  }
}
```

Übrigens wird in der Finanzwirtschaft grundsätzlich nicht mit Fließkommazahlen gearbeitet, wenn es um das Speichern und Verwalten von Geldbeträgen geht. Das Risiko von Rundungsfehlern ist zu hoch. Stattdessen wird häufig die maximale Zahl von Nachkommastellen festgelegt und dann der Wert so abgelegt, daß er als ganze Zahl gespeichert werden kann. Die tatsächliche Ablageform wird jedoch in einer eigenen Klasse gekapselt, die meist auch die Währung und Genauigkeit explizit speichern kann.

Zur Ergänzung der gegebenen Datenstruktur gehören natürlich eine Anzahl von Zugriffs- und Modifikationsfunktionen, wie sie in Aufgabe 1.67 ausführlicher besprochen wurden.

(b) Der Konstruktor belegt alle Attribute mit den angegebenen Parametern, bzw. mit Ersatzwerten, wenn keine Parameter gegeben sind. Der Konstruktor für unverheiratete Personen setzt Attribut _marriageData auf null:

```
public Person(
  Name            name,
  Address         address,
  Date            birthday,
  int             sex,
  Date            employmentDate,
  long            salary
) {
  _name           = name;
  _address        = address;
  _birthday       = birthday;
  _sex            = sex;
  _employmentDate = employmentDate;
  _salary         = salary;
  _marriageData   = null;
}
```

Ein weiterer Konstruktor kann für verheiratete Personen eingeführt werden.

(c) Die Methode hochzeit ergänzt die Information in einem Datensatz, die neu anfällt, wenn eine Person heiratet. Sie wird deshalb logischerweise bei der Klasse Person angesiedelt. Natürlich wird der Familienstand auf verheiratet gesetzt. Außerdem wird getestet, ob Bigamie vorliegt.

```
public void hochzeit(
  Date      marriageDate,
  Name      partner
) {
  if ( !isMarried() ) {
    _marriageData = new MarriageData( marriageDate, partner );
  } else {
    System.out.println("Bigamie von "+_name);
  }
}
```

(f) Die entwickelte Datenstruktur ist im Klassendiagramm in Abbildung L1.9 zu sehen.

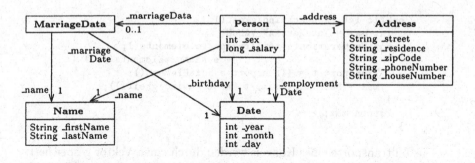

Abb. L1.9. Klassendiagramm für Personendaten (Lösung 1.68 (f))

Lösung 1.70. Vererbung, Java

(a) Abbildung L1.10 zeigt das Klassendiagramm der entstehenden Datenstruktur. Die abstrakte Klasse `Transport` beschreibt die gemeinsamen Funktionalitäten. Diese werden von den drei Subklassen geerbt und jeweils unterschiedlich implementiert.

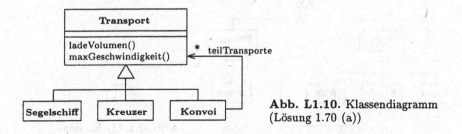

Abb. L1.10. Klassendiagramm (Lösung 1.70 (a))

Die gewählte Implementierung entspricht dem Entwurfsmuster *Composite*, das im Entwurfsmusterbuch [GHJV96] beschrieben ist. Von besonderem Interesse ist die Implementierung der beiden geforderten Methoden in der Subklasse `Konvoi`:

```
Vector teilTransporte = new Vector();

public int ladeVolumen() {
    int volumen = 0;
    for(Enumeration e=teilTransporte.elements();
                        e.hasMoreElements(); ) {
        Transport t = (Transport)e.nextElement();
        volumen += t.ladeVolumen();
```

```
    }
    return volumen;
}

public int maxGeschwindigkeit() {
    int max = Integer.MAX_VALUE;
    for(Enumeration e=teilTransporte.elements();
                              e.hasMoreElements(); ) {
        Transport t = (Transport)e.nextElement();
        max = Math.min( max, t.maxGeschwindigkeit());
    }
    return max;
}
```

Die Teiltransporte eines Konvois werden durch einen Vektor gespeichert. Während die beiden implementierten Methoden bei Segelschiffen und Kreuzern einen einfachen Attributwert auslesen und übergeben, wird beim Konvoi in einer Schleife die jeweilige Methode jedes Teiltransports aufgerufen. Dazu dient die for-Schleife über ein temporäres Objekt der Klasse Enumeration. Die dadurch entstandene Datenstruktur erlaubt die hierarchische Zusammenstellung von Konvois beliebig geschachtelter Tiefe.

(b) Die Klassifikation der Gattungsbegriffe ist in Abbildung L1.11 zu sehen.

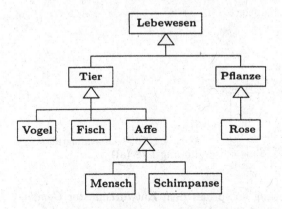

Abb. L1.11. Klassendiagramm (Lösung 1.70 (b))

Das Klassendiagramm zeigt, daß nicht notwendigerweise mehrere Subklassen zu einer Superklasse definiert werden müssen. Im definierten System spielt nur die Pflanzengattung Rose eine Rolle, weshalb sie die einzige Subklasse von Pflanze ist. Während die Entwicklung von Klassenhierarchien in diesem Beispiel relativ klar vorgegeben ist, kann es in anderen Fällen durchaus sein, daß unterschiedliche Klassenhierarchien zur Auswahl stehen. Die Wahl der Klassenhierarchie hängt stark vom Verwendungszweck und den einer Klasse und den Subklassen zugeordneten Eigenschaften ab. Ist es z.B. eine inhärente Eigenschaft aller Objekte der

Klasse Vogel zu fliegen, so können Pinguine keine Vögel sein. Alternativen, die dieses Dilemma beheben, sind:

– Eigenschaften dürfen in Subklassen explizit ungültig gemacht werden. Das kann durch Überschreiben von Methoden geschehen.

– Pinguin ist tatsächlich keine Subklasse von Vogel (obwohl dies in diesem speziellen Beispiel sehr unintuitiv wäre).

– Es wird neben der Klasse Pinguin eine Subklasse FliegenderVogel eingeführt und die Eigenschaft der Flugfähigkeit nur dieser Subklasse zugeordnet.

– Es wird definiert, daß Pinguine fliegen können, jedoch eine Fluglänge von nur wenigen cm haben.

Lösung 1.71. Vererbung, Java

Das Vertrackte an der Nachverfolgung der Aufrufhierarchie bei Vererbungshierarchien mit Redefinition von Methoden in Subklassen ist der abwechselnde Aufruf von Methoden aus Sub- und Superklassen. Die Methode einer Subklasse kann die ihr explizit bekannten und von der Superklasse geerbten Methoden aufrufen. Eine in der Subklasse redefinierte Methode kann mit Hilfe des Schlüsselworts super die ursprüngliche Methode aus der Superklasse aufrufen. Superklassen-Methoden können aufgrund der dynamischen Bindung die in Subklassen redefinierten Methoden aufrufen, ohne explizite Kenntnis darüber zu besitzen. Eine Subklasse kann daher der Superklasse modifizierten Code quasi „unterjubeln" und damit die Superklasse anpassen, ohne daß diese direkt zu modifizieren ist.

Am vorgestellten Beispiel ist zu sehen, daß die Nachverfolgung einer Aufruf Reihenfolge sehr schnell, sehr kompliziert werden kann, wenn Methoden in Subklassen redefiniert werden. Am besten sind also solche Situationen zu vermeiden. Ist es jedoch unvermeidbar, dann helfen Traces, die dadurch entstehen, daß an signifikanten Stellen im Quellcode Ausgaben gemacht werden. Der folgende Trace zeigt, welche Methode mit welchem Argument in welcher Einrückungstiefe aufgerufen wird:

```
C.bar(2)
.B.foo(4)
..C.bar(4)
...B.foo(8)
....A.foo(8)
..C.foo(15)
...C.bar(17)
....B.foo(34)
.....A.foo(34)
**** C.bar(2) = 66
```

Das gesuchte Ergebnis ist 66.

Lösung 1.72. (P) Vergleiche in Java

(a) Die beiden Variablen a und b enthalten Referenzen auf zwei unterschiedliche Objekte mit demselben Inhalt. Weil == Referenzen vergleicht, ist
der erste Vergleich a==b falsch. Die beiden anderen Vergleiche liefern
hingegen das Ergebnis true.
Interessanterweise ist in folgendem Codestück der Vergleich a==b bei den
meisten Übersetzern wahr.

```
String a = "te"+"xt";
String b = "text";
if( a==b )          System.out.println("a==b");
```

Das liegt daran, daß Übersetzer einen Optimierer nutzen, der Platz- und
Rechenzeit einsparen soll. Da "te"+"xt" ein konstanter Ausdruck ist,
wird dieser bereits beim Übersetzen ausgerechnet und als "text" abgelegt. Wird nun die nächste Zeile bearbeitet, so wird erkannt, daß die
Konstante "text" bereits existiert.s Beide Variablen erhalten die Referenz auf diesselbe Konstante. Die in der Vorgabe vorgenommene Zertei-
lung der Berechnung der Konstante über mehrere Anweisungen überlistet
Optimierer (noch).

(b) Die zu implementierende Vergleichsfunktion vergleicht alle drei Attribute
einzeln. Dabei wird auf dem String-Attribut wieder die inhaltliche Vergleichsfunktion equals verwendet. Auf Basis von Datentypen wie int
und boolean wird der Vergleich == verwendet, weil es sich hier um einfache Werte handelt, die keine Objektidentität besitzen.

```
boolean equals(Person p) {
   return(this.alter == p.alter &&
          this.mann == p.mann &&
          this.name.equals(p.name));
}
```

(c) Kann davon ausgegangen werden, daß bereits eine Teilmenge der Attribute ausreicht um die Eindeutigkeit eines Objekts sicherzustellen, so müssen
nur diese Attribute untersucht werden. Im vorliegenden Fall reicht der
Vergleich des Attributs personalNummer.

```
boolean equals(Person p) {
   return(this.personalNummer == p.personalNummer);
}
```

Lösung 1.74. (P) Testen in Java, JUnit, Sortieren
Die Musterlösung in $INFO/L1.74 enthält alle gewünschten Tests.

Lösung 1.75. (P) Testen in Java
Eine kompakte Sammlung von Tests, die exakt die Fehler in den Betriebsmodi
0..9 demonstrieren ist in $INFO/L1.75 zu finden. Das Auffinden der Fehler
in den übrigen Betriebsmodi 10...19 bleibt dem Leser überlassen.

L2. Lösungen zu Teil II: Rechnerstrukturen und maschinennahe Programmierung

L2.1 Codierung und Informationstheorie

Lösung 2.1. Hammingabstand

(a) *Fehlerklasse A*: Für Kontonummern x sei $d(x) \in Dez$ die Dezimalzahldarstellung von x und $Q(d(x))$ die Quersumme von $d(x)$. Nummernvergabe: Man vergibt ausschließlich Kontonummern x, so daß $Q(d(x))$ durch 10 teilbar ist.
Sei nun

$$d = d(x) = \langle d_1 \ldots d_n \rangle \text{ mit } d_i \in \{0, \ldots, 9\}.$$

Falls d_k zu $z \in \{0, \ldots, 9\}$ geändert wird, ändert sich d zu

$$dz = \langle d_1 \ldots d_{k-1} \, z \, d_{k+1} \ldots d_n \rangle.$$

Es gilt

$$Q(dz) = Q(d) + (z - d_k).$$

Da $0 < |z - d_k| < 10$, ist $Q(dz)$ nicht durch 10 teilbar.
Will man n-dezimalstellige Kontonummern x sichern, so fügt man eine $(n + 1)$te Dezimalstelle mit der Dezimalziffer p hinzu mit

$$p = d(10 - Q(d(x)) mod 10).$$

Fehlerklasse B: Für Worte $x = x_1 \ldots x_n$ über geordneten Alphabeten gibt die Zahl der Inversionen $i(x)$ an, wie oft Paare (x_i, x_j) in x vorkommen, so daß $x_i < x_j$ gilt und x_i in x rechts von x_j steht. Nummernvergabe: Man vergibt nur Nummern mit einer geraden Anzahl von Inversionen bezüglich des Alphabets der Ziffern von 0 bis 9.
Einfache Vertauschungsfehler benachbarter Ziffern sind nun erkennbar, da sich die Zahl der Inversionen in diesem Fall um 1 ändert.
Es gibt natürlich eine Fülle weiterer Techniken, mit denen Fehler der Klasse A bzw. B erkannt werden können.

(b) Die Funktion $c(x)$ existiert, da die Menge der natürlichen Zahlen, für die das Minimum gebildet werden muß, stets nichtleer ist (genügend große Zahlen, die die Bedingung erfüllen, sind leicht zu finden) und darüber

Tab. L2.1. Die ersten 13 Kontonummern (Lösung 2.1 (b))

c(1)	=	111,
c(2)	=	222,
c(3)	=	333,
c(4)	=	444,
	...	
c(9)	=	999,
c(10)	=	1012,
c(11)	=	1103,
c(12)	=	1230,
c(13)	=	1321.

hinaus jede nichtleere Menge von natürlichen Zahlen ein Minimum besitzt. In Tabelle L2.1 sind die ersten 13 Kontonummern berechnet.
Diskussion: $d(c(x))$ ist eine Codierung der natürlichen Zahlen mit Hammingabstand 3, da stets $H(d(c(x)), d(c(y))) \geq 3$ für $x \neq y$ und außerdem beispielsweise $H(c(0), c(1)) = 3$ gilt. Codes mit Hammingabstand 3 sind korrigierbar für Fehlerklasse A.

Lösung 2.2. Codebaum, Entropie

(a) Eine Darstellung des Codebaums findet sich in Abb. L2.1.

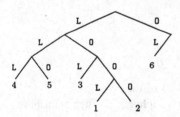

Abb. L2.1. Codebaum (Lösung 2.2 (a))

(b) Die Entropie H ist definiert durch:

$$H = \sum_{z=1}^{6} p_z * ld(1/p_z)$$

Zur Berechnung sind folgende Zahlenwerte nützlich:

$ld(2) = 1, \quad ld(3) = 1.585,$

außerdem sollte man sich das Gesetz in Erinnerung rufen:

$ld(x * y) = ld(x) + ld(y).$

Damit:

$ld(\frac{1}{9}) = ld(9) = ld(3) + ld(3) = 3.17.$

Analog: $ld(6) = 2.585$. Die Entropie ist nun:

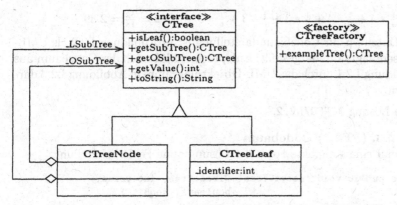

Abb. L2.2. Codebaumstruktur als Klassendiagramm (Lösung 2.2 (d))

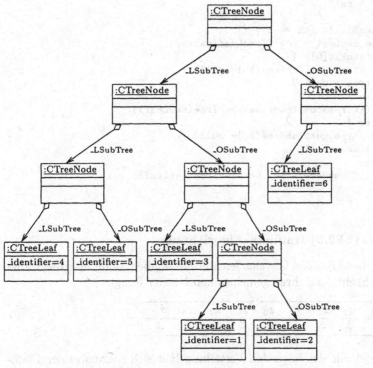

Abb. L2.3. Codebaumbeispiel als Objektdiagramm (Lösung 2.2 (d))

$$H = 3 * (\tfrac{1}{9} * 3.17) + 2 * (\tfrac{1}{6}) * 2.585 + \tfrac{1}{3} * 1.585 = 2.45.$$

(c) Die mittlere Wortlänge L ist definiert durch:

$$L = \sum_{z=1}^{6} p_z * |c(z)|$$

Es ergibt sich hier:

$$L = \tfrac{1}{9} * 4 + \tfrac{1}{9} * 4 + \tfrac{1}{9} * 3 + \tfrac{1}{6} * 3 + \tfrac{1}{6} * 3 + \tfrac{1}{3} * 2 = \tfrac{52}{18} = 2.89$$

(d) Der Datentyp zur Codebaumdarstellung ist in Abbildung L2.2 als UML-Klassendiagramm dargestellt. Entsprechend läßt sich der Codebaum aus Abbildung L2.1 durch das UML-Objektdiagramm in Abbildung L2.3 darstellen.

(e) Siehe Lösung $INFO/L2.2.

Lösung 2.3. (PF2.2) Codebaum
Nachfolgend eine kompakte Form der Lösung ohne Fehlerbehandlung:

```
static public void insertCTree( CTree tree, int value,
                                boolean[] seqBit )
{
  if (tree.isLeaf() || seqBit.length == 0)
    tree = null;
  else
  if ( seqBit.length == 1 ) {
    CTree newLeaf = new CTreeLeaf(value);
    if (!seqBit[0]) {
      if (tree.getLSubTree() != null)
        tree = null;
      else
        ((CTreeNode)tree).setLSubTree(newLeaf);
    } else {
      if (tree.getOSubTree() != null)
        tree = null;
      else
        ((CTreeNode)tree).setOSubTree(newLeaf);
    }
  }
}
```

Lösung 2.4. (EF2.3) Huffman-Algorithmus

(a) Das gegebene Beispiel läßt sich leichter handhaben, wenn man die Wahrscheinlichkeiten auf ihren gemeinsamen Nenner bringt.

z	x_1	x_2	x_3	x_4	x_5	x_6	x_7	x_8	x_9
p_z	$\tfrac{2}{72}$	$\tfrac{3}{72}$	$\tfrac{4}{72}$	$\tfrac{6}{72}$	$\tfrac{8}{72}$	$\tfrac{9}{72}$	$\tfrac{10}{72}$	$\tfrac{12}{72}$	$\tfrac{18}{72}$

Beginnend mit der folgenden Verteilung läßt sich sukzessive der Codebaum aufbauen, siehe Abb. L2.4. Die Knoten sind dabei mit dem Gewicht markiert, das aus der Wahrscheinlichkeitsverteilung ohne Nenner entsteht. Initial sind folgende neun Zeichen gegeben:

x_1	x_2	x_3	x_4	x_5	x_6	x_7	x_8	x_9
2	3	4	6	8	9	10	12	18

Die sich ergebende Codierung steht in Tabelle L2.2.

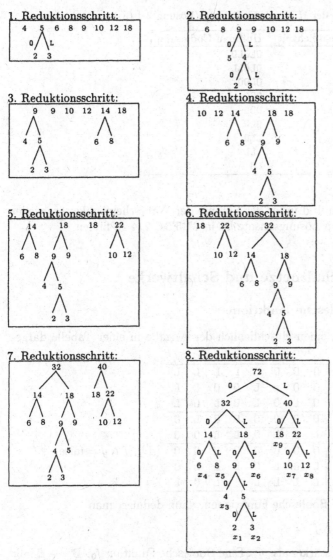

Abb. L2.4. Sukzessiver Aufbau des Codebaums (Lösung 2.4 (a))

(b) Programmidee: Das Programm baut im wesentlichen auf zwei Datenstrukturen auf: Codebäume mit Verzweigungen für 0 und L (repräsentiert durch die Booleschen Werte `false` und `true`) und Informationen an den Blättern und Sequenzen von Codebäumen, die zusätzlich die Wahrscheinlichkeiten für jeden Codebaum halten. Diese Sequenzen sind aufsteigend nach Wahrscheinlichkeiten sortiert. Ein Reduktionsschritt besteht also darin, die ersten zwei Elemente der Sequenz zu einem neuen Codebaum

Tab. L2.2. Ergebnis der Huffman-Codierung (Lösung 2.4 (a))

Zeichen	Wahrscheinlichkeit	Huffman-Codierung
x_1:	$\frac{2}{72}$	OLOLO
x_2:	$\frac{3}{72}$	OLOLL
x_3:	$\frac{4}{72}$	OLOO
x_4:	$\frac{6}{72}$	OOO
x_5:	$\frac{8}{72}$	OOL
x_6:	$\frac{9}{72}$	OLL
x_7:	$\frac{10}{72}$	LLO
x_8:	$\frac{12}{72}$	LLL
x_9:	$\frac{18}{72}$	LO

zu verschmelzen und unter der Summe der Wahrscheinlichkeiten wieder einzuordnen. Ein Lösungsansatz ist in $INFO/L2.4 zu finden.

L2.2 Binäre Schaltnetze und Schaltwerke

Lösung 2.5. Boolesche Funktionen

(a) Die Lösungen können einschließlich der Angabe in einer Tabelle darge-stellt werden:

x	0	0	0	0	L	L	L	L	
y	0	0	L	L	0	0	L	L	
z	0	L	0	L	0	L	0	L	
$f(x,y,z)$	0	0	0	0	0	0	L	0	
$g(x,y,z)$	L	0	L	0	L	L	0	0	
$(f \wedge g)(x,y,z)$	0	0	0	0	0	0	0	0	(d.h. $f \wedge g$ = false)
$(f \vee g)(x,y,z)$	L	0	L	0	L	L	L	0	
$(\neg f)(x,y,z)$	L	L	L	L	L	L	0	L	

(b) Sind f_1, f_2 zwei Boolesche Funktionen, dann definiert man

$$f_1 \geq f_2 =_{\text{def}} f_1 \wedge f_2 = f_1$$

und sagt „f_1 ist stärker als f_2". Eine Boolesche Funktion $f_0\colon \mathbb{B}^n \to \mathbb{B}$ läßt sich auch als *Prädikat* oder als *Bedingung* über $\mathbb{B}^n$ deuten: „x erfüllt f_0" genau dann, wenn $f_0(x) = $ L. Insbesondere ist $f_1\colon \mathbb{B}^n \to \mathbb{B}$ eine stärkere Bedingung an $\mathbb{B}^n$ als $f_2\colon \mathbb{B}^n \to \mathbb{B}$, wenn alle x, die f_1 erfüllen, auch f_2 erfüllen.

Weil $f \wedge g$ = false ist, aber weder f noch g false sind, gilt keine der beiden Aussagen $f \geq g$ und $g \geq f$. Dies zeigt, daß die Ordnung $\geq$ im allgemeinen nicht *linear* ist.

Für $g \geq \neg f$ erhält man:

x	0	0	0	0	L	L	L	L
y	0	0	L	L	0	0	L	L
z	0	L	0	L	0	L	0	L
$(\neg f)(x,y,z)$	L	L	L	L	L	L	O	L
$g(x,y,z)$	L	O	L	O	L	L	O	O
$(\neg f \wedge g)(x,y,z)$	L	O	L	O	L	L	O	O

(d.h. $\neg f \wedge g = g$)

Also stellt $g \geq \neg f$ eine gültige Aussage dar.

Lösung 2.6. Boolesche Terme

(a) Für $t_1 =_{\text{def}} x \Rightarrow (y \Rightarrow z)$ und $t_2 =_{\text{def}} (x \Rightarrow y) \wedge (\neg x \Rightarrow z)$ lauten die Wahrheitstafeln, die wir aufgrund der Horizontaldarstellung in eine einzige Tabelle zusammenfassen können, wie folgt:

x	0	0	0	0	L	L	L	L
y	0	0	L	L	0	0	L	L
z	0	L	0	L	0	L	0	L
$y \Rightarrow z$	L	L	O	L	L	L	O	L
t_1	L	L	L	L	L	L	O	L
$x \Rightarrow y$	L	L	L	L	O	O	L	L
$\neg x \Rightarrow z$	O	L	O	L	L	L	L	L
t_2	O	L	O	L	O	O	L	L

(b) Versteht man $=$ als semantische Äquivalenz Boolescher Terme, dann erhält man unmittelbar aus der vorstehenden Tabelle:

$$t_1 = (\neg x \wedge \neg y \wedge \neg z) \vee (\neg x \wedge \neg y \wedge z) \vee (\neg x \wedge y \wedge \neg z) \vee (\neg x \wedge y \wedge z)$$
$$\vee (x \wedge \neg y \wedge \neg z) \vee (x \wedge \neg y \wedge z) \vee (x \wedge y \wedge z)$$
$$t_2 = (\neg x \wedge \neg y \wedge z) \vee (\neg x \wedge y \wedge z) \vee (x \wedge y \wedge \neg z) \vee (x \wedge y \wedge z)$$

(c) i) Aus der Tabelle zu t_1 kann man ablesen, daß $t_1 = \neg(x \wedge y \wedge \neg z)$ gilt, woraus sich mit dem Gesetz von de Morgan gerade $t_1 = \neg x \vee \neg y \vee z$ ergibt. Für den geforderten algebraischen Beweis wird die Definition von $\Rightarrow$ eingesetzt, um sofort die vereinfachte DNF zu erhalten:
$$x \Rightarrow (y \Rightarrow z) = \neg x \vee (\neg y \vee z)$$

 ii) Zur Vereinfachung der DNF von t_2 betrachtet man zunächst die Glieder untereinander aufgereiht:
$$(\neg x \wedge \neg y \wedge\ z\ )$$
$$\vee\ (\neg x \wedge\ y \wedge\ z\ )$$
$$\vee\ (\ x \wedge\ y \wedge \neg z\ )$$
$$\vee\ (\ x \wedge\ y \wedge\ z\ )$$

Wegen dem Neutralitäts- und dem Distributivitätsgesetz können die ersten beiden und die letzten beiden Zeilen komprimiert werden. Es ergibt sich $t_2 = (x \wedge y) \vee (\neg x \wedge z)$.
Der geforderte algebraische Beweis lautet dazu wie folgt:

$$(x \Rightarrow y) \wedge (\neg x \Rightarrow z)$$

$$
\begin{aligned}
&= (\neg x \vee y) \wedge (x \vee z) && \{\text{ Def. von } \Rightarrow, \text{ Involution }\} \\
&= (\neg x \wedge z) \vee (x \wedge y) \vee (y \wedge z) && \{\text{ Ausmultiplizieren}\\
& && = \text{Distr.+Assoz.+Komm.}\} \\
&= (\neg x \wedge z) \vee (x \wedge y) && \{\text{ Aufblähen von } (y \wedge z)\\
& \quad \vee (\neg x \wedge y \wedge z) \vee (x \wedge y \wedge z) && = \text{Neutr.+Distr.+A.+K.}\} \\
&= (\neg x \wedge z) \vee (x \wedge y) && \{\text{ Absorption (+A.+K.)}\}
\end{aligned}
$$

(d) Für die Konstruktion möglichst einfacher Schaltnetze läßt sich die vereinfachte DNF oder deren Negat verwenden. (Zum Beispiel kommt
$\neg(x \wedge y \wedge z)$ mit weniger Gattern aus als $\neg x \vee \neg y \vee \neg z$, nämlich um
zwei NOT-Gatter weniger.)
t_1 wird dann etwa mit einem Schaltnetz für $\neg x \vee (\neg y \vee z)$ dargestellt,
während t_2 mit einem Schaltnetz für $(x \wedge y) \vee (\neg x \wedge z)$ symbolisiert werden
kann. Siehe Abb. L2.5.

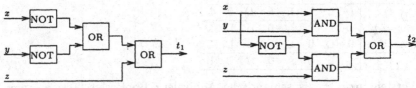

Abb. L2.5. Schaltnetze für t_1 und t_2 (Lösung 2.6 (d))

(e) Um ein Schaltnetz bestehend lediglich aus NAND-Gattern zu erhalten,
wendet man geschickt die folgenden Regeln auf die vereinfachte DNF an,
die sich aus der Definition von *nand* und den Gesetzen der Booleschen
Algebra ergeben:

$$\neg(x \wedge y) = nand(x, y) \qquad x \vee y = nand(\neg x, \neg y) \qquad \neg x = nand(x, x)$$

Nach der letzten Regel sind NOT-Gatter durch NAND-Gatter symboli-
sierbar, bei denen die beiden Eingänge dasselbe Bit enthalten. Deshalb
kann für die Ermittlung des Netzes ein Term benutzt werden, der abgesehen von Anwendungen der *nand*-Funktion auch Negationen enthält.
Für den ersten Term ergibt sich

$$t_1 = \neg x \vee \neg y \vee z = nand(x, y) \vee z = nand(\neg nand(x, y), \neg z)$$

und für den zweiten Term

$$t_2 = (x \wedge y) \vee (\neg x \wedge z) = nand(nand(x, y), nand(\neg x, z)).$$

Demnach ergeben sich die Schaltnetze aus Abb. L2.6.

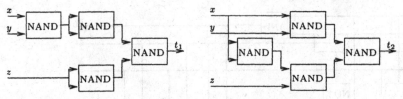

Abb. L2.6. NAND-Schaltnetze für t_1 und t_2 (Lösung 2.6 (e))

Lösung 2.7. Halbaddierer, Volladdierer

(a) HA^2: 2-stelliger Halbaddierer

a_0	0	0	0	0	0	0	0	0	L	L	L	L	L	L	L	L
a_1	0	0	0	0	L	L	L	L	0	0	0	0	L	L	L	L
b_0	0	0	L	L	0	0	L	L	0	0	L	L	0	0	L	L
b_1	0	L	0	L	0	L	0	L	0	L	0	L	0	L	0	L
s_0	0	0	L	L	0	0	L	L	L	L	0	0	L	L	0	0
s_1	0	L	0	L	L	0	L	0	0	L	L	0	L	0	0	L
$\ddot{u}_1$	0	0	0	0	0	L	0	L	0	0	0	L	0	L	L	L

(b) Vollständige DNF für s_0:

$$s_0 = (\neg a_0 \wedge \neg a_1 \wedge b_0 \wedge \neg b_1) \quad \vee \quad (a_0 \wedge \neg a_1 \wedge \neg b_0 \wedge \neg b_1) \vee$$
$$(\neg a_0 \wedge \neg a_1 \wedge b_0 \wedge b_1) \quad \vee \quad (a_0 \wedge \neg a_1 \wedge \neg b_0 \wedge b_1) \vee$$
$$(\neg a_0 \wedge a_1 \wedge b_0 \wedge \neg b_1) \quad \vee \quad (a_0 \wedge a_1 \wedge \neg b_0 \wedge \neg b_1) \vee$$
$$(\neg a_0 \wedge a_1 \wedge b_0 \wedge b_1) \quad \vee \quad (a_0 \wedge a_1 \wedge \neg b_0 \wedge b_1)$$

Durch Umformung erhält man $s_0 = (\neg a_0 \wedge b_0) \vee (a_0 \wedge \neg b_0)$.
Vollständige DNF für s_1:

$$s_1 = (\neg a_0 \wedge \neg a_1 \wedge \neg b_0 \wedge b_1) \quad \vee \quad (\neg a_0 \wedge \neg a_1 \wedge b_0 \wedge b_1) \vee$$
$$(\neg a_0 \wedge a_1 \wedge \neg b_0 \wedge \neg b_1) \quad \vee \quad (\neg a_0 \wedge a_1 \wedge b_0 \wedge \neg b_1) \vee$$
$$(a_0 \wedge \neg a_1 \wedge \neg b_0 \wedge b_1) \quad \vee \quad (a_0 \wedge a_1 \wedge \neg b_0 \wedge \neg b_1) \vee$$
$$(a_0 \wedge \neg a_1 \wedge b_0 \wedge \neg b_1) \quad \vee \quad (a_0 \wedge a_1 \wedge b_0 \wedge b_1)$$

Vollständige DNF für $\ddot{u}_1$:

$$\ddot{u}_1 = (\neg a_0 \wedge a_1 \wedge \neg b_0 \wedge b_1) \quad \vee \quad (\neg a_0 \wedge a_1 \wedge b_0 \wedge b_1) \vee$$
$$(a_0 \wedge a_1 \wedge \neg b_0 \wedge b_1) \quad \vee \quad (a_0 \wedge a_1 \wedge b_0 \wedge b_1) \vee$$
$$(a_0 \wedge \neg a_1 \wedge b_0 \wedge b_1) \quad \vee \quad (a_0 \wedge a_1 \wedge b_0 \wedge \neg b_1)$$

Die ersten 4 geklammerten $\wedge$-Terme in der $\vee$-Verknüpfung sind äquivalent mit

$$(a_1 \wedge b_1) \wedge [(\neg a_0 \wedge \neg b_0) \vee (\neg a_0 \wedge b_0) \vee (a_0 \wedge \neg b_0) \vee (a_0 \wedge b_0)]$$

Der Term in eckigen Klammern ist eine Tautologie, d.h., er ist stets wahr. Es folgt also

$$\ddot{u}_1 = (a_1 \wedge b_1) \vee (a_0 \wedge b_0 \wedge a_1) \vee (a_0 \wedge b_0 \wedge b_1)$$

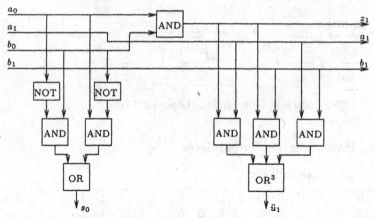

Abb. L2.7. Schaltnetze für s_0 und $\ddot{u}_1$ (Lösung 2.7 (b))

Nun lassen sich die Booleschen Terme für s_0 und $\ddot{u}_1$ in Schaltnetze gemäß Abb. L2.7 umsetzen.

Das Schaltnetz für s_1 könnte nun ebenfalls direkt konstruiert werden. Aus Vereinfachungsgründen benützen wir aber die Signale $z_1 = a_0 \wedge b_0$, a_1 und b_1.

Es gilt:

$$s_1 = (z_1 \wedge \neg a_1 \wedge \neg b_1) \vee (z_1 \wedge a_1 \wedge b_1) \vee$$
$$[\neg z_1 \wedge \neg a_1 \wedge b_1] \vee [\neg z_1 \wedge a_1 \wedge \neg b_1]$$

Siehe Abb. L2.8.

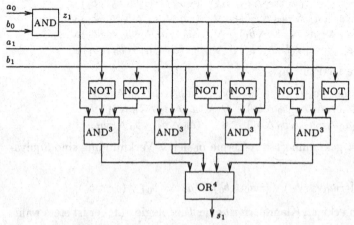

Abb. L2.8. Schaltnetz für s_1 (Lösung 2.7 (b))

(c) Wir setzen

$(s_0, s_1, \ddot{u}_1) \;=\; HA^2(a_0, a_1, b_0, b_1)$ und

$(v_0, v_1, \ddot{u}_2) \;=\; VA^2(a_0, a_1, b_0, b_1, \ddot{u}_0)$

mit

$w(v_0, v_1, \ddot{u}_2) = w(s_0, s_1, \ddot{u}_1) + w(\ddot{u}_0).$

Es gilt

$(v_0, v_1, h) = HA^2(s_0, s_1, \ddot{u}_0, O)$ und $\ddot{u}_2 = \ddot{u}_1 \vee (\ddot{u}_0 \wedge s_0 \wedge s_1).$

Daraus ergibt sich das Schaltnetz in Abb. L2.9.

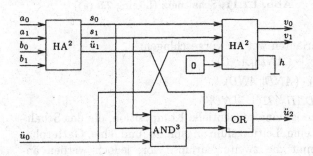

Abb. L2.9. 2-Bit-Volladdierer (Lösung 2.7 (c))

(d) Das Netz des 6-Bit-Addierers unter Verwendung von 2-Bit-Volladdierern ist in Abb. L2.10 angegeben.

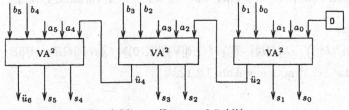

Abb. L2.10. 6-Bit-Addierer (Lösung 2.7 (d))

Lösung 2.8. Schaltnetze, Termdarstellung

(a)   i) Wir zeigen $w(x, y) = w(a, b) * w(c)$ durch eine Tabelle:

a	0	0	0	0	L	L	L	L	
b	0	0	L	L	0	0	L	L	
c	0	L	0	L	0	L	0	L	
$w(a,b)$	0	0	2	2	1	1	3	3	
x	0	0	0	0	0	L	0	L	
y	0	0	0	L	0	0	0	L	
$w(x,y)$	0	0	0	2	0	1	0	3	$= w(a,b) * w(c)$

ii) Aus der Tabelle lassen sich folgende Beziehungen entnehmen:
$x = (a \wedge \neg b \wedge c) \vee (a \wedge b \wedge c), \quad y = (\neg a \wedge b \wedge c) \vee (a \wedge b \wedge c)$.
Die zwei Beziehungen können jeweils komprimiert werden zu:
$x = a \wedge c, \quad y = b \wedge c$
Dies ergibt das Schaltnetz aus Abb. L2.11.

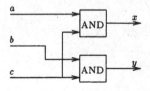

Abb. L2.11. Schaltnetz (Lösung 2.8 (a))

iii) Folgende drei Varianten werden vorgeschlagen:
- $[\Pi_1^3, \Pi_3^3, \Pi_2^3, \Pi_3^3] \cdot (AND\|AND)$
- $(I_2\|V) \cdot (I\|P\|I) \cdot (AND\|AND)$
- $[[\Pi_1^3, \Pi_3^3] \cdot AND, [\Pi_2^3, \Pi_3^3] \cdot AND]$

Die erste Variante ist eine sequentielle Komposition, die das Schaltnetz aufteilt in eine Leitungsführungsphase und eine Gatterphase. Dasselbe nimmt die zweite Variante vor, jedoch werden anstelle eines Tupelings von Projektionen der Verzweigungsoperator V: $\mathbb{B} \to \mathbb{B}^2, V(a) = (a, a)$ und der Permutationsoperator P: $\mathbb{B}^2 \to \mathbb{B}^2, P(a, b) = (b, a)$ für die Leitungsführung verwendet. Die dritte und letzte Variante stellt das Schaltnetz als ein einziges Tupeling dar, dessen Komponenten aber wie bei der ersten Variante gebildet werden.

(b) Für den Term

$$(((NOT\|([(AND\|I) \cdot OR, \Pi_2^3] \cdot P)) \cdot (OR\|V))\|K(0)) \cdot (AND\|OR) \cdot (U\|I)$$

ergibt sich das Schaltnetz aus Abb. L2.12.

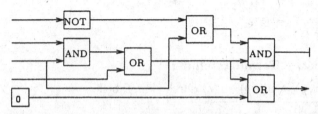

Abb. L2.12. Schaltnetz (Lösung 2.8 (b))

Aus dem Schaltnetz ist folgende vereinfachte Variante der Termdarstellung nach dem Weglassen redundanter Elemente erkennbar:

$(AND\|I) \cdot OR$.

Lösung 2.9. Halbsubtrahierer, Vollsubtrahierer

(a) Gilt $HS(a, b) = (d, ü)$, so ist $d = (\neg a \wedge b) \vee (a \wedge \neg b)$ und $ü = (\neg a \wedge b)$. Als Schaltnetz ergibt sich Abb. L2.13.

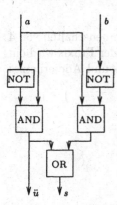

Abb. L2.13. Schaltnetz für Halbsubtrahierer (Lösung 2.9 (a))

(b) Für den Halbsubtrahierer gilt:

$$HS(a, b) = (d, ü) \iff w(a) - w(b) = w(d) - 2 * w(ü).$$

Damit kann ein Schaltnetz für den Vollsubtrahierer systematisch hergeleitet werden: Die Definitionsgleichung für VS lautet

$$VS(a, b, ü) = (d, ü') \iff w(a) - w(b) - w(ü) = w(d) - 2 * w(ü') \quad (*)$$

Wir führen einen ersten Halbsubtrahierer ein, der $w(a) - w(b)$ berechnet. Für seine Ausgabe $(d_1, ü_1)$ gilt:

$$HS(a, b) = (d_1, ü_1) \iff w(a) - w(b) = w(d_1) - 2 * w(ü_1).$$

Die rechte Seite von $(*)$ ist also gleichwertig zu

$$w(d_1) - 2 * w(ü_1) - w(ü) = w(d) - 2 * w(ü').$$

Ein zweiter Halbsubtrahierer berechnet nun $w(d_1) - w(ü)$. Für seine Ausgabe $(d_2, ü_2)$ gilt:

$$HS(d_1, ü) = (d_2, ü_2) \iff w(d_1) - w(ü) = w(d_2) - 2 * w(ü_2).$$

Dies vereinfacht die rechte Seite von $(*)$ weiter zu

$$w(d_2) - 2 * w(ü_2) - 2 * w(ü_1) = w(d) - 2 * w(ü').$$

Falls $w(ü_1) = 1$, dann gilt $d_1 = L$, also gilt $ü_2 = 0$. Damit gilt $w(ü_2) + w(ü_1) \leq 1$, also läßt sich $w(ü_2) + w(ü_1)$ ersetzen durch $w(ü_2 \vee ü_1)$. D.h., wir können, um obige Gleichung zu erhalten, $d = d_2$ und $ü' = ü_2 \vee ü_1$ setzen.

Für den Vollsubtrahierer ergibt sich damit das Schaltnetz aus Abb. L2.14.

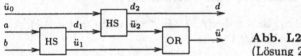

Abb. L2.14. Vollsubtrahierer
(Lösung 2.9 (b))

(c) Ein Subtrahiernetz für 4 Bits ergibt sich durch Zusammenschalten von 4 Vollsubtrahierern. Siehe Abb. L2.15. Anmerkung: In der Praxis wird ein Subtrahiernetz oft durch die Kopplung eines Negier- und Addiernetzes realisiert.

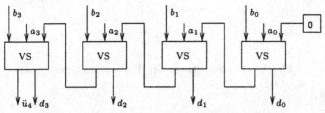

Abb. L2.15. 4-Bit Vollsubtrahierer (Lösung 2.9 (c))

Lösung 2.11. (*) Schaltnetze, Datenbus

(a) MX_2 ist in Abb. L2.16 angegeben.
(b) DMX_2 ist in Abb. L2.17 angegeben.
(c) Komposition von MX_2 und DMX_2 ist in Abb. L2.18 angegeben.
(d) Verallgemeinerung:
Für die n Eingangsbündel werden $\lceil ld\,n \rceil =_{\text{def}} N$ Steuerbits benötigt, für die m Ausgangsbündel $\lceil ld\,m \rceil =_{\text{def}} M$ Steuerbits. Dabei bezeichnet $\lceil x \rceil$ für eine reelle Zahl x die kleinste natürliche Zahl y mit $y \geq x$.
Das Schaltnetz wird aus einem Multiplexer MX_k, der aus den n k-fachen Eingangsbündeln in Abhängigkeit der N Eingangssteuerbits das i-te Bündel auswählt, und einem Demultiplexer DMX_k, der abhängig von den M Ausgangssteuerbits das k-fache Eingangsbündel auf das j-te k-fache Ausgangsbündel schaltet. Dabei wird das i-te bzw. j-te Bündel wieder genau dann ausgewählt, wenn die Binärzahldekodierung der entsprechenden Steuerbits den Wert i bzw. j hat.

Lösung 2.13. Schaltwerksfunktionen

(a)   i) Die folgenden funktionalen Gleichungen beschreiben f, sowie zwei Hilfsfunktionen $proj_1$ und $proj_2$, die alle die Funktionalität $(\mathbb{B}^2)^* \to \mathbb{B}^*$ haben:

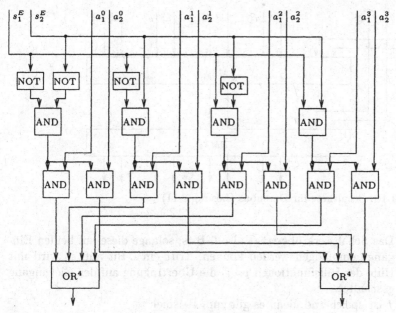

Abb. L2.16. Schaltnetz für Multiplexer MX_2 (Lösung 2.11)

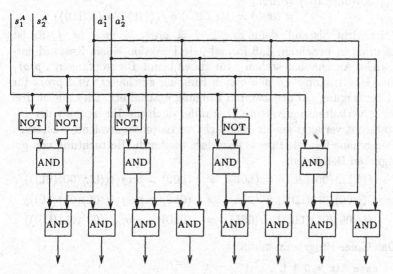

Abb. L2.17. Schaltnetz für Demultiplexer DMX_2 (Lösung 2.11)

$$
\begin{aligned}
f(\varepsilon) &= \varepsilon & proj_1(\varepsilon) &= \varepsilon \\
f(\langle 00 \rangle \& s) &= 0 \& f(s) & proj_1(\langle xy \rangle \& s) &= x \& proj_1(s) \\
f(\langle 0L \rangle \& s) &= 0 \& proj_1(s) \\
f(\langle L0 \rangle \& s) &= 0 \& proj_2(s) \\
f(\langle LL \rangle \& s) &= L \& proj_2(s) & proj_2(\varepsilon) &= \varepsilon \\
& & proj_2(\langle xy \rangle \& s) &= y \& proj_2(s)
\end{aligned}
$$

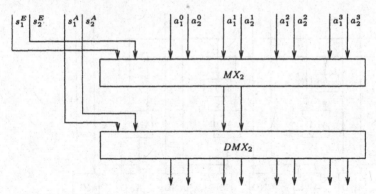

Abb. L2.18. Schaltnetz für Datenbus (Lösung 2.11)

Das Schaltwerk überträgt also O-Bits, solange diese auf beiden Eingänge empfangen werden können. Tritt ein L-Bit auf, so wird mit Hilfe der Hilfsfunktionen $proj_i$ die Übertragung auf den Zieleingang geschaltet.

ii) f ist speichernd, denn es gilt zum Beispiel:

$$f(\langle\langle 00\rangle\langle 0L\rangle\langle L0\rangle\rangle) = \langle 00L\rangle$$
$$\neq \langle 000\rangle = f(\langle\langle 00\rangle\rangle) \circ f(\langle\langle 0L\rangle\rangle) \circ f(\langle\langle L0\rangle\rangle)$$

iii) f ist nicht bistabil, denn es gilt $f \neq proj_1 \neq proj_2 \neq f$. Es ist nämlich zu beachten, daß formal jede Funktion einem Zustand entspricht. Anschaulich stehen f für „noch kein L-Bit empfangen", $proj_1$ für „Übertragung auf den ersten Eingang geschaltet" und $proj_2$ für „Übertragung auf den zweiten Eingang geschaltet". Dies macht drei nicht verhaltensäquivalente Zustände, doch die Eigenschaft der Bistabilität verlangt genau zwei nicht verhaltensäquivalente Zustände. Der genaue formale Beweis erfordert wieder die Betrachtung von geeigneten Beispielen:

$$f(\langle\langle LL\rangle\langle 00\rangle\langle 0L\rangle\rangle) = \langle L0L\rangle \quad \neq \quad \langle L00\rangle = proj_1(\langle\langle LL\rangle\langle 00\rangle\langle 0L\rangle\rangle)$$
$$proj_1(\langle\langle 00\rangle\langle 0L\rangle\langle L0\rangle\rangle) = \langle 00L\rangle \quad \neq \quad \langle 0L0\rangle = proj_2(\langle\langle 00\rangle\langle 0L\rangle\langle L0\rangle\rangle)$$
$$f(\langle\langle 00\rangle\langle 0L\rangle\langle L0\rangle\rangle) = \langle 00L\rangle \quad \neq \quad \langle 0L0\rangle = proj_2(\langle\langle 00\rangle\langle 0L\rangle\langle L0\rangle\rangle)$$

iv) Das Gofer-Programm lautet:

```
data Bit = 0 | L

proj1 :: [(Bit,Bit)] -> [Bit]
proj1 [] = []
proj1 ((x,y):s) = x:proj1 s
```

```
proj2 :: [(Bit,Bit)] -> [Bit]
proj2 [] = []
proj2 ((x,y):s) = y:proj2 s

f :: [(Bit,Bit)] -> [Bit]
f [] = []
f ((0,0):s) = 0:f s
f ((0,L):s) = 0:proj1 s
f ((L,0):s) = 0:proj2 s
f ((L,L):s) = L:proj2 s
```

(b) i) Die folgenden funktionalen Gleichungen beschreiben g, sowie zwei Hilfsfunktionen ϕ_0 und ϕ_L, die alle die Funktionalität $(\mathbb{B}^2)^* \to \mathbb{B}^*$ haben:

$$g(s) = \phi_0(s)$$

$$\phi_0(\varepsilon) = \varepsilon \qquad\qquad \phi_L(\varepsilon) = \varepsilon$$
$$\phi_0(\langle 0y\rangle \& s) = 0\&\phi_0(s) \qquad \phi_L(\langle 0y\rangle \& s) = L\&\phi_L(s)$$
$$\phi_0(\langle Ly\rangle \& s) = y\&\phi_y(s) \qquad \phi_L(\langle Ly\rangle \& s) = y\&\phi_y(s)$$

Die erste Gleichung spiegelt die Annahme wieder, der gespeicherte Wert des Ausgangs sei 0. Die Hilfsfunktionen beschreiben das Verhalten der Schaltwerksfunktion zum jeweils gespeicherten Ausgabewert. Die Form der funktionalen Gleichungen $y\&\phi_y(s)$ gibt die Speicherung des gerade ausgegebenen Bits wieder.

ii) g ist speichernd, denn es gilt zum Beispiel:
$$g(\langle\langle LL\rangle\langle 00\rangle\rangle) = \langle LL\rangle \neq \langle L0\rangle = g(\langle\langle LL\rangle\rangle) \circ g(\langle\langle 00\rangle\rangle)$$

iii) g ist bistabil. Die funktionalen Gleichungen ergeben bereits einen Zustandsautomaten mit zwei Zuständen. Die zwei Zustände sind nicht verhaltensäquivalent, denn sonst wäre g *nicht* speichernd (nur *ein* Zustand!).

iv) Analog Teilaufgabe (a).

Lösung 2.14. Zustandsautomat, RS-Flip-Flop

(a) Der Automat ist durch folgende Bestandteile gegeben:

Zustandsmenge $Z = \mathbb{B}^2$ (Inhalt von d_1, Inhalt von d_2)
Eingabemenge $E = \mathbb{B}^2$ (Belegung von r, Belegung von s)
Ausgabemenge $A = \mathbb{B}^2$ (Belegung von v_1, Belegung von v_2)
Übergangsfunktion $h : (\ \mathbb{B}^2 \ \times \ \mathbb{B}^2\ ) \to (\ \mathbb{B}^2 \ \times \ \mathbb{B}^2\ )$
$$\qquad\qquad\quad \uparrow \qquad \uparrow \qquad\quad \uparrow \qquad \uparrow$$
$$\qquad\qquad\quad E \qquad Z \qquad\quad A \qquad Z$$

h ist durch folgende Tabelle gegeben:

$d_1 d_2$ rs	00	OL	LO	LL
00	(00, LL)	(OL, OL)	(LO, LO)	(LL, 00)
OL	(00, OL)	(OL, OL)	(LO, 00)	(LL, 00)
LO	(00, LO)	(OL, 00)	(LO, LO)	(LL, 00)
LL	(00, 00)	(OL, 00)	(LO, 00)	(LL, 00)

(b) Beispiel: Aus dem Zustand 00 geht der Automat bei der Eingabe von OL in den Zustand OL über; wird die Eingabe OL im nächsten Takt beibehalten, so verbleibt der Automat im Zustand OL. Dies gilt für alle weiteren Takte, über die die Eingabe OL beibehalten wird. Damit ist bei Eingabe von OL im Ausgangszustand 00 bereits nach einem Takt ein stabiler Zustand erreicht.

Erfolgt dagegen im Zustand 00 die Eingabe 00, so wird der Zustand LL angenommen; bleibt die Eingabe im nächsten Takt gleich, dann erfolgt Übergang in den Zustand 00. Man erkennt, daß bei weiterer Eingabe von 00 immer abwechselnd die Zustände 00 und LL angenommen werden. Hier gibt es also keinen stabilen Zustand.

Analoge Überlegungen führen zu folgender Tabelle, in der zu jedem Anfangszustand und jeder Eingabe der stabile Zustand angegeben ist und nach wievielen Takten dieser erreicht wird; dabei bedeutet ∞, daß kein stabiler Zustand existiert.

$d_1 d_2$ rs	00	OL	LO	LL
00	∞	(OL), 0	(LO), 0	∞
OL	(OL), 1	(OL), 0	(OL), 2	(OL), 2
LO	(LO), 1	(LO), 2	(LO), 0	(LO), 2
LL	(00), 0	(00), 1	(00), 1	(00), 1

(c) Das gegebene Schaltwerk läßt sich folgendermaßen als Flip-Flop auffassen: Läßt man jede Eingabe über (mindestens) zwei Takte anliegen, so lassen sich die Zustände und Eingaben aufgrund der Tabelle aus (b) folgendermaßen deuten:

– Zustand OL: „Flip-Flop gesetzt"
– Zustand LO: „Flip-Flop gelöscht"
Die Zustände 00 und LL werden ausgeschlossen.
– Eingabe OL: „Flip-Flop setzen"
– Eingabe LO: „Flip-Flop löschen"
– Eingabe 00 hält den Zustand konstant.
Die Eingabe LL muß ausgeschlossen werden, da sonst theoretisch der bereits ausgeschlossene Zustand 00 erreicht wird, was praktisch zu einem undefinierten Zustand führt.

(d) $g_{OL}(\langle\langle OL\rangle\langle OL\rangle\langle LO\rangle\langle LO\rangle\langle OL\rangle\langle OL\rangle\rangle) = \langle\langle OL\rangle\langle OL\rangle\langle OL\rangle\langle 00\rangle\langle LO\rangle\langle 00\rangle\rangle$

$g_{LL}(\langle\langle 00\rangle\langle 00\rangle\langle OL\rangle\langle OL\rangle\langle 00\rangle\rangle) = \langle\langle LL\rangle\langle 00\rangle\langle LL\rangle\langle 00\rangle\langle OL\rangle\rangle$

Lösung 2.15. Serien-Addierer

(a) Das Ein/Ausgabeverhalten wird durch folgende Tabellen angegeben:

$D = 0$ $D = L$

a	b	$c_0(a,b)$	D'
0	0	0	0
0	L	L	0
L	0	L	0
L	L	0	L

a	b	$c_L(a,b)$	D'
0	0	L	0
0	L	0	L
L	0	0	L
L	L	L	L

$c_d(a,b)$ bezeichnet die Ausgabe unter dem Zustand $D = d$. D' bezeichnet den neuen Zustand des Verzögerungsglieds.

(b) Es ist $\delta : E \times Z \to A \times Z$ anzugeben, wobei hier $Z = \mathbb{B}$, $E = \mathbb{B}^2$ und $A = \mathbb{B}$. δ kann unmittelbar aus obiger Tabelle angegeben werden, wobei D den Zustand angibt.

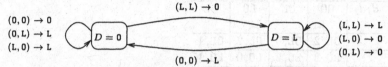

$(0,0) \to 0$
$(0,L) \to L$
$(L,0) \to L$

$(L,L) \to 0$

$D = 0$ $D = L$

$(0,0) \to L$

$(L,L) \to L$
$(L,0) \to 0$
$(0,L) \to 0$

Abb. L2.19. Zustandsübergangsdiagramm für Serienaddierer (Lösung 2.15 (b))

Dabei bedeutet $(a,b) \to c$ den Übergang unter der Eingabe (a,b) unter gleichzeitiger Ausgabe von c.

(c) Erweitert man den Serienaddierer um zwei Eingabe-Schieberegister und ein Ausgabe-Schieberegister, so kann bitweise addiert werden. Der Übertrag zur nächsten Stelle wird in D gespeichert. D muß mit dem Anfangszustand $D = 0$ initialisiert werden.

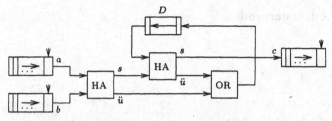

Abb. L2.20. Serienaddierer mit Schieberegistern (Lösung 2.15 (c))

Mit diesem Verfahren geht allerdings der Übertrag verloren, da dieser nur im Verzögerungsglied für den nächsten Berechnungsschritt zur Verfügung steht.

Lösung 2.16. Schaltwerk, Zustandsautomat

(a) Der Automat besteht aus folgenden Komponenten:
 – Zustandsmenge $Z = \mathbb{B}^2$ (Inhalt von d_1, d_2)
 – Eingabemenge $E = \mathbb{B}$ (Belegung von x)
 – Ausgabemenge $A = \mathbb{B}^2$ (Belegung von v_1, v_2)
 – Übergangsfunktion $h : (E \times Z) \to (A \times Z)$
 h ist durch folgende Tabelle gegeben:

$d_1 d_2$ $\quad$ x	00	OL	LO	LL
0	(00, LL)	(OL, OL)	(LO, LL)	(LL, OL)
L	(00, LL)	(OL, LL)	(LO, LO)	(LL, LO)

(b) Folgende Tabelle gibt zu jedem Anfangszustand und jeder Eingabe den stabilen Zustand an und nach wievielen Takten dieser erreicht wird:

$d_1 d_2$ $\quad$ x	00	OL	LO	LL
0	OL, 2	OL, 0	OL, 2	OL, 1
L	LO, 2	LO, 2	LO, 0	LO, 1

Insbesondere existiert hier zu jedem Anfangszustand und jeder Eingabe ein stabiler Zustand.

(c) Mit Hilfe der Tabelle aus (a) erhält man:

$$g_{00}(\langle\langle 0\rangle\langle 0\rangle\langle L\rangle\langle L\rangle\langle 0\rangle\rangle) = \langle\langle 00\rangle\langle LL\rangle\langle OL\rangle\langle LL\rangle\langle LO\rangle\rangle$$
$$g_{0L}(\langle\langle 0\rangle\langle 0\rangle\langle 0\rangle\langle L\rangle\langle L\rangle\langle L\rangle\rangle) = \langle\langle OL\rangle\langle OL\rangle\langle OL\rangle\langle OL\rangle\langle LL\rangle\langle LO\rangle\rangle$$

L2.3 Aufbau von Rechenanlagen

Lösung 2.18. MI Adressiermodi

(a) Operand: R0
    Kodierung: 50_{16}
(b) Operand: !R1
    Kodierung: 61_{16}
(c) Operand: !R2+
    Kodierung: 82_{16}. Siehe Abb. L2.21.
    Günstig, da anschließend die Adresse $i \oplus 4$ in R2 steht. Auf den nächsten Operanden wird mit !R2 bzw. wieder !R2+ zugegriffen.
(d) Operand: I -2 bzw. I H 'FFFFFFFE'
    Kodierung: $8F_{16}FFFFFFFE_{16}$. Siehe Abb. L2.22.
    Man beachte, daß dies genau der Adressierung !R15+ entspricht.

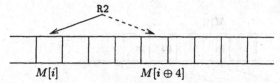

Abb. L2.21. Situation für !R2+ (Lösung 2.18 (c))

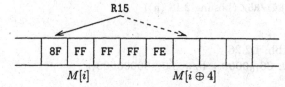

Abb. L2.22. Operand I -2 (Lösung 2.18 (d))

(e) Operand: !!R3. Siehe Abb. L2.23.
Kodierung: $B3_{16}00_{16}$ bzw. $D3_{16}0000_{16}$ bzw. $F3_{16}00000000_{16}$

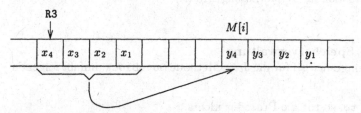

Abb. L2.23. Situation für !!R3 (Lösung 2.18 (e))

(f) Operand: 45 bzw. H'0000002D'
Kodierung: $9F_{16}0000002D_{16}$
Dies entspricht einer absoluten Adressierung !!R15+, die in der MI nicht vorgesehen ist um speicherverschiebbaren Code zu sichern.

(g) Operand: !R4/R5/
Kodierung: $45_{16}64_{16}$. Siehe Abb. L2.24.

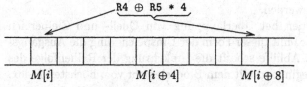

Abb. L2.24. Situation für !R4/R5/ (Lösung 2.18 (g))

(h) Operand: !(!R4)/R5/
Kodierung: $45_{16}B400_{16}$. Siehe Abb. L2.25.

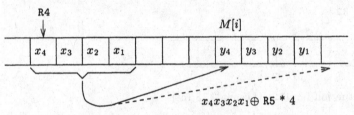

Abb. L2.25. Situation für `!(!R4)/R5/` (Lösung 2.18 (h))

(i) Operand: `9+!R6`. Siehe Abb. L2.26.

Kodierung: $A6_{16}09_{16}$ bzw. $C6_{16}0009_{16}$ bzw. $E6_{16}00000009_{16}$

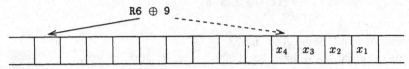

Abb. L2.26. Situation für `9+!R6` (Lösung 2.18 (i))

Lösung 2.19. Speicherverwaltung

Ein grober Lösungsentwurf für die Java-Methode `moveBlock` umfaßt folgende Punkte:

- Gilt `from = to`, so tut die Prozedur nichts.
- Andernfalls müßte jeweils eine Fehlerbehandlung eingeschaltet werden, die überprüft, ob durch `from`, `length` und `to` zulässige Bereiche der Reihung `M` gekennzeichnet werden. Da wir jedoch angenommen haben (siehe Angabe), daß die Reihung `M` hinreichend groß sei, wird die Fehlerbehandlung nicht weiter betrachtet.
- Nun muß die Wortlänge, die zur Kennung **kennung** gehört, bereitgestellt werden. Da die Reihung `M` als Komponenten Bytes verwendet, wird die Wortlänge am besten in Einheiten von Bytes angegeben.
- Gilt `from > to`, kann durch Umspeichern beginnend mit dem Element des zu verschiebenden Blocks mit dem niedrigsten Index die verlangte Verschiebung ausgeführt werden.
- Gilt `from < to`, werden bei Überlappung von Quell- und Zielbereich (`from+length-1 > to`) mit dieser Form der Umspeicherung die Ausgangsdaten ab `to` zerstört. Abhilfe schafft die Umkehrung der Reihenfolge des Umspeicherns, d.h. beginnend mit dem Blockelement vom höchsten Index.

Demnach erhält man:

```
public void moveBlock(int kennung, int from, int length, int to) {
  if (from==to) return;

  // Laenge eines Elements berechnen
  int wl = size(kennung);

  // nach vorne schieben: unten anfangen
  if(from > to) {
    for(int i = 0; i < length; i++)
      for(int j = 0; j < wl; j++)
        M[to +i*wl +j] = M[from +i*wl +j];
  } else {
    // nach hinten schieben: oben anfangen
    for(int i = length-1; i >= 0; i--)
      for(int j = wl-1; j >= 0; j--)
        M[to +i*wl +j] = M[from +i*wl +j];
  }
}
```

wobei folgende Methode die Wortlänge einer Kennung berechnet:

```
public int size(int kennung) {
  switch(kennung) {
    case B: return 1;
    case H: return 2;
    case W:
    case F: return 4;
    case D: return 8;
    default: return 1;
  }
}
```

Die angegebene Lösung besitzt einige Ineffizienzen bei der Umspeicherung. Effizienter ist ein Verfahren, bei dem ausgenutzt wird, daß die beiden durch from, length und to angegebenen Bereiche letztlich direkt aufeinanderfolgende Indizes benutzen. Daher wäre an sich zu erwarten, daß der Indexzähler nach jeder einzelnen, byteweisen Umspeicherung um eins erhöht („inkrementiert") bzw. erniedrigt („dekrementiert") wird. Ein solches Verfahren der Effizienzsteigerung heißt auch *lineare Adressfortschaltung*.

Dabei fallen einige Berechnungen des bei der Umspeicherung einzusetzenden Index weg. Insgesamt ergibt sich als weitaus effizientere Lösung:

```
public void moveBlock2(int kennung, int from, int length, int to) {
  if (from==to) return;

  // Laenge eines Elements berechnen
  int wl = size(kennung);

  // nach vorne schieben: unten anfangen
  if(from > to) {
    for(int i = length*wl; i > 0; i--)
```

```
        M[to++] = M[from++];
   } else {
      // nach hinten schieben: oben anfangen
      from += length*wl;
      to += length*wl;
      for(int i = length*wl; i > 0; i--)
         M[--to] = M[--from];
   }
}
END moveBlock;
```

Die Verfügbarkeit zweier relativ unabhängiger Implementierungen erlaubt die elegante Definition von Tests durch Vergleich der Ergebnisse beider Methoden. Dies kann elegant, aber auch in Brute-Force-Weise geschehen. Eine Brute-Force-Form ist in $INFO/L2.19 zu finden. Sie testet ausführlich alle Kombinationen aus einer ausgewählten Menge von Start- und Zielwerten, Längenangaben und Kennungen.

Lösung 2.20. (*) Gleitpunktarithmetik

Man beachte zunächst, daß in dieser Aufgabe Eigenschaften reeller Zahlen betrachtet werden. Die Eigenschaft, t-stellige Gleitpunktzahl zur Basis B zu sein, ist eine Eigenschaft reeller Zahlen, etwa vergleichbar mit der Eigenschaft rationale Zahl zu sein, unabhängig von ihrer Darstellung. Es ist also beispielsweise sinnvoll zu fragen, ob 1.8 eine 3-stellige Gleitpunktzahl zur Basis 2 ist, was übrigens nicht der Fall ist.

Diese Eigenschaften sind also darstellungsunabhängig. Entsprechend kann man sie auf einer Zahlengeraden darstellen.

(a) Dazu zerlegt man die positive Halbgerade der Zahlengeraden in disjunkte (links abgeschlossene, rechts offene) Intervalle $[B^{e-1}, B^e)$ und markiert diejenigen Teilpunkte dieser Intervalle, die zu $G_{t,B}$ gehören. Anschließend symmetrisiert man bezüglich des Nullpunkts.

Zunächst charakterisieren wir das System $G_{t,B}$ von reellen Zahlen wie folgt.

i) $0 \in G_{t,B}$

ii) $B^e \in G_{t,B}$

iii) Alle Teilpunkte der Intervalle $[B^{e-1}, B^e)$ im Abstand von $\Delta_e = \frac{B^e}{B^t}$, mit B^{e-1} als erstem Teilpunkt sind aus $G_{t,B}$ und umgekehrt, d.h.

$g = B^{e-1} + i \cdot \Delta_e,\ mit\ 0 \le i < B^t - B^{t-1} \iff g \in G_{t,B} \cap [B^{e-1}, B^e)$

iv) $g \in G_{t,B} \implies -g \in G_{t,B}$

Beweis:

$\implies$: Die Eigenschaften i), ii) und iv) sind offensichtlich. Zum Nachweis von iii) sei zunächst $g = B^{e-1} + i \cdot \Delta_e$, mit $0 \le i < B^t - B^{t-1}$ und $\Delta_e = \frac{B^e}{B^t}$. Es folgt

$$g = \frac{B^e}{B^t}(B^{t-1} + i) = B^k \cdot m \text{ für } k = e-t \text{ und } m = B^{t-1} + i.$$

Da also $B^{t-1} \leq m < B^t$, folgt $m \in Man_{t,B}$, mithin $g \in G_{t,B}$. Aus $0 \leq i < B^t - B^{t-1}$ folgt nun $B^{e-1} \leq g < B^{e-1} + (B^t - B^{t-1}) \cdot \frac{B^e}{B^t} = B^{e-1} + B^e - B^{e-1} = B^e$, d.h. $g \in G_{t,B} \cap [B^{e-1}, B^e)$.

$\Longleftarrow$: Sei umgekehrt $g \in G_{t,B} \cap [B^{e-1}, B^e)$. Es gilt $g = m \cdot B^k$ mit $k \in \mathbb{Z}$ und $B^{t-1} \leq m < B^t$, mithin $B^k \cdot B^{t-1} \leq m \cdot B^k < B^k \cdot B^t$. Wegen $B^{e-1} \leq g < B^e$ folgt $e = k + t$, d.h. $k = e - t$. Wir erhalten

$g = \frac{B^e}{B^t} \cdot m = \frac{B^e}{B^t} \cdot (B^{t-1} + m - B^{t-1}) = \frac{B^e}{B^t} \cdot (B^{t-1} + i)$
für $i = m - B^{t-1}$.

Offenbar gilt

$g = B^{e-1} + i \cdot \Delta_e$ mit $0 \leq i < B^t - B^{t-1}$ $\qquad \square$

Die Intervalle $[B^{e-1}, B^e)$ enthalten also stets gleich viele, nämlich $B^t - B^{t-1}$ gleichabständige Teilpunkte. Für $B = 2$ und $t = 4$ erhalten wir in den Intervallen $[B^{e-1}, B^e)$ für $-3 \leq e \leq 0$ bzw. $1 \leq e \leq 2$ die Markierungen aus Abb. L2.27 mit jeweils 8 Teilpunkten. Bezeichne $\mathbb{R}^+$ die Menge

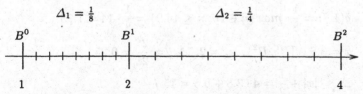

$\Delta_{-3} = \frac{1}{128}$ $\Delta_{-2} = \frac{1}{64}$ $\Delta_{-1} = \frac{1}{32}$ $\Delta_0 = \frac{1}{16}$

bzw.

$\Delta_1 = \frac{1}{8}$ $\Delta_2 = \frac{1}{4}$

Abb. L2.27. Maschinenzahlen $MG_{4,2,-3,2}$ (Lösung 2.20 (a))

der positiven reellen Zahlen. Die Maschinenzahlen lassen sich wie folgt darstellen:

$\mathbb{R}^+ \cap MG_{t,B,emin,emax} = \bigcup_{e=emin}^{emax} [B^{e-1}, B^e) \cap G_{t,B}$

Beweis:
$\Longrightarrow$: Sei $g = m \cdot B^{-t} \cdot B^e$ mit $emin \leq e \leq emax$ und $B^{t-1} \leq m < B^t$. Dann folgt $B^{t-1} \cdot B^{-t} \cdot B^{emin} \leq g < B^t \cdot B^{-t} \cdot B^{emax}$, d.h. $B^{emin} \leq g < B^{emax}$, oder $g \in \bigcup_{e=emin}^{emax} [B^{e-1}, B^e)$. $g \in G_{t,B}$ ist klar.
$\Longleftarrow$: Sei umgekehrt $g \in G_{t,B} \cap [B^{e-1}, B^e)$ mit $emin \leq e \leq emax$, dann gilt $g = m \cdot B^k$ mit $B^{t-1} \leq m < B^t$. Aus $B^{e-1} \leq m \cdot B^k < B^e$ und $B^k \cdot B^{t-1} \leq m \cdot B^k < B^k \cdot B^t$, folgt $k + t = e$ oder $k = e - t$. Damit gilt $g = m \cdot B^{e-t}$, und mit $emin \leq e \leq emax$ heißt dies $g \in MG_{t,B,emin,emax}$. $g \in \mathbb{R}^+$ ist klar. $\qquad \square$

Damit ergibt sich mit $emin = -3$ und $emax = 2$

$$minMG = 2^{-4} = \tfrac{1}{16}, \quad maxMG = B^{emax} - \Delta_{emax} = 2^2 - \tfrac{2^2}{2^4} = 3.75$$

(b) Zunächst vereinfachen wir die Formel für g.

Sei $x \in \mathbb{R}$, $x \neq 0$. Falls $x \in G_{t,B}$, gilt $g(x) = x$, da in diesem Fall $\tfrac{1}{2}(\lceil |x| \rceil - \lfloor |x| \rfloor) = 0$. Andernfalls sind zwei aufeinanderfolgende Gleitpunktzahlen zu betrachten. Zu x existiert stets eine eindeutige ganze Zahl e_x, so daß $|x| \in [B^{e_x-1}, B^{e_x})$. Da zwei aufeinanderfolgende Gleitpunktzahlen aus $[B^{e_x-1}, B^{e_x}]$ den Abstand $\Delta_{e_x} = \tfrac{B^{e_x}}{B^t}$ besitzen, folgt

$$\tfrac{1}{2}(\lceil |x| \rceil - \lfloor |x| \rfloor) = \tfrac{1}{2}\Delta_{e_x} = \tfrac{1}{2}\tfrac{B^{e_x}}{B^t} \quad \text{und} \quad g(x) = \lfloor |x| + \tfrac{1}{2}\Delta_{e_x} \rfloor$$

Die vorausgehende Formel für $g(x)$ gilt trivialerweise auch für $x \in G_{t,B}$. Damit folgt

$$
\begin{aligned}
g(x) &= sgn(x) \cdot max\{g \in G_{t,B} : g \leq |x| + \tfrac{1}{2}\Delta_{e_x}\} \\
&= sgn(x) \cdot max\{B^{e_x-1} + i \cdot \Delta_{e_x} : B^{e_x-1} + i \cdot \Delta_{e_x} \leq |x| + \tfrac{1}{2}\Delta_{e_x} \\
&\qquad \text{und } i \in \mathbb{Z}\} \\
&= sgn(x) \cdot \Delta_{e_x} \cdot max\{B^{t-1} + i : B^{t-1} + i \leq \Delta_{e_x}^{-1} \cdot |x| + \tfrac{1}{2} \text{ und } i \in \mathbb{Z}\} \\
&= sgn(x) \cdot \Delta_{e_x} \cdot max\{n \in \mathbb{N} : n \leq \Delta_{e_x}^{-1} \cdot |x| + \tfrac{1}{2}\}
\end{aligned}
$$

Wir berechnen:

$$g(1.8) \quad : \quad x = 1.8 \in [B^0, B^1), \ e_x = 1, \ \Delta_{e_x} = \frac{2^1}{2^4} = 0.125$$

$$\Delta_{e_x}^{-1} \cdot |x| + \frac{1}{2} = 8 \cdot 1.8 + 0.5 = 14.9$$

$$g(1.8) = \frac{1}{8} \cdot max\{n \in \mathbb{N} : n \leq 14.9\} = \frac{1}{8} \cdot 14 = 1.75$$

$$g(3.8) \quad : \quad x = 3.8 \in [B^1, B^2), \ e_x = 2, \ \Delta_{e_x} = \frac{2^2}{2^4} = 0.25$$

$$\Delta_{e_x}^{-1} \cdot |x| + \frac{1}{2} = 4 \cdot 3.8 + 0.5 = 15.7$$

$$g(3.8) = \frac{1}{4} \cdot max\{n \in \mathbb{N} : n \leq 15.7\} = \frac{15}{4} = 3.75$$

$$g(11.5) \quad : \quad x = 11.5 \in [B^3, B^4), \ e_x = 4, \ \Delta_{e_x} = \frac{2^4}{2^4} = 1,$$

$$\Delta_{e_x}^{-1} \cdot |x| + \frac{1}{2} = 11.5 + \frac{1}{2} = 12$$

$$g(11.5) = 1 \cdot max\{n \in \mathbb{N} : n \leq 12\} = 12$$

$$g(0.01) \quad : \quad x = 0.01 \in [B^{-7}, B^{-6}), \ e_x = -6, \ \Delta_{e_x} = 2^{-10}$$

$$\Delta_{e_x}^{-1} \cdot |x| + \frac{1}{2} = 10,24 + \frac{1}{2} = 10,74$$

$$g(0.01) = \frac{1}{1024} \cdot max\{n \in \mathbb{N} : n <= 10,74\} = 10 \cdot \frac{1}{1024}$$

Außer g(11.5) sind alle Werte aus $MG_{4,2,-3,2}$.

(c) Offensichtlich schließen sich die 3 Bedingungen $g(x) \in MG_{t,B,emin,emax}$, $|g(x)| > maxMG$ und $0 < |g(x)| < minMG$ gegenseitig aus, d.h., mg ist jedenfalls nicht mehrdeutig definiert. Wir können aber auch zeigen, daß für beliebige $x \in \mathbb{R}$ stets eine der obigen Bedingungen erfüllt ist. Der Beweis folgt sofort mit der Formel für die Maschinenzahlen aus Aufgabe (b).

(d) Der Algorithmus operiert auf Tupeln (m,e) ganzer Zahlen $m = 0$ oder $B^{t-1} \leq |m| < B^t$ und $emin \leq e \leq emax$. Die Dekodierung sei w : $\mathbb{Z}^2 \longrightarrow \mathbb{R}$ mit $w((m,e)) = B^{-t} \cdot B^e \cdot m$. Eine zugehörige Kodierfunktion sei $c : G_{t,B} \longrightarrow \mathbb{Z}^2$. ($B = 2$ wird im folgenden benützt, aber nur soweit notwendig).

Seien $x, y \in MG_{t,B,emin,emax}$ mit der Notation
$x = B^{-t} \cdot B^{e_x} \cdot m_x$ und $y = B^{-t} \cdot B^{e_y} \cdot m_y$, wobei $B^{t-1} \leq |m_x|, |m_y| < B^t$ und $emin \leq e \leq emax$ gelte, falls $m_x \neq 0$ und $m_y \neq 0$.

Die Berechnung von $c(g(x + y)) = (m_z, e_z)$ erfolgt durch Fallunterscheidung.

1.   : $x = 0$ oder $y = 0$:

1.1.   : $x = 0$:

        Es gilt $g(x + y) = y$.

1.2.   : $y = 0$:

        Es gilt $g(x + y) = x$.

2.   : $x \neq 0$ und $y \neq 0$:

2.1.   : $e_x < e_y$:

        Es gilt $g(x + y) = g'(y, x)$.

2.2.   : $e_x > e_y$:

        Es gilt $g(x + y) = sgn(x) \cdot g'(|x|, sgn(x) \cdot y)$.

2.3.   : $e_x = e_y$:

2.3.1. : $|x| < |y|$:

        Es gilt $g(x + y) = g'(y, x)$.

2.3.2. : $|x| \geq |y|$:

        Es gilt $g(x + y) = sgn(x) \cdot g'(|x|, sgn(x) \cdot y)$.

Die Abbildung g' ist hierbei $g'(x, y) = g(x + y)$ unter der einschränkenden Bedingung
$$0 < x, \quad y \neq 0, \quad e_x \geq e_y, \quad |x| \geq |y|$$

Der Nachweis der Korrektheit dieser Fallunterscheidungen ist einfach. Als Operationen werden lediglich Vergleiche und Vorzeichenbestimmung auf ganzen Zahlen benutzt.

Wir betrachten nun g', d.h. $g(x + y)$ unter der Bedingung
$$0 < x, \quad y \neq 0, \quad e_x \geq e_y, \quad |x| \geq |y|$$

1.   : $e_x \geq e_y + t + 2$:

          Es gilt $g(x + y) = x$.

2.   : $e_x = e_y + t + 1$:

2.1.   : $y > 0$:

          Es gilt $g(x + y) = x$.

2.2.   : $y < 0$:

2.2.1.   : $x \neq B^{e_x}$:

          Es gilt $g(x + y) = x$.

2.2.2.1. : $x = B^{e_x}, |y| = B^{e_y - 1}$:

          Es gilt $g(x + y) = x$.

2.2.2.2. : $x = B^{e_x}, |y| \neq B^{e_y - 1}$:

          Es gilt $g(x + y) = B^{-t} \cdot B^{e_x - 1} \cdot (B^t - 1)$,

          d.h. $c(g(x + y)) = (B^t - 1, e_x - 1)$.

3.   : $e_x \leq e_y + t$:

3.1.   : $x + y = 0$:

        : Es gilt $g(x + y) = 0$.

3.2.   : $x + y \neq 0$:

          Es existiert ein $k \in \mathbb{Z}$ mit $0 \leq k \leq e_x - e_y + t + 1$,

          so daß $B^{e_x - e_y} \cdot m_x + m_y \in [B^{k-1}, B^k)$.

          Sei $g(x + y) = B^t \cdot B^{e_x} \cdot m_z$

3.2.1.   : $k \leq t$:

          Es gilt $e_z = e_y + k - t$ und

          $m_z = B^{t-k} \cdot (B^{e_x - e_y} \cdot m_x + m_y)$.

3.2.2.   : $k > t$:

          Sei $m_0 = (B^{e_x - e_y} \cdot m_x + m_y + B^{k-t-1})\, div\, B^{k-t}$

3.2.2.1. : $m_0 = B^t$:

          Es gilt $e_z = e_x - e_y + k - t + 1$ und $m_z = B^{t-1}$.

3.2.2.2. : $m_0 \neq B^t$:

          Es gilt $e_z = e_x - e_y + k - t$ und $m_z = m_0$.

Mit diesen Fallunterscheidungen ist $c(g(x + y))$ vollständig bestimmt.
Sei nun $M = \{(m, e) : m = 0$ oder $B^{t-1} \leq |m| \leq B^t$ und $emin \leq e \leq emax\}$. Wir definieren die Operation $plusmg : M^2 \longrightarrow M^{\pm \infty, \pm 0}$ wie folgt

$$plusmg((m_x, e_x), (m_y, e_y)) = \begin{cases} \pm 0 & : \text{ falls } e_z < emin \\ \pm \infty & : \text{ falls } e_z > emax \\ (m_z, e_z) & : \text{ sonst} \end{cases}$$

mit $c(g(x + y)) = (m_z, e_z)$.

L2.4 Maschinennahe Programmstrukturen

Lösung 2.22. MI Move-Befehl

(a) Es ergibt sich die in Tabelle L2.3 angegebene Dekodierung (Disassemblierung). Damit ergeben sich also der Reihe nach die folgenden Befehle:
- i) MOVE W H'500', R0
- ii) MOVE W I 2, R1
- iii) MOVE W I H'500', R2
- iv) MOVE W 4+!R2, R3
- v) MOVE W !!R2, R4
- vi) MOVE W !R2/R1/, R5
- vii) MOVE W !R5+, R6
- viii) MOVE W !(2+!R5)/R1/, R7
- ix) MOVE W R8, -!R7

(b) Die neun entschlüsselten Befehle bewirken folgendes:
- i) MOVE W H'500', R0
    - Register: R0 = H'504' (Inhalt von Speicherstelle H'500' laut Auszug), R15 = H'407' (Programmzähler!).
- ii) MOVE W I 2, R1
    - Register: R1 = 2 (Direkter 5-Bit-Operand), R15 = H'40A'.
- iii) MOVE W I H'500', R2
    - Register: R2 = H'500' (Direkter Operand), R15 = H'411'.
- iv) MOVE W 4+!R2, R3
    - In R2 steht H'500', woraus sich als Adresse H'504' nach Addition des Displacements ergibt. An der Speicherstelle H'504' steht jedoch das Wort H'FFFFFFFE' bzw. -2, das in Register R3 gespeichert wird:
    - Register: R3 = -2, R15 = H'415'.
    - Statusflags: N = 1.
- v) MOVE W !!R2, R4
    - Durch R2 wird die Speicherstelle H'500' bezeichnet, an der als Wort H'504' gespeichert ist. Daher wird der Inhalt der Speicherstelle H'504', nämlich -2, in das Register R4 geschoben:
    - Register: R4 = -2, R15 = H'419'.
- vi) MOVE W !R2/R1/, R5
    - Die Basisadresse ist der Inhalt von Register R2, also H'500', und wird um den Inhalt von Register R1, multipliziert mit der Operandenlänge, erhöht. Dies ergibt die Speicherstelle H'500' + 2 * 4 = H'508', bei der das Wort H'506' liegt:
    - Register: R5 = H'506', R15 = H'41D'.
    - Statusflags: N = 0 (das gesetzte N-Flag wird wieder gelöscht).
- vii) MOVE W !R5+, R6
    - Zu diesem Zeitpunkt enthält R5 die Speicherstelle H'506', deren Inhalt gemäß dem Speicherauszug das Wort H'FFFE0000' (oder

Tab. L2.3. Dekodierung (Lösung 2.22 (a))

Adresse	Inhalt	Dekodierung
400	A0	MOVE W
401	9F	*absolute Adressierung*
402	00 00 05 00	H'500',
406	50	R0
407	A0	MOVE W
408	02	I *(für Operanden $0 \leq \delta < 64$)* 2,
409	51	R1
40A	A0	MOVE W
40B	8F	I
40C	00 00 05 00	H'500',
410	52	R2
411	A0	MOVE W
412	A2	... + !R2, *(Displacement als Byte)*
413	04	4 ...
414	53	R3
415	A0	MOVE W
416	B2	!(... + !R2),
417	00	...0 ...
418	54	R4
419	A0	MOVE W
41A	41	.../R1/,
41B	62	!R2...
41C	55	R5
41D	A0	MOVE W
41E	85	!R5+,
41F	56	R6
420	A0	MOVE W
421	41	.../R1/,
422	B5	!(...+!R5)...
423	02	...2 ...
424	57	R7
425	A0	MOVE W
426	58	R8,
427	77	-!R7

-131072) ist. Durch die Kelleradressierung wird außerdem, bevor das

ermittelte Wort in das Register R6 geschrieben wird, das Register R5 um eine Operandenlänge hochgezählt:

– Register: R5 = H'50A', R6 = -H'20000', R15 = H'420'.

– Statusflags: N = 1.

viii) MOVE W !(2+!R5)/R1/, R7

Der Inhalt von Register R5 ist H'50A'. Unter Berücksichtigung des Displacements ergibt sich die Speicherstelle H'50C', an der das Wort H'500' gespeichert ist. Mit dem Nachschalten des Registers R1 ergibt sich schließlich die Adresse H'500' + 2 * 4 = H'508' mit dem Inhalt H'506':

- Register: R7 = H'506', R15 = H'425'.
- Statusflags: N = 0.

ix) MOVE W R8, -!R7

Der Inhalt des Registers R8 ist als 0 angenommen worden. Die Zieladresse ergibt sich als Inhalt von R7, vermindert um eine Operandenlänge, also H'506' - 4 = H'502'. Ferner wird durch die Kelleradressierung vor dem Transfer in den Speicher das Register R7 auf die eben bestimmte Zieladresse korrigiert. Insgesamt ergeben sich folgende Änderungen:

- Register: R7 = H'502', R15 = H'428'.
- Speicher: siehe Tabelle L2.4.
- Statusflags: Z = 1 (denn die 0 ist transferiert worden).

Tab. L2.4. Neuer Speicherauszug (Lösung 2.22 (b))

Adresse	alter Inhalt	neuer Inhalt
500	00	00
501	00	00
502	05	00
503	04	00
504	FF	00
505	FF	00
506	FF	FF
507	FE	FE
...	...	...

Lösung 2.23. MI Programm, Arraysuche

(a) Zunächst wird ein Java-Programmstück angegeben, das die Reihung a in die Reihung b kopiert:

```
final static int N = 1000;
int a[] = new int[N];
int b[] = new int[N];

public void copy() {
  for(int i = 0; i < N; i++)
    b[i] = a[i];
}
```

Dieses Programmstück wird nun in eine MI-Befehlsfolge übertragen. Dabei werden die Register R0, R1, R2 folgendermaßen verwendet:

- R0 für i
- R1 für die Adresse von a
- R2 für die Adresse von b

MI-Befehlsfolge:

```
         EQU      N = 1000           -- Vereinbarung einer Konstanten N
 a:      DD       (W 1) * N          -- N Worte für a, mit 1 initialisiert
 b:      DD       (W 0) * N          -- N Worte für b, mit 0 initialisiert

         MOVEA    a, R1              -- R1 = Adresse von a
         MOVEA    b, R2              -- R2 = Adresse von b
         CLEAR W  R0                 -- R0 = 0

 schl:   CMP W    R0, I N            -- for (i = 0; i < N; ...)
         JEQ      ende
         MOVE W   !R1/R0/, !R2/R0/   -- b[i] = a[i]
         ADD W    I 1, R0, R0        -- i++
         JUMP     schl
 ende:                               -- END
```

Durch die Datendefinition DD von a und b werden für a und b zwei nicht überlappende Speicherbereiche angelegt und initialisiert.

(b) Folgendes Java-Programmstück leistet das Gewünschte:

```java
public int search() {
    int i = 0;
    boolean gefunden = false;
    while( !gefunden && i<N ) {
        if (a[i] == 0) {
            gefunden = true;
        } else {
            i++;
        }
    }
    return i;
}
```

Dieses Programmstück läßt sich in folgende MI-Befehlsfolge umsetzen:

```
         EQU      N = 1000
 a:      DD       (W 0) * N      -- N Worte für a

         -- Hier könnte eine Befehlsfolge stehen, die auf a arbeitet.

         MOVEA    a, R2          -- R2 = Adresse von a
         CLEAR W  R1             -- R1 = 0
         CLEAR W  R0             -- gefunden = false

 schl:   CMP W    R1, I N        -- while i < N
         JEQ      ende
         CMP W    !R2/R1/, I 0   -- if a[i] == 0
         JEQ      gef
         ADD W    I 1, R1, R1    -- else i++
         JUMP     schl

 gef:    MOVE W   I 1, R0        -- gefunden = true
 ende:
```

Lösung 2.24. (F2.23) MI Programm, Zähler in Array

Die Register werden hier folgendermaßen verwendet:

- R0 für das Ergebnis
- R1 für die Adresse von a (Basisregister)
- R2 für die Laufvariable (Indexregister)

MI-Befehlsfolge:

```
        EQU      N = 1000
a:      DD       (W 0) * N

        -- Hier könnte eine Befehlsfolge stehen, die auf a arbeitet.

        MOVE W   I 0, R0        -- R0 = 0
        MOVEA    a, R1          -- R1 = Adresse von a
        MOVE W   I 0, R2        -- i = 0
for:    CMP W    R2, I N        -- for (i = 0; i < N; ...)
        JEQ      endfor
        CMP W    I 0, !R1/R2/   -- vergleiche 0 mit a[i]
        JLE      notneg         -- springe nach notneg, falls 0 <= a[i]
        ADD W    I 1, R0        -- zähle negatives Element
notneg: ADD W    I 1, R2        -- i++
        JUMP     for
endfor:
```

Lösung 2.25. MI Programm, Summe

(a) MI-Befehlsfolge:

```
        CMP W    R1, I 0        -- vergleiche x mit 0
        JLT      neg            -- springe nach neg, falls x < 0
        MOVE W   R1, R0         -- R0 = x (Ergebnis)
        JUMP     ende           -- Überspringen der nächsten Anweisung
neg:    SUB W    R1, I 0, R0    -- R0 = 0 - x (Ergebnis)
ende:
```

(b) MI-Befehlsfolge:

```
        MOVE W   R0, R1         -- n = x
        CLEAR W  R2             -- m = 0
loop:   CMP W    R1, I 0        -- while n ≠ 0 do
        JEQ      endloop
        ADD W    R1, R2, R2     -- m = n + m
        SUB W    I 1, R1, R1    -- n = n - 1
        JUMP     loop           -- od
endloop:
```

Lösung 2.27. MI Programm, Fibonacci

MI-Befehlsfolge:

```
        MOVE W   I 0, R1        -- b = 0
        MOVE W   I 1, R2        -- a = 1
        MOVE W   I 0, R3        -- k = 0
        SUB W    I 1, R0, R4    -- n - 1 für Vergleiche berechnen
```

```
while:     CMP  W    R3, R4        -- k ≟ n − 1 ?
           JEQ       endwhile      -- falls ja, Sprung zum Ausgang
           MOVE W    R1, R5        -- b retten
           MOVE W    R2, R1        -- b = a
           ADD  W    R5, R2        -- a = b_alt + a
           ADD  W    I 1, R3       -- k = k + 1
           JUMP      while         -- zum Schleifenanfang
endwhile:
```

Lösung 2.28. MI Unterprogramm, Fibonacci

Wir organisieren die für die rekursiven Aufrufe erforderliche Übergabe der
Parameter an das Unterprogramm fib gemäß der im Buch [B92] definierten
Standardschnittstelle.

```
           SEG                     -- Segmentbeginn
           MOVE W    I H'10000', SP  -- Initialisierung des Kellerpegels
           JUMP      start
n:         DD W      12            -- Als Wert für n wird hier 12
                                   -- als Beispiel gesetzt
erg:       DD W      0             -- Hier wird das Endergebnis abgelegt
start:     CLEAR W   -!SP          -- Der Kellerpegel wird um 1 Wort,
                                   -- d.h. 4 (Byte) Adressen zurückgesetzt
                                   -- (er steht damit auf H'FFFC').
                                   -- CLEAR setzt alle 4 Bytes auf 0.
                                   -- Standardmäßig nimmt diese Zelle das
                                   -- Ergebnis des folgenden Unterprogramm-
                                   -- aufrufs auf
           MOVE W    n,-!SP        -- Der aktuelle Parameter für den folgenden
                                   -- Unterprogrammaufruf wird in den Keller
                                   -- geschrieben
           CALL      fib           -- Der aktuelle Befehlszählerstand wird gekel-
                                   -- lert (d.h. die Adresse des nächsten Befehls
                                   -- ADD) und der Kellerpegel um 4 herabgesetzt.
                                   -- Dann wird in den Befehlszähler die Adresse
                                   -- fib geschrieben
           ADD W     I 4, SP       -- Keller zeigt nun wieder auf die Adresse
                                   -- start, in der das Ergebnis des letzten
                                   -- Unterprogrammaufrufs steht
           MOVE W    !SP+, erg     -- Das Endergebnis wird nach erg
                                   -- geschrieben, anschließend steht der Keller
                                   -- wieder auf dem Anfang H'10000'

           HALT
fib:       PUSHR                   -- Standardmäßig kellert das Unterprogramm
                                   -- zunächst die Register R0 bis R14.
                                   -- Der Kellerpegel zeigt auf die Zelle
                                   -- mit dem Inhalt von R0
           MOVE W    SP, R13       -- R13 enthält die Adresse, der
                                   -- nunmehr obersten belegten Kellerzelle
           MOVEA     64+!R13, R12  -- R12 enthält jetzt die Adresse
                                   -- des übergebenen aktuellen Parameters
```

```
. if:     CMP W    !R12, I 1
          JGT      else
  then:   MOVE W   !R12, 4+!R12   -- 4+!R12 ist die Adresse der Kellerzelle, die
                                  -- vom aufrufenden Programm für das
                                  -- Resultat des Aufrufs reserviert wurde
          JUMP     end
  else:   CLEAR W  -!SP           -- Platz für Ergebnis des nächsten Aufrufs
          SUB W    I 1, !R12, -!SP  -- neuer Parameter in den Keller
          CALL     fib
          ADD W    I 4, SP        -- zurückstellen des Kellerpegels auf
                                  -- die Kellerzelle, die das Ergebnis des
                                  -- letzten Aufrufs enthält
          CLEAR W  -!SP           -- Standard für nächsten Aufruf
          SUB W    I 2, !R12, -!SP  -- neuer Parameter in den Keller
          CALL     fib
          ADD W    I 4, SP
          ADD W    !SP+, !SP+, 4+!R12
                                  -- Die Ergebnisse der vorausgegangenen Auf-
                                  -- rufe werden gelöscht. 4+!R12 ist die Adresse,
                                  -- die das aufrufende Programm für das
                                  -- Ergebnis von fib reserviert hat
  end:    MOVE W   R13, SP        -- Standardende des Unterprogramms
          POPR
          RET
          END                    -- Segmentende
```

Lösung 2.29. (F2.19) MI Unterprogramm, Moveblock

Die Lösung zu Aufgabe 2.19 ist der Ausgangspunkt der Entwicklung des geforderten MI-Unterprogramms moveblock. Der Durchlaufsinn der Schleifen muß bei moveblock genauso gewählt werden wie bei der Ausgangsmethode moveBlock, um das Überlappungsproblem aufzulösen. Damit der Schleifendurchlauf möglichst effizient ist, sollen die Register, die die Transportadressen beinhalten, im Kelleradressierungsmodus -!Ri, !Ri+ angesprochen werden.

```
            EQU     k = !R12          -- Parameter benennen
            EQU     from = 1 + !R12
            EQU     length = 5 + !R12
            EQU     to = 9 + !R12
moveblock:  PUSHR                     -- sichere Register
            MOVE W  SP, R13           -- Basiszeiger (lok. Var.) setzen
            MOVEA   64 + !R13, R12     -- Basiszeiger (Parameter) setzen
            CMP W   from, to          -- vergleiche Start- und Zieladresse
            JEQ     rueck             -- falls gleich, zum Ende
            MOVE W  I 1, R0           -- wl wird in Register R0 berechnet
            CMP B   k, 'B'            -- Bytekennung?
            JEQ     iffromto
            MOVE W  I 2, R0
            CMP B   k, 'H'            -- Halbwortkennung?
            JEQ     iffromto
            MOVE W  I 4, R0
            CMP B   k, 'W'            -- Wortkennung?
            JEQ     iffromto
```

```
              CMP B    k, 'F'           -- floating_point?
              JEQ      iffromto
              MOVE W   I 8, R0
              CMP B    k, 'D'           -- double_float?
              JEQ      iffromto
              HALT                      -- Abbruch, falls k ungültig besetzt
iffromto:     MOVE W   from, R1         -- from in R1
              MOVE W   to, R2           -- to in R2
              MULT W   length, R0       -- berechne length * wl,
                                        -- d.i. Anzahl Schleifendurchläufe
              CMP W    R1, R2
              JLT      shiftup
shiftdown:                              -- from > to
loopdown:     CMP W    R0, I 0          -- Schleife beendet?
              JLE      rueck
              MOVE B   !R1+, !R2+       -- Byte transferieren
                                        -- und Adressen fortschalten
              SUB W    I 1, R0          -- Schleifenzähler dekrementieren
              JUMP     loopdown         -- zum Schleifenanfang
shiftup:                                -- from < to
              ADD W    R0, R1           -- from := from + length * wl
              ADD W    R0, R2           -- to := to + length * wl
loopup:       CMP W    R0, I 0          -- Schleife beendet?
              JLE      rueck
              MOVE B   -!R0, -!R1       -- Byte transferieren und
                                        -- Adressen fortschalten
              SUB W    I 1, R0          -- Schleifenzähler dekrementieren
              JUMP     loopup           -- zum Schleifenanfang
rueck:        MOVE W   R13, SP          -- Stackpointer restaurieren
              POPR                      -- hole Register zurück
              RET                       -- Rückkehr vom geschl. Unterprg.
```

Für den Unterprogrammanschluß wird der Keller gemäß der Graphik in Abb. L2.28 benutzt.

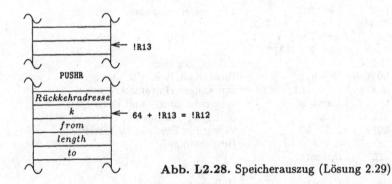

Abb. L2.28. Speicherauszug (Lösung 2.29)

Lösung 2.30. MI Programm, Array revertieren

Eine Lösungsvariante berechnet zuerst die Adresse des letzten Feldelements (z.B. in R2), um dann mit relativer Adressierung zu arbeiten:

R0: Anfang der noch zu revertierenden Reihung
R1: N
R2: Ende der noch zu revertierenden Reihung
R3: Hilfszelle für Vertauschung

```
        SH W    I 2, R1      -- (oder: MULT W  I 4, R1)
        ADD W   R1, R0, R2   -- R2 = Adresse von a[N]

rev:    CMP W   R2, R0       -- while(R2 > R0) do
        JLE     ende
        MOVE W  !R0, R3      -- Vertauschen der durch
        MOVE W  !R2, !R0     -- R2 und R0
        MOVE W  R3, !R2      -- adressierten Elemente
        ADD W   I 4, R0
        SUB W   I 4, R2      -- Grenzen des Restfelds
        JUMP    rev
ende:
```

Lösung 2.32. MI, komplexe Datentypen

(a) Felder werden günstigerweise als aufeinanderfolgende Zellen dargestellt. Um auf sie zugreifen zu können, muß die Basisadresse bekannt sein. Siehe Abb. L2.29.

Basisadresse von f

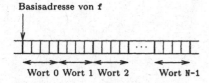

Wort 0 Wort 1 Wort 2   Wort N-1

Abb. L2.29. Speicherdarstellung eines Arrays (Lösung 2.32 (a))

Objekte bzw. ihre Attribute werden ebenfalls in aufeinanderfolgenden Speicherzellen abgelegt. Wieder muß die Basisadresse bekannt sein. Das Attribut c wird selbst wieder als Adresse auf ein weiteres Objekt aufgefaßt. Siehe Abb. L2.30.

Basisadresse von Objekt obj

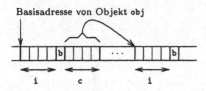

i   c   i

Abb. L2.30. Speicherdarstellung eines Objekts (Lösung 2.32 (a))

(b) f[6] ≡ !Rn/Rm/ falls in Register Rn die Basisadresse von f steht und
Rm = 6. Alternativ: 24 + !Rn falls Rn die Basisadresse von f enthält.
obj.c ≡ 5 + !Rn falls Rn die Basisadresse von obj enthält.
obj.c.i ≡ !(5 + !Rn) falls Rn die Basisadresse von obj enthält.

L3. Lösungen zu Teil III: Systemstrukturen und systemnahe Programmierung

L3.1 Prozesse, Kommunikation und Koordination in verteilten Systemen

Lösung 3.1. Aktionsstruktur, Zustandsautomat

Es ist klar, daß dieser Automat extrem vereinfacht gegenüber einem realen Automaten ist. Zum Beispiel scheint der Automat einen unbegrenzten Vorrat an Schokolade zu haben. Der Schokoladenautomat hat folgende Bedienelemente:

- Zwei Druckknöpfe zur Wahl zwischen „groß" und „klein" (die als „Radio-Buttons" zu verstehen sind, d.h., es kann immer nur ein Knopf gedrückt sein)
- Ein Eingabeschlitz für 1- und 2-Euro-Stücke
- Ein Ausgabeschacht für große und kleine Schokoladentafeln
- Ein Geldrückgabefach.

Der Ablauf des Automaten läßt sich graphisch in Form eines *Programmablaufplans* oder *Kontrollflußdiagramms* in Abb. L3.1 veranschaulichen.

(a) Die Definition für Aktionsstrukturen:
„Gegeben sei eine Menge (das „Universum") E von Ereignissen („events"), eine Menge A von Aktionen („actions"). Ein Tripel $(E_0, \leq_0, \alpha)$ mit

$E_0 \subseteq E$,
$\leq_0$ partielle Ordnung über E_0,
$\alpha : E_0 \to A$,

heißt *Aktionsstruktur* oder *Prozeß*. In dieser Definition ist auch der leere Prozeß eingeschlossen, der die leere Ereignismenge enthält.
Endliche Prozesse lassen sich bequem durch knotenmarkierte, gerichtete, zyklenfreie Graphen darstellen, bei denen die Knoten die Ereignisse repräsentieren, die durch Aktionen markiert sind."
Eine geeignete Aktionenmenge ist in Tabelle L3.1 angegeben.

(b) Mögliche Abläufe (willkürlich aus vielen Möglichkeiten ausgewählt):
- Wkl→ E1→Skl
- Wkl→E1→Skl→Wgr→E1 →E1→Sgr

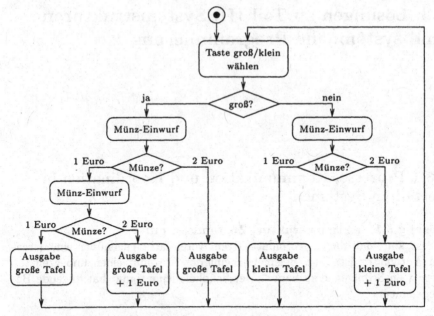

Abb. L3.1. Kontrollflußdiagramm für Schokoladenautomat (Lösung 3.1)

Tab. L3.1. Aktionen im Schokoladenautomat (Lösung 3.1 (a))

Abkürzung	Bedeutung
Wkl	Wahl einer kleinen Tafel Schokolade
Wgr	Wahl einer großen Tafel Schokolade
E1	Einwurf eines 1-Euro-Stücks
E2	Einwurf eines 2-Euro-Stücks
R1	Rückgabe eines 1-Euro-Stücks
Skl	Ausgabe einer kleinen Tafel Schokolade
Sgr	Ausgabe einer großen Tafel Schokolade

– Wgr→E1→E2→Sgr→Wkl
   $\searrow$R1$\nearrow$

Bei letzterem Prozeß wurde davon ausgegangen, daß die Schokoladen-Ausgabe und die Geld-Rückgabe in keiner kausalen Beziehung zueinander stehen.

– Alle Aktionsstrukturen $(E, \leq, \alpha)$ mit $(E, \leq) = (\mathbb{N}, \leq)$ und

$$\alpha(i) = \begin{cases} \text{Wkl} & \text{falls } i \bmod 3 = 0 \\ \text{E1} & \text{falls } i \bmod 3 = 1 \\ \text{Skl} & \text{falls } i \bmod 3 = 2 \end{cases}$$

(Das ist ein Beispiel für einen unendlichen Ablauf.)

(c) Ein endlicher Zustandsautomat besteht aus:

– einer Menge S von Zuständen
– einer Menge A von Transaktionen

– einer Zustandsübergangsrelation $R \subseteq S \times A \times S$.

Zusätzlich wird häufig eine Menge S_0 von möglichen Anfangszuständen angegeben. Wir schreiben $\sigma \xrightarrow{a} \sigma'$, um auszudrücken, daß $(\sigma, \alpha, \sigma') \in R$ gilt.

Eine genaue Betrachtung obigen Flußdiagramms zeigt, daß nur Zustände des Automaten auftreten, die man wie folgt beschreiben kann: $S \subseteq A \times B$ wobei $A = \{W, Kl, Gr\}, B = \{-1, 0, 1, 2\}$ mit folgender informeller Interpretation für einen Zustand $s = (a, b)$:

$a = W$: Der Automat wartet auf die Wahltaste.

$a = Kl$: Eine kleine Tafel wurde gewählt und ist noch auszugeben.

$a = Gr$: Eine große Tafel wurde gewählt und ist noch auszugeben.

$b = -1$: Es ist noch 1 Euro zurückzugeben.

$b = 0$: Es ist kein Geld mehr einzuwerfen oder zurückzugeben.

$b = 1$: Es muß noch 1 Euro eingeworfen werden.

$b = 2$: Es müssen noch 2 Euro eingeworfen werden.

Unter Benutzung dieser Zustände kann man den Automaten nun gemäß Abb. L3.2 darstellen, wobei allerdings die unabhängige Ausführung von Warenausgabe und Geldrückgabe nicht dargestellt werden kann. Startzustand ist hier (W,0).

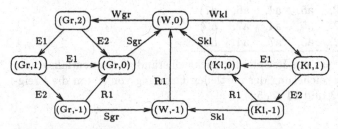

Abb. L3.2. Schokoladenautomat (Lösung 3.1 (c))

Lösung 3.2. Aktionsstruktur, Sequentialisierung

(a) Ein Präfix $P_0 = (E_0, \leq_0, \alpha_0)$ von $P = (E, \leq, \alpha)$ erfüllt folgende Eigenschaften:

– P_0 ist ein *Teilprozeß* von P, d.h. $E_0 \subseteq E, \alpha|_{E_0} = \alpha_0$ und $\leq |_{E_0 \times E_0} = \leq_0$,

– $\forall e, e' \in E : e \leq e'$ und $e' \in E_0$ impliziert $e \in E_0$.

Durch Graph L3.3 wird ein Präfix von P beschrieben, das das Ereignis $e5$ enthält.

(Dies ist sogar der kleinste Präfix dieser Art).

(b) *Sequentialisierungen* von P entstehen durch Anreichern der partiellen Ordnung, d.h., ein Prozeß $P_0 = (E_0, \leq_0, \alpha_0)$ ist eine Sequentialisierung von P, falls gilt:

$E_0 = E, \alpha_0 = \alpha$ und $\leq \subseteq \leq_0$

Abb. L3.3. Graph eines Prozesses (Lösung 3.2 (a))

Sequentielle Prozesse können durch ihre *Spuren* beschrieben werden. Sie bildet den Prozeß auf die Sequenz der Aktion ab, die den Ereignissen zugeordnet sind.

Die Spuren aller vollständigen Sequentialisierungen von P:

⟨a1,	a2,	a3,	a4,	a5,	a6,	a7⟩
⟨a1,	a2,	a3,	a4,	a5,	a7,	a6⟩
⟨a1,	a2,	a3,	a5,	a4,	a6,	a7⟩
⟨a1,	a2,	a3,	a5,	a4,	a7,	a6⟩
⟨a1,	a2,	a3,	a5,	a7,	a4,	a6⟩
⟨a1,	a2,	a4,	a3,	a5,	a6,	a7⟩
⟨a1,	a2,	a4,	a3,	a5,	a7,	a6⟩
⟨a1,	a3,	a2,	a4,	a5,	a6,	a7⟩
⟨a1,	a3,	a2,	a4,	a5,	a7,	a6⟩
⟨a1,	a3,	a2,	a5,	a4,	a6,	a7⟩
⟨a1,	a3,	a2,	a5,	a4,	a7,	a6⟩
⟨a1,	a3,	a2,	a5,	a7,	a4,	a6⟩

(c) Abbildung L3.4 ist ein Beispiel für nichtvollständige Sequentialisierung von P durch Anreicherung der partiellen Ordnung von P um die Ereignispaare $e2 \leq e3$ und $e4 \leq e5$:

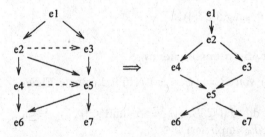

Abb. L3.4. Nichtvollständige Sequentialisierung (Lösung 3.2 (c))

Lösung 3.3. (P) Aktionsstruktur, Darstellung

Es ist zu beachten, daß ein echter Graph in der Implementierung zwar viele Gemeinsamkeiten mit einem Baum aufweist, aber algorithmisch doch schwerer zu behandeln ist. Als Unterschiede fallen hier ins Gewicht: Auf einen Knoten kann mehr als ein Verweis gerichtet sein und der Graph kann mehr als eine Wurzel haben.

Zur Bearbeitung sind zwei gängige Hilfskonstruktionen benutzbar. Zum einen werden neben den Aktionen auch Ereignisnummern im Knoten gespeichert. Zum anderen werden Operationen auf dem Graphen durch ein Array, im der Verweise auf sämtliche Knoten des Graphen gespeichert sind, beschleunigt.

Im Hauptprogramm `main` wird zunächst ein Eingabestrom erzeugt und dann an den Konstruktor für die Klasse `AcGraph` übergeben. Dort wird eine Aktionsstruktur eingelesen und aufgebaut, die zuletzt ausgegeben wird.

Der Aufbau der Aktionsstruktur erfolgt durch initiale Eingabe der Aktionen als Zeichenfolge, dann werden alle Ereignisknoten erzeugt und es sind für jedes Ereignis die Menge der Nachfolger einzugeben.

Die Ereignisse sind als Elemente der Klasse `AcNode` implementiert. Sie enthalten Ereignisnummer, Aktion und eine Liste von Nachfolgern. Es können Knoten erzeugt werden und Nachfolger anschließend hinzugefügt werden. `toString` wird wieder zur Ausgabe benutzt.

Die komplette Lösung ist in `$INFO/L3.3` zu finden.

Lösung 3.4. (PF3.3) Aktionsstruktur, Sequentialisierung

In Abb. L3.5 ist die Speichersituation zu Beginn des Programmablaufs mit dem Standardbeispiel aus Aufgabe 3.2 skizziert. Während des Programmablaufs erhalten wir die in Tabelle L3.2 angegebenen Situationen.

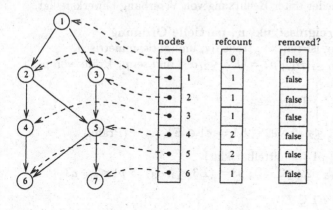

Abb. L3.5. Speichersituation zu Beginn des Programmablaufs (Lösung 3.4)

In dem Array `ergebnis` steht am Ende eine von mehreren vollständigen Sequentialisierungen des Aktionsgraphen. Im Verzeichnis `$INFO/L3.4` liegt eine erweiterte Fassung der Lösung von Aufgabe 3.3. Die Subklasse `AcNode2` besitzt einen eigenen Konstruktor, der den von `AcNode` aufruft, um die bereits dort definierten Attribute vorzubesetzen. Neu hinzugekommen sind der Referenzzähler und ein Boolesches Flag, das angibt, ob ein Knoten bereits aus dem Graph genommen wurde. Die Methode `isRemovable` testet ob ein Knoten ohne Vorgänger ist und entfernt ihn gegebenenfalls.

Tab. L3.2. Speichersituationen während des Programmablaufs (Lösung 3.4)

Start	ergebnis	*	*	*	*	*	*	*
	refcount	0	1	1	1	2	2	1
	removed	f	f	f	f	f	f	f
Step 1	ergebnis	1	*	*	*	*	*	*
	refcount	-	0	0	1	2	2	1
	removed	t	f	f	f	f	f	f
Step 2	ergebnis	1	3	2	*	*	*	*
	refcount	-	-	-	0	0	2	1
	removed	t	t	t	f	f	f	f
Step 3	ergebnis	1	3	2,	5	4	*	*
	refcount	-	-	-	-	-	0	0
	removed	t	t	t	t	t	f	f
Step 4	ergebnis	1	3	2	5	4	7	6
	refcount	-	-	-	-	-	-	-
	removed	t	t	t	t	t	t	t

Lösung 3.5. (PF3.4) Aktionsstruktur

Im Verzeichnis $INFO/L3.5 liegt eine Weiterentwicklung des Programms
zur Knotenelimination aus der letzten Aufgabe 3.4. Dort wurde bereits
eine vollständige Sequentialisierung gefunden. In dieser Aufgabe sind alle
vollständigen Sequentialisierungen zu finden.

Wir haben dies wieder unter Benutzung von Vererbung bewerkstelligt.

Lösung 3.6. (E*) Ereignisstruktur, partielle Ordnung

Eine partielle Ordnung ist reflexiv, transitiv, und antisymmetrisch.
Sei gegeben $p1 = (E1, \leq_1, \alpha_1)$, $p2 = (E2, \leq_2, \alpha_2)$ und sei p_1 Präfix von p_2:

(1) $E1 \subseteq E2$

(2) $\alpha_2|_{E1} = \alpha_1$ $\quad\Big\}$ Teilprozeß

(3) $\leq_2 |_{E1 \times E1} = \leq_1$

(4) $\forall e1, e2 \in E2 : e1 \leq_2 e2 \wedge e2 \in E1 \Rightarrow e1 \in E1$ (Präfix)

Reflexivität: $p1 \leq_{prä} p1$ (unmittelbar klar)
Transitivität: $p1 \leq_{prä} p2 \wedge p2 \leq_{prä} p3 = (E3, \leq_3, \alpha_3) \Rightarrow p1 \leq_{prä} p3$

(1) $E1 \subseteq E2 \subseteq E3 \Rightarrow E1 \subseteq E3$

(2) $\alpha_3|_{E1} = \alpha_3|_{E2}|_{E1} = \alpha_2|_{E1} = \alpha_1$

(3) $\leq_3 |_{E1 \times E1} = \leq_3 |_{E2 \times E2}|_{E1 \times E1} = \leq_2 |_{E1 \times E1} = \leq_1$

(4) *Voraussetzung*:

  $\forall e1, e2 \in E2 : e1 \leq_2 e2 \wedge e2 \in E1 \Rightarrow e1 \in E1$ (Vor. 1)

  $\forall e2, e3 \in E3 : e2 \leq_3 e3 \wedge e3 \in E2 \Rightarrow e2 \in E2$ (Vor. 2)

  Seien $e1, e3 \in E3$ und $e1 \leq_3 e3 \wedge e3 \in E1$.

  Wegen $\leq_3 |_{E2 \times E2} = \leq_2$ und $E1 \subseteq E2 \subseteq E3$ gilt

    $e1 \leq_2 e3 \wedge e3 \in E2$

  mit Vor. 2 folgt $e1 \in E2$.

Wegen $\leq_3 |_{E1 \times E1} = \leq_1$ gilt
$$e1 \leq_1 e3 \wedge e3 \in E1$$
und mit Vor. 1 die Behauptung: $e1 \in E1$.

Antisymmetrie: $p1 \leq_{pr\ddot{a}} p2 \wedge p2 \leq_{pr\ddot{a}} p1 \Rightarrow p1 = p2$

(1) $E1 \subseteq E2 \subseteq E1 \Rightarrow E1 = E2$
(2) $\alpha_1|_{E2} = \alpha_2|_{E1} \Rightarrow \alpha1 = \alpha2$
(3) $\leq_1 |_{E2 \times E2} = \leq_2 |_{E1 \times E1} \Rightarrow \leq_1 = \leq_2$
(4) nicht erforderlich, um zu zeigen, daß $p1 = p2$!

Lösung 3.7. Aktionsdiagramm

(a) Zum Beispiel $p = (E, \leq, \alpha)$ mit $E = \{e1, \ldots, e5\}$ und $e1 \leq e2 \leq e3 \leq e4 \leq e5$ und $\alpha(e1) =$ anpfiff, $\alpha(e2) = \alpha(e3) = $ tor_FCB, $\alpha(e4) = $ tor_1860, $\alpha(e5) = $ abpfiff

(b) $p0 = (E, \leq_0, \alpha)$ mit $e1 \leq_0 e2 \leq_0 e3 \leq_0 e5$ und $e1 \leq_0 e4 \leq_0 e5$
p0 ist in Abb. L3.6 als (abstrakter) Prozeß graphisch dargestellt.

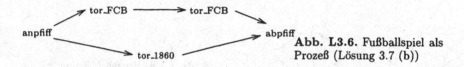

Abb. L3.6. Fußballspiel als Prozeß (Lösung 3.7 (b))

Die Tatsache, daß in p0 die beiden Ereignisse $e2, e3$ unvergleichbar mit $e4$ sind, könnte man derart interpretieren, daß die zugehörigen Aktionen beim Spiel gleichzeitig ablaufen. Dies widerspräche jedoch der landläufigen Vorstellung eines Fußballspiels.
Alternativ dazu läßt sich die Unvergleichbarkeit als Unabhängigkeit der Ereignisse interpretieren, die in jedem Ablauf passend sequentialisiert werden (Interleaving).

Lösung 3.8. Petri-Netze

(a) i) Um alle erreichbaren Belegungen zu ermitteln, sind alle zulässigen Schaltvorgänge von der Startbelegung aus zu untersuchen und diese Betrachtung dann für alle Folgebelegungen fortzusetzen. Diese Untersuchung ist gleichwertig mit dem Aufstellen des zugehörigen Zustands-Übergangs-Automaten für das Petri-Netz. Wir benutzen dafür die Bezeichnung der Stellen des Petri-Netzes.
Boolesche Belegungen können nun durch 5-Tupel $b \in \mathbb{B}^5$ repräsentiert werden, wobei ein 5-Tupel

$$b = \langle b1\ b2\ b3\ b4\ b5 \rangle$$

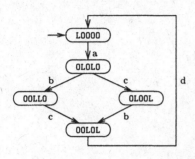

Abb. L3.7. Übergangsdiagramm (Lösung 3.8 (a))

zu verstehen ist als: Die Stelle Si ist genau dann belegt, wenn $b_i = L$. Das ergibt Übergangsdiagramm L3.7 der erreichbaren Belegungen.

Hier können allerdings nur sequentielle Abläufe dargestellt werden: Die beiden Transitionen b und c können aber auch parallel schalten!

(b) i) Durch das parallele Schalten von b und c existieren nicht-sequentielle Abläufe, z.B. ist der Prozeß L3.8 ein (nicht vollständiger) Ablauf des Petri-Netzes.

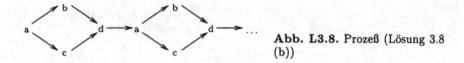

Abb. L3.8. Prozeß (Lösung 3.8 (b))

(c) i) Nein. In jeder erreichbaren Belegung kann mindestens eine Transition schalten.

(d) i) Nein. Die untersuchten Transitionen konnten alle unabhängig von Kapazitätsgrenzen schalten, d.h., es ist nicht möglich, Belegungen mit mehr als einem „Token" auf einer Stelle zu erreichen.

(a) ii) Boolesche Belegungen können analog zu i) durch 4-Tupel $b \in \mathbb{B}^4$ repräsentiert werden. Das ergibt das Übergangsdiagramm L3.9 der erreichbaren Belegungen.

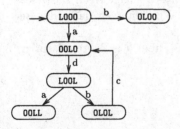

Abb. L3.9. Übergangsdiagramm (Lösung 3.8 (a))

(b) ii) Nein. In keiner der erreichbaren Belegungen können zwei Transitionen gleichzeitig schalten.

(c) ii) Ja. Es sind zwei Belegungen erreichbar (0L00 und 00LL), in denen keine Transition mehr schalten kann.

(d) ii) Ja. Wenn man natürlichzahlige Belegungen betrachtet, kann bei der Belegung 00LL die Transition d schalten (was bisher durch den belegten Ausgangsplatz verhindert wurde). Das ergibt die Zustandsübergänge von Abb. L3.10. Belegungen sind hier wieder durch Tupel von natürlichen Zahlen repräsentiert.

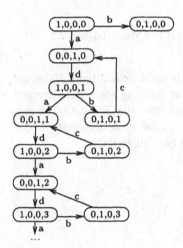

Abb. L3.10. Übergangsdiagramm (Lösung 3.8 (d))

Insbesondere sind also hier unendliche Abläufe möglich, die die Transitionen b und c nicht mehr enthalten („Aushungerung", „starvation").

Lösung 3.9. Petri-Netze

(a) Boolesche Belegungen werden wieder durch 4-Tupel $b \in \mathbb{B}^4$ repräsentiert, wobei ein 4-Tupel

$$b = \langle b_w b_x b_y b_z \rangle$$

zu verstehen ist als: Die Stelle k ist genau dann belegt, wenn $b_k = L$. Das ergibt das Übergangsdiagramm L3.11.

(b) Nur der Ablauf L3.12 erfüllt die Bedingungen: Er ist nicht Sequentialisierung eines weiteren Ablaufs (d.h. nutzt die mögliche Parallelität von a und b aus) und hat die geforderte Größe.

(c) Das einzige Problem besteht darin, das Verhalten der „Quelle" a zu simulieren. Im Booleschen Petri-Netz kann die Transition a nicht zweimal direkt hintereinander schalten (da die Stelle w zuerst wieder frei werden

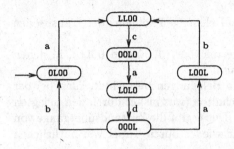

Abb. L3.11. Übergangsdiagramm
(Lösung 3.9 (a))

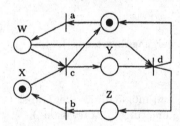

Abb. L3.12. Ablauf (Lösung 3.9 (b))

muß). Würde das gleiche Netz dagegen mit natürlichzahligen Belegungen betrieben, könnten zu jedem. Zeitpunkt beliebig viele Schaltungen von a hintereinander erfolgen. Deshalb muß man die Transition a nun abhängig machen vom Schaltvorgang von c oder d. a darf erst wieder schalten, nachdem eine dieser Transitionen geschaltet hat.

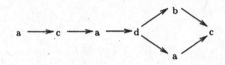

Abb. L3.13. Natürlichzahliges Petri-Netz
(Lösung 3.9 (c))

Lösung 3.10. Petri-Netze

(a) Die Belegungen der Stellen w, x, y, z werden durch 4-Tupel $(b_1, b_2, b_3, b_4) \in \mathbb{B}^4$ repräsentiert. Wir erhalten das Übergangsdiagramm L3.14.

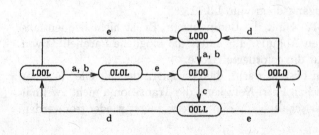

Abb. L3.14. Übergangsdiagramm
(Lösung 3.10 (a))

(b) Eine korrekte Lösung ist der Ablauf L3.15.

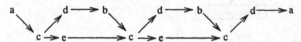

Abb. L3.15. Petri-Netz-Ablauf (Lösung 3.10 (b))

Diese Lösung besitzt eine minimale Anzahl von Ereignissen. Andere korrekte Lösungen dürfen mehr Ereignisse enthalten (dem Schema obigen Ablaufs folgend) und dürfen bzgl. des Auftretens der Aktionen a und b variieren. D.h. korrekte Lösungen sind von der Struktur aus Abb. L3.16, wobei • jeweils durch a oder b ersetzt ist.

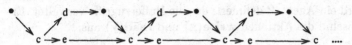

Abb. L3.16. Menge möglicher Abläufe (Lösung 3.10 (b))

(c) Zwei alternative Lösungen:

a **or** b; (x :: c; ((d; (a **or** b))‖ e); x)   oder
(x :: (a **or** b); c; d; x)‖$_{\{c\}}$(y :: c; e; y)

Lösung 3.12. Agenten, Erzeuger/Verbraucher

(a) Erzeuger und Verbraucher werden durch die Petri-Netze in Abb. L3.17 beschrieben.

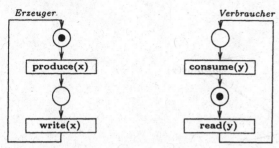

Abb. L3.17. Petri-Netze für Erzeuger und Verbraucher (Lösung 3.12 (a))

In dem gekoppelten Netz in Abb. L3.18 laufen die Aktionen **write(x)** und **read(y)** asynchron ab (ohne ein nicht gelesenes Datum zu überschreiben bzw. mehrfach zu lesen).

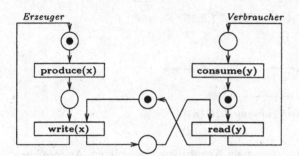

Abb. L3.18. Asynchrone Kopplung von Erzeuger und Verbraucher (Lösung 3.12 (a))

Dieses Petri-Netz kann sowohl als natürlichzahliges als auch als Boolesches Petri-Netz interpretiert werden, da keine Kapazitätsbeschränkungen auftreten.

(b) Zunächst wird ein Agent P definiert, der die Pufferzugriffe verwaltet. Er führt abwechselnd die Aktionen **write(x)** und **read(y)** aus:

$P =_{def}$ puffer:: write(x); read(y); puffer

Außerdem werden Agenten E und V definiert, die Erzeuger und Verbraucher modellieren:

$E =_{def}$ erz:: produce(x); write(x); erz
$V =_{def}$ verb:: read(y); consume(y); verb

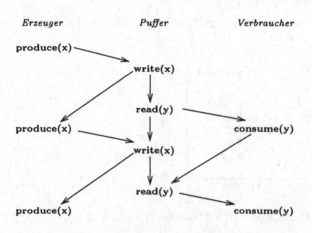

Abb. L3.19. Ablauf asynchron gekoppelter Erzeuger und Verbraucher (Lösung 3.12 (b))

Diese drei Agenten werden nun parallel komponiert und über die Lese- und Schreibaktionen synchronisiert.

$$EV =_{def} (E\|V)\|_{\{write(x),read(y)\}}P.$$

Ein möglicher Ablauf ist in Abb. L3.19 gegeben. Bei dieser Lösung werden die Aktionen **write(x)** und **read(y)** wie in (a) asynchron ausgeführt. Um eine synchrone Ausführung zu modellieren, werden die Aktionen **write(x)** und **read(y)** durch eine Aktion **writeread** ersetzt. Das Erzeuger/Verbraucher-Problem kann dann durch folgenden Agenten beschrieben werden:

$$EVS =_{def} \quad (\text{erzS:: produce(x); writeread; erzS)}\|_{\{writeread\}}$$
$$(\text{verbS:: writeread; consume(y); verbS)}$$

Ein möglicher Ablauf ist in Abb. L3.20 gegeben.

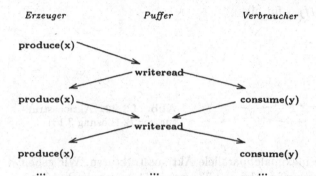

Abb. L3.20. Ablauf synchron gekoppelter Erzeuger und Verbraucher (Lösung 3.12 (b))

Lösung 3.13. Agenten, Verklemmung

Seien $E = \{e0, e1, e2, \ldots\}$, $F = \{f0, f1, f2, \ldots\}$ und $G = \{g0, g1, g2, \ldots\}$. Die zugrundeliegende Ereignismenge („Universum") ist $E \cup F \cup G$. Die Abläufe der Agenten sind dann jeweils (bis auf Isomorphie) alle im folgenden angegebenen Tripel $p = (E_i, \leq_i, \alpha_i)$ sowie alle Präfixe davon (auch der leere Prozeß!):

Zu t0: Erster vollständiger Ablauf: Zweiter vollständiger Ablauf:
$$a \to b \qquad\qquad\qquad\qquad a \to c$$
$$E_0 = \{e0, e1\} \qquad\qquad\quad E_0' = \{e0, e1\}$$
$$\alpha_0(e0) = a, \alpha_0(e1) = b \qquad \alpha_0'(e0) = a, \alpha_0'(e1) = c$$
$$\leq_0 = \{(e0, e1)\}^* \qquad\qquad \leq_0' = \{(e0, e1)\}^*$$

Insgesamt (einschließlich aller Präfixe!) existieren also 4 Abläufe.

Zu t1: Eine maximale, parallele Aktionsstruktur ist in L3.21 angegeben. Insgesamt gibt es hier 5 verschiedene Abläufe:

$E_1 = \{e0, e1, e2\}$
$\alpha_1(e0) = a, \alpha_1(e1) = b, \alpha_1(e2) = c$
$\leq_1 = \{(e0, e1), (e0, e2)\}^*$

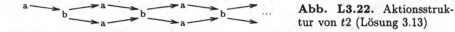

Abb. L3.21. Aktionsstruktur von $t1$ (Lösung 3.13)

Zu t2: Eine maximale, parallele Aktionsstruktur ist in L3.22 skizziert. Hier existieren unendlich viele verschiedene Abläufe.

$E_2 = E \cup F \cup G$
$\alpha_2(x) = \begin{cases} b & \text{falls } x \in F \\ a & \text{falls } x \in E \cup G \end{cases}$
$e_j \leq'_2 f_j$ für alle j; $f_j \leq'_2 e_{j+1}$ für alle j;
$f_j \leq'_2 g_j$ für alle j; $g_j \leq'_2 f_{j+1}$ für alle j;

$\leq_2 = (\leq'_2)^*$

Abb. L3.22. Aktionsstruktur von $t2$ (Lösung 3.13)

Zu t3: Hier gibt es viele maximale, parallele Aktionsstrukturen. Wir geben eine parametrisierte Fassung in Abb. L3.23, wobei für • jeweils b oder c einzusetzen ist. Die vollständigen Abläufe haben folgende Gestalt:

$E_3 = E \cup F \cup G$
α_3 so, daß gilt: $\alpha_3(f) \in \{b, c\}$ $\alpha_3(x) = a$, falls $x \in E \cup G$
$\leq_3 = \leq_2$

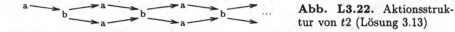

Abb. L3.23. Aktionsstrukturen von $t3$ (Lösung 3.13)

Im Agenten $t2$ kann keine Verklemmung auftreten; dagegen kann im Agenten $t3$ vor jedem Synchronisationspunkt eine Verklemmung auftreten, nämlich genau dann, wenn ein Teilagent die Aktion b und der andere die Aktion c ausführen will.

Lösung 3.15. Agenten, Ampel

Die Agenten sind so zu modifizieren, daß die Aktionen q der Agenten *fahrb1* und *fahrb2a* sowie der Agenten *fahrb1* und *fahrb2b* sich gegenseitig ausschließen, nicht jedoch die Aktionen q der Agenten *fahrb2a* und *fahrb2b*. Für den gegenseitigen Ausschluß zwischen *fahrb1* und *fahrb2a* werden die Hilfsaktionen *pa* und *va* verwendet, für den gegenseitigen Ausschluß von *fahrb1* und *fahrb2b* die Hilfsaktionen *pb* und *vb*. Das Einfahren eines Fahrzeuges in den Kreuzungsbereich der Fahrbahn *fahrb2a* wird durch Ausführen der Aktion *pa* angezeigt, das Verlassen durch die Aktion *va*. Entsprechendes gilt für den Kreuzungsbereich der Fahrbahn *fahrb2b* und die Hilfsaktionen *pb* und *vb*. Dies ergibt die folgenden Agenten:

$$fahrb2a' \equiv ya :: pa; q; va; ya$$
$$fahrb2b' \equiv yb :: pb; q; vb; yb$$
$$fahrb1' \equiv x :: (pa\|pb); q; (va\|vb); x$$

Nun muß noch der Agent *ampel* angegeben werden, der für die sequentielle Ausführung von *pa* und *va* bzw. *pb* und *vb* sorgt, jedoch die unabhängige Ausführung dieser beiden Aktionspaare erlaubt:

$$ampel \equiv (za :: pa; va; za)\|(zb :: pb; vb; zb)$$

Dagegen würde der Agent $z :: ((pa; va)\|(pb; vb)); z$ eine unnötige Abhängigkeit zwischen den Fahrzeugen der Fahrbahnen *fahrb2a* und *fahrb2b* erzeugen. Damit erfüllt der Agent

$$kreuzg \equiv (fahrb2a'\|fahrb2b'\|fahrb1')\|_H ampel$$

die geforderten Eigenschaften.

Lösung 3.16. Agenten, Abläufe

(a) Seien $P_x, x \in \{a, b, c, d\}$ „Ein-Punkt-Prozesse" mit Aktion x (und paarweiser disjunkter Ereignismenge); $P_\emptyset$ sei der leere Prozeß. Weiter sei $P_{x\|y}$ der Prozeß mit ispar$(P_{x\|y}, P_x, P_y, \emptyset)$, entsprechend sei $P_{x;y}$ bzw. $P_{x;y;z}$ erklärt (für $x \neq y \neq z \neq x$!) Für $t1$ kann man mit dem Kalkül aus [B98] ableiten:

(1) $a \xrightarrow{P_a}$ **skip**

(2) $(b \text{ **or** } c); d \xrightarrow{P_\emptyset} (b \text{ **or** } c); d$

(3) $t1 \xrightarrow{P_a} (b \text{ **or** } c); d$ (folgt aus (1), (2))

(4) $b \xrightarrow{P_b}$ **skip**

(5) $c \xrightarrow{P_c}$ **skip**

(6) $(b \text{ **or** } c) \xrightarrow{P_b}$ **skip**   (folgt aus (4))

(7) $(b \text{ **or** } c) \xrightarrow{P_c}$ **skip**   (folgt aus (5))

(8) $a; (b \text{ **or** } c) \xrightarrow{P_{a;b}}$ **skip**   (folgt aus (1), (6))

(9) $a; (b \text{ or } c) \xrightarrow{P_{a;c}} \text{skip}$ (folgt aus (1), (7))

(10) $d \xrightarrow{P_\emptyset} d$

(11) $t1 \xrightarrow{P_{a;b}} d$ (folgt aus (8), (10))

(12) $t1 \xrightarrow{P_{a;c}} d$ (folgt aus (9), (10))

(13) $d \xrightarrow{P_d} \text{skip}$

(14) $(b \text{ or } c); d \xrightarrow{P_{b;d}} \text{skip}$ (folgt aus (6), (13))

(15) $(b \text{ or } c); d \xrightarrow{P_{c;d}} \text{skip}$ (folgt aus (7), (13))

(16) $t1 \xrightarrow{P_{a;b;d}} \text{skip}$ (folgt aus (1), (14))

(17) $t1 \xrightarrow{P_{a;c;d}} \text{skip}$ (folgt aus (1), (15))

Also hat $t1$ außer dem trivialen Ablauf $P_\emptyset$ die fünf Abläufe P_a, $P_{a;b}$, $P_{a;c}$, $P_{a;b;d}$ und $P_{a;c;d}$.

Für $t2$ geben wir die Abläufe ohne die Ableitung an:

$t2 \xrightarrow{P_a} (b \| c); d$

$t2 \xrightarrow{P_{a;b}} (\text{ skip } \| c); d$

$t2 \xrightarrow{P_{a;c}} (b \| \text{ skip}); d$

$t2 \xrightarrow{P_{a;(b\|c)}} d$

$t2 \xrightarrow{P_{a;(b\|c);d}} \text{skip}$

(b) Siehe Abb. L3.24.

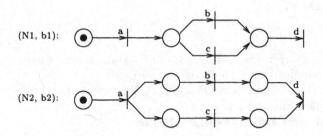

(N1, b1):

(N2, b2):

Abb. L3.24.
Petri-Netze (Lösung
3.16 (b))

(c) Sei $t := a; b; x$; somit $t3 = x :: t$

Wegen $a; b \xrightarrow{P_{a;b}} \text{skip}$

und $t3 \xrightarrow{P_\emptyset} t3$

erhält man $a; b; t3 \xrightarrow{P_{a;b}} t3,$

und mit $t[t3/x] = a; b; t3$

folgt $t3 \xrightarrow{P_{a;b}} t3$

Entsprechend: $a \xrightarrow{P_a}$ **skip**
$$b; t3 \xrightarrow{P_\emptyset} b; t3$$
$$t[t3/x] \xrightarrow{P_a} b; t3$$
$$t3 \xrightarrow{P_a} b; t3$$

Man erhält durch Induktion nach n:

$t3 \xrightarrow{P_n} t3$ falls n gerade

$t3 \xrightarrow{P_n} b; t3$ falls n ungerade

wobei $P_0 = P_\emptyset$ und

$$P_n = (\{1, \ldots, n\}, \leq, \alpha), \text{ mit } \alpha(n) = \begin{cases} a & n \text{ ungerade} \\ b & n \text{ gerade} \end{cases}$$

und $\leq$ die übliche Ordnung auf $\mathbb{N}$.

Zu $t4$: Es kann abgeleitet werden, daß nur Prozesse der Form

$t4 = x :: a; y :: (b; x \textbf{ or } y)$
$t5 =_{def} y :: (b; t4 \textbf{ or } y)$

durchlaufen werden.

Die Prozesse mit einer Aktion können als Transitionen in dem Zustands-Übergangssystem L3.25 verstanden werden.

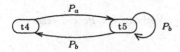

Abb. L3.25. Zustands-Übergangssystem
(Lösung 3.16 (c))

Lösung 3.17. (F3.12) Prozeßprädikate, Erzeuger/Verbraucher

(a) Die folgenden Prädikate charakterisieren Prozesse $p = (E, \leq, \alpha)$, die einen zulässigen Zugriff auf den Puffer darstellen.

i) Erzeuger und Verbraucher greifen nicht gleichzeitig auf den Puffer zu.
$$\Phi_1 =_{def} \forall e, e' \in E : ((\alpha(e) = \textbf{read(y)} \wedge \alpha(e') = \textbf{write(x)}) \Rightarrow$$
$$(e \leq e' \vee e' \leq e))$$

ii) Vor jedem lesenden Zugriff erfolgt ein schreibender Zugriff auf den Puffer.
$$\Phi_2 =_{def} \forall e \in E : (\alpha(e) = \textbf{read(y)} \Rightarrow$$
$$(\exists e_0 \in E : \alpha(e_0) = \textbf{write(x)} \wedge e_0 \leq e))$$

iii) Jedes in den Puffer geschriebene Datum wird genau einmal gelesen.
$$\Phi_3 =_{def} \forall e \in E : \alpha(e) = \textbf{write(x)} \Rightarrow$$
$$|\{e_0 \in E : e \leq e_0 \wedge \alpha(e_0) = \textbf{read(y)} \wedge$$
$$(\neg \exists e_1 \in E : e < e_1 < e_0 : \alpha(e_1) = \textbf{write(x)})\}| = 1$$

(b) In der Lösung zu Aufgabe 3.12(b) wurde folgender Agent EV angegeben:

$$EV =_{def} (E\|V)\|_{\{write(x),read(y)\}}P,$$

wobei

$P =_{def}$ puffer:: **write(x); read(y);** puffer
$E =_{def}$ erz:: **produce(x); write(x);** erz
$V =_{def}$ verb:: **read(y); consume(y);** verb

Der Agent P führt abwechselnd Schreib- und Leseaktionen aus, und beginnt mit einer Schreibaktion. Damit wird sichergestellt, daß jeder Ablauf von EV die Prädikate Φ_1 und Φ_2 erfüllt.

Prädikat Φ_3 wird im allgemeinen nur von den *vollständigen* Abläufen von EV erfüllt. Zum Beispiel erfüllt der nichtvollständige Ablauf in Abb. L3.26 das Prädikat Φ_3 *nicht*. Das zuletzt in den Puffer geschriebene Datum wird nicht gelesen.

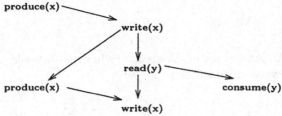

Abb. L3.26. Nichtvollständiger Ablauf des Erzeuger-Verbraucher-Petri-Netzes

Lösung 3.18. (*) Semaphore
Wir führen folgende Abkürzungen ein:

„1f"   steht für „s1 := **false**",
„1t"   steht für „s1 := **true**",
„1:2" steht für „incr(z1, z2)",

entsprechend: 2f, 2t, 3f, 3t, 2:3, 3:1. Die Abläufe der Agenten

(init1 ‖ init2 ‖ init3); (t1 ‖ t2 ‖ t3)

sind genau alle Präfixe des Prozesses aus Abb. L3.27

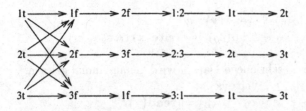

Abb. L3.27.
Aktionsstruktur
(Lösung 3.18)

(a) Die Abläufe von t sind alle Präfixe von Prozessen, wie sie im folgenden angegeben sind.

    i) Mit dem Prozeß L3.28 ist der Verklemmungszustand
       (t1' || t2' || t3') $||_S$ (sema1 || sema2 || sema3)
       erreicht, wobei t1' $=_{def}$ (2f; 1:2; 1t; 2t) und t2', t3' entsprechend definiert sind.
       Bezüglich der Operationen auf z1, z2, z3 ist dies äquivalent zu incr(z1, z2); incr(z2, z3); incr(z3, z1).

    ii) Siehe Abb. L3.29.

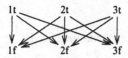

Abb. L3.28. Aktionsstruktur i) im Verklemmungs-zustand (Lösung 3.18 (a))

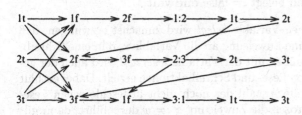

Abb. L3.29.
Aktionsstruktur ii)
(Lösung 3.18 (a))

iii)-vi) In Lösung ii) darf zunächst der erste, dann der zweite und dann der dritte Teilprozeß bis zum Ende kommen. Jede weitere Kombination dieser drei Teilprozesse ist ebenfalls möglich, wodurch sich weitere fünf Lösungen ergeben. Die Kombination incr(z1, z2); incr(z3, z1); incr(z2, z3) ist in Abb. L3.30 angegeben.

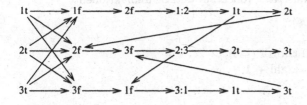

Abb. L3.30.
Aktionsstruktur iii)
(Lösung 3.18 (a))

(b) Ersetzt man in t den Agenten t3 durch

    t3' $=_{def}$ (1f; 3f; 3:1; 1t; 3t),

so stimmen die Abläufe der so erhaltenen Agenten bis auf die Vertauschung von 1f mit 3f in der oberen Zeile mit denen von t überein; eine Verklemmung kann nicht mehr auftreten. Im Programm ist also Zeile 6 entsprechend zu ändern, indem man „P(s3); P(s1)" durch „P(s1); P(s3)" ersetzt. Ganz allgemein kann man Semaphore linear ordnen und entsprechend dieser Ordnung nur in aufsteigender Reihenfolge belegen. So können Verklemmungen nicht auftreten.

Lösung 3.19. Prozeßkoordination, Read/Write

(a) **var int** x := 0;
   var nat leserzahl := 0;
   var bool belegt := false;

   proc read = (**var int** v):
   ⌈ **await** ¬ belegt **then** leserzahl := leserzahl + 1 **endwait**;
     v := x;
   ⌊ **await** true **then** leserzahl := leserzahl - 1 **endwait**

   proc write = (**int** w):
   ⌈ **await** leserzahl = 0 ∧ ¬belegt **then** belegt := true **endwait**;
     x := w;
   ⌊ **await** true **then** belegt := false **endwait**

Mit Hilfe der Booleschen Variable *belegt* wird zunächst erzwungen, daß höchstens ein Prozeß eine Zuweisung an die Variable x, d.h. eine Schreibaktion, ausführt. Zusammen mit der Variable *leserzahl* wird auch der gegenseitige Ausschluß von Lese- und Schreibaktionen erzielt. Dabei enthält die Variable *leserzahl* die Anzahl der noch nicht abgeschlossenen Lesevorgänge. Wenn ein Prozeß die Zuweisung $x := w$ durchführt, dann gilt *leserzahl* = 0 ∧ *belegt*.

(b) **var int** x := 0;
   var nat leserzahl := 0;
   sema bool ex := true;
        – *ex* bewirkt exklusiven Zugriff auf die Variable *leserzahl*
   sema bool s := true;
        – *s* bewirkt Exklusivität von Lese- und Schreibaktionen

   proc read = (**var int** v):
        ⌈ P(ex);
        if leserzahl = 0 **then** P(s) **fi**;
        leserzahl := leserzahl + 1;
        V(ex);
        v := x;
        P(ex);
        leserzahl := leserzahl - 1;
        if leserzahl = 0 **then** V(s) **fi**;
        ⌊ V(ex)

   proc write = (**int** w):
        ⌈ P(s);
          x := w;
        ⌊ V(s)

Bei dieser Lösung kann ein Schreibzugriff erfolgen, falls
- es keinen anderen nicht-vollendeten Schreibzugriff gibt und
- *leserzahl = 0.*
Damit wird sichergestellt, daß ein schreibender Zugriff auf die Variable x unter gegenseitigem Ausschluß erfolgt und gleichzeitig auch kein lesender Zugriff möglich ist.

Lösung 3.20. Prozeßkoordination, Erzeuger/Verbraucher

E ‖ V läßt sich gemäß Angabe einfach in ein Programm übertragen. Nun muß aber noch die Synchronisation „‖$_{\{\text{write(x), read(y)}\}}P$" ins Programm eingehen. Inspektion von P liefert:

i) write(x) und read(y) dürfen nicht gleichzeitig ausgeführt werden
ii) write(x) und read(y) alternieren
iii) write(x) beginnt.

Dies muß in den Programmen nachgebildet werden. Dabei wird angenommen, daß die Prozeduren write(x) und read(y) auf einer gemeinsamen Variable (Puffer) arbeiten, ohne selbst die gemeinsame Variable zu schützen. Diese Variable erscheint nur in den Deklarationen der Prozeduren write und read, also in den folgenden Programmen nicht.

(a) i) write(x) und read(y) dürfen nur innerhalb eines kritischen Bereichs, d.h. im Rumpf einer **await**-Anweisung, ausgeführt werden.

   ii) Es wird eine Boolesche Variable „w_enable" eingeführt, die angibt, ob gerade geschrieben werden darf oder nicht. Diese eine Variable ist ausreichend, da read(y) stets genau dann ausgeführt werden darf, wenn write(x) nicht ausgeführt werden darf. (Man könnte aber (zunächst) auch eine zweite Boolesche Variable „r_enable" verwenden. Diese ließe sich dann im nächsten Umformungsschritt eliminieren.)

   iii) Vorbesetzung: w_enable := true
   Dies ergibt folgendes Programm:

```
⌈ var x, y;
  var bool w_enable := true;

  ⌈ while true do
      produce(x);
      await w_enable then write(x); w_enable := false endwait
    od
  ‖ while true do
      await ¬w_enable then read(y); w_enable := true endwait;
      consume(y)
    od ⌋ ⌋
```

(b) i) Zum gegenseitigen Ausschluß von write(x) und read(y) wird ein Semaphor „buffer" eingeführt.

ii) Es werden Boolesche Semaphore „ws" und „rs" eingeführt, die angeben, ob als nächstes geschrieben oder gelesen werden darf.

iii) Vorbesetzung: ws := true; rs := false
Dies liefert folgendes Programm:

```
⌈ var x, y;
  sema bool buffer, ws, rs := true, true, false;

  ⌈ while true do
        produce(x); P(ws); P(buffer); write(x); V(buffer); V(rs) od
  ‖ while true do
        P(rs); P(buffer); read(y); V(buffer); V(ws); consume(y)
    od ⌉ ⌉
```

Man beachte, daß die Reihenfolge von P(ws); P(buffer) bzw. P(rs); P(buffer) nicht vertauscht werden darf.

Vereinfachung: Das Semaphor „buffer" ist überflüssig, d.h., im Programm *kursiv* gedruckte Teile können weggelassen werden, da bereits ws und rs den gegenseitigen Ausschluß sicherstellen, denn: Der Erzeuger kann P(ws) nur am Anfang erfolgreich ausführen, oder wenn der Verbraucher V(ws) ausgeführt hat; in beiden Fällen befindet sich der Verbraucher gerade nicht in seinem kritischen Abschnitt und kann auch wegen P(rs) nicht in ihn gelangen. Umgekehrt: Der Verbraucher kann P(rs) nur erfolgreich ausführen, wenn der Erzeuger V(rs) ausgeführt hat; dann kann sich aber der Erzeuger nicht gerade in seinem kritischen Abschnitt befinden und ihn wegen P(ws) auch nicht neu betreten.

(c) Siehe $INFO/L3.20.

Lösung 3.22. Semaphore, Hotelreservierung

(a) Wie verlangt, sei N=2. Von den beiden Zimmertypen gebe es auch nur jeweils ein Zimmer, d.h., vorrat wird initialisiert mit vorrat[1] := 1 und vorrat[2] :=1. Es sollen zwei parallele Buchungen abgearbeitet werden, die beide den gesamten Vorrat beanspruchen (also zwei Buchungen [1,1]). Die Aktivitäten der beiden „buche"-Prozesse werden in Tabelle L3.3 dargestellt.

Man könnte den Eindruck gewinnen, daß das Problem nur dadurch auftritt, daß in „buche" zuerst *alle* Überprüfungen und dann alle Reservierungen durchgeführt werden. Es ist aber auch keine befriedigende Lösung, jeweils eine Überprüfung und Reservierung zu einer unteilbaren Aktion zusammenzufassen (z.B. mit Semaphoren)! Denn dann kann folgende Reihenfolge eintreten: Der 1. Auftrag reserviert 1 Zimmer vom Typ 1, dann versucht der 2. Auftrag, der vorher ein Zimmer vom Typ 2 reserviert hat, ebenfalls eines vom Typ 1 zu reservieren und geht in einen Wartezustand. Somit erhält keiner der beiden Aufrufe seine volle Reservierung: Es entsteht ein Deadlock.

Tab. L3.3. Paralleler Ablauf zweier Buchungen (Lösung 3.22 (a))

1. Aufruf von „buche"	2. Aufruf von „buche"	Variable „vorrat"
ok := **true**;	ok := **true**;	[1,1]
ok := ok ∧ prüfe(vorrat, 1, 1);	ok := ok ∧ prüfe(vorrat, 1, 1);	[1,1]
ok := ok ∧ prüfe(vorrat, 2, 1);	ok := ok ∧ prüfe(vorrat, 2, 1);	[1,1]
– in beiden Prozessen liefert die Prüfung das Resultat **true**!		
reserviere(vorrat, 1, 1);		[0.1]
	reserviere(vorrat, 1, 1)	[-1,1]
		Fehler

(b) Die einfachste Lösung für das Problem ist, die komplette Durchführung einer Buchung unter wechselweisem Ausschluß durchzuführen. Wichtig ist dabei, daß eine Buchung nur dann vorgenommen wird, wenn vorher alle Teilreservierungen auf Durchführbarkeit überprüft wurden („Transaktionskonzept"). Es wird ein globaler Semaphor vereinbart:

sema bool excl := **true**;

und die Prozedur buche wird ergänzt um:

```
proc buche = (var array[1..N]nat vorrat, buchung b, var bool ok):
   ⌈ P(excl);
     ok := true;
     for i := 1 to N do ok := ok ∧ prüfe(vorrat, i, b[i]) od;
     if ok then
        for i :=1 to N do reserviere(vorrat, i, b[i])od fi;
     V(excl) ⌋
```

Damit ist zwar das korrekte Funktionieren des Buchungssystems sichergestellt, es handelt sich allerdings einfach um eine Sequentialisierung aller Buchungen!

(c) Die Idee für eine effektivere Nutzung der zentralen Variablen „vorrat" besteht darin, für jeden Zimmertyp einen eigenen Semaphor einzurichten, so daß einzelne Komponenten des Feldes gesperrt werden können. (Bei Dateien heißt ein ähnliches Konzept „record locking".) Unter wechselseitigem Ausschluß für alle Prozesse muß jetzt nur noch die Prüfung auf Durchführbarkeit einer Buchung ausgeführt werden. Global werden vereinbart:

sema array [1..N] vlock; (* alle Komponenten initialisieren mit **true** *)

Die Prozedur „buche" lautet nun:

```
proc buche = (var array [1..N] nat vorrat, buchung b, var bool ok):
⌈ for i := 1 to N do                                          – neu
      if b[i] ≠ 0 then P(vlock[i]) fi od;
   ok := true;
   for i := 1 to N do
      if b[i] ≠ 0 then ok := ok ∧ prüfe(vorrat, i, b[i]) fi od;
   if ok then
      for i := 1 to N do
         if b[i] ≠ 0 then reserviere(vorrat, i, b[i]) fi od fi;
   for i := 1 to N do                                         – neu
      if b[i] ≠ 0 then V(vlock[i]) fi od; ⌋
```

Man beachte, daß Verklemmungen hier nur dadurch verhindert werden, indem die Buchungsprozesse ihre P-Operationen in einer festen Reihenfolge (nach Zimmertypen) aufrufen. Somit sind keine zyklischen Wartezustände möglich.

(d) Die Java-Lösung ist in $INFO/L3.22 zu finden.

Lösung 3.23. Semaphore, Bergbahn

Da ein Gleisabschnitt nur einen Zug aufnehmen kann, darf seine Benutzung nur unter gegenseitigem Ausschluß erfolgen. Für die fünf kritischen Gleisabschnitte benötigen wir also fünf Boolesche Semaphore *berg1*, *berg2*, *steigung*, *tal1* und *tal2*. Sie werden mit L (= Gleisstrecke frei) vorbesetzt. Unter Vernachlässigung der Steigungsprobleme können wir ansetzen:

```
P_auf :=                              P_ab :=
{                                     {
  P(tal1);                              P(berg2);
  fahre("auf","unten1","tal1");         fahre("ab","oben2","berg2");
  P(steigung);                          P(steigung);
  fahre("auf","tal1","steigung");       fahre("ab","berg2","steigung");
  V(tal1);                              V(berg2);
  P(berg1);                             P(tal2);
  fahre("auf","steigung","berg1");      fahre("ab","steigung","tal2");
  V(steigung);                          V(steigung);
  fahre("auf","berg1","oben1");         fahre("ab","tal2","unten2");
  V(berg1);                             V(tal2);
}                                     }
```

Die Sperrphasen sind hier möglichst kurz gehalten, d.h., eine P-Operation kommt direkt vor und eine V-Operation direkt nach dem Befahren eines Gleises.

Unter Beachtung der Steigungsprobleme müssen wir folgendermaßen überlegen: Jede P-Operation wirkt als Haltesignal. Ein abwärtsfahrender Zug kann wegen des Gefälles nicht vor *tal2* anhalten. Deshalb ist hier P(tal2) falsch gesetzt und muß vor dem Einfahren in *steigung* kommen. Ähnliches gilt für aufwärtsfahrende Züge. Diese dürfen weder auf *steigung* noch auf *tal1* angehalten werden. Hier müssen also P(steigung) und P(berg1) weiter vorne plaziert werden.

P_{auf} :=
```
{
  P(tal1);
  P(berg1);
  P(steigung);
  fahre("auf","unten1","tal1");
  fahre("auf","tal1","steigung");
  V(tal1);
  fahre("auf","steigung","berg1");
  V(steigung);
  fahre("auf","berg1","oben1");
  V(berg1);
}
```

P_{ab} :=
```
{
  P(berg2);
  fahre("ab","oben2","berg2");
  P(tal2);
  P(steigung);
  fahre("ab","berg2","steigung");
  V(berg2);
  fahre("ab","steigung","tal2");
  V(steigung);
  fahre("ab","tal2","unten2");
  V(tal2);
}
```

Die P-Operationen müssen beim aufwärtsfahrenden Zug in der Reihenfolge P(berg1), P(steigung) und beim abwärtsfahrenden Zug in der Reihenfolge P(tal2), P(steigung) verwendet werden. Denn würde z.B. beim abwärtsfahrenden Zug durch P(steigung) der Abschnitt *steigung* zuerst belegt, dann würden durch das darauffolgende P(tal2) aufwärtsfahrende Züge unzulässig behindert.

Schließlich kann beim aufwärtsfahrenden Zug noch das Semaphor *tal1* weggelassen werden, da sein Sperrbereich in dem von *steigung* liegt.

Lösung 3.24. (PF3.23) Semaphore, Java
Eine mögliche Lösung ist in $INFO/L3.24 angegeben. Sie startet mehrere Züge, die konkurrierend versuchen über den Berg hinauf- bzw. hinunterzufahren.

Lösung 3.25. Semaphore, Tiefgarage
In $INFO/L3.25 findet sich die Lösung des Programmiersprachenteils.

L3.2 Betriebssysteme und Systemprogrammierung

Lösung 3.27. (E) MI, Prozeßkoordination

(a) Der Befehl

JBCCI ⟨Displacement⟩, ⟨Adresse⟩, ⟨Sprung-Adresse⟩

arbeitet auf einem Bit des MI-Speichers, das durch (⟨Adresse⟩, ⟨Displacement⟩) bezeichnet ist. Man kann jedes solche Bit als binären Semaphor einsetzen; also erlaubt ein Byte die Verwaltung von 8 Semaphoren (mit den Displacements 0 bis 7). Das Bit werde mit

var bit b

bezeichnet. Dann ist der Effekt des obigen JBCCI-Befehls:

await true then
 bit tmp =b;
 b := 0;
 if tmp = 0 **then goto** ⟨Sprung-Adresse⟩ **fi**
endwait

Der Befehl JBSSI arbeitet genau analog zu JBCCI, nur testet und setzt er den Wert L anstatt 0 (vgl. auch MI-Handbuch).
Für unser Beispiel wählen wir das niedrigstwertige Bit eines Bytes, d.h. das Bit mit der Nummer 7 im Byte (vgl. MI-Handbuch).
Binäre Semaphore lassen sich nun wie folgt simulieren:

sema bool s := **true**   *s:* DD B 1
                     (oder ein anderer ungerader Wert)
P(s);   *p:* JBCCI I 7, *s, p*
V(s);   OR B I 1, *s*

Die P-Operation wird hier durch sogenanntes „busy waiting" simuliert – nicht unbedingt die effizienteste Lösung.

(b) Die Bedeutung der Operationen auf einem natürlichzahligen Semaphor „**sema nat** n" kann man mit await-Konstrukten so erklären:

$P(n) =_{def}$ **await** n > 0 **then** n := n - 1 **endwait**
$V(n) =_{def}$ **await true then** n := n + 1 **endwait**

Die Idee der Simulation durch binäre Semaphore besteht nun darin, n durch eine gewöhnliche natürlichzahlige Variable zu simulieren und mit einem Semaphor (hier „access" genannt) die Bedingung „n > 0" zu überprüfen. Die Programmstücke müssen (sozusagen als „Invariante") immer dafür sorgen, daß der Wert von access dieser Bedingung entspricht. Ein weiteres binäres Semaphor ist nötig, um die exklusive Ausführung der kritischen Bereiche zu garantieren. Natürlichzahlige Semaphore werden wie folgt simuliert:

sema nat n := N   **var nat** n := N;
                     sema bool access := (N > 0);
                     sema bool excl := **true**;

P(n)   P(access);
                     P(excl);
                     n := n - 1;
                     if n > 0 **then** V(access) **fi**;
                     V(excl);

V(n)   P(excl);
                     n := n + 1;
                     V(access);
                     V(excl);

Man beachte, daß es nicht richtig wäre, die Reihenfolge der beiden Operationen P(access) und P(excl) zu vertauschen! Sonst könnte eine Verklemmung dadurch auftreten, daß ein Prozeß im kritischen Bereich auf die Freigabe von access warten muß, während alle anderen Prozesse, die access freigeben könnten, auf das Betreten des kritischen Bereichs (d.h. auf excl) warten.

(c) Aus der Kombination der Aufgabenteile (a) und (b) ergibt sich folgende Lösung auf der MI. Hier entspricht das 7. Bit des Bytes *excl_acc* dem Semaphor access, das 6. Bit von *excl_acc* dem Semaphor excl.

sema nat n := N wird simuliert durch

```
n:          DD W  N      --var nat n := N;
excl_acc:   DD B  3      --sema bool access := (N > 0);
                         --sema bool excl := true;
```

P(n) wird simuliert durch

```
P_access:   JBCCI I 7, excl_acc, P_access    --P(access);
P_excl:     JBCCI I 6, excl_acc, P_excl      --P(excl);
            SUB W I 1, n                      --n := n-1;
            JEQ   continue
                  --if n = 0 then skip v operation fi;
            OR B  I 1, excl_acc              --V(access);
continue:   OR B  I 2, excl_acc             --V(excl);
```

V(n) wird simuliert durch

```
P_excl2:    JBCCI I 6, excl_acc, P_excl2     --P(excl);
            ADD W I 1, n                      --n := n + 1;
            OR B  I 1, excl_acc             --V(access);
            OR B  I 2, excl_acc             --V(excl);
```

Lösung 3.28. (E) Speichersegmente

(a) Diese erste Implementierung ist sehr naiv. Sie spart zwar Speicherplatz, wird aber wegen des hohen Aufwands für das Verschieben von Segmenten nicht eingesetzt. Wir merken uns in einem globalen

[1:maxseg] **array var adr** seganf

die Anfangsadressen der Segmente und in einer globalen Variablen

var {0:maxseg} k := 0;

die zuletzt vergebene Segmentnummer. Eine weitere Variable

var adr eosp := 0;

gibt das Ende des belegten Speichers an.

func kreiere = () **snr**:
⌈ k := k + 1;
  seganf[k] := eosp;
⌊ k

trägt ein neues leeres Segment am Ende des Speichers ein.

func erweitere = (**snr** s, **m** x):
⌈ „Verschiebe den Speicherinhalt ab Adresse seganf[s+1]
um ein Wort nach hinten";
eosp := eosp + 1;
if s = k **then** sp[eosp] := x
else sp[seganf[s+1]+1] := x **fi**
⌊ **for** i := s+1 **to** k **do** seganf[i] := seganf[i] +1 **od**

sorgt durch Verschieben dafür, daß das Segment Nr. s zusammenhängenden Speicherplatz hat. Analog:

proc lösche = (**snr** s):
⌈ **nat** länge = **if** s = k **then** eosp **else** seganf[s+1] **fi** - seganf[s];
„Verschiebe den Speicherinhalt ab Adresse seganf[s+1]
um länge nach vorne";
for i := s+1 **to** k **do** seganf[i] := seganf[i] - länge **od**
eosp := eosp - länge;
if s = k **then** seganf[s] := eosp
⌊   **else** seganf[s] := seganf[s+1] **fi**

(Die Segmentnummer s wird nicht mehr wiederverwendet.)

func lese = (**snr** s, **adr** i) **m**:
⌈ sp[seganf[s]+i] ⌋

liest durch relative Adressierung bezüglich des Segmentanfangs. In Tabelle L3.4 wird die Situation für die Bearbeitungsschritte der angegebenen Aktionen dargestellt.

Tab. L3.4. Zustand der Segmenttabelle (Lösung 3.28 (a))

	eosp	k	seganf		
Kreieren dreier Segmente	0	3	0	0	0
5-maliges Erweitern von Segment 1	5	3	0	5	5
5-maliges Erweitern von Segment 2	10	3	0	5	10
5-maliges Erweitern von Segment 3	15	3	0	5	10
3-maliges Erweitern von Segment 1	18	3	0	8	13
2-maliges Erweitern von Segment 2	20	3	0	8	15
Löschen von Segment 1	12	3	0	0	7
3-maliges Erweitern von Segment 3	15	3	0	0	7
2-maliges Erweitern von Segment 1	17	3	0	2	9

(b) Anstelle der obigen Relativadressierung

lese(s,i)=sp[seganf[s]+i]

führen wir eine Adressierung über eine Menge von Hilfsfeldern ein. Jedes Segment erhält eine Tabelle, die die tatsächliche Lage der angesprochenen Zelle im Speicher angibt. Die Zellen heißen meist Seiten, die Hilfstabellen Seiten-Kachel-Tabellen, die Hilfstabellen sind über eine Segmenttabelle nach Segment-Nummern organisiert. Auf der MI sind für die Segmente P0-Bereich, P1-Bereich und Systembereich statt einer Segmenttabelle drei Register vorgesehen, die für jeden Prozeß neu gesetzt werden. Diese Register enthalten jeweils die Basisadresse einer Seiten-Kachel-Tabelle, siehe Abb. L3.31.

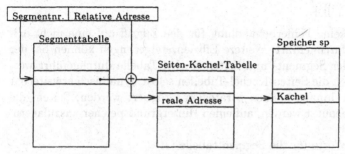

Abb. L3.31. Seiten-Kachel-Tabelle (Lösung 3.28 (b))

Globale Datenstrukturen:

[1:maxseg] **array** [1:n] **array var adr** st
(Segmenttabelle und Seiten-Kachel-Tabelle)
var {0:maxseg} k := 0

Es ist günstig, eine Information zu erhalten, welche Zellen des realen Speichers („Kacheln") zur Zeit frei sind:

[1:n] **array var bool** use

(oder eine Liste der freien Kacheln)

func kreiere = **snr**
⌈ k := k+1;
   for i := 1 **to** n **do** st[k][i] := 0 **od**;
⌊ k

initialisiert die Seiten-Kachel-Tabelle des neuen Segments mit „noch nicht zugewiesen".

```
proc erweitere = (snr s, m x);
    ⌈ adr f = „freie Adresse in sp";
      sp[f] := x;                          (* Eintragen des Wertes *)
      use[f] := true;                      (* Zelle ist jetzt besetzt *)
      adr j = „kleinste freie Relativadresse im Segment s"
    ⌊ st[s][j] := f


proc lösche = (snr s);
    ⌈ for i := 1 to n do if st[s,i]≠0 then
          use[st[s][i]] := false;
    ⌊     st[s][i] := 0 fi od


func lese = (snr s, adr i) m:
    ⌈ sp[st[s][i]] ⌋
```

In lese wird keine Fehlerbehandlung für den Zugriff auf eine nicht existente Seite durchgeführt. Weitere Effizienzsteigerungen können bei der Verwaltung der Segment- und Seiten-Kachel-Tabelle durchgeführt werden. So können die Seiten-Kachel-Tabellen selbst dynamisch erweiterbar sein. Darüber hinaus können Strategien integriert werden, Seiten, die länger nicht benutzt werden, auf einen Hintergrundspeicher auszulagern.

(c) Wir benötigen
  – maxseg*n Worte für die Segmenttabelle (*st*)
  – n Worte (bzw. Bits) für die Freispeicherverwaltung (*use*)
  d.h. (maxseg+1)*n Worte.
  Der Aufwand verteilt sich auf n Elemente aus sp, die jeweils aus b Bytes bestehen. Also ist der zusätzliche Aufwand pro Wort:

$$\frac{(maxseg+1)*n}{b*n} = \frac{maxseg+1}{b}$$

  i) Für Ein-Byte-Zellen ($b=1$) ist der Aufwand indiskutabel hoch: 4 zusätzliche Bytes
  ii) Dagegen kann sich die Verwaltung bei größeren Blöcken, z.B. von 512 Bytes auszahlen:
  $\frac{4}{512} \approx 0,8\%$ zusätzliche Bytes pro Byte an Nutzinformation.

L3.3 Interpretation und Übersetzung von Programmen

Lösung 3.29. Automat, Zahlformat

(a) Ein möglicher endlicher Automat, der die natürlichen und die reellen Zahlen akzeptiert, ist in Abb. L3.32 gegeben.
  Dabei ist der Zustand *init* Anfangszustand, die Zustände *nat, real1* und *realExp* sind Endzustände. Zustand *nat* akzeptiert natürliche Zahlen, die Zustände *real1* und *realExp* reelle Zahlen.

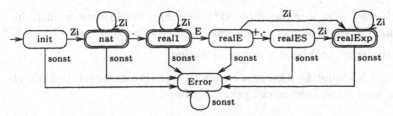

Abb. L3.32. Automat zur Zahlerkennung (Lösung 3.29 (a))

Durch das Einführen eines (Fehler-)Zustands (der kein Endzustand ist und nicht mehr verlassen wird), wurde die Übergangsfunktion total gemacht.

(b) Der endliche Automat aus Teilaufgabe (a) ist nur dazu geeignet, ein einziges Symbol zu erkennen. Er muß zu einem Automaten L3.33 ergänzt werden, der Folgen von Symbolen verarbeitet. Der Zeichenvorrat wird deshalb um Trennzeichen erweitert. Hier stehe „Trenn" für solche Trennzeichen (z.B. Leerzeichen, Newline).

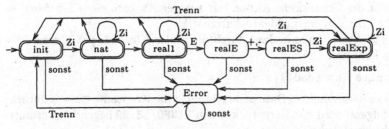

Abb. L3.33. Automat für wiederholbare Zahlerkennung (Lösung 3.29 (b))

Bemerkung: Die Symbole sind durch Trennzeichen oder oft auch *implizit* voneinander abgegrenzt.

3.4E-4⊔123.E+3   bezeichnet zwei Symbole,
123456   bezeichnet ein Symbol,

Fügt man das Symbol „+" für die Addition hinzu, so bezeichnet

3.4E-4+123.E+3   drei Symbole 3.4E-4, + und 123.E+3.

Wir unterstellen hier eine globale Variable symbol vom Typ **string**. Nach dem vollständigen Einlesen eines Symbols in symbol muß das Verarbeiten des Symbols (z.B. der Eintrag in die Symboltabelle) angestoßen werden. Die hier benutzten Bezeichner für semantische Aktionen auf symbol sind:

move: Zeichen an symbol anfügen
enter: Einfügen von symbol in die Symboltabelle,
    Initialisierung von symbol,
error: Ausgabe einer Fehlermeldung, Initialisierung von symbol

Das Auslösen der semantischen Aktionen kann beschrieben werden, indem man jedem Übergang eine semantische Aktion zuordnet.

Aktiontab: zeichenklasse × states → aktion.

In Abb. L3.34 sind die Aktionen an den Übergängen angegeben und durch einen besonderen Zeichensatz gekennzeichnet.

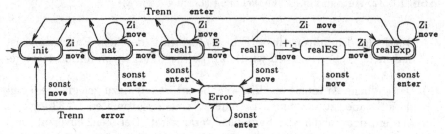

Abb. L3.34. Automat mit semantischen Aktionen (Lösung 3.29 (b))

(Besteht die semantische Aktion nur aus der *Ausgabe eines Zeichens*, so spricht man von einem Mealy-Automat.)

(c) Einzelzeichen können in Java durch die in der Klasse `InputStream` definierte Funktion

```
public int read();
```

eingelesen werden. Am Dateiende gibt `read` die Konstante `EOF=-1` zurück. Nachfolgend wird das Kernstück des in `$INFO/L3.29` liegenden Lösungsvorschlags abgedruckt.

Für die Zustände und die semantischen Aktionen werden im Stil von Aufzählungstypen Konstanten eingeführt, die die Lesbarkeit des Programms erleichtern. Die Zustandsübergangstabelle des Automaten wird in dem zweidimensionalen Array `delta` abgelegt, das zu jedem Eingabezeichen und jedem Zustand den Nachfolgezustand angibt. Analog wird in `aktion` zu jedem Zustand die semantische Aktion festgelegt.

Das Kernstück besteht aus einer Zuordnung der semantischen Aktion zu der jeweils auszuführenden Methode. Die einzelnen Methoden verarbeiten das neue Eingabezeichen, indem sie es zum Beispiel an den String `symbol` anhängen.

Bei der Erzeugung des Scanners werden die Tabellen `delta` und `action` vorbesetzt. Diese Besetzung von Hand durchzuführen ist sehr fehleranfällig. Deshalb wurden zum Beispiel mit dem Scannergenerator `lex` und seinen ähnlich lautenden Nachfahren (siehe auch Abschnitt 3.3.9) Werkzeuge entwickelt, die reguläre Ausdrücke in Automaten umformen und daraus Quellcode generieren, der die Abarbeitung dieses Automaten durchführt. Auch in Suchanfragen, wie sie zum Beispiel das Unix-Kommando `grep` bietet, werden solche Techniken in Verbindung mit der

dynamischen Erzeugung von Automaten, wie wir sie beispielsweise in Aufgabe 4.13 entwickeln werden, verwendet.
In Java lautet das Programmgerüst:

```java
public class Scan {
  // Hauptprogramm
  public static void main(String [] args) throws IOException
  { Scan scanner = new Scan();              // Scanner erzeugen
    scanner.scan(System.in);                // und starten
  }

  public static final int Init = 0, Nat = 1, .. // Zustaende
               Move = 1, Enter = 2, ErrorA = 3, // Aktionsliste
               LF = 10, EOF=-1;                 // Zeichen

  int[][] aktion = new int[256][StateCount]; // Aktionstabelle
  int[][] delta  = new int[256][StateCount]; // Transitionstab.

  public Scan()
  { // Initialisierung z.B. mit
    aktion['.'][Nat] = Move;   delta['.'][Nat] = Real1;
    ...
  }

  int state = Init;            // Zustand des Scanners
  int ch;                      // Eingelesenes Zeichen


  public void scan (InputStream in) throws IOException
  { do
    { ch = in.read();          // Zeichen holen
      if(ch!=EOF)
      { switch(aktion[ch][state])   // Aktion auswaehlen
        { case Move:  move(); break;
          case Enter: enter(); break;
          case ErrorA: error(); break;
        }
        state = delta[ch][state];    // neuen Zustand setzen
      }
    } while(ch!=EOF);          // bis End of File
  }

  String symbol="";           // Puffer fur eigelesenes Symbol

  public void move()  { symbol=symbol+(char)ch; }
  public void enter() { ... symbol=""; }
  public void error() { ... }
}
```

Lösung 3.30. Lexikalische Analyse

(a) Der Baum ist in Abb. L3.35 angegeben.

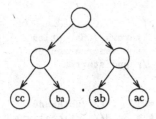

Abb. L3.35. Binärbaum (Lösung 3.30 (a))

(b) Zeichenvorrat: {(,), ;, a, b, c};
Symbolmenge: {(,), ;, aa, ab, ac, ba, bb, bc, ca, cb, cc}

(c) Mit den syntaktischen Variablen ⟨mz⟩ für Markierungszeichen und ⟨bd⟩
für Baumdarstellung kann man formulieren

⟨mz⟩   ::= a | b | c
⟨bd⟩   ::= ⟨mz⟩ ⟨mz⟩ | (⟨bd⟩ ; ⟨bd⟩)

(d) Die Wörter der Symbolmenge erfüllen die FANO-Bedingung; siehe (b).

(e) Der Automat ist in Abb. L3.36 angegeben, wobei S dem Anfangszustand
und dem akzeptierenden Endzustand entspricht.

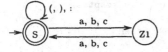

Abb. L3.36. Automat zur Symbolerkennung
(Lösung 3.30 (e))

Lösung 3.31. Abstrakte Syntax für Boolesche Terme

(a) **sort term** = tt() | ff() | var(**variable** id) | not(**term** n) |
            and(**term** left, **term** right) | or(**term** left, **term** right)

(b) Es gibt mehrere Lösungen für dieses Problem. Eine erweiterbare, stark an
das objektorientierte Paradigma angelehnte Form ist die folgende, ebenfalls in $INFO/L3.31 zu findende Fassung: Für jede mögliche Variante der
Produktion wird eine eigene Klasse definiert. Dabei können strukturell
gleiche Varianten, wie etwa Konstanten, zusammengefaßt werden.
Um das Interface dieser Klassen festzulegen wird ein abstraktes Interface
Term definiert, das für spätere Erweiterungen geeignet ist.

```
public interface Term {
    // zunaechst leeres Interface
}
```

```
public class TConstant implements Term {
    boolean b;
    public TConstant(boolean b) { this.b=b; }
}

public class TVariable implements Term {
    String var;
    public TVariable(String v) { var=v; }
}

public class TNot implements Term {
    Term t;
    public TNot(Term t) { this.t=t; }
}

public class TAnd implements Term {
    Term t1,t2;
    public TAnd(Term t1, Term t2) { this.t1=t1; this.t2=t2; }
}

public class TOr implements Term {
    Term t1,t2;
    public TOr(Term t1, Term t2) { this.t1=t1; this.t2=t2; }
}
```

(c) Die Methode prefix() wird nun als Signatur dem Interface Term hinzugefügt. Alle Implementierungen werden um eine entsprechende Methode erweitert.

```
public interface Term {
    public String prefix ();
}

    public String prefix()                // fuer TAnd
    { return("K "+t1.prefix()+" "+t2.prefix()); }

    public String prefix()                // fuer TConstant
    { if(b) return("1"); else return("0"); }

    public String prefix()                // fuer TNot
    { return("N "+t.prefix()); }

    public String prefix()                // fuer TOr
    { return("D "+t1.prefix()+" "+t2.prefix()); }

    public String prefix()                // fuer TVariable
    { return(var); }
```

Das objektorientierte Paradigma fordert die Zuordnung der Funktionalität zu den bearbeiteten Daten. Dies führt öfter dazu, daß die Funktionalität, wie hier die Ausgabe in Lukasiewicz-Notation, über viele Klassen verstreut ist. Das führt gelegentlich zu schlecht verstehbarem und damit schlechter wartbarem Code.

Aus diesem Grund werden in solchen Fällen gerne sogenannte *Kontroll- oder Operationsobjekte* eingeführt, deren Aufgabe es ist, die Kontrolle über einen komplexeren Vorgang zu bewahren und die Funktionalität an einer Stelle zu konzentrieren. Diese Technik kann für komplexe Vorgänge in Informationssystemen, wie zum Beispiel Hotelbuchungen, ebenso verwendet werden, wie für Compilerbau-Algorithmen. In unserem Fall würden wir eine weitere Klasse, z.B. mit dem Namen `Prefix` schaffen, die eine Methode mit der Fallunterscheidung nach den zu bearbeitenden Objekten etwa folgender Form beinhaltet:

```
public void Prefix
{
    printAsPrefix(Term t)
      switch( t.tag() )
      {
        case constTerm:
            if((ConstTerm)t.value()) return("1");
            else                     return("0");
            break;
        case varTerm: ...
        ...
      }
    }
}
```

Nachteil dieser Technik ist, daß jetzt weitere Methoden zu implementieren sind, die von obigem Algorithmus genutzt werden, um den Datenzustand des abstrakten Syntaxbaums zu bearbeiten.

Ein weiterer Nachteil ist, daß derartige Strategien über alle vorkommenden Term-Varianten Bescheid wissen müssen, und daher eine Erweiterung der Term-Varianten eine Modifikation aller Strategien verlangt. Umgekehrt aber kann damit sehr leicht eine weitere Strategie, wie zum Beispiel Infix-Ausgabe realisiert werden.

Lösung 3.32. Abstrakte Syntax

(a) **sort expr** = nat(**nat** zahl) | add(**expr** left, **expr** right) |
          mult(**expr** left, **expr** right)

(b) data Expr = Nat Int | Add Expr Expr | Mult Expr Expr
   Bei Bedarf können die Selektoren als eigenständige Funktionen definiert werden:

```
nat   (Nat n)      = n
leftA (Add e1 e2)  = e1
rightA(Add e1 e2)  = e2
leftM (Mult e1 e2) = e1
rightM(Mult e1 e2) = e2
```

(c) Eine Lösung ist nachfolgend angegeben:

```
eprint :: Expr -> Int -> String
eprint (Nat n)      p = (show n)
eprint (Add e1 e2)  1 =
          (eprint e1 1) ++ "+" ++ (eprint e2 1)
eprint (Add e1 e2)  2 =
     "(" ++ (eprint e1 1) ++ "+" ++ (eprint e2 1) ++ ")"
eprint (Mult e1 e2) p =
          (eprint e1 2) ++ "*" ++ (eprint e2 2)
```

Lösung 3.33. (E) Scannen, JFlex

(a) Folgende wesentlichen Bestandteile können identifiziert werden:
  - Schlüsselwörter:

input	**if**
functions	**then**
output	**else**
end	**fi**

  - Zeichengruppen:
    Identifikatoren ⟨id⟩ ::= [a | ... | z]$^+$ und
    Konstanten   ⟨Zahl⟩ ::= [0 | ... | 9]$^+$
  - Trennzeichen:
    ',' , '(' , ')' , '=' , '-' , '+' , '*' , '/' , '<' , '≤'

(b) Nach der in Abschnitt 3.3.9 beschriebenen JFlex-Notation werden folgende Umsetzungen vorgenommen:
  - *Schlüsselwörter* werden einzeln dargestellt.
  - Die beiden *Zeichengruppen* können wie folgt dargestellt werden:
    - Identifikatoren: [a-z]+
    - Konstanten: [0-9]+
  - Die *Trennzeichen* werden wie die Schlüsselwörter in Anführungszeichen eingeschlossen. Weil das Zeichen '≤' nicht als ASCI-Zeichen existiert, wird als Ersatzzeichenfolge "<=" verwendet.

(c) Für die Signatur wird folgendes vorgeschlagen:

```
public class SymTab {
    public SymTab();              // Anlegen einer Symboltabelle
    public void enter(String s);  // Einfuegen
    public int lookup(String s);  // Nachschauen
    public String toString()      // Fuer Ausgabe mit print
}
```

Eine mögliche Implementierung kann die Klasse java.util.Hashtable nutzen, um effizienten Zugriff auf die Symboltabelle zu erlauben.

(d) Eine Regel des Scanners besteht aus einer linken und einer rechten Seite. Der reguläre Ausdruck der linken Seite beschreibt, welche Zeichenfolge eingelesen werden soll, um die *semantische Aktion* der rechten Seite zu starten. Die semantische Aktion besteht im wesentlichen aus einem Java-Codestück, das in den generierten Code eingesetzt wird. Darin kann zum

Beispiel die Rückgabe eines Ergebnisses mit **return** erfolgen. Alle Ergebnisse sind von der Klase Yytoken. Deshalb ist zunächst diese Klasse zu definieren:

```
public class Yytoken {
  int tokenType; // TokenArt

  // Konstruktur: Tokenart "objektifizieren"
  public Yytoken (int tt) {
    tokenType = tt;
  }

  // Drei der TokenArten:
  public static final int ID = 22;    // Identifikatoren
  public static final int THEN = 8;   // "then"
  public static final int LPAR = 12;  // "("
}
```

Unter der Annahme, daß in dem Attribut **symtab** eine Symboltabelle angelegt ist und in der Klasse Yytoken entsprechende Konstanten definiert wurden, erhalten wir:

```
"then"          { return new Yytoken(Yytoken.THEN); }
[a-z]+          { symtab.enter(yytext());
                  return new Yytoken(Yytoken.ID);
                }
"("             { return new Yytoken(Yytoken.LPAR); }
```

Lösung 3.34. (EPF3.33) Scannen, JFlex
Im folgenden sind Auszüge aus den Dateien zur Erzeugung und zum Test des Scanners dargestellt. Sie sind auch unter $INFO/L3.34 zugänglich.

1. scanner.lex   – Scannerbeschreibung, Eingabe für JFlex.
2. Yytoken.java   – Definition der Symbole für den Scanner.
3. Main.java   – Hauptprogramm für den Scanner.
4. SymTab.java   – Implementierung der Symboltabelle.

```
// scanner.lex -----------------------------------------------------
%%

%{
  // externe Symboltabelle
  SymTab symtab;

  // Symboltabelle besetzen
  public void setSymtab(SymTab symtab) {
    this.symtab = symtab;
  }

%}
%%
```

```
// Schluesselwoerter
"input"         { return new Yytoken(Yytoken.INPUT); }
"functions"     { return new Yytoken(Yytoken.FUNCTIONS); }
"output"        { return new Yytoken(Yytoken.OUTPUT); }
"end"           { return new Yytoken(Yytoken.END); }
"if"            { return new Yytoken(Yytoken.IF); }
"then"          { return new Yytoken(Yytoken.THEN); }
"else"          { return new Yytoken(Yytoken.ELSE); }
"fi"            { return new Yytoken(Yytoken.FI); }

// Namen fuer Funktionen und Variablen
[a-z]+          { symtab.enter(yytext());
                  return new Yytoken(Yytoken.ID);
                }
// Zahlen
[0-9]+          { return new Yytoken(Yytoken.ZAHL); }

// Spezialzeichen
","             { return new Yytoken(Yytoken.COMMA); }
"("             { return new Yytoken(Yytoken.LPAR); }
")"             { return new Yytoken(Yytoken.RPAR); }
"="             { return new Yytoken(Yytoken.EQ); }
"-"             { return new Yytoken(Yytoken.MINUS); }
"+"             { return new Yytoken(Yytoken.PLUS); }
"*"             { return new Yytoken(Yytoken.TIMES); }
"/"             { return new Yytoken(Yytoken.DIV); }
"<"             { return new Yytoken(Yytoken.LE); }
"<="            { return new Yytoken(Yytoken.LEQ); }

// Spaces, Kommentare
[\ \t\b\f\r\n]+ { /* eat whitespace */ }
"//"[^\n]*      { /* uni-line comment */ }
.               { throw new Error(
                  "Unexpected character ["+yytext()+"]"); }

// YYtokentypes.java -----------------------------------------------

public class Yytoken {

  /**
   * TokenArt
   **/
  int tokenType;

  /**
   * Konstruktur: Tokenart "objektifizieren"
   **/
  public Yytoken (int tt) {
    tokenType = tt;
  }
```

```
/**
 * Tokenart auslesen
 **/
public int getToken () {
  return tokenType;
}


public static final int EOF = 0;
public static final int INPUT = 2;
// ...
public static final int ZAHL = 23;
}
// Main.java -------------------------------------------------
public class Main {

    public static void main(String [] args) throws Exception
    {
      // Scanner erzeugen
      Reader reader = new InputStreamReader(System.in);
      Yylex scanner = new Yylex(reader);
      // Symboltabelle setzen
      SymTab symtab = new SymTab();
      scanner.setSymtab(symtab);

      // Scannerschleife
      Yytoken token;
      do {
        // Token holen
        token = scanner.yylex();

        // Wenn noch nicht EOF: Ausgeben
        if(token != null)
          System.out.println("token "+token.getToken()
                          +", \""+scanner.yytext()+"\"");
        else
          System.out.println("token --- EOF ---");
      } while( token != null );
    }

}
// SymTab.java -------------------------------------------------
public class SymTab {
    /**
     * Enthaelt die Liste der Woerter
     * key: String, value: SymtabEintrag
     **/
    Hashtable tabelle;
    /**
     * Konstruktor: leere Smboltabelle
     **/
    public SymTab() {
      tabelle = new Hashtable();
    }
```

```
/**
 * Eintrag eines neuen Elements in die Symboltabelle
 **/
public void enter(String s) {
  // pruefen, ob schon ein Eintrag vorhanden ist
  int value = lookup(s);
  // neuen Eintrag setzen: Anzahl um 1 erhoehen
  tabelle.put(s, new Integer(1+value));
}
/**
 * Pruefen, wie oft ein Eintrag eingetragen wurde
 **/
public int lookup(String s)
{
  // Zunaechst in dieser Tabelle nachschauen
  Integer value = (Integer)tabelle.get(s);
  if(value==null)
    return 0;
  else
    return value.intValue();
}
}
```

Lösung 3.35. (E*F3.34) Parsen, CUP

(a) Die bisher von Hand in der Klasse Yytoken definierten Token, die bei der Vorgruppierung eingesetzt werden, werden im ersten Definitionsteil in der CUP-Eingabe bekannt gemacht:

```
terminal INPUT, FUNCTIONS, OUTPUT, END;
terminal IF, THEN, ELSE, FI;
terminal COMMA, LPAR, RPAR;
terminal EQ, LE, LEQ, MINUS, PLUS, TIMES, DIV, UMINUS;
```

Diese Namen für die Token werden in der Grammatik statt der entsprechenden Symbolfolgen eingesetzt. Aufgrund der weniger mächtigen Form der CUP-Grammatik, die Varianten nur auf oberster Regelebene zuläßt, werden einige Umformungen durchgeführt, die im wesentlichen neue Nichtterminale einführen. Man erhält die Grammatik in CUP-Notation noch ohne semantische Aktionen:

```
program    ::= INPUT parlist FUNCTIONS dekllist OUTPUT
                        explist END ;
parlist    ::= ident
             | parlist COMMA ident ;
explist    ::= exp
             | explist COMMA exp ;
dekllist   ::= dekl
             | dekllist COMMA dekl ;
dekl       ::= ident LPAR parlist RPAR EQ exp ;
exp        ::= number
             | ident
             | ident LPAR explist RPAR
```

```
                    | LPAR exp RPAR
                    | MINUS exp
                    | exp PLUS exp
                    | exp TIMES exp
                    | exp DIV exp
                    | exp MINUS exp
                    | IF boolexp THEN exp ELSE exp FI ;
    boolexp         ::= exp EQ exp
                    | exp LE exp
                    | exp LEQ exp ;
    ident           ::= ID ;
    number          ::= ZAHL ;
```

Damit ist program die Wurzel der Grammatik. Die beiden zusätzlichen Nichtterminale ident und number wurden eingeführt, um in den zugehörigen semantischen Aktionen eine Verarbeitung des Symbolwertes vorzunehmen.

Um Assoziativität und Vorrangregeln für die Infix-Applikation korrekt zu beschreiben, werden im ersten Definitionsteil folgende Statements hinzugefügt:

```
precedence left EQ, LE, LEQ;
precedence left MINUS, PLUS;
precedence left TIMES, DIV;
precedence left UMINUS;
```

Das UMINUS wird genutzt, um anzuzeigen, daß das einstellige Minus die höchste Priorität hat. Dann folgen TIMES und DIV mit gleicher Priorität, u.s.w.

(b) Die Schnittstelle für abstrakte Syntaxbäume ist zunächst harmlos. Sie stellt aber eine wichtige Abstraktionsstufe dar, die es später erlaubt, Funktionalität, wie zum Beispiel eine ansprechend aufbereitete Ausgabe einzuhängen.

```
interface AST {
    public String toString();  // Wird bereits von Objekt geerbt
}
```

(c) Die abstrakte Syntax für die AS-Ausdrücke lautet als Sortendeklaration:

```
sort exp = number(int zahl) |
           ident(string id) |
           fappl(string id, sequ exp param) |
           uminus(exp e) |
           plus(exp e1, exp e2) |
           minus(exp e1, exp e2) |
           mult(exp e1, exp e2) |
           div(exp e1, exp e2) |
           cond(boolexp e0, exp e1, exp e2)
```

Die Umsetzung dieser Sorte mit ihren Varianten nach Java erfordert die Definition einer abstrakten Klasse, z.B. Texp, und mehrerer Subklassen.

In der Klasse Texp werden gemeinsame Funktionalität und Attribute aufgenommen (in dieser Aufgabe zunächst leer):

```
abstract class Texp implements AST {
        // momentan leer
}
```

Nun kann für jede obige Variante eine Subklasse definiert werden. Zum Beispiel:

```
class Tnumber extends Texp implements AST {
    int n;
    public Tnumber(String s) ...
    public String toString() ...
}

class Tident extends Texp implements AST {
    String name;
    public Tident(String s) ...
    public String toString() ...
}
```

Es bietet sich an, für strukturell gleiche Varianten eine gemeinsame Subklasse zu bilden, und sich die Variante in einem Attribut zu merken:

```
class Texpinfix extends Texp implements AST {
    Texp exp1, exp2;
    char kind;              // '+' oder '*' oder ...
    public Texpinfix(Texp e1, char k, Texp e2) ...
    public String toString() ...
}
```

Die so gefundene Darstellung des abstrakten Syntaxbaums läßt sich weitgehend schematisch aus der Grammatik entwickeln, kann jedoch durch Entwurfsentscheidungen oft optimiert werden.

(d) Eine komplette Implementierung von Tifthenelse:

```
class Tifthenelse extends Texp implements AST {
    // Bedingung
    Tboolexp boolexp;
    // then- und else-Zweig
    Texp exp1, exp2;

    // Konstruktor
    public Tifthenelse(Tboolexp b, Texp e1, Texp e2) {
        boolexp=b;
        exp1=e1;
        exp2=e2;
    }
    // Ausgabe
    public String toString() {
        return("if "+boolexp+" then "+exp1+" else "+exp2+" fi");
    }
}
```

(e) Die für den abstrakten Syntaxbaum benötigten Klassen lassen sich in der
Klassenhierarchie aus Abb. L3.37 darstellen. Man beachte, daß die Klassenhierarchie ganz anders organisiert ist als der abstrakte Syntaxbaum
mit seinen Beziehungen zwischen Objekten, aber ebenfalls eine Hierarchie
darstellt.

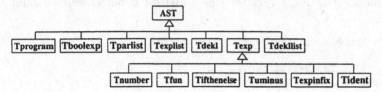

Abb. L3.37. Klassenhierarchie zur Darstellung der abstrakten Syntax (Lösung
3.35 (e))

(f) Ausgehend von den in Teilaufgabe (c) beschriebenen Klassensignaturen
können nun semantische Aktionen wie folgt hinzugefügt werden. Dabei
sind wertbehaftete Terminale und Nichtterminale mit Namen zu belegen:

```
exp            ::= number:n
                   {: RESULT = n; :}
                 | ident:i
                   {: RESULT = i; :}
                 | ident:i LPAR explist:e RPAR
                   {: RESULT = new Tfun(i,e); :}
                 | LPAR exp:e RPAR
                   {: RESULT = e; :}
                 | MINUS exp:e
                   {: RESULT = new Tuminus(e); :} %prec UMINUS
                 | exp:l PLUS exp:r
                   {: RESULT = new Texpinfix(l,'+',r); :}
                 | exp:l TIMES exp:r
                   {: RESULT = new Texpinfix(l,'*',r); :}
                 | exp:l DIV exp:r
                   {: RESULT = new Texpinfix(l,'/',r); :}
                 | exp:l MINUS exp:r
                   {: RESULT = new Texpinfix(l,'-',r); :}
                 | IF boolexp:b THEN exp:t ELSE exp:e FI
                   {: RESULT = new Tifthenelse(b,t,e); :}
                 ;
```

Das berechnete Ergebnis einer semantischen Aktion wird in RESULT abgelegt und so an die nächste verarbeitende Produktion übergeben. Entsprechend der Struktur der Grammatik wird der abstrakte Syntaxbaum
aufgebaut.

Dieser Wert kann durch dem einem Terminal zugeordneten Namen benutzt werden:

```
ident            ::= ID:n
                     {: RESULT = new Tident(n); :}
                     ;
number           ::= ZAHL:z
                     {: RESULT = new Tnumber(z); :}
                     ;
```

Weil obige semantische Aktionen Objekte als Ergebnisse und Argumente nutzen, ist für jedes Nichtterminal und wertbehaftete Terminale eine entsprechende Typdefinition zu vereinbaren. Dies geschieht im ersten Definitionsteil der Datei durch Angaben folgender Form:

```
non terminal Texp      exp;
non terminal Tident    ident;
non terminal Tnumber   number;

terminal String ID, ZAHL;
```

Dadurch weiß der Parsergenerator, daß Produktionen des Nichtterminals ⟨exp⟩ Objekte der Sorte Texp erzeugen. Die in semantischen Aktionen verwendeten Namen werden im generierten Programmcode als Variablen verwendet und entsprechend typisiert.

Lösung 3.36. (EPF3.35) Parsen, CUP

Im folgenden sind Auszüge aus den Dateien zur Erzeugung und zum Test des Parsers dargestellt. Sie sind auch unter $INFO/L3.36 zugänglich. Scannerbeschreibung und Symboltabelle sind gegenüber Aufgabe 3.33 etwas zu modifizieren, damit diese mit dem von CUP generierten Parser zusammenarbeiten. Wesentliche Klassen zur Darstellung des abstrakten Syntaxbaums sind bereits in Aufgabe 3.35 besprochen worden.

```
// parser.cup -------------------------------------------------
// Definition der Token, ggf. mit Tokentype
// Hier die Terminale
terminal INPUT, FUNCTIONS, OUTPUT, END;
terminal IF, THEN, ELSE, FI;
terminal COMMA, LPAR, RPAR;
terminal EQ, LE, LEQ, MINUS, PLUS, TIMES, DIV, UMINUS;
terminal String ID, ZAHL;

// Nichtterminale (rechts) und davor der Typ des Nichtterminals
non terminal Tprogram  program;
non terminal Tparlist  parlist;
non terminal Texplist  explist;
non terminal Tdekllist dekllist;
non terminal Tdekl     dekl;
non terminal Texp      exp;
non terminal Tboolexp  boolexp;
non terminal Tident    ident;
non terminal Tnumber   number;
```

```
// Praezedenzen, sowie Links-Assoziativitaet
precedence left EQ, LE, LEQ;
precedence left MINUS, PLUS;
precedence left TIMES, DIV;
precedence left UMINUS;

// hier beginnen die Regeln
program        ::= INPUT parlist:p FUNCTIONS dekllist:d OUTPUT
                        explist:o END
                   {: RESULT = new Tprogram(p,d,o,a); :} ;
parlist        ::= ident:i
                   {: RESULT = new Tparlist(i); :}
                 | parlist:p COMMA ident:i
                   {: RESULT = new Tparlist(p,i); :} ;
explist        ::= exp:e
                   {: RESULT = new Texplist(e); :}
                 | explist:l COMMA exp:e
                   {: RESULT = new Texplist(l,e); :} ;
dekllist       ::= dekl:d
                   {: RESULT = new Tdekllist(d);:}
                 | dekllist:l COMMA dekl:d
                   {: RESULT = new Tdekllist(l,d); :} ;
dekl           ::= ident:i LPAR parlist:p RPAR EQ exp:e
                   {: RESULT = new Tdekl(i,p,e); :} ;
exp            ::= number:n
                   {: RESULT = n; :}
                 | ident:i
                   {: RESULT = i; :}
                 | ident:i LPAR explist:e RPAR
                   {: RESULT = new Tfun(i,e); :}
                 | LPAR exp:e RPAR
                   {: RESULT = e; :}
                 | MINUS exp:e
                   {: RESULT = new Tuminus(e); :} %prec UMINUS
                 | exp:l PLUS exp:r
                   {: RESULT = new Texpinfix(l,'+',r); :}
                 | exp:l TIMES exp:r
                   {: RESULT = new Texpinfix(l,'*',r); :}
                 | exp:l DIV exp:r
                   {: RESULT = new Texpinfix(l,'/',r); :}
                 | exp:l MINUS exp:r
                   {: RESULT = new Texpinfix(l,'-',r); :}
                 | IF boolexp:b THEN exp:t ELSE exp:e FI
                   {: RESULT = new Tifthenelse(b,t,e); :} ;
boolexp        ::= exp:l EQ exp:r
                   {: RESULT = new Tboolexp(l,'=',r); :}
                 | exp:l LE exp:r
                   {: RESULT = new Tboolexp(l,'<',r); :}
                 | exp:l LEQ exp:r
                   {: RESULT = new Tboolexp(l,'!',r); :} ;
ident          ::= ID:n
                   {: RESULT = new Tident(n); :} ;
```

```
number          ::= ZAHL:z
                    {: RESULT = new Tnumber(z); :} ;

// Main.java -----------------------------------------------------
public class Main {
    // Hauptprogramm
    public static void main(String [] args) throws Exception {
      // Scanner erzeugen
      Reader reader = new InputStreamReader(System.in);
      Yylex scanner = new Yylex(reader);

      // Symboltabelle setzen
      SymTab symtab = new SymTab();
      scanner.setSymtab(symtab);

      // Parser erzeugen, initial: leerer Parsebaum
      parser parser = new parser(scanner);
      Tprogram syntaxbaum = null;

      // Parser aufrufen
      try {
        syntaxbaum = (Tprogram) parser.parse().value;
      }
      catch (Exception e) { ... }
    }
}
// Auszug aus scanner.lex in angepasster Form --------------------
import java_cup.runtime.Symbol;
%%
%cup
%implements sym
%{
  // Lexer-Symbol konstruieren aus Tokenart
  private Symbol sym(int sym) {
    return new Symbol(sym);
  }
  // Lexer-Symbol konstruieren aus Tokenart und Wert (als Objekt)
  private Symbol sym(int sym, Object val) {
    return new Symbol(sym, val);
  }
%}
%%
// Schluesselwoerter
"input"         { return sym(INPUT); }
// Namen fuer Funktionen und Variablen
[a-z]+          { symtab.enter(yytext());
                  return sym(ID,yytext()); }
// Zahlen
[0-9]+          { return sym(ZAHL,yytext()); }
// Spezialzeichen
","             { return sym(COMMA); }
"("             { return sym(LPAR); }
```

Lösung 3.37. (E*F3.35) Symboltabellen, Kontextbedingungen

(a) Ein Beispiel für mehrere Namenskonflikte ist:

```
input a,a
functions f(x,x) = 2*x,
          f(y) = y*y
output f(a,2*a)
end
```

Namenskonflikte sind hierbei:
- Zeile 1: input a,a gleiche formale Parameter des Programms.
- Zeile 2: f(x,x) gleiche formale Parameter einer Funktion.
- Zeile 2 mit Zeile 3: f Funktion ist doppelt deklariert.

Folgende Kontextbedingungen sind notwendig, um diese Probleme zu verhindern:

(Input) Keine Variable darf zweimal in der Eingabe erscheinen.

(Fun) Keine Funktion darf bereits früher als Funktion oder als Eingabevariable definiert worden sein.

(Var) Keine Parametervariable darf bereits früher in derselben Funktion, als Funktion oder als Eingabevariable definiert worden sein.

Eine Verschattung von Variablen, oder eine Überladung von Funktionssymbolen lassen wir nicht zu.

(b) Als erstes stellen wir fest, daß es drei Arten von Identifikatoren gibt:
- Eingabevariablen,
- Funktionssymbole und
- Parameter.

Die ersten beiden sind im gesamten Programm bekannt, werden also im obersten Knoten Tprogram gebunden. Parameter werden in der Funktionsdeklaration Tdekl gebunden. Entsprechend werden beide Knoten um Attribute für Symboltabellen erweitert:

```
Tprogram:    SymTab inputs;      // Tabelle der Eingaben
Tprogram:    SymTab functions;   // Tabelle der Funktionen

Tdekl:       SymTab params;      // Symboltabelle der Parameter
```

Eine Bindungsstelle kapselt die gebundenen Namen nach außen, jedoch können außerhalb definierte Namen innerhalb der Bindungsstelle benutzt werden. Dadurch wird eine Hierarchie von Symboltabellen notwendig, die die Hierarchie der Bindungsstellen widerspiegelt. Wir erweitern die Symboltabelle um ein Attribut vorgaenger, das auf die jeweils vorhergehende Symboltabelle in der Hierarchie zeigt. Beim Suchen von Einträgen wird diese berücksichtigt. Die Hierarchie der Symboltabellen ist statisch mit dem abstrakten Syntaxbaum verbunden: sie besitzt eine Umkehrung seiner Baumstruktur. Abbildung L3.38 enthält die Situation für das Beispiel aus Aufgabe 3.33, die auch als kompakte Darstellung eines Objektdiagramms angesehen werden kann.

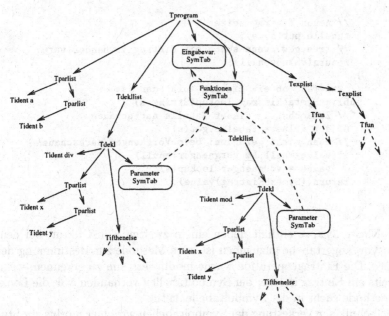

Abb. L3.38. Syntaxbaum des div/mod-Beispiels mit Symboltabellen (Lösung 3.37 (b))

Zusätzlich sind jetzt Informationen, wie die Art oder die Definitionsstelle von Funktionen in der Symboltabelle abzulegen. Das macht es notwendig eine Klasse `SymtabEintrag` für Symboltabelleneinträge zu definieren. Insgesamt entsteht folgende neue Symboltabelle:

```
public class SymTab {
    // Enthaelt die Liste der Woerter
    // key: String, value: SymtabEintrag
    Hashtable tabelle;
    // Vorgaenger Symboltabelle wenn vorhanden
    // Ergebnis: rueckwaerts verzeigerter Baum von SymTab's
    SymTab vorgaenger;
    // Konstruktor: leere Smboltabelle
    public SymTab() {
        this(null);
    }
    // Konstruktor: Smboltabelle mit Vorgaenger
    public SymTab(SymTab v) {
        tabelle = new Hashtable();
        vorgaenger=v;
    }
    // Eintrag eines neuen Elements in die Symboltabelle
    public boolean enter(String s, SymtabEintrag e) {
        // pruefen, ob schon ein Eintrag vorhanden ist
        Object value = lookup(s);
```

```
        // neuen Eintrag setzen
        tabelle.put(s, e);
        // true gdw. wenn schon ein Eintrag vorhanden war
        return(value==null);
    }
    // Pruefen, ob ein Eintrag vorhanden ist
    public SymtabEintrag lookup(String s) {
        // Zunaechst in dieser Tabelle nachschauen
        Object value = tabelle.get(s);
        // wenn nicht gefunden: beim Vorgaenger nachschauen
        if(value==null && vorgaenger!=null)
            value = vorgaenger.lookup(s);
        return((SymtabEintrag)value);
    }
}
```

Die Klasse SymTab enthält neben einem zweiten Konstruktor, bei dem
eine Vorgängertabelle anzugeben ist, eine Methode zur Bestimmung der
Größe. Die Eintrageoperation wurde modifiziert, um zu erkennen, wenn
bereits ein Eintrag in einer der Symboltabellen vorhanden war, die Look-
upmethode sucht in der Symboltabellenkette.

Die Technik der Verkettung der Symboltabellen wird hier nur bis zur Stu-
fe 3 benötigt, kann jedoch im allgemeinen beliebig tief verwendet werden.
Jedoch gibt es für tief verschachtelte, aber jeweils kleine Symboltabellen
effizientere Techniken.

Für Einträge in Symboltabellen legen wir folgende allgemeine Signatur
fest, und geben ihr eine Default-Implementierung:

```
class SymtabEintrag {
    // Name des Eintrags
    String name;
    public SymtabEintrag(String v) { name=v; }

    // Art des Eintrags
    public int getKind() { return(SymtabEintrag.UNKNOWN); }

    public String toString() { ... }

    // Arten der Eintraege:
    static final int UNKNOWN = 12;
    static final int VAR = 13;
    static final int FUN = 14;
}
```

Die Methode getKind liefert einen Integer zurück, der Aufschluß über
die Art des Eintrags gibt. Dazu werden in einer Art Aufzählung mehrere
Konstanten des Typs Integer definiert.

Für die drei Arten von Identifikatoren können zwei Subklassen geschaffen
werden. Hier das Beispiel für Funktionen:

```
class STEfun extends SymtabEintrag {
    int arity;                    // Stelligkeit
    Tdekl dekl;                   // Definitionsstelle

    // Konstruktor mit Superklassenkonstruktoraufruf
    public STEfun(String f, Tdekl d, int a)
    { super(f); dekl=d; arity=a; }

    public int kind() { return(SymtabEintrag.FUN); }
}
```

In Einträgen für Funktionen wird neben der Stelligkeit auch ein Zeiger auf die Definitionsstelle der Funktion vermerkt. Dies kann zum Beispiel hilfreich sein, um bei der Funktionsanwendung effizient auf den Rumpf zuzugreifen.

Nun muß diese Infrastruktur noch genutzt werden, um die Symboltabellen aufzubauen und an den entsprechenden Knoten im abstrakten Syntaxbaum abzulegen. Dies kann bereits verschränkt mit dem Parsen, das heißt also als semantische Aktion, geschehen. Es kann aber auch, wie hier, durch nachträgliche Bearbeitung erfolgen, die einen weiteren (zumindest teilweisen) Baumdurchlauf erfordert. Bei dieser Gelegenheit können gleichzeitig die unter (a) formulierten Kontextbedingungen (Input), (Fun) und (Var) überprüft werden. Dazu sind in mehreren Klassen Methoden zum Setzen der Symboltabellen notwendig. In Main wird nach dem Parsen aufgerufen:

```
syntaxbaum.setSymtabs();
```

In Tprogram wird der Aufruf verarbeitet:

```
SymTab inputs;        // Tabelle der Eingaben
SymTab functions;     // Tabelle der Funktionen

public void setSymtabs() {
    // Eingabevariable setzen
    inputs = new SymTab();
    parlist.setSymtab(inputs, true, 0);
    // Liste der Funktionen in SymTab eintragen
    functions = new SymTab(inputs);
    dekllist.setSymtab(functions);
}
```

Entsprechend wird in Tparlist eine Methode definiert, die neben dem Eintragen der Variablennamen auch testet, ob dieser Name bereits existiert:

```
public void setSymtab(SymTab st, boolean isInput, int index) {
    // Element in die Symboltabelle eintragen und
    // feststellen, ob der Eintrag bereits existiert
    boolean isNeu = st.enter(ident.toString(),
            new STEvar(ident.toString(), isInput, index));
```

```
// CoCo (Input), (Var)
if(!isNeu)
  Main.error("Variable "+ident+" doppelt definiert!");

// restliche Parameterliste abarbeiten
if(parlist!=null)
  parlist.setSymtab(st, isInput, index+1);
}
```

Entsprechende Änderungen sind für die Klassen `Tdekllist` und `Tdekl` durchzuführen.

(c) Weitere Kontextbedingungen sind:

(DefFun) Benutzte Funktionen sind definiert.

```
input a
functions f(x) = 2*x
output g(a)
end
```

Der Identifikator g wird verwendet, ohne daß er definiert wurde. Wir wollen aber wechselseitige Rekursion erlauben. Dies macht es notwendig, daß die Anwendungsstelle vor der Definitionsstelle liegen kann und damit folgendes Programm korrekt ist:

```
input a
functions f(x) = g(x),
          g(y) = f(y)
output f(a)
end
```

(DefVar) Benutzte Variablen sind definiert.

```
input a
functions f(x) = 2*y
output f(a)
end
```

Der Identifikator y wird verwendet, ohne daß er definiert wurde.

(Arity) Die Stelligkeit bei der Funktionsapplikation stimmt mit der Funktionsdeklaration überein. Dies entspricht einer einfachen Typüberprüfung.

```
input a
functions f(x) = 2*x
output f(a,2*a)
end
```

(d) Die Überprüfung der Kontextbedingungen wird statisch vorgenommen. Fehler, die erst bei der Auswertung des Programms auftreten, sind nicht durch Kontextprüfungen erfaßbar. Beispiele:

– Divison durch 0

```
input a
functions f(x,y) = (x/y)*2
output f(a,0)
end
```

– Terminierung einer Funktion.

```
input a
functions f(x) = x+f(x)
output f(a)
end : 0
```

Diese Fehlerarten können im allgemeinen nicht ausgeschlossen werden, jedoch sind in naher Zukunft Programmanalysesysteme denkbar, die auch solche Fehler verstärkt erkennen.

Lösung 3.38. (P*F3.37) Kontextbedingungen

Der Kontextprüfer läuft in zwei Phasen ab. Wie bereits in Aufgabe 3.37 erwähnt, werden zunächst Symboltabellen aufgebaut, wobei bereits während des Aufbaus festgestellt wird, ob doppelte Definitionen existieren.

In der zweiten Phase wird überprüft, ob alle verwendeten Identifikatoren definiert wurden und korrekt eingesetzt werden. Dazu findet jeweils ein teilweiser Durchlauf durch den abstrakten Syntaxbaum statt. Der erste wird initiiert durch setSymtabs. Der zweite durch contextcheck.

Entsprechend den durchlaufenen Knoten sind eine Reihe von Klassen um diese beiden Methoden zu ergänzen. Fehlermeldungen werden mit der Methode Main.error gesammelt und verarbeitet. Insbesondere wird hier die Fehleranzahl mitgezählt.

Das sich ergebende Programm ist in $INFO/L3.38 zu finden.

Lösung 3.39. (EF3.38) Interpretation

(a) Zunächst wird die Produktion ⟨program⟩ um eine Argumentliste erweitert:

```
⟨program⟩    ::= input      ⟨par list⟩
                 functions  ⟨dekl list⟩
                 output     ⟨exp list⟩
                 arguments  ⟨exp list⟩  -- neu
                 end
```

Diese Erweiterung der Grammatik macht natürlich die Modifikation von Parser und Scanner notwendig. Während beim Parser die Modifikation einer Produktion ausreicht, muß beim Scanner ein neues Terminal (z.B. ARGUMENTS) hinzugefügt werden. Das macht außerdem die Erweiterung des Baumknotens für AS-Programme Tprogram notwendig.

Als Kontextbedingungen legen wir fest, daß in der Argumentliste nur konstante Ausdrücke (3 oder 5+4) verwendet werden dürfen, Funktionen aber nicht verfügbar sind. Darüber hinaus muß die Anzahl der Eingabevariablen und der Argumente gleich sein.

(b) Das Environment enthält Informationen über die in einem Programmstück zur Verfügung stehenden *Namen* und deren aktuellen Zustand. In unserem Fall sind das einerseits Informationen zu den Belegungen der aktuellen Variablen, andererseits Information über die benutzbaren Funktionen. Weil die benutzbaren Funktionen statisch festgelegt sind, kann hier eine direkte Kodierung der Funktionen im abstrakten Syntaxbaum erfolgen. Jeder Knoten, in dem eine Applikation erfolgt (Tfun) wird um eine Referenz auf eine Funktionsdeklaration erweitert.

Die Variablen fallen in zwei Kategorien, die Eingabevariablen und die lokalen Parameter. Beide werden vor Auswertung des Rumpfes besetzt, danach aber nicht mehr verändert. Weil lokale Parameter in jeder Inkarnation neu belegt werden, Eingabevariablen aber global festliegen, halten wir beide in separaten Strukturen. Für rekursive Aufrufe ist es darüber hinaus notwendig einen Keller von Environments zu nutzen, wobei nur die letzte Parameterinkarnation benutzt wird und alle anderen verschattet sind.

Weil die Sprache AS selbst durch einen rekursiven Interpreter bearbeitet wird, kann die Struktur des Aufrufkellers des Interpreters genutzt werden, und der Keller von Environments muß nicht explizit aufgebaut werden.

Die Belegung einer Menge von Variablen realisieren wir als ganzzahliges Array (int[]). Dann kann auf die Belegung über den Index im Array zugegriffen werden. Dazu ist für jede Variable im abstrakten Syntaxbaum Tident der Index zu speichern.

Es wird ein weiterer Baumdurchlauf nötig, der diese Indizes, sowie die Funktionsreferenzen im abstrakten Syntaxbaum ablegt. Dies kann mit einer Methode prepInterp erfolgen, die in jeder Klasse geeignet definiert wird. In vielen Klassen wird im wesentlichen ein rekursiver Aufruf durchgeführt, Beispiel Texpinfix:

```
public void prepInterp(SymTab st) {
    exp1.prepInterp(st);
    exp2.prepInterp(st);
}
```

In der Klasse Tident wird der Index für das spätere Holen des Wertes aus dem Environment gesetzt. Darüber hinaus wird vermerkt, in welchem Teil des Environments (Eingabevariable oder lokale Parameter) die Variable liegt:

```
// Nummer des Idents in Environment
int index;

// Ist es Eingabevariable?
boolean is_input;
```

```
// SymTab-Referenzen und Indizes setzen: hier
// Index fuer Environment setzen
public void prepInterp(SymTab st) {
  STEvar ste = (STEvar)st.lookup(name);
  index = ste.getIndex();
  is_input = ste.isInput();
}
```

Die Klasse Tfun wird wie folgt erweitert, wobei wie bereits oben, auch die Elemente der Symboltabellen um entsprechende Selektionsfunktionen zu erweitern sind:

```
// Referenz auf Funktionsdeklaration
Tdekl fundekl;

// Referenz auf Funktionsdeklaration setzen
public void prepInterp(SymTab st) {
  fundekl = ((STEfun)st.lookup(ident.toString())).getDekl();
  explist.prepInterp(st);
}
```

(c) *Die Interpretation*: Ähnlich wie bereits bei den bisher definierten Methoden ist auch die Methode zur Interpretation in nahezu allen Klassen des abstrakten Syntaxbaums zu implementieren. Mit Ausnahme des Top-Level-Knotens (Tprogram) werden alle Teile im Kontext eines Environments interpretiert. Dieses Environment besteht in der Implementierung aus zwei Arrays von Integern, bei dem eines die Belegung der Eingabevariablen und eines die Belegung der lokalen Parameter enthält. Alle anderen Informationen, zum Beispiel die Funktionszeiger, sind direkt im Syntaxbaum abgelegt worden. Dementsprechend ist folgende Methode zu implementieren:

```
public int interpret(int[] inputvars, int[] parameter);
```

Dies geschieht wieder für jede Klasse selbständig. Für die geforderten Klassen Tident, Texpinfix und Tfun sieht das wie folgt aus:

```
// Tident.java ---------------------------------------------
  public int interpret(int[] in, int[] par) {
    if(is_input)
        return(in[index]);
    else
        return(par[index]);
  }
// Texpinfix.java --------------------------------------------
  public int interpret(int[] in, int[] par) {
    // Zunaechst Teilausdruecke interpretieren
    int e1 = exp1.interpret(in,par);
    int e2 = exp2.interpret(in,par);
```

```
              // In Abhaengigkeit der Rechenart: berechnen
              switch(kind)
              { case '+': return(e1+e2);
                case '-': return(e1-e2);
                case '*': return(e1*e2);
                case '/': return(e1/e2);
              }
            }
          // Tfun ----------------------------------------------------
            public int interpret(int[] in, int[] par) {
              // Parameterliste berechnen: jedes Argument auswerten
              int[] newparams = new int[fundekl.getArity()];
              explist.interpret(in,par,newparams,0);

              // Funktionsinterpretation aufrufen
              return(fundekl.interpret(in,newparams));
            }
```

Lösung 3.40. (PF3.39) Interpretation

Eine mögliche Lösung ist in $INFO/L3.40 zu finden.

Lösung 3.43. (PE) Parsen, XML

(a) Die Lösung für Teilaufgabe (a) ist in $INFO/L3.43 zu finden.
(b) Die hier angegebene BNF-Form ist nur für die gezeigten und ähnlich
    aufgebauten Datenstrukturen gültig. Sie gilt keineswegs für allgemeine
    XML-Dateien. Sie vernachlässigt White-Spaces (Space, Tabulatoren und
    Zeilenumbrüche). Diese sind zwar innerhalb der Nutzdaten und zwischen
    Tags beliebig erlaubt, können jedoch innerhalb eines Tags zu Parser-
    fehlern führen. Dies wäre bei einer Umsetzung durch JFlex und CUP
    zu berücksichtigen. Im folgenden wird $\langle NT \rangle^?$ verwendet, um anzuzeigen,
    daß das Nichtterminal $\langle NT \rangle$ optional ist. Um den Unterschied zwischen
    der Terminalzeichenreihe <daten> und dem Nichtterminal $\langle daten \rangle$ deut-
    lich werden zu lassen, wird letzteres ausnahmsweise in kursiver Schrift
    gesetzt.

```
⟨komponisten⟩   ::= <?xml version="1.0" ?> ⟨daten⟩
⟨daten⟩         ::= <daten> ⟨person⟩* </daten>
⟨person⟩        ::= <person ⟨personAttrs⟩ > ⟨werk⟩* </person>
⟨personAttrs⟩   ::= ⟨personName⟩ ⟨geburtsjahr⟩ ⟨todesjahr⟩
⟨personName⟩    ::= name = " ⟨text⟩ "
⟨geburtsjahr⟩   ::= geburtsjahr = " ⟨text⟩ "
⟨todesjahr⟩     ::= todesjahr = " ⟨text⟩ "

⟨werk⟩          ::= <werk> ⟨name⟩ ⟨datum⟩? ⟨ort⟩? </werk>
⟨name⟩          ::= <name> ⟨text⟩ </name>
⟨datum⟩         ::= <datum> ⟨text⟩ </datum>
⟨ort⟩           ::= <ort> ⟨text⟩ </ort>
⟨text⟩          ::= [a-z0-9A-Z_...]*
```

(c) Der Entwurf einer alternativen Grammatik kann aus verschiedenen Grün-
den wünschenswert sein. Ist die Bandbreite bei der Übertragung oder
Speicherung der Daten begrenzt, so kann eine möglichst kompakte Form
gewählt werden. Steht demgegenüber die Lesbarkeit und die Verarbeit-
barkeit mit klassischen Unix-Werkzeugen wie grep, sed oder awk im Vordergrund, so sollte eine zeilenorientierte Fassung gewählt werden. Wir
geben daher zwei Formen an. Zunächst die kompakte Fassung, in der angenommen wird, daß das Trennzeichen $ sonst im Text nicht vorkommt,
bzw. geeignet maskiert wird.

```
⟨komponisten⟩      ::= ⟨person⟩* E
⟨person⟩           ::= P ⟨personAttrs⟩ ⟨werk⟩*
⟨personAttrs⟩      ::= ⟨personName⟩ ⟨geburtsjahr⟩ ⟨todesjahr⟩
⟨personName⟩       ::= ⟨text⟩ $
⟨geburtsjahr⟩      ::= ⟨text⟩ $
⟨todesjahr⟩        ::= ⟨text⟩ $

⟨werk⟩             ::= W ⟨name⟩ ⟨datum⟩? ⟨ort⟩?
⟨name⟩             ::= ⟨text⟩ $
⟨datum⟩            ::= D ⟨text⟩ $
⟨ort⟩              ::= O ⟨text⟩ $
⟨text⟩             ::= [a-z0-9A-Z_...]*
```

In der kompakten Fassung werden einzelne Zeichen genutzt, um anzuzeigen, welches Element als nächstes einzulesen ist. Ist die Reihenfolge
festgelegt, so wird kein Erkennungszeichen verwendet.

Folgende Fassung zielt auf Lesbarkeit und Bearbeitbarkeit durch zeilenorientierte Werkzeuge. Sie nutzt das Zeilenendezeichen (Carriage Return
und/oder Linefeed) $\mathbb{P}$ und an einer Stelle das Komma als Trennzeichen:

```
⟨komponisten⟩      ::= ⟨person⟩* ende.
⟨person⟩           ::= person: ⟨personAttrs⟩ ⟨werk⟩*
⟨personAttrs⟩      ::= ⟨personName⟩ ⟨jahre⟩
⟨personName⟩       ::= ⟨text⟩ ℙ
⟨jahre⟩            ::= geburt,tod: ⟨text⟩ , ⟨text⟩ ℙ

⟨werk⟩             ::= werk: ⟨name⟩ ⟨datum⟩? ⟨ort⟩?
⟨name⟩             ::= ⟨text⟩ ℙ
⟨datum⟩            ::= datum: ⟨text⟩ ℙ
⟨ort⟩              ::= ort: ⟨text⟩ ℙ
⟨text⟩             ::= [a-z0-9A-Z_...]*
```

(d) Eine systematische Umsetzung kann jeder Tag-Art eine Klasse zuordnen.
XML-Tagattribute werden dann ebenfalls in Attribute umgesetzt. Verschachtelte Tags werden dann durch Links der enthaltenden Klasse auf
die enthaltene Klasse realisiert. Kann ein Subtag mehrfach vorkommen,
so sind entsprechend mengenwertige Attribute (z.B. Vektoren) zu realisieren. Manche Tags sind von so einfacher Bauart, daß sie nicht in einer

eigenen Klasse umgesetzt werden müssen, sondern direkt als Attribut des übergeordneten Tags implementiert werden können. Sinnvollerweise kann folgende Datenstruktur verwendet werden, die fehlende Angaben durch null-Referenzen bzw. negative Zahlen darstellt.

```
public class Daten {
    Vector persons; // Vector(Person)
}
public class Person {
  String name;
  int geburtsjahr;
  int todesjahr;
  Vector werke; // Vector(Werk)
}
public class Werk {
  String name;
  String ort;
  Datum datum;
}
```

Lösung 3.44. (PEF3.43) Parsen, XML

(b) Eine Teillösung dieser Aufgabe finden Sie unter $INFO/L3.44.

(d) Diese Teilaufgabe wurde nicht wie zu erwarten mit Java gelöst, sondern unter Verwendung einer XSLT-Transformation. Denn für derartige Transformationsoperationen auf Basis von XML wurde die Skriptsprache XSLT entworfen, die ihrerseits wiederum einen XML-Dialekt darstellt. Das entworfene Skript transformiert unseren XML-Dialekt in den HTML-Dialekt mittels dem Kommando

```
java org.apache.xalan.xslt.Process -IN data.xml -XSL html.xslt
```

L4. Lösungen zu Teil IV: Theoretische Informatik, Algorithmen und Datenstrukturen, Logikprogrammierung, Objektorientierung

L4.1 Formale Sprachen

Lösung 4.1. Semi-Thue-Systeme

(a) Die Relation ⇒ ist noethersch, denn jede Regelanwendung verkürzt die Wortlänge echt.

Die Relation ⇒ ist nicht konfluent, wie das folgende Beispiel zeigt: O<u>OLO</u> ⇒ LO und <u>OOL</u>O ⇒ OO, aber auf LO und OO ist keine Regel mehr anwendbar; deshalb gibt es insbesondere kein $w \in V^*$, für das LO ⇒*w und OO ⇒*w wäre.

(b) Auf jedes Wort aus V^* mit Länge ≥ 3 ist eine Regel anwendbar. Auf kein Wort aus V^* mit Länge ≤ 2 ist eine Regel anwendbar. Damit sind die irreduziblen Wörter aus V^* genau die Wörter mit Länge ≤ 2.

(c) Eine Binärzahl besitzt einen geraden Wert, wenn ihre letzte Stelle O ist und einen ungeraden Wert, wenn ihre letzte Stelle L ist. Für $w, v \in (V^* \backslash \{\varepsilon\})$ gilt also $I(w) \bmod 2 = I(v) \bmod 2$ genau dann, wenn w und v in der letzten Stelle übereinstimmen.

Gelte $w \Rightarrow v$. Dann gibt es gemäß Definition von ⇒ eine Regel $l \to r$ und Zerlegungen $w = x \circ l \circ y$ und $v = x \circ r \circ y$. Ist $y \neq \varepsilon$, so stimmen w und v in der letzten Stelle überein. Ist $y = \varepsilon$, so stimmen gemäß dem Aufbau der Regeln l und r in der letzten Stelle überein, also auch w und v. Damit gilt $I(w) \bmod 2 = I(v) \bmod 2$.

(d) Da ⇒ noethersch ist, läßt sich jedes Wort w auf ein irreduzibles Wort v reduzieren: w ⇒*v. Damit reichen die irreduziblen Wörter als Vertreter der ⇔*-Äquivalenzklassen aus. Es bleibt zu prüfen, ob gewisse irreduzible Wörter zueinander ⇔*-äquivalent sind. Nach (b) sind die irreduziblen Wörter: ε, O, L, OO, OL, LO, LL

Da ⇒* nach (c) den Rest $mod\ 2$ invariant läßt, können ⇔*-äquivalente irreduzible Wörter höchstens unter $\{\varepsilon, \text{O}, \text{OO}, \text{LO}\}$ und unter $\{\text{L}, \text{OL}, \text{LL}\}$ auftreten. Da ⇒ auch „gerade Länge" und „ungerade Länge" invariant läßt, können ⇔*-äquivalente irreduzible Wörter sogar nur in $\{\varepsilon, \text{OO}, \text{LO}\}$ oder in $\{\text{OL}, \text{LL}\}$ auftreten.

Da keine Regelanwendung auf das leere Wort führt, ist ε nicht ⇔*-äquivalent zu OO oder LO. Nach unserem Beispiel aus (a) gilt OO ⇔* LO. Wegen L<u>LOL</u> ⇒ OL und <u>LLO</u>L ⇒ LL gilt auch OL ⇔* LL.

Damit erhalten wir folgende Äquivalenzklassen:

$[\varepsilon], [0], [L], [00], [LL]$

Lösung 4.2. Chomsky-Grammatik, Linksnormalformen

(a) Die (sequentiellen) Ableitungen des Worts $abab$ lauten (Anwendungsstellen unterstrichen):

$$\underline{ab}ab \Rightarrow Z\underline{ab} \Rightarrow \underline{ZZ} \Rightarrow Z \qquad (0)$$
$$a\underline{ba}b \Rightarrow \underline{aZb} \Rightarrow Z \qquad (1)$$
$$ab\underline{ab} \Rightarrow \underline{ab}Z \Rightarrow \underline{ZZ} \Rightarrow Z \qquad (2)$$

Die Ableitungen (0) und (2) sind strukturell äquivalent. Sie sind aber nicht strukturell äquivalent zu (1).

In der Klasse $\{(0),(2)\}$ strukturell äquivalenter Ableitungen ist (0) die Linksnormalform; in der Klasse $\{(1)\}$ ist (1) die Linksnormalform.

(b) $L_r(G) = \{w \in \{a,b\}^+ |\ w$ enthält gleich viele a und $b\}$
(ohne Beweis)

Lösung 4.3. Chomsky-Hierarchie

(a) $G_1 = (\{a\}, \{Z\}, \{(1)\, aa \to Z, (2)\, aaZ \to Z\}, Z)$
   - G_1 ist eine Chomsky-3 (rechtslineare) Grammatik.
   - $L(G_1) = \{a^{2n}|n \geq 1\}$
   - Ableitung für a^6:
   $$aaaa\underline{aa} \xrightarrow{(1)} aa\underline{aa}Z \xrightarrow{(2)} \underline{aaZ} \xrightarrow{(2)} Z$$

(b) $G_2 = (\{a\}, \{Z\}, \{(1)\, aa \to Z, (2)\, aZa \to Z\}, Z)$
   - G_2 ist eine Chomsky-2 (lineare) Grammatik, aber *keine* Chomsky-3-Grammatik.
   - $L(G_2) = \{a^{2n}|n \geq 1\}$
   - Ableitung für a^6:
   $$aa\underline{aa}aa \xrightarrow{(1)} a\underline{aZa}a \xrightarrow{(2)} \underline{aZa} \xrightarrow{(2)} Z$$

   Der Sprachschatz $L(G_2)$ ist jedoch identisch zu $L(G_1)$.

(c) $G_3 = (\{a, b\}, \{Z\}, \{(1)\, ab \to Z, (2)\, aZb \to Z\}, Z)$
   - G_3 ist eine Chomsky-2 (lineare) Grammatik, aber *keine* Chomsky-3-Grammatik.
   - $L(G_3) = \{a^n b^n|n \geq 1\}$
   - Ableitung für $a^3 b^3$:
   $$aa\underline{ab}bb \xrightarrow{(1)} a\underline{aZb}b \xrightarrow{(2)} \underline{aZb} \xrightarrow{(2)} Z$$

(d) $G_4 = (\{a, b, c\}, \{A, B, C\}, \{(1)\, bc \to C, (2)\, bCc \to CB, (3)\, Bc \to cB, (4)\, aC \to A, (5)\, aAB \to A\}, A)$
   - G_4 ist eine Chomsky-0 Grammatik, aber *keine* Chomsky-1-Grammatik (z.B. Regel (2) ist nicht Chomsky-1).
   - $L(G_4) = \{a^n b^n c^n|n \geq 1\}$
   - Ableitung für $a^3 b^3 c^3$:

$$aaabb\underline{b}ccc \overset{(1)}{\Rightarrow} aaab\underline{b}Ccc \overset{(2)}{\Rightarrow} aaabC\underline{B}c \overset{(3)}{\Rightarrow} aaa\underline{b}CcB \overset{(2)}{\Rightarrow} aaa\underline{C}BB$$
$$\overset{(4)}{\Rightarrow} aa\underline{A}BB \overset{(5)}{\Rightarrow} aAB \overset{(5)}{\Rightarrow} A$$

Lösung 4.4. Semi-Thue-Grammatik, Chomsky-Grammatik

$G_1' = (\{a, Z\}, \{aa \to Z, aaZ \to Z\}, Z)$

(a) $L(G_1') = \{a^{2n}|n \geq 1\} \cup \{a^{2n}Z|n \geq 0\} \neq L(G_1)$

(b) Nein, es gibt keine zu G_1 äquivalente Semi-Thue-Grammatik: Die Wurzel einer Semi-Thue-Grammatik ist stets Teil der Sprache. Da G_1 nur das Terminalsymbol $\{a\}$ enthält, sollte a die Wurzel sein. Aber $a \notin L(G_1)$.
Bemerkung: Wenn Zeichenfolgen als Wurzel erlaubt werden, können wir eine Semi-Thue-Grammatik für $L(G_1)$ angeben:

$G_1'' = (\{a\}, \{aaaa \to aa\}, aa)$

Das funktioniert aber z.B. nicht für $L = \{a^{2^k}|k \geq 1\}$.

Lösung 4.5. (P) Generative Chomsky-Grammatiken

Das nachfolgende Java-Programm erlaubt es, eine Grammatik einzulesen und generiert alle in der Sprache enthaltenen Terminalzeichenreihen, die mit Ableitungen bis zur angegebenen Länge erzeugt werden können. Die Grammatikregeln sind generativ anzugeben, das heißt, z.B. in der Form $Z \to aa$. Für die Darstellung der Regeln und zu modifizierenden Wörter wird die Repräsentation mit Strings gewählt. Aufgrund der aus `java.lang.String` zur Verfügung stehenden String-Manipulationen kann so ein kompaktes Programm entstehen. Eine effizientere Implementierung wäre sicherlich durch verkettete Listen von Einzelzeichen zu erreichen. Das Programm ist unter `$INFO/L4.5` zu finden.

Lösung 4.6. Chomsky-Grammatik, Chomsky-Hierarchie

$G_1 = (\{a, b, c, d\}, \{Z, S\}, P, Z)$
$P = \{(1)bc \to S, (2)bSc \to S, (3)aSd \to Z, (4)aZd \to Z\}$

- G_1 ist eine Chomsky-2 Grammatik (beidseitig linear).
- $L(G_1) = \{a^n b^m c^m d^n|n \geq 1, m \geq 1\}$
- Ableitung für $a^3 b^2 c^2 d^3$:

$$aaab\underline{bc}cddd \overset{(1)}{\Rightarrow} aaa\underline{bScddd} \overset{(2)}{\Rightarrow} aaa\underline{Sddd} \overset{(3)}{\Rightarrow} aa\underline{Zdd} \overset{(4)}{\Rightarrow} \underline{aZd} \overset{(4)}{\Rightarrow} Z$$

Lösung 4.7. Chomsky-Grammatik, Palindrom

Die folgende Chomsky-2 Grammatik (beidseitig linear) akzeptiert den gegebenen Sprachschatz $L(G_2)$:

- $G_2 = (\{a, b\}, \{Z\}, \{(1)aa \to Z, (2)bb \to Z, (3)aZa \to Z, (4)bZb \to Z\}, Z)$
- Akzeptierende Linksableitung für $a^2 b^4 a^2$:

$$aab\underline{bbb}baa \overset{(2)}{\Rightarrow} aab\underline{Zb}aa \overset{(4)}{\Rightarrow} aa\underline{Za}a \overset{(3)}{\Rightarrow} a\underline{Za} \overset{(3)}{\Rightarrow} Z$$

Bemerkung: Folgende Linksableitung führt in eine Sackgasse:

$$\underline{aa}bbbbaa \overset{(1)}{\Rightarrow} Z\underline{bb}bbaa \overset{(2)}{\Rightarrow} ZZ\underline{bb}aa \overset{(2)}{\Rightarrow} ZZZ\underline{aa} \overset{(1)}{\Rightarrow} ZZZZ$$

Lösung 4.8. EA, Chomsky-3-Grammatik, reguläre Ausdrücke

(a) *Endlicher Automat:*

$$A = (S, T, s_0, Z, \delta) \text{ mit } S = \{s_0, s_1\}, \ T = \{a, b\}, \ Z = \{s_1\}$$

und der Übergangsfunktion δ gegeben durch das Übergangsdiagramm L4.1.

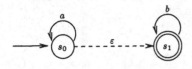

Abb. L4.1. Übergangsdiagramm (Lösung 4.8 (a))

Chomsky-3-Grammatik:

$$G = (T, N, \to, Z) \text{ mit } T = \{a, b\}, \ N = \{S, Z\}$$

und den Ersetzungsregeln:

$$\varepsilon \to S, \ Sa \to S, \ S \to Z, \ Zb \to Z$$

Die Chomsky-3-Grammatik ist linkslinear.
Regulärer Ausdruck: $a^* b^*$

(b) *Endlicher Automat:*

$$A = (S, T, s_0, Z, \delta) \text{ mit } S = \{s_0, s_1, s_2, s_3\}, \ T = \{a, b\}, \ Z = \{s_3\}$$

und δ gegeben durch das Übergangsdiagramm L4.2.

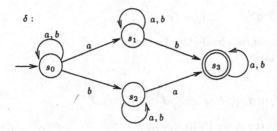

Abb. L4.2. Übergangsdiagramm (Lösung 4.8 (b))

Dieser Automat ist nichtdeterministisch. Wir wissen, daß es dann auch einen deterministischen endlichen Automaten gibt, der die Sprache akzeptiert.
Der nichtdeterministische Automat L4.2 greift ein beliebiges a und ein beliebiges b aus einem Eingabewort heraus. Entscheidet man sich dafür,

immer das jeweils erste auftretende a und b zu betrachten, so gelangt man zu dem deterministischen Automaten, dessen Übergangsdiagramm δ' in Abb. L4.3 angegeben ist.

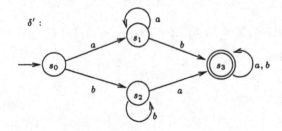

Abb. L4.3. Deterministisches Übergangsdiagramm (Lösung 4.8 (b))

Chomsky-3-Grammatik:

$$G = (T, N, \rightarrow, Z) \text{ mit } T = \{a, b\}, \ N = \{A, B, S, Z\}$$

und den Ersetzungsregeln:

$\varepsilon \rightarrow S$	$Aa \rightarrow A$	$Ba \rightarrow Z$
$Sa \rightarrow A$	$Bb \rightarrow B$	$Za \rightarrow Z$
$Sb \rightarrow B$	$Ab \rightarrow Z$	$Zb \rightarrow Z$

Die Nichtterminale A und B symbolisieren „a bereits gefunden" bzw. „b bereits gefunden", Z symbolisiert „beides bereits gefunden".
Regulärer Ausdruck:

$[a|b]^* a[a|b]^* b[a|b]^* \mid [a|b]^* b[a|b]^* a[a|b]^*$ oder

$aa^* b[a|b]^* \mid bb^* a[a|b]^*$ oder

$[aa^* b|bb^* a][a|b]^*$

(c) *Endlicher Automat:*

$$A = (S, T, s_0, Z, \delta) \text{ mit } S = \{s_0, s_1, s_2, s_3\}, \ T = \{a, b\}, \ Z = \{s_3\}$$

und δ gegeben durch:

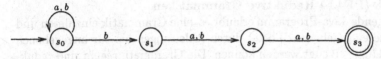

Abb. L4.4. Übergangsdiagramm (Lösung 4.8 (c))

Der Automat ist nichtdeterministisch. Die drittletzte Stelle wird durch „Erraten" gefunden.

Der angegebene nichtdeterministische Automat ist recht übersichtlich und einleuchtend. Dagegen kann man zeigen, daß ein deterministischer Automat, der dieselbe Sprache akzeptiert, mindestens 8 Zustände hat. Ein solcher deterministischer Automat ist der folgende:

$A = (S, T, s_0, Z, \delta)$ mit
$S = \{s_0, s_1, s_2, s_3, s_4, s_5, s_6, s_7\}$, $T = \{a, b\}$, $Z = \{s_4, s_5, s_6, s_7\}$

und δ gegeben in Abb. L4.5.

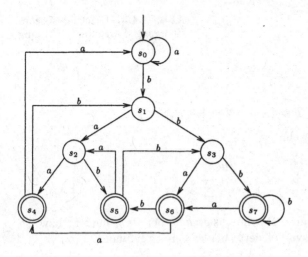

Abb. L4.5. Deterministisches Übergangsdiagramm (Lösung 4.8 (c))

Chomsky-3-Grammatik:

$G = (T, N, \rightarrow, Z)$ mit $T = \{a, b\}$, $N = \{X_1, X_2, Z\}$

und den Ersetzungsregeln:

$a \rightarrow X_1$, $b \rightarrow X_1$, $aX_1 \rightarrow X_2$, $bX_1 \rightarrow X_2$, $bX_2 \rightarrow Z$, $aZ \rightarrow Z$, $bZ \rightarrow Z$

Dabei symbolisiert X_i ($i \in \{1, 2\}$) „hinter der aktuellen Position kommen noch i Stellen".

Regulärer Ausdruck: $[a|b]^* b[a|b][a|b]$

Lösung 4.9. (PF4.5) Reduktive Grammatiken

Das nachfolgende Java-Programm erlaubt es, eine Grammatik einzulesen und testet, ob die eingegebenen Wörter durch Ableitungen bis zur angegebenen maximalen Länge erzeugt werden können. Die Grammatikregeln sind reduktiv anzugeben, das heißt, z.B. in der Form $aa \rightarrow Z$. Das Programm ist eng an die Lösung von Aufgabe 4.5 angelehnt. Teile die direkt von dort übernommen wurden sind hier nicht mehr wiederholt. Dieses Programm liegt auch unter $INFO/L4.9.

Lösung 4.10. Konstruktion von ε-freien DEA aus NEA

(a) Nach dem Verfahren aus dem Buch läßt sich jeder endliche Automat in
den folgenden drei Schritten ε-frei machen:

(1) Zusammenfassen von Knoten auf $\xrightarrow{\varepsilon}{}^*$- Zyklen zu Äquivalenzklassen

(2) Weglassen von ε-Schlingen

(3) Durchschalten von ε-Übergängen

Wir gehen für den gegebenen endlichen Automaten in diesen drei Schritten vor:

(1) Nur die Zustände s_4 und s_5 liegen auf einem $\xrightarrow{\varepsilon}{}^*$-Zyklus und werden
zu einer Äquivalenzklasse s_{45} zusammengefaßt. Alle Übergänge, die
bisher von s_4 oder s_5 ausgehen oder dort enden, gehen nun von s_{45}
aus bzw. enden nun in s_{45}. Damit erhalten wir den Automaten L4.6.

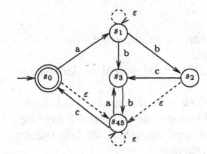

Abb. L4.6. Übergangsdiagramm mit
bgl. $\xrightarrow{\varepsilon}{}^*$-Kanten zusammengefaßten
Zuständen (Lösung 4.10 (a))

(2) Die ε-Schlingen an den Zuständen s_1 und s_{45} werden weggelassen
(siehe Abb. L4.7).

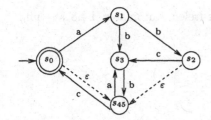

Abb. L4.7. ε-Schlingen-freies
Übergangsdiagramm (Lösung 4.10 (a))

(3) Nun werden alle ε-Übergänge "durchgeschaltet". Dabei werden zu
allen Nicht-ε-Übergängen sämtliche vorausgehenden und nachfolgenden Folgen von ε-Übergängen betrachtet. Formal ausgedrückt be-
rechnen wir alle Relationen $\xrightarrow{\varepsilon}{}^* \circ \xrightarrow{x} \circ \xrightarrow{\varepsilon}{}^*$ mit $x \in \{a, b, c\}$ und
ersetzten diese durch einen Übergang $\xrightarrow{x}$ (siehe Abb. L4.8).

Damit haben wir einen zum gegebenen Automaten äquivalenten ε-freien
endlichen Automaten erhalten.

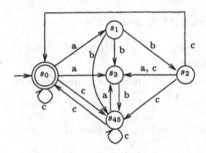

Abb. L4.8. ε-freies Übergangsdiagramm
(Lösung 4.10 (a))

(b) Wir konstruieren einen deterministischen endlichen Automaten nach der Teilmengenkonstruktion aus der Vorlesung. Wir beschränken uns dabei jedoch auf diejenigen Mengen von Zuständen, die tatsächlich benötigt werden.

Für den neuen Automaten gilt:
- Die Zustände sind Teilmengen der alten Zustandsmenge.
- Der Eingabezeichenvorrat bleibt gleich.
- Anfangszustand ist die Menge $\{s_0\}$, die nur aus dem alten Anfangszustand besteht.
- Endzustände sind alle Mengen, die einen alten Endzustand enthalten.
- Zur Konstruktion der Übergangsfunktion und der tatsächlich benötigten Zustände wird folgender Schritt solange wiederholt, bis keine neuen Zustände oder Übergänge mehr entstehen:

  Sei M ein Zustand des neuen Automaten, x ein Eingabezeichen. Daraus ergibt sich ein Zustand M' durch

  $M' = \bigcup_{z \in M} \{z' \in S \mid z' \in \delta(z, x)\}$

  und ein Übergang $M \xrightarrow{x} M'$ im neuen Automaten.
  Begonnen wird mit $M = \{\{s_0\}\}$.

Zur Konstruktion gehen wir vom ε-freien Automaten L4.8 aus und erhalten das Übergangsdiagramm L4.9.

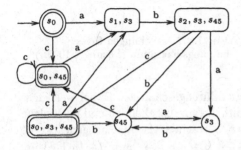

Abb. L4.9. Deterministisches Übergangsdiagramm nach Mengenkonstruktion (Lösung 4.10 (b))

Damit haben wir einen deterministischen, ε-freien endlichen Automaten erhalten, der zum ursprünglichen Automaten A äquivalent ist.

Bemerkung: Obige Konstruktion der Zustände und Übergänge terminiert, da S,T und damit $\mathbb{P}(S)$ sowie die Anzahl der möglichen neuen Übergänge endlich sind.

Lösung 4.11. Konstruktion von ε-freien DEA aus NEA

(a) Da keine ε-Zyklen oder ε-Schleifen auftreten, genügt die Durchschaltung der ε-Übergänge, wodurch sich folgende zusätzlichen Übergänge ergeben (Abb. L4.10).

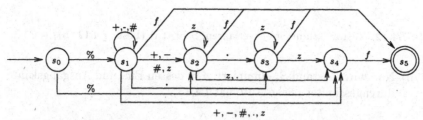

Abb. L4.10. Deterministisches Übergangsdiagramm (Lösung 4.11 (a))

(b) Der neue Automat hat als Zustände Teilmengen der alten Zustandsmenge $\{s_0, \dots, s_3\}$. Es ergibt sich der deterministische Automat L4.11.

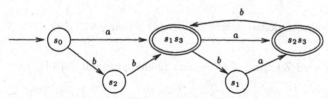

Abb. L4.11. Deterministischer Automat (Lösung 4.11 (b))

Lösung 4.12. (E) Konstruktion von RA, Chomsky-3 aus NEA

(a) Es werden genau die Wörter akzeptiert, die mit O beginnen und mit O enden, und die zwischen zwei O's eine gerade Zahl von L's besitzen.

(b) Der reguläre Ausdruck zu G wird ausgehend vom Automaten in (a) konstruiert, und zwar indem dessen Zustände sukzessive eliminiert und dabei ein- und ausgehende Kanten jeweils „kurzgeschlossen" werden. Die Knoten können in beliebiger Reihenfolge eliminiert werden. Dabei entstehen an den neuen Kanten reguläre Ausdrücke; die angegebenen Diagramme stellen deshalb *keine* endlichen Automaten mehr dar.

 i) Zuerst werden künstliche Anfangs- und Endzustände eingefügt (damit alle Knoten einheitlich eliminiert werden können). Vom neuen

Anfangszustand α wird ein ε-Übergang zum alten Anfangszustand gelegt, und von allen alten Endzuständen (hier nur Z) ein ε-Übergang zum neuen Endzustand ω (siehe Automat L4.12).

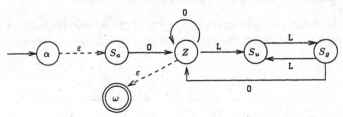

Abb. L4.12. Zustandseliminationsverfahren, Schritt i) (Lösung 4.12 (b))

ii) Nun wird Zustand S_a eliminiert, d.h. dessen Ein- und Ausgangskante durchgeschaltet (siehe Automat L4.13).

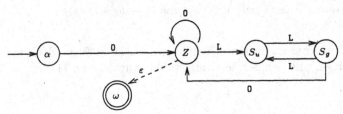

Abb. L4.13. Zustandseliminationsverfahren, Schritt ii) (Lösung 4.12 (b))

iii) Als nächstes wird Zustand Z eliminiert (siehe Automat L4.14).

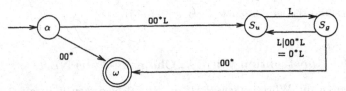

Abb. L4.14. Zustandseliminationsverfahren, Schritt iii) (Lösung 4.12 (b))

iv) Elimination von Zustand S_u (siehe Automat L4.15).
v) Elimination von Zustand S_g (siehe Automat L4.16).

Im Buch wurde ein etwas anderes Verfahren zur Bestimmung eines regulären Ausdrucks zu einem endlichen Automaten angegeben (Berechnung der $E(i, j, k)$). Numeriert man bei der soeben durchgeführten Konstruktion die Zustände in der Reihenfolge, in der sie eliminiert wurden,

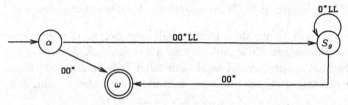

Abb. L4.15. Zustandseliminationsverfahren, Schritt iv) (Lösung 4.12 (b))

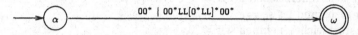

Abb. L4.16. Zustandseliminationsverfahren, Schritt v), Ergebnis (Lösung 4.12 (b))

von 1 bis 4 durch, so ist ein Zusammenhang zum im Buch angegebenen Verfahren darin zu sehen, daß die Elimination von Zustand s_k in etwa der Bestimmung von $E(i, j, k)$ für die noch verbliebenen Zustände i, j entspricht, d.h. der Hinzunahme von s_k als möglichen Zwischenzustand.

(c) Wir geben eine linkslineare Grammatik an. Die Konstruktion erfolgt aus dem Automaten: Für jeden Übergang gibt es eine Regel.
(*Bemerkung:* Da nur ein akzeptierender Zustand existiert, kann dieser als Wurzel dienen.)

$$G = (\{0, L\}, \{Z, S_u, S_g\},$$
$$\{0 \rightarrow Z, Z0 \rightarrow Z, ZL \rightarrow S_u, S_uL \rightarrow S_g, S_gL \rightarrow S_u, S_g0 \rightarrow Z\}, Z)$$

Lösung 4.13. (P) Deterministische endliche Automaten

Die Klasse `State` wird benutzt, um einzelne Zustände des Automaten zu repräsentieren. Sie enthält den Zustandsnamen, sowie die Liste der von ihr ausgehenden Transitionen. Diese ist als Array realisiert, bei dem die Indizes durch die Position in der Zeichenliste ermittelt werden. Der Nachfolgezustand zum Eingabezeichen c wird duch `_succs[_zeichen.indexOf(c)]` bestimmt.

Die Markierung `_erreichbar` wird genutzt, um den erreichbaren Teilautomaten zu bestimmen.

Die Klasse `Automat` realisiert das Hauptprogramm und die zu implementierenden Methoden, die in Zusammenarbeit mit Methoden der Klasse `State` realisiert werden. Zustände, Endzustände und Eingabezeichen werden jeweils als Zeichen (`char`) implementiert, wodurch sich der Datentyp `String` zur Verwaltung von Listen eignet. Darüber hinaus wird die Liste aller Zustände aufgehoben.

Siehe dazu auch `$INFO/L4.13`.

Lösung 4.15. (E*) Chomsky-2-Grammatiken, Kellerautomaten

(a) Nach der Vorgehensweise aus dem Buch erhält man den zu G äquivalenten nichtdeterministischen Kellerautomaten $KA = (S, T, K, \delta, s_0, \#, F)$:

– Die endliche Zustandsmenge S besteht aus allen Teilwörtern von linken Seiten von Ersetzungsregeln und zwei weiteren Zuständen s_v und s_e:
$$S = \{\varepsilon, c, a, Z, b, aZ, ZZ, Zb, aZZ, ZZb, aZZb, s_v, s_e\}.$$

– Die Eingabezeichen sind die Terminale der Grammatik.

– Die Menge der Kellerzeichen ist $K = T \cup N \cup \{\#\}$.

– Der Anfangszustand ist $s_0 = \varepsilon$.

– Als Kellerstartzeichen nehmen wir $\#$.

– Endzustand ist nur s_e: $F = \{s_e\}$.

– Die Übergangsrelation
$$\delta : S \times (T \cup \{\varepsilon\}) \times K \to \mathbb{P}(S \times K^*)$$
ist die kleinste Relation mit folgenden Eigenschaften: für jede Regel
$$\langle e_1 \dots e_n \rangle \to A \text{ mit } e_1, \dots, e_n \in T \cup N, A \in N$$
und jedes Kellerzeichen $k \in K$:

i) Regelerkennung: für alle $i, j : 1 < i \le j + 1, j \le n$
$$(\langle e_{i-1} \dots e_j \rangle, \varepsilon) \in \delta(\langle e_i \dots e_j \rangle, \varepsilon, e_{i-1})$$
$$(\langle e_i \dots e_j \rangle, \langle k \rangle) \in \delta(\langle e_i \dots e_{j-1} \rangle, e_j, k)$$

ii) Regelanwendung:
$$(\varepsilon, \langle Ak \rangle) \in \delta(\langle e_1, \dots, e_n \rangle, \varepsilon, k)$$

iii) Durchlaufen der Eingabe:
$$(\varepsilon, \langle xk \rangle) \in \delta(\varepsilon, x, k) \text{ für alle } x \in T$$

iv) Akzeptanz:
$$(s_v, \varepsilon) \in \delta(\varepsilon, \varepsilon, Z)$$
$$(s_e, \varepsilon) \in \delta(s_v, \varepsilon, \#)$$

In unserem Beispiel erhalten wir damit die Übergangsrelation, die durch das Diagramm aus Abb. L4.17 gegeben ist. Dabei wird $(s', sq) \in \delta(s, x, k)$ durch eine Kante von s nach s' mit der Beschriftung (x, k, sq) dargestellt. Wie oben durchläuft k die Kellerzeichen $\{a, b, c, Z, \#\}$.

Tab. L4.1. Akzeptierende Rechnung des Kellerautomaten (Lösung 4.15 (b))

Zustand	Keller	Eingaberest	Zustand	Keller	Eingaberest
ε	$\#$	$\underline{a}accbcb$	ε	$\#aZ$	$\underline{c}b$
ε	$\#a$	$\underline{a}ccbcb$	c	$\#aZ$	b
ε	$\#aa$	$\underline{c}cbcb$	ε	$\#aZ\underline{Z}$	b
c	$\#aa$	$cbcb$	Z	$\#a\underline{Z}$	b
ε	$\#aaZ$	$\underline{c}bcb$	ZZ	$\#\underline{a}$	b
c	$\#aaZ$	bcb	aZZ	$\#$	$\underline{b}$
ε	$\#aaZZ$	$\underline{b}cb$	$aZZb$	$\#$	
b	$\#aaZ\underline{Z}$	cb	ε	$\#\underline{Z}$	
Zb	$\#aa\underline{Z}$	cb	s_v	$\#\underline{}$	
ZZb	$\#a\underline{a}$	cb	s_e		
$aZZb$	$\#a$	cb			

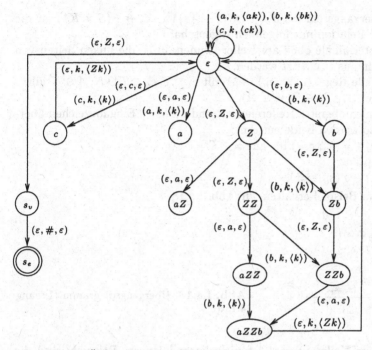

Abb. L4.17. Übergangsdiagramm (Lösung 4.15 (a))

(b) *Eine Ableitung in G*:

$aa\underline{c}cbcb \Rightarrow aaZ\underline{c}bcb \Rightarrow aa\underline{ZZ}bcb \Rightarrow aZ\underline{c}b \Rightarrow a\underline{ZZ}b \Rightarrow Z$

(*Bemerkung*: Dies ist die akzeptierende Linksableitung.)
Eine akzeptierende Rechnung des Kellerautomaten ist in Tabelle L4.1
angegeben. Die verwendeten nächsten Eingabezeichen und die Kellerzeichen sind, sofern sie für den Übergang eine Rolle spielen, unterstrichen.
Dies ist nur eine mögliche akzeptierende Rechnung des Kellerautomaten
für das gegebene Wort. Der Kellerautomat ist hochgradig nichtdeterministisch. Es gibt sogar noch viele andere akzeptierende Rechnungen für
das gegebene Wort.

(c) *Top-Down-Verfahren*:
Am Anfang steht im Keller das Axiom. Dann werden gemäß den (umgekehrt angewandten) Regeln der Grammatik im Keller Wörter bestehend
aus Terminalen und Nichtterminalen abgeleitet. Gleiche Wortteile oben
am Keller und am Anfang des Eingaberests „kürzen" sich.

$KA' = (S', T, K, \delta', s'_0, \#, F)$ mit

– $S' = \{s'_0, s_e\}$
– K wie in (a)
– F wie in (a)

– Die Übergangsrelation $\delta' : S \times (T \cup \{\varepsilon\}) \times K \to \mathbb{P}(S \times K^*)$ ist die kleinste Relation mit folgenden Eigenschaften:

– Nichtterminale oben am Keller können durch die linken Seiten von Regeln aus G ersetzt werden:

Für jede Regel $\langle e_1 \ldots e_n \rangle \to A$ mit $e_1, \ldots, e_n \in T \cup N, A \in N$ gilt:

$(s_0', \langle e_1 \ldots e_n \rangle) \in \delta'(s_0', \varepsilon, A)$

– Stimmen oberstes Kellerelement und nächstes Eingabezeichen überein, so werden beide entfernt:

$(s_0', \varepsilon) \in \delta'(s_0', x, x)$ für alle $x \in T$

– Akzeptanz:

$(s_e, \varepsilon) \in \delta'(s_0', \varepsilon, \#)$

In unserem Beispiel erhalten wir Abb. L4.18.

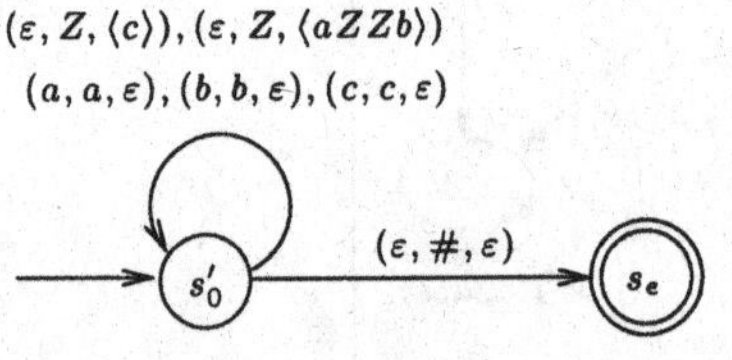

$(\varepsilon, Z, \langle c \rangle), (\varepsilon, Z, \langle aZZb \rangle)$

$(a, a, \varepsilon), (b, b, \varepsilon), (c, c, \varepsilon)$

Abb. L4.18. Übergangsdiagramm (Lösung 4.15 (c))

Auch dieser Kellerautomat ist nichtdeterministisch, Beispiele sind die Übergänge $(\varepsilon, Z, \langle c \rangle)$ und $(\varepsilon, Z, \langle aZZb \rangle)$ im Zustand s_0'. Dies ist hier jedoch der einzige Nichtdeterminismus.

(d) Eine akzeptierende Rechnung ist in Tabelle L4.2 gegeben.

Tab. L4.2. Akzeptierende Rechnung des Top-Down-Kellerautomaten (Lösung 4.15 (d))

Zustand	Keller	Eingaberest
s_0'	$\#\underline{Z}$	$\underline{a}accbcb$
s_0'	$\#bZZ\underline{a}$	$\underline{a}accbcb$
s_0'	$\#bZ\underline{Z}$	$accbcb$
s_0'	$\#bZbZZ\underline{a}$	$\underline{a}ccbcb$
s_0'	$\#bZbZ\underline{Z}$	$ccbcb$
s_0'	$\#bZbZ\underline{c}$	$\underline{c}cbcb$
s_0'	$\#bZb\underline{Z}$	$cbcb$
s_0'	$\#bZb\underline{c}$	$\underline{c}bcb$
s_0'	$\#bZ\underline{b}$	$\underline{b}cb$
s_0'	$\#b\underline{Z}$	cb
s_0'	$\#b\underline{c}$	$\underline{c}b$
s_0'	$\#\underline{b}$	$\underline{b}$
s_0'	$\#$	
s_e		

(e) *Strategie, um mit dem Kellerautomaten KA aus (a) deterministisch zu rechnen:*
Das Eingabezeichen a wird immer gekellert, b und c werden in den Zustand übernommen. Sobald eine Reduktion möglich ist (d.h. eine Regel anwendbar), wird sie ausgeführt. Diese Strategie entspricht akzeptierenden Linksableitungen bei der Grammatik. (Man beachte, daß in der Rechnung in (b) nicht nach dieser Strategie vorgegangen wird.)
Strategie, um beim Kellerautomaten KA' aus (d) keine „falschen" Übergänge durchzuführen:
In Zustand s'_0 wird der Übergang $(\varepsilon, Z, \langle c \rangle)$ gewählt, wenn als nächstes Zeichen c in der Eingabe steht und $(\varepsilon, Z, \langle aZZb \rangle)$, wenn als nächstes Zeichen a in der Eingabe steht. Die Vorschau (Lookahead) von einem Zeichen reicht hier also aus, um deterministisch die richtige Ableitung zu finden.
Warnung: Diese Strategien sind auf unser Beispiel zugeschnitten. Im allgemeinen sind derartige Strategien komplizierter oder sogar unmöglich.

Lösung 4.16. (*) Chomsky-2-Grammatiken, Kellerautomaten

Tab. L4.3. Akzeptierende Rechnung des Kellerautomaten (Lösung 4.16 (b))

Zustand	Keller	Eingaberest	Zustand	Keller	Eingaberest
ε	$\#$	$\underline{a}ababaaba$	ε	$\#aZ$	$\underline{a}ba$
ε	$\#a$	$\underline{a}babaaba$	ε	$\#aZa$	$\underline{b}a$
ε	$\#aa$	$\underline{b}abaaba$	b	$\#aZa$	a
b	$\#aa$	$abaaba$	ε	$\#aZaZ$	$\underline{a}$
ε	$\#aaZ$	$\underline{a}baaba$	ε	$\#aZaZ\underline{a}$	
ε	$\#aaZa$	$\underline{b}aaba$	a	$\#aZa\underline{Z}$	
b	$\#aaZa$	$aaba$	Za	$\#aZ\underline{a}$	
ε	$\#aaZaZ$	$\underline{a}aba$	aZa	$\#a\underline{Z}$	
ε	$\#aaZaZ\underline{a}$	aba	$ZaZa$	$\#\underline{a}$	
a	$\#aaZa\underline{Z}$	aba	$aZaZa$	$\#$	
Za	$\#aaZ\underline{a}$	aba	ε	$\#Z$	
aZa	$\#aa\underline{Z}$	aba	s_v	$\#$	
$ZaZa$	$\#a\underline{a}$	aba	s_e		
$aZaZa$	$\#a$	aba			

(a) Nach der Vorgehensweise aus dem Buch und aus Aufgabe 4.15 erhalten wir den Kellerautomaten $KA = (S, T, K, \delta, s_0, \#, F)$ mit:
- $S = \{\varepsilon, b, a, Z, aZ, Za, aZa, ZaZ, aZaZ, ZaZa, aZaZa, s_v, s_e\}$.
- T von der Grammatik.
- $K = T \cup N \cup \{\#\} = \{a, b, Z, \#\}$.
- $s_0 = \varepsilon$.
- Kellerstartzeichen $\#$.
- $F = \{s_e\}$.
- Die Übergangsrelation
  $\delta : S \times (T \cup \{\varepsilon\}) \times K \to \mathbb{P}(S \times K^*)$

ist durch das Übergangsdiagramm in Abb. L4.19 gegeben, wobei k die Kellerzeichen K durchläuft:

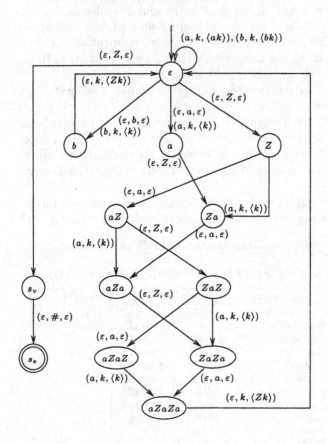

Abb. L4.19. Übergangsdiagramm (Lösung 4.16 (a))

(b) *Eine Ableitung in G*:

$$a a \underline{b} a b a a b a \Rightarrow a a Z a \underline{b} a a b a \Rightarrow a \underline{a Z a Z} a a b a \Rightarrow a Z a \underline{b} a \Rightarrow \underline{a Z a Z} a \Rightarrow Z$$

(*Bemerkung*: Dies ist die akzeptierende Linksableitung.)
Eine akzeptierende Rechnung des Kellerautomaten ist in Tabelle L4.3 gegeben.

(c) Nach der Vorgehensweise aus Aufgabe 4.15 ergibt sich folgender Kellerautomat $KA' = (S', T, K, \delta', s'_0, \#, F)$ zur Top-Down-Analyse:
  - T, K und F wie oben.
  - $S' = \{s'_0, s_e\}$
  - Die Übergangsrelation
    $$\delta' : S' \times (T \cup \{\varepsilon\}) \times K \rightarrow \mathbb{P}(S' \times K^*)$$
    ist durch das Übergangsdiagramm aus Abb. L4.20 gegeben.

(d) Eine akzeptierende Rechnung von KA' ist in Tabelle L4.4 gegeben.

$(\varepsilon, Z, \langle b \rangle)), (\varepsilon, Z, \langle aZaZa \rangle),$
   $(a, a, \varepsilon), (b, b, \varepsilon)$

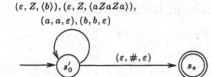

$(\varepsilon, \#, \varepsilon)$

Abb. L4.20. Übergangsdiagramm für Top-Down-Kellerautomat (Lösung 4.16 (c))

Tab. L4.4. Akzeptierende Rechnung des Top-Down-Kellerautomaten (Lösung 4.16 (d))

Zustand	Keller	Eingaberest
s_0'	$\#\underline{Z}$	$\underline{a}ababaaba$
s_0'	$\#aZaZ\underline{a}$	$\underline{a}ababaaba$
s_0'	$\#aZa\underline{Z}$	$ababaaba$
s_0'	$\#aZaaZaZ\underline{a}$	$\underline{a}babaaba$
s_0'	$\#aZaaZa\underline{Z}$	$babaaba$
s_0'	$\#aZaaZa\underline{b}$	$\underline{b}abaaba$
s_0'	$\#aZaaZ\underline{a}$	$\underline{a}baaba$
s_0'	$\#aZaa\underline{Z}$	$baaba$
s_0'	$\#aZaa\underline{b}$	$\underline{b}aaba$
s_0'	$\#aZa\underline{a}$	$\underline{a}aba$
s_0'	$\#aZ\underline{a}$	$\underline{a}ba$
s_0'	$\#a\underline{Z}$	ba
s_0'	$\#a\underline{b}$	$\underline{b}a$
s_0'	$\#\underline{a}$	$\underline{a}$
s_0'	$\#$	
s_e		

(e) *Eine Strategie für den Bottom-Up-Kellerautomaten KA aus (a)*:
Eingabezeichen a wird stets gekellert, b in den Zustand übernommen. Sobald eine Reduktion möglich ist (d.h. eine Regel anwendbar), wird sie ausgeführt. Immer wenn $aZaZa$ oben am Keller steht, wird dies erst in den Zustand übernommen und reduziert, bevor die Eingabe weiterverarbeitet wird.

Eine Strategie für den Top-Down-Kellerautomaten KA' aus (c):
Immer wenn Z oben am Keller steht, wird das nächste Eingabezeichen betrachtet:
Ist es b, so wird Z durch $\langle b \rangle$ ersetzt; ist es a, so wird Z durch $\langle aZaZa \rangle$ ersetzt.

Bemerkung: Diese Strategien sind wieder auf unser Beispiel zugeschnitten und nicht allgemein übertragbar.

Lösung 4.17. (*) Chomsky-2-Grammatiken, Kellerautomaten

(a) Kellerautomat $KA = (S, T, K, \delta, s_0, \#, F)$ mit:
- $S = \{\varepsilon, a, X, b, Z, Xb, bb, aZ, Xbb, s_v, s_e\}$
- (T von der Grammatik.)
- $K = T \cup N \cup \{\#\}$
- $s_0 = \varepsilon$
- $F = \{s_e\}$
- Die Übergangsrelation
  $$\delta : S \times (T \cup \{\varepsilon\}) \times K \to \mathbb{P}(S \times K^*)$$
ist durch das Diagramm in Abb. L4.21 gegeben (wobei k die Kellerzeichen K durchläuft).

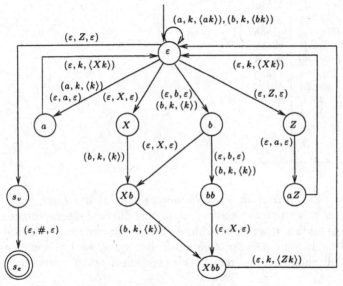

Abb. L4.21. Übergangsdiagramm (Lösung 4.17 (a))

(b) *Ableitung in G:* $a\underline{a}bbbb \Rightarrow a\underline{X}bbbb \Rightarrow a\underline{Z}bb \Rightarrow \underline{Xb}b \Rightarrow Z$
    Die *akzeptierende Konfigurationsfolge des Kellerautomaten* besteht aus 18 Konfigurationen.

(c) Solange a als nächstes Eingabezeichen kommt, wird es gekellert. Wenn das erste b in der Eingabe kommt, wird das oberste a vom Keller in den Zustand gelesen und dann zu X reduziert (d.h. X auf den Keller geschrieben).

    Solange b in der Eingabe kommt, wird wie folgt verfahren: Sobald die linke Seite einer Regel oben auf dem Keller steht wird sie zur rechten Seite der Regel reduziert (über den Zustand). Steht keine linke Seite einer Regel oben auf dem Keller, dann wird das nächste b aus der Eingabe gekellert.

L4.2 Berechenbarkeit

Lösung 4.18. Turing-Maschinen, Palindrom

Wir nehmen an, daß das Band anfangs nur das Eingabewort enthält und
daß der Schreib-/Lesekopf an einer beliebigen Stelle auf dem Eingabewort
positioniert ist.

Die Idee des Algorithmus aus Abb. L4.22 ist, jeweils ein Zeichen am rechten und dann am linken Rand des Eingabewortes zu vergleichen. Falls die
beiden Zeichen gleich sind, werden sie gelöscht und der Algorithmus rekursiv
fortgesetzt. Sonst wird „0" auf das Band geschrieben und die Resteingabe
gelöscht. Im Erfolgsfall muß noch abschließend ein „L" auf das inzwischen
leere Band geschrieben werden.

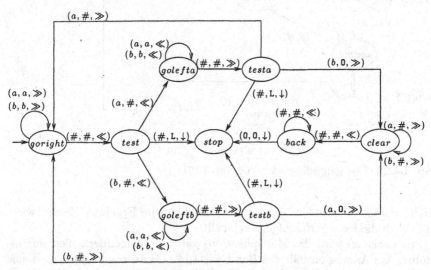

Abb. L4.22. Turing-Maschine Palindrom (Lösung 4.18)

Lösung 4.19. Turing-Maschinen, Strichzahlmultiplikation

Wir nehmen an, daß das Band anfangs nur die Eingabewörter enthält und
daß der Schreib-/Lesekopf an einer beliebigen Stelle auf den Eingabewörtern
positioniert ist.

Die Idee des Algorithmus ist, für jeden Strich des ersten Operanden das
Ergebnis mit dem Wert des zweiten Operanden zu erhöhen. Während der
Multiplikation wird das Ergebnis mit dem Hilfssymbol „e" hinter die Operanden gehängt. Um die Addition zusätzlich zu erleichtern, benützen wir ein
zweites Hilfssymbol „0". Es muß jeder einzelne Strich des zweiten Arguments
an das Ergebnis kopiert werden. Jeder dieser Striche wird durch 0 ersetzt,
um die Position im Operanden zu markieren. Somit wird während der ersten
Addition der zweite Operand $|^n$ sukzessive durch 0^n ersetzt. Beim Zurück-
laufen zum ersten Operanden (nach der Addition) wird dann jede 0 wieder

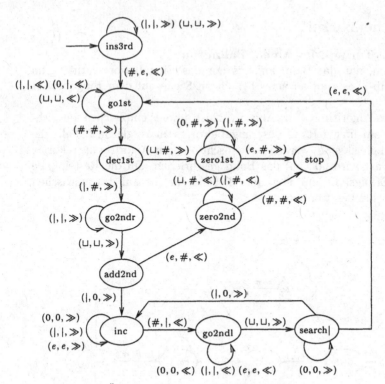

Abb. L4.23. Übergangsdiagramm (Lösung 4.19)

durch | ersetzt. Am Ende bleibt auf dem Band nur das Ergebnis. Hierbei wird Null durch die leere Strichfolge dargestellt.

Zum Beispiel wird die Multiplikation von 2×2 folgendermaßen durchgeführt: Am Anfang enthält das Band #|| ⊔ ||#. Im Zustand ins3rd wird das Symbol e, das die Argumente von dem Ergebnis trennt, hinzugefügt. Das Band enthält also #|| ⊔ ||e#.

Im Zustand go1st wird der Lesekopf links auf das erste Argument positioniert. Ist das erste Argument null, dann ist die Multiplikation fertig. Die überflüssigen Zeichen werden gelöscht, so daß auf dem Band nur das Ergebnis bleibt. Ist das erste Argument nicht null, dann wird es um 1 vermindert. Das Band enthält also #| ⊔ ||e#.

Im Zustand go2ndr wird der Lesekopf links auf das zweite Argument positioniert. Ist das zweite Argument null, dann ist das Ergebnis auch null, d.h., alle Zeichen werden durch # ersetzt. Ist das zweite Argument nicht null, dann wird es in dem Teil des Automaten unter add2nd zum Ergebnis addiert. Die schon hinzugefügten Striche werden durch 0 ersetzt. Das Band enthält dann im Zustand search| und am Ende der Addition #|⊔00e||#. Dies beendet einen Iterationsschritt, also die erste Addition.

Die zweite Additionsschleife unterscheidet sich kaum von der Ersten. Das Band enthält also im Zustand search| und am Ende der zweiten Addition $\# \sqcup 00e||||\#$.

Nach dem Zurücklaufen wird festgestellt, daß das erste Argument null ist. Im Zustand zero1st werden die überflüssigen Zeichen gelöscht. Das Band enthält also am Ende $\#||||\#$.

Lösung 4.20. Turing-Maschinen, Wortduplikation

Die gestellte Aufgabe läßt sich durch eine Turing-Maschine mit 8 Zuständen lösen. Wir bemühen uns hier aber um eine möglichst systematische und verständliche Konstruktion. Dazu definieren wir zunächst die Turing-Maschine $\mathcal{L}$, die den Kopf zum nächsten leeren Bandfeld nach links (mindestens um ein Feld) bewegt, ohne dabei die Bandbeschriftung zu verändern. Die Maschine in Abb. L4.24 setzt voraus, daß sich der Kopf anfangs auf einem leeren Bandfeld befindet.

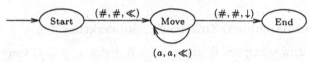

Abb. L4.24. Turing-Maschine $\mathcal{L}$ (Lösung 4.20)

Die Maschine $\mathcal{L}$ hat genau einen (End-)Zustand, von dem aus keine Transitionen möglich sind. Wenn man diesen (End-)Zustand und den Startzustand von $\mathcal{L}$ mit zwei Zuständen einer anderen Maschine identifiziert, und alle sonstigen Zustände gegebenenfalls eindeutig umbenennt, dann kann man Turing-Maschinen leicht ineinander „einhängen". In der Transitionsgraphdarstellung kennzeichnen wir dies durch eine Kante, die mit dem Namen der „eingehängten" Maschine beschriftet ist. Die Maschine $\mathcal{LL}$ sei durch den Transitionsgraphen in Abb. L4.25 definiert.

Abb. L4.25. Turing-Maschine $\mathcal{LL}$ (Lösung 4.20)

Zum Beispiel ändert $\mathcal{LL}$ die Bandkonfiguration von $\ldots \# a^j \# a^k \underline{\#} \ldots$ nach $\ldots \underline{\#} a^j \# a^k \# \ldots$, wobei die aktuelle Position des Kopfes durch Unterstreichen dargestellt wird. Symmetrisch zu $\mathcal{L}$ und $\mathcal{LL}$ verwenden wir für die entsprechenden Kopfbewegungen nach rechts die Maschinen $\mathcal{R}$ und $\mathcal{RR}$.

Für jedes zu duplizierende Zeichen bewegt sich der Kopf vom vorgegebenen Wort (links) zum kopierten Wort (rechts) und wieder zurück. Als „Schleifenzähler" dient dabei ein Leerzeichen, das ein Zeichen des vorgegebenen Wortes ersetzt und das bei jedem Durchlauf um ein Feld nach links verschoben wird. Wir erhalten die Transitionsgraphendarstellung aus Abb. L4.26.

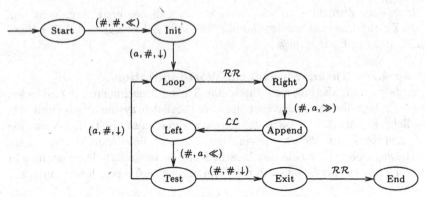

Abb. L4.26. Turing-Maschine zur Wortverdopplung (Lösung 4.20)

Lösung 4.22. Registermaschinen, Zuweisung, Subtraktion

(a) Wir übertragen die Zuweisung von Register s_i an Register s_j ($i \neq j$) von der Notation $s_j := s_i$ auf die n-RM:

n-RM-$Programm$ simuliert folgendes Programm:	
$while_j$ $(pred_j)$;	$s_j := 0$;
$while_i$ $(succ_j; pred_i)$	$(s_j, s_i) := (s_i, 0)$

Dieses RM-Programm zerstört den Inhalt von Register s_i. Soll dieser Wert jedoch am Programmende unverändert vorliegen, muß ein Hilfsregister verwendet werden, um ihn zwischenzuspeichern. Dies führt zu folgendem RM-Programm mit s_h als Hilfsregister:

n-RM-$Programm$ simuliert folgendes Programm:	
$while_j$ $(pred_j)$;	$s_j := 0$;
$while_h$ $(pred_h)$;	$s_h := 0$;
$while_i$ $(succ_j; succ_h; pred_i)$	$(s_j, s_h, s_i) := (s_i, s_i, 0)$;
$while_h$ $(succ_i; pred_h)$	$(s_i, s_h) := (s_h, 0)$

(b) Wir übertragen die bedingte Zuweisung

if $s_m = 0$ **then** $s_j := s_i$ **else** $s_j := s_k$ **fi**

auf die n-RM.

Dazu formen wir das Programm zuerst um, um näher an die Konstrukte der RM zu gelangen. Insbesondere müssen wir die Abfrage $s_m = 0$ ohne bedingte Anweisung ausdrücken:

$switch := 1$;
while $s_m > 0$ **do** $s_j := s_k$; $switch := 0$; $s_m := 0$ **od**;
while $switch > 0$ **do** $s_j := s_i$; $switch := 0$ **od**

Dies übertragen wir nun in ein RM-Programm (der Einfachheit halber ohne Retten von s_m, s_i, s_k). Dabei verwenden wir s_w als Register für *switch*.

n-RM-Programm simuliert folgendes Programm:

$while_w\ (pred_w);\ succ_w;$	$s_w := 1;$
$while_j\ (pred_j);$	$s_j := 0;$
$while_m\ ($	**while** $s_m > 0$ **do**
$\quad while_k\ (succ_j;\ pred_k);$	$(s_j, s_k) := (s_k, 0);$
$\quad pred_w;$	$s_w := 0;$ (* da vorher $s_w = 1$ gilt *)
$\quad while_m\ (pred_m)$	$s_m := 0$
$)$	**od;**
$while_w\ ($	**while** $s_w > 0$ **do**
$\quad while_i\ (succ_j;\ pred_i);$	$(s_j, s_i) := (s_i, 0);$
$\quad pred_w$	$s_w := 0;$ (* da vorher $s_w = 1$ gilt *)
$)$	**od**

(c) Die totale Subtraktion *sub* ist definiert durch

$$sub(x, y) = \begin{cases} x - y, & \text{falls } x \geq y \\ 0, & \text{falls } x < y \end{cases}$$

Ein n-RM-Programm, das $s_j := sub(s_j, s_k)$ simuliert, ist:

$while_k\ (pred_j;\ pred_k)$

Dieses Programm leistet das Gewünschte, weil $pred_j$ total definiert ist:

$$(s, pred_j) \to ((s_1, \ldots, s_{j-1}, k, s_{j+1}, \ldots, s_n), \varepsilon)$$

mit

$$k = \begin{cases} s_j - 1, & \text{falls } s_j > 0 \\ 0, & \text{falls } s_j = 0 \end{cases}$$

Im obigen RM-Programm werden die Inhalte der Register s_j und s_k zerstört. Folgendes RM-Programm simuliert den Befehl

$s_j := sub(s_i, s_k)$

unter Rettung der Registerinhalte von s_i und s_k (in den zusätzlichen Hilfsregistern s_h und s_l):

n-RM-Programm simuliert folgendes Programm:

$while_j\ (pred_j);$	$s_j := 0;$
$while_h\ (pred_h);$	$s_h := 0;$
$while_l\ (pred_l);$	$s_l := 0;$
$while_i\ (succ_j;\ succ_h;\ pred_i);$	$(s_j, s_h, s_i) := (s_i, s_i, 0);$
$while_k\ (pred_j;\ succ_l;\ pred_k);$	$(s_j, s_l, s_k) := (sub(s_j, s_k), s_k, 0);$
$while_h\ (succ_i;\ pred_h);$	$(s_i, s_h) := (s_h, 0);$
$while_l\ (succ_k;\ pred_l)$	$(s_k, s_l) := (s_l, 0)$

Lösung 4.23. (*) Registermaschinen, Division

Ein Programm in Buchnotation, das $div(m,n)$ in s_q und $mod(m,n)$ in s_r berechnet, lautet:

$s_q := 0;\ s_r := m;$
while $s_r \geq n$ **do** $s_q := s_q + 1;\ s_r := s_r - n$ **od**;

Da es auf der Registermaschine nur Schleifenbedingungen der Form „$s \ldots >$ 0" gibt, wird zuerst das angegebene Programm in Buchnotation auf eine dementsprechende Form gebracht. Wegen $n > 0$ ist $s_r \geq n$ äquivalent zu $s_r > pred(n)$ und dies wiederum zur Bedingung $s_h > 0$, wenn $s_h = sub(s_r, pred(n))$ gilt. Hiermit läßt sich das Programm folgendermaßen umschreiben:

$s_q := 0;\ s_r := m;\ s_h := sub(m, pred(n));$
while $s_h > 0$ **do** $s_q := s_q + 1;\ s_r := sub(s_r, n);\ s_h := sub(s_h, n)$ **od**;

Bevor wir dieses Programm in ein RM-Programm übertragen, definieren wir uns noch ein Makro $ZUW(s_j, s_i, s_k)$ für die Zuweisung des Inhalts von Register s_i an Register s_j mit zwischenzeitlichem Retten von s_i in Register s_k. Das bedeutet, daß überall im Programm, wo „ZUW (...)" steht, dies durch den in folgender Makrodefinition angegebenen Text zu ersetzen ist (unter Ersetzung der formalen durch die aktuellen Register):

ZUW (s_j, s_i, s_k) :
  $while_j\ (pred_j);$ (* $s_j := 0;$ *)
  $while_k\ (pred_k);$ (* $s_k := 0;$ *)
  $while_i\ (pred_i;\ succ_j;\ succ_k);$ (* $s_j, s_k, s_i := s_i, s_i, 0;$ (* s_i retten *) *)
  $while_k\ (pred_k;\ succ_i)$ (* $s_i, s_k := s_k, 0;$ (* s_i restaurieren *) *)

Damit ergibt sich folgendes RM-Programm, das das rechts angegebene Programm simuliert.

$while_q\ (pred_q);$ (* $s_q := 0;$ *)
$while_r\ (pred_r);$ (* $s_r := 0;$ *)
$while_h\ (pred_h);$ (* $s_h := 0;$ *)
$while_m\ (pred_m;\ succ_r;\ succ_h);$ (* $s_r, s_h, s_m := s_m, s_m, 0;$ *)
ZUW $(s_{hh}, s_n, s_{hn});\ pred_{hh};$ (* $s_{hh} := pred(s_n);$ *)
$while_{hh}\ (pred_h;\ pred_{hh});$ (* $s_h, s_{hh} := sub(s_h, s_{hh}), 0;$ *)
$while_h\ (succ_q;$ (* **while** $s_h > 0$ **do** $s_q := s_q + 1;$ *)
    ZUW $(s_{hr}, s_n, s_{hn});$ (* $s_{hr} := s_n;$ *)
    $while_{hr}\ (pred_r;\ pred_{hr});$ (* $s_r, s_{hr} := sub(s_r, s_{hr}), 0;$ *)
    ZUW $(s_{hh}, s_n, s_{hn});$ (* $s_{hh} := s_n;$ *)
    $while_{hh}\ (pred_h;\ pred_{hh}));$ (* $s_h, s_{hh} := sub(s_h, s_{hh}), 0;$ *) **od**;

Man beachte, daß dieses Programm für $n = 0$ nicht terminiert.

Lösung 4.24. Registermaschinen

(a) $while_0\ (pred_0);$ (* $s_0 := 0$ *)
    $while_1\ (pred_1;\ pred_2;\ succ_0);$ (* $s_0, s_1, s_2 := s_1, 0, s_2 - s_1$ *)
    $while_2\ (pred_2;\ succ_0)$ (* $s_0, s_2 := s_0 + s_2, 0$ *)
    Zu beachten ist, daß in $s_2 - s_1$ die totale Subtraktion verwendet wird.

(b) Indirekte Adressierung kann nicht uneingeschränkt kodiert werden, da die Befehle *pred* und *succ* immer eine Konstante als Registernummer verwenden. Wenn der Wertebereich von s_0 bekannt ist, kann indirekte Adressierung über explizite Fallunterscheidungen kodiert werden. Falls beispielsweise $1 \leq s_0 \leq 3$, so kann die Aufgabe wie folgt gelöst werden: Wir benötigen ein Hilfsregister s_h und verwenden zur Vereinfachung Zuweisungen der Form $s_i := s_j$.

$\underline{s_h := s_0;}$
$pred_0;$ (* Falls $s_0 = 3$ *)
$pred_0;$
$while_0(\underline{s_3 := s_i};\ pred_0;\ \underline{s_h := 0});$
$\underline{s_0 := s_h;}$
$pred\ 0;$ (* Falls $s_0 = 2$ *)
$while_0(\underline{s_2 := s_i};\ pred_0;\ \underline{s_h := 0});$
$\underline{s_0 := s_h;}$ (* Falls $s_0 = 1$ *)
$while_0(\underline{s_1 := s_i};\ pred_0);$

Die unterstrichenen Befehle sind keine RM-Befehle und müssen noch in RM-Befehle übersetzt werden (z.B. $s_h := 0$ entspricht $while_h(pred_h)$ und für $s_i := s_j$ siehe letzte Teilaufgabe).

(c) An den Indizes der Kommandos ($while_i, pred_i$ etc.) kann man ablesen welche Register verwendet werden. Da nur Register angesprochen werden können, deren Nummern im Programmtext vorkommen, und da Programmtexte endlich sind, kann jedes Programm nur eine feste, endliche Menge von Registern verwenden.

Die k-beschränkten $\mathbb{N}$-Registermaschinen haben keine volle Registermaschinen-Berechenbarkeit, da jedes Programm nur begrenzten Speicherplatz verwenden kann.

Bemerkung: Die Mächtigkeit entspricht der von endlichen Automaten. Beispielsweise kann kein Programm zwei beliebig große Zahlen addieren, da man diese zwar in die $\mathbb{N}$-Register kodieren kann, aber kein Programm alle benötigten Register ansprechen kann.

Lösung 4.25. Primitive Rekursion

Wir verwenden die primitiv rekursiven Funktionen

$add(x,y)$	$=$	$x+y$	(Buch [B98])
$succ(x)$	$=$	$x+1$	(Grundfunktion)
$sub(x,y)$	$=$	$x-y$ (für $x \le y$ gilt: $x-y=0$)	(Buch [B98])
$pred(x)$	$=$	$x-1$ (für $x \le 1$ gilt: $pred(x)=0$)	(Buch [B98])
$mult(x,y)$	$=$	$x*y$	(Buch [B98])
$even(x)$	$=$	$\begin{cases} 1 \text{ falls } x \text{ gerade} \\ 0 \text{ sonst} \end{cases}$	(Buch [B98])
$odd(x)$	$=$	$sub(1, even(x))$	
$case(x,y,z)$	$=$	$\begin{cases} y \text{ falls } x=0; \\ z \text{ falls } x>0 \end{cases}$	(Buch [B98])

Zur Abkürzung benutzen wir die primitiv rekursive Funktion *square*, die wie folgt definiert ist:

$$square(x) = x * x, \text{ also: } square = mult \circ [\pi_1^1, \pi_1^1]$$

Wir definieren *sqrt* abgestützt auf eine Hilfsfunktion *sqrt'*, die mit dem ursprünglichen Argument und einer Abschätzung des Ergebnisses nach oben aufgerufen wird:

$$sqrt(x) = sqrt'(x,x)$$

Also: $sqrt = sqrt' \circ [\pi_1^1, \pi_1^1]$

Die Funktion *sqrt'* vermindert die übergebene Abschätzung schrittweise solange, bis deren Quadrat kleiner oder gleich dem Argument x ist:

$$sqrt'(x,0) = 0$$
$$sqrt'(x,y+1) = \begin{cases} y+1 & \text{falls } (y+1)^2 \le x \quad (\text{also } (y+1)^2 - x = 0) \\ sqrt'(x,y) & \text{falls } (y+1)^2 > x \quad (\text{also } (y+1)^2 - x > 0) \end{cases}$$
$$= case((y+1)^2 - x, y+1, sqrt'(x,y))$$

Insgesamt: $sqrt' = pr(zero^{(1)}, case \circ [sub \circ [square \circ succ \circ \pi_2^3, \pi_1^3], succ \circ \pi_2^3, \pi_3^3])$

Lösung 4.26. (P) Primitive Rekursion

(a) Wir kodieren add und mult in Gofer:

```
add  = prim_rec pi11 (comp succ pi33)      -- Addition
       -- Multiplikation mit primitiver Rekursion:
mult = prim_rec zero1 (comp2 add pi31 pi33)
```

(b) Die größte Schwierigkeit bei der Implementierung ist die Darstellung von Funktionen als Argumente und Werte anderer Funktionen. In Java ist das nicht direkt möglich. Stattdessen benutzen wir Objekte, die passende Schnittstellen realisieren, um Funktionsargumente zu übergeben.

Neben der Auswertung der angegebenen Funktionen, die durch Aufruf der Methode f realisiert wird, steht die Möglichkeit zur Verfügung, den

Funktionsterm mit `toString` zu erhalten. Es ist zu beachten, daß jede der nachfolgenden Schnittstellen und Klassen in einer eigenen Datei abzulegen ist (siehe auch `$INFO/L4.26`). Nachfolgend ein Auszug der Umsetzung:

```java
/**
 * Interface, fuer Funktionen des Typs Int -> Int
 */
public interface Int1Int1 {
  public int f (int x);
}
/**
 * Interface, fuer Funktionen des Typs (Int,Int) -> Int
 */
public interface Int2Int1 {
  public int f (int x, int y);
}

// Succ
public class Succ implements Int1Int1 {
  public int f (int x) {
    return x+1;
  }
}
// Identitaetsfunktion (Projektion 1 aus 1)
public class Pi11 implements Int1Int1 {
    public int f (int x) {
      return x;
    }
}

// Projektion 1 aus 3
public class Pi31 implements Int3Int1 {
    public int f (int x, int y, int z) {
      return x;
    }
}

// Komposition zweier Operationen
public class Comp implements Int3Int1 {
  private Int1Int1 _g;
  private Int3Int1 _h;

  public Comp (Int1Int1 g, Int3Int1 h) {
    _g=g;
    _h=h;
  }

  public int f (int x, int y, int z) {
    return _g.f( _h.f(x,y,z) );
  }
}
```

```
// Primrek
public class Primrek implements Int2Int1 {
  private Int1Int1 _g;
  private Int3Int1 _h;
  public Primrek (Int1Int1 g, Int3Int1 h) {
    _g = g;
    _h = h;
  }
  public int f (int x, int y) {
    if (y==0)
      return _g.f(x);
    else
      return _h.f( x, y-1, this.f(x,y-1) );
  }
}


// Definitionen der Funktionen als Objekte
  Int1Int1 succ = new Succ();
  Int1Int1 zero1= new Zero1();
  Int1Int1 pi11 = new Pi11();
  Int3Int1 pi31 = new Pi31();
  Int3Int1 pi33 = new Pi33();
  Int2Int1 add  = new Primrek( pi11,  new Comp (succ, pi33) );
  Int2Int1 mult = new Primrek( zero1, new Comp2(add, pi31, pi33));
```

Die Berechnung von $3 * 4$ erfolgt mittels add.f(3,4).

Lösung 4.27. (*) μ-Rekursion
Neben der in Aufgabe 4.25 definierten Funktionen nutzen wir noch die im
Buch eingeführte μ-rekursive Funktion

$$x \div y \;=\; \begin{cases} x/y & \text{falls } x \bmod y = 0 \\ \text{undefiniert} & \text{sonst} \end{cases}$$

(a) Zunächst definieren wir die primitiv rekursive „Schrittfunktion" g durch:

$$g(x) = \begin{cases} x \div 2 & \text{falls } x \text{ gerade} \\ 3 * x + 1 & \text{sonst} \end{cases}$$

Nun definieren wir die iterierte Form von g:

$ITg(x,0) = x$
$ITg(x,y+1) = g(ITg(x,y))$

Also: $ITg = pr(\pi_1^1, g \circ \pi_3^3)$
Es gilt $ITg'(x,y) = 0$ genau dann, wenn die y-fache Anwendung von g
auf den Startwert x ein bezüglich g „stabiles" Ergebnis (also 0 oder 1)
liefert:

$$ITg'(x,y) = ITg(x,y) - 1, \text{ also: } ITg' = pred \circ ITg$$

Die Anzahl der Anwendungen von g, die bis zum Erreichen eines stabilen Wertes benötigt werden, ergibt sich durch Minimalisierung von ITg':

$$u(x) = \mu(ITg')(x), \text{ also: } u = \mu(ITg')$$

(b) Diese Aufgabe zeigt, wie man eine partiell rekursive Funktion ohne explizite Verwendung des μ-Operators ausdrücken kann. Aus dem Buch kennen wir die partielle Funktion $psub$:

$$psub(x,y) = x \dot{-} y = \begin{cases} x - y & \text{falls } x \geq y \\ \text{undefiniert} & \text{sonst} \end{cases}$$

Zur Erinnerung:

$$psub = \mu(h), \text{ wobei } h(a,b,y) = ((b+y) - a) + (a - (b+y))$$

Also: $psub = \mu(add \circ [sub \circ [add \circ [\pi_2^3, \pi_3^3], \pi_1^3], sub \circ [\pi_1^3, add \circ [\pi_2^3, \pi_3^3]]])$
Dann gilt:

$$f(x) = (0 \dot{-} odd(x)) + x, \text{ also: } f = add \circ [psub \circ [zero^{(1)}, odd], \pi_1^1]$$

Anmerkung: Die Funktion f kann auch ohne Rückgriff auf die partielle Funktion $psub$ definiert werden durch $f = \mu(f')$, wobei:

$$f'(x,y) \begin{cases} = 0 & \text{falls } x \bmod 2 = 0 \text{ und } x = y \\ \neq 0 & \text{sonst} \end{cases}$$

Also zum Beispiel (man beachte, daß logisches „und" durch Addition ausgedrückt wird):

$$f'(x,y) = even(x) + (x - y) + (y - x)$$

(c) Wir berechnen $q(x)$, indem wir von 0 aus solange „hochzählen", bis ein Wert erreicht wird, dessen Quadrat gleich dem Argument x ist. Wenn ein solcher Wert nicht existiert (d.h., x ist keine echte Quadratzahl), dann ist $q(x)$ undefiniert. Es sei:

$$q'(x,y) \begin{cases} = 0 & \text{falls } x = y^2 \\ \neq 0 & \text{sonst} \end{cases}$$

Also zum Beispiel: $q'(x,y) = (x - y^2) + (y^2 - x)$,
und damit: $q' = add \circ [sub \circ [\pi_1^2, square \circ \pi_2^2], sub \circ [square \circ \pi_2^2, \pi_1^2]]$.
Man kann auch $q'(x,y)$ undefiniert werden lassen, sobald die Abschätzung y zu groß wird. Dann erhält man: $q'(x,y) = x \dot{-} y^2$, und damit: $q' = psub \circ [\pi_1^2, square \circ \pi_2^2]$.
In beiden Fällen ergibt sich schließlich: $q(x) = \mu(q')(x)$, also: $q = \mu(q')$.

Lösung 4.28. (E) Berechenbarkeit, Monotonie

(a) c ist monoton, da c sogar für alle Argumente denselben Wert liefert:

$$\forall x, y \in \mathbb{N}_\perp :$$
$$x \sqsubseteq y \Rightarrow c(x) = L \sqsubseteq L = c(y)$$

Es gibt eine solche Turing-Maschine TC:
Für jede Anfangskonfiguration druckt TC ein L auf das Band und hält
an (Abb. L4.27).

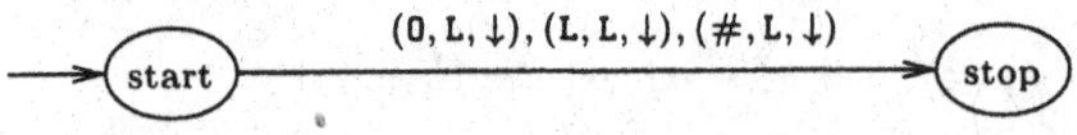

Abb. L4.27. Turing-Maschine TC (Lösung 4.28 (a))

Die Maschine M wird zur Berechnung von $c \circ f_M$ also gar nicht mehr
benötigt.

(b) is_0 ist monoton, denn für alle $x, y \in \mathbb{N}_\perp$ gilt:

$$x \sqsubseteq y$$
$= \quad$ { Definition von $\sqsubseteq$ auf $\mathbb{N}_\perp$ als flache Ordnung, s.o. }
$$x = \perp \vee x = y$$
$\Rightarrow \quad$ { Definition von is_0}
$$is_0(x) = \perp \vee is_0(x) = is_0(y)$$
$\Rightarrow \quad$ { flache Ordnung }
$$is_0(x) \sqsubseteq is_0(y)$$

Auf flachen Ordnungen gilt sogar allgemein, daß jede strikte Funktion
monoton ist.
Es gibt eine Turing-Maschine $TIS0$, die für jedes M die Funktion $is_0 \circ f_M$
in Kombination mit M berechnet: Steht am Anfang der Wert 0 rechts
vom Lesekopf auf dem Band, dann druckt $TIS0$ ein L auf das Band und
hält an. Steht am Anfang ein Wert $\neq 0$ rechts vom Lesekopf auf dem
Band, dann druckt $TIS0$ ein 0 auf das Band und hält an. Schaltet man
$TIS0$ hinter M, so berechnet die resultierende Turing-Maschine die Funktion $is_0 \circ f_M$: Hält M für eine Eingabe n nicht an, so hält die Hinter-
einanderschaltung von $TIS0$ und M für n auch nicht an. Damit ist auch
$is_0(\perp) = \perp$ modelliert.

(c) eq_0 ist *nicht* monoton, denn es gilt:

$$\perp \sqsubseteq 0$$
$$eq_0(\perp) = 0 \not\sqsubseteq L = eq_0(0)$$

Es gibt keine solche Turing-Maschine $TEQ0$:
Zur Berechnung von $eq_0 \circ f_M(n)$ müßte unterschieden werden, ob M für
die Eingabe n mit dem Wert 0 anhält oder ob M für n nicht anhält, da
die gesamte Maschine im ersten Fall mit L und im zweiten mit 0 anhalten

müßte (vergleiche fehlende Monotonie!). Da das Halteproblem nicht entscheidbar ist, gibt es keine Turing-Maschine $TEQ0$, die zusammen mit
M die Funktion $eq_0 \circ f_M$ berechnen würde.

Lösung 4.29. (*) Entscheidbarkeit, rekursive Aufzählbarkeit

Beweis: Seien L und $T^* \backslash L$ rekursiv aufzählbar. Dann gibt es eine berechenbare Aufzählung $e : \mathbb{N} \to T^*$ von L und eine berechenbare Aufzählung
$f : \mathbb{N} \to T^*$ von $T^* \backslash L$. Die Funktion $g : \mathbb{N} \to T^*$ mit

$$g(n) = \begin{cases} e(k), & \text{falls } n = 2 \cdot k \\ f(k), & \text{falls } n = 2 \cdot k + 1 \end{cases}$$

ist eine berechenbare Aufzählung von T^*. Für alle $w \in T^*$ gilt: Sei $n \in \mathbb{N}$
minimal mit $g(n) = w$; es ist $w \in L$ genau dann, wenn n gerade ist. Das
charakteristische Prädikat $p : T^* \to \{true, false\}$ von L

$$p(w) = \begin{cases} true, & \text{falls } w \in L \\ false, & \text{falls } w \notin L \end{cases}$$

kann also berechnet werden, indem mittels g solange Wörter aufgezählt werden bis w auftritt (dies geschieht nach endlich vielen Schritten!); trat w für
ein geradzahliges Argument auf, so gilt $w \in L$, andernfalls $w \notin L$. Daher ist
L entscheidbar.

$\square$

Bemerkung: Es gilt auch die Umkehrung der Behauptung.

Lösung 4.30. (**) Primitive Rekursion, μ-Rekursion

Wir verwenden zur Schreiberleichterung:

$zero^{(2)}(x, y) = 0$, also: $zero^{(2)} = zero^{(1)} \circ \pi_1^2$
$zero^{(3)}(x, y, z) = 0$, also: $zero^{(3)} = zero^{(1)} \circ \pi_1^3$

und Teile der in Aufgabe 4.25 definierten Funktionen.

Für die totalisierte Funktion *mod* bietet sich Rekursion über den 1. Parameter an. Um dem Schema der primitiven Rekursion zu genügen, in der
der Parameter, über den die Rekursion läuft, immer an letzter Stelle stehen
muß, führen wir eine Hilfsfunktion *mod'* ein, deren Parameter gegenüber *mod*
vertauscht sind: $mod'(n, m) = mod(m, n)$. Zuerst überlegen wir uns für $n > 0$
eine primitiv rekursive Fassung von *mod'*:

$$mod'(n, 0) = 0 = zero^{(1)}(n)$$

$$mod'(n, m+1) = \begin{cases} 0 & \text{falls } mod'(n, m) = n - 1 \\ mod'(n, m) + 1, & \text{sonst} \end{cases}$$

$$= \begin{cases} 0 & \text{falls } sub(n - 1, mod'(n, m)) = 0 \\ mod'(n, m) + 1, & \text{sonst} \end{cases}$$

$$= case \circ [sub \circ [pred \circ \pi_1^3, \pi_3^3], zero^{(1)} \circ \pi_1^3, succ \circ \pi_3^3](n, m, mod'(n, m))$$

Wegen der Festlegung $mod'(0, m) = 0$ für alle m, genügt mod' auch für
$n = 0$ obiger rekursiver Darstellung. Insgesamt erhält man also:

$mod = mod' \circ [\pi_2^2, \pi_1^2]$ mit
$mod' = pr(zero^{(1)}, case \circ [sub \circ [pred \circ \pi_1^3, \pi_3^3], zero^{(1)} \circ \pi_1^3, succ \circ \pi_3^3])$

(a) Wir stützen $prim$ auf eine zweistellige Hilfsfunktion $prim'$ ab:

$prim(n) = prim'(n, n)$, also: $prim = prim' \circ [\pi_1^1, \pi_1^1]$

Der Aufruf $prim'(x, y + 1)$ soll genau dann 0 liefern, wenn kein Teiler z von x existiert mit $2 \leq z \leq y$. Laut Angabe soll $prim'(x, 0) = 1$ gelten.

$prim'(x, 0) = 1$

$$prim'(x, y + 1) = \begin{cases} 0 & \text{falls } y \leq 1 \\ 1 & \text{falls } y > 1 \text{ und } x \bmod y = 0 \\ prim'(x, y) & \text{sonst} \end{cases}$$

$$= case(pred(y), 0, case(x \bmod y, 1, prim'(x, y)))$$

Also: $prim' = pr(succ \circ zero^{(1)}, case \circ$
$\qquad [pred \circ \pi_2^3, zero^{(3)}, case \circ [mod \circ [\pi_1^3, \pi_2^3], succ \circ zero^{(3)}, \pi_3^3]])$

(b) Laut Angabe soll $nprim(0) = 1$ gelten. Sonst ist $nprim(y+1)$ die kleinste Primzahl, die größer als $nprim(y)$ ist:

$nprim(0) = 1$
$nprim(y + 1) = \mu(nprim')(nprim(y))$

Also: $nprim = pr(succ \circ zero^{(0)}, \mu(nprim') \circ \pi_2^2)$
Der Funktionsaufruf $nprim'(x, y)$ liefert genau dann 0, wenn $x < y$ gilt und y eine Primzahl ist:

$$nprim'(x, y) \begin{cases} = 0 & \text{falls } prim(y) \text{ und } x < y \\ \neq 0 & \text{sonst} \end{cases}$$

Die Bedingung $x < y$ ist äquivalent zu $x + 1 \leq y$ und zu $sub(x+1, y) = 0$. Wenn wir das logische „und" durch die Addition ausdrücken, erhalten wir:

$nprim' = prim(y) + sub(x + 1, y)$

Also: $nprim' = add \circ [prim \circ \pi_2^2, sub[succ \circ \pi_1^2, \pi_2^2]]$

(c) Wir zeigen, daß $nprim$ primitiv rekursiv ist, indem wir eine primitiv rekursive Fassung angeben. Zunächst als einfache Übung die Definition der primitiv rekursiven Fakultätsfunktion:

$fac(0) = 1$
$fac(y + 1) = (y + 1) * fac(y)$

Also: $fac = pr(succ \circ zero^{(0)}, mult \circ [succ \circ \pi_1^2, \pi_2^2])$
Die Funktion $nprim$ wird abgestützt auf eine Hilfsfunktion $nprim''$. Der Aufruf $nprim''(x, y)$ berechnet die kleinste Primzahl p mit $x < p \leq x+y$. Gemäß der in der Aufgabe angegebenen Abschätzung wird hier der zweite Parameter geeignet vorbesetzt:

$nprim(0) = 1$

$nprim(y + 1) = nprim''(nprim(y), 1 + fac(nprim(y)) - nprim(y))$

Also: $nprim = pr(succ \circ zero^{(0)}, nprim'' \circ [\pi_2^2, sub \circ [succ \circ fac \circ \pi_2^2, \pi_2^2]])$
Wie oben schon erwähnt, liefert $nprim''(x, y)$ die kleinste Primzahl p mit $x < p \le x + y$, falls in diesem Bereich eine Primzahl liegt. Sonst liefert $nprim''(x, y)$ als Ergebnis 0:

$nprim''(x, 0) = 0$

$$nprim''(x, y + 1) = \begin{cases} x + y + 1 & \text{falls } prim(x + y + 1) \\ & \text{und } nprim''(x, y) = 0 \\ nprim''(x, y) & \text{sonst} \end{cases}$$

Wieder drücken wir das logische „und" durch die Addition aus:

$nprim''(x, y + 1) =$
$\quad case(prim(x + y + 1) + nprim''(x, y), x + y + 1, nprim''(x, y))$

Also: $nprim'' = pr(zero^{(1)}, case \circ$
$\quad [add \circ [prim \circ succ \circ add \circ [\pi_1^3, \pi_2^3], \pi_3^3], succ \circ add \circ [\pi_1^3, \pi_2^3], \pi_3^3])$

L4.3 Komplexitätstheorie

Lösung 4.31. Komplexitätsanalyse von palin

(a) **fct** palin $=$ (**seq** s) **bool**:
    if   isempty(s)   **then** true
    else if isempty(rest(s)) **then** true
    else if first(s)=last(s) **then** palin(rest(upper(s)))
    else   false   **fi fi fi**

(b) Man kann die Zeitkomplexität einer rekursiven Rechenvorschrift dadurch berechnen, daß man eine Rechenvorschrift angibt, in der die Operationen durch einen Zähler für die Anzahl der Operationen ersetzt wurden. Die neue Rechenvorschrift berechnet also die Zeitkomplexität. In unserem Beispiel ist eine solche Rechenvorschrift für palin:

    fct palin$_a$ $=$ (**seq** s) **nat**:
    if   isempty(s)   **then** 3
    else if isempty(rest(s)) **then** 6
    else if first(s)=last(s) **then** 11 + palin$_a$(rest(upper(s)))
    else   10   **fi fi fi**

Will man diese Funktion in Abhängigkeit von der *Länge* von s ausdrücken, muß man den Aufwand durch den „schlimmsten Fall" abschätzen, in dem der finale else-Zweig nie betreten wird:

    fct palin$'_a$ $=$ (**nat** n) **nat**:
    if $n \le 1$ **then** 10
             else 11 + palin$'_a$($n - 2$) **fi**

In einer geschlossenen Formel ausgedrückt:

$\text{palin}'_a(n) = (n \ \textbf{div} \ 2) * 11 + 10.$

Also ist palin von linearer Zeitkomplexität.

(c) Mit dem verbliebenen Satz von Operationen können die Operationen last und upper implementiert werden. Dies kann jedoch nur in je linearer Zeit erfolgen, da jeweils die ganze Liste durchsucht werden muß, um das letzte Element zu finden bzw. zu entfernen. Wegen des rekursiven Aufrufs palin(rest(upper(s))) kommt man damit nur auf eine quadratische Abschätzung für die Zeitkomplexität. Die Situation ändert sich allerdings nochmals, wenn der Aufbau von Hilfssequenzen erlaubt ist.

Wir verwenden folgenden Algorithmus, der das Revertieren einer Sequenz in linearer Zeit bewerkstelligt (wobei die Funktion append ein Element vorne an eine Liste anfügt):

fct rev = (**seq** s) **seq**: rev1(s, empty),
fct rev1= (**seq** s1, **seq** s2) **seq**:
  if isempty(s1) **then** s2
          else rev1(rest(s1), append(first(s1),s2)) **fi**

Dann kann man palin formulieren als:

fct palin = (**seq** s) **bool**: equal(s, rev(s)),

wobei equal einen Test von Sequenzen auf Gleichheit darstelle, der offensichtlich ebenfalls in linearer Zeit berechnet werden kann. Also kann der Palindrom-Test unter den Voraussetzungen von (c) wieder in linearer Zeit ausgeführt werden.

Lösung 4.32. Rundreiseproblem

(a) Die Menge aller Permutationen der N Städte kann rekursiv folgendermaßen berechnet werden: Sei ein Anfang von k Städten ($0 \le k \le N-1$) bereits fest; dann werden für die nächste Position (das ist k) alle verbleibenden Städte betrachtet und dazu jeweils alle Permutationen des Rests, d.h. alle Permutationen, bei denen die ersten $k+1$ Städte bereits festliegen.

Deshalb stützen wir die Prozedur *perm* auf eine Prozedur *restperm* ab, die zu einer Permutation p und einer Zahl k ($0 \le k \le N-1$) alle Permutationen berechnet, die in den Positionen $0 .. k-1$ mit p übereinstimmen. In den Positionen $k, \ldots, n-1$ von p stehen dann die noch zu permutierenden Elemente. Dann läßt sich *perm* berechnen, indem *restperm* mit irgendeiner Permutation p und $k = 0$ aufgerufen wird.

proc perm = (**var set permutation** S):
 ⌈ **proc** restperm = (**permutation** p, $[0 : N-1]$ k,
                    var set permutation S):
  ⌈ **var** $[0 : N-1]$ i; **var permutation** ph;

```
      var set permutation Sh; var town t;
      if k = N − 1 then S := {p}
      else (* letzte Stelle der Permutation noch nicht erreicht *)
        S := ∅; ph := p;
        for i := k to N − 1 do
          t := ph[k]; ph[k] := ph[i]; ph[i] := t;
          restperm(ph, k + 1, Sh); S := S ∪ Sh
        od
      fi ⌋;

    var permutation p; var [0 : N − 1] i;
    for i := 0 to N − 1 do p[i] := i od;
    restperm(p, 0, S) ⌋

proc length = (permutation p, var nat l):
  ⌈ var [0 : N − 1] i;
    l := 0;
    for i := 0 to N − 1 do l := dist[p[i], p[(i + 1) mod N]] + l od; ⌋
    (* dist[p[N − 1], p[0]] ist der Rückweg von der letzten Stadt in die
      erste; er hat die Länge 0, falls N = 1 ist. *)

proc min = (set permutation S, var permutation p, var nat l):
  ⌈ var set permutation Sh; var permutation ph; var nat lh;
    Sh := S; p := any(Sh); length(p, l); Sh := Sh\{p};
    while Sh ≠ ∅ do
      ph := any(Sh); length(ph, lh); Sh := Sh\{ph}
      if lh < l then p := ph; l := lh fi;
    od ⌋

proc mintour = (var permutation p, var nat l):
  ⌈ var set permutation S;
    perm(S); min(S, p, l) ⌋

(b) proc mintour = (var permutation p, var nat l):
  ⌈ proc minrestperm = (permutation p, [0 : N − 1] k, nat lk,
                        var permutation pmin, var nat lmin):
    ⌈ var [0 : N − 1] i; var permutation ph;
      var nat l; var town t;
      if k = N − 1
      then (* Länge der einzig verbliebenen Permutation: *)
        l := lk + dist[p[(N − 2) mod N], p[N − 1]]
            + dist[p[N − 1], p[0]];
        (* Für N = 1 sind die beiden letzten Summanden = 0. *)
        if l < lmin (* l < bisheriges Minimum ? *)
        then pmin := p; lmin := l fi
```

```
        else ph := p;
          for i := k to N - 1 do
            t := ph[k]; ph[k] := ph[i]; ph[i] := t;
            minrestperm (ph, k + 1,
                        lk+ if k > 0 then dist[ph[k − 1], ph[k]] else 0 fi,
                        pmin, lmin) od
        fi ⌋;
```

$$\textbf{var } [0 : N - 1] \; i; \; l := 0;$$
$$\textbf{for } i := 0 \textbf{ to } N - 1 \textbf{ do } p[i] := i;$$
$$\textbf{if } i > 0 \textbf{ then } l := l+ \; \text{dist}[i - 1, i] \textbf{ fi od};$$
$$l := l+ \; \text{dist}[N - 1, 0]; \; (* \text{ Im Fall } N = 1 \text{ ist } dist[N - 1, 0] = 0. \; *)$$
$$\text{minrestperm}(p, 0, 0, p, l) \; \rfloor$$

(c) Beide Versionen von mintour sind von exponentieller Komplexität in N, jedoch ist die zweite um einen Faktor effizienter. Für einen genaueren Vergleich wählen wir als Komplexitätsmaß die Anzahl, wie oft einzelne Städte betrachtet werden. Wir erhalten:

$$K^{(a)}_{mintour}(N) = N + 2 \cdot \sum_{u=2}^{N} \left(\prod_{i=u}^{N} i \right) + 2 \cdot N \cdot N!$$

$$K^{(b)}_{mintour}(N) = 2 \cdot N + 3 \cdot \sum_{u=1}^{N} \left(\prod_{i=u}^{N} i \right)$$

Durch Abschätzung erhalten wir eine untere Schranke für den Effizienzgewinn:

$$K^{(a)}_{mintour}(N) - K^{(b)}_{mintour}(N) \geq N!(N - 2) - N$$

Lösung 4.33. (P) Komplexitätsanalyse, Warteschlangen

Mit Queue wird ein Grundgerüst für beidseitige Warteschlangen zur Verfügung gestellt, die konstante Zeit für alle angebotenen Operationen (außer toString) benötigen. Für den Inhalt wurde die Sorte char gewählt.

Die in Aufgabe 1.64 angegebene Lösung auf Basis doppelt verketteter Listen erfüllt bereits beide Teilaufgaben (mit anderer Namensgebung), jedoch wäre für Teilaufgabe (a) keine doppelte Verkettung notwendig gewesen.

Lösung 4.34. (F4.32) Rundreisealgorithmus 2

Durch einen Aufruf $mintour(p, k, lk, pmin, lmin)$ der Prozedur mintour aus Aufgabe 4.32(b) kann nur dann eine neue kürzeste Rundreise gefunden werden, wenn $lk < lmin$ gilt, d.h., wenn die Länge des feststehenden Anfangsstücks der Permutation kleiner ist als die Länge der bisher gefundenen kürzesten Rundreise.

Deshalb kann die Prozedur mintour aus Aufgabe 4.32(b) folgendermaßen modifiziert werden (Änderungen umrahmt):

proc mintour = (**var permutation** p, **var nat** l):
⌈ **proc** minrestperm = (**permutation** p, [0 : N − 1] k, **nat** lk,

var permutation *pmin*, **var nat** *lmin*):

> (* Jetzt mit Vorbedingung (ohne Bewachung): $lk < lmin$ *)

⌈ **var** $[0 : N - 1]$ i; **var permutation** ph;
var nat l; **var town** t; **var nat** lkh;
if $k = N - 1$
then (* Länge der einzig verbliebenen Permutation: *)
$l := lk + dist[p[(N - 2) \bmod N], p[N - 1]] + dist[p[N - 1], p[0]]$;
(* Im Fall $N = 1$ sind die beiden letzten Summanden $= 0$. *)
if $l < lmin$ (* $l <$ bisheriges Minimum ? *)
then $pmin := p$; $lmin := l$ **fi**
else $ph := p$;
for $i := k$ **to** $N - 1$ **do**
$t := ph[k]$; $ph[k] := ph[i]$; $ph[i] := t$;

> $lkh := lk+$ **if** $k > 0$ **then** $dist[ph[k - 1], ph[k]]$ **else** 0 **fi**;
> **if** $lkh < lmin$
> **then** minrestperm $(ph, k + 1, lkh, pmin, lmin)$ **fi**

   od
fi ⌋;

var $[0 : N - 1]$ i; $l := 0$;
for $i := 0$ **to** $N - 1$ **do** $p[i] := i$;
   if $i > 0$ **then** $l := l+$ $dist[i - 1, i]$ **fi od**;
$l := l+$ $dist[N - 1, 0]$;
(* Im Fall $N = 1$ ist $dist[N - 1, 0] = 0$. *)
> **if** $0 < l$ **then** minrestperm$(p, 0, 0, p, l)$ **fi** ⌋

L4.4 Effiziente Algorithmen und Datenstrukturen

Lösung 4.35. Komplexität von Mergesort

(a)   **fct** mergesort(**seq nat** s) **seq nat**:
            if length(s) ≤ 1 **then** s
            else ⌈ $(s1, s2) =$ split(s);
                     merge (mergesort($s1$), mergesort($s2$)) ⌋

fct split(**seq nat** s) (**seq nat, seq nat**):
    if length(s) ≤ 1 **then** $(s, empty)$
    else ⌈ $(s_1, s_2) =$ split(rest(rest(s)));
             (append(first(s), s_1), append(first(rest(s)), s_2)) ⌋ **fi**

fct merge(**seq nat** s_1, **seq nat** s_2) **seq nat**:
    if is_empty(s_1) **then** s_2

else if is_empty(s_2) **then** s_1
 else if first(s_1) $\leq$ first(s_2) **then**
  append(first(s_1), merge(rest(s_1), s_2))
 else append(first(s_2), merge(s_1,rest(s_2))) **fi fi fi**

Die Funktionen split und merge sind offensichtlich von je linearer Zeitkomplexität.

Da split die Sequenz s in zwei gleichgroße (∓ 1) Teile zergliedert, ergibt sich für die Komplexität von mergesort folgende Gleichung:

$$\tau_{mergesort}(n) = \begin{cases} c_1 + c_2 \cdot 2 \cdot n + 2 \cdot \tau_{mergesort}(\frac{n}{2}) & \text{falls } n > 1 \\ c_3 & \text{sonst} \end{cases}$$

$$= c_1 + c_2 \cdot 2 \cdot n + 2(c_1 + c_2 \cdot \tfrac{2n}{2}) + 4(c_1 + c_2 \cdot \tfrac{2n}{4}) + \ldots + 2^{ld\,n} \cdot c_3$$

$$= c_1 \cdot (1 + 2 + 4 + \ldots + 2^{ld\,n}) + c_2 \cdot 2 \cdot n \cdot \underbrace{(1 + \ldots + 1)}_{ld\,n\ mal} + 2^{ld\,n} \cdot c_3$$

$$\leq O(n) + O(n \cdot ld\,n) + O(2^{ld\,n})$$

Wir nehmen der Einfachheit halber an, daß c_1, c_2, c_3 ausreichend große Konstanten sind und daß n eine Potenz von 2 ist. Hierbei steht $c_2 \cdot 2 \cdot n$ für die Aufrufe von *split* und *merge*, c_1 für den restlichen, konstanten Aufwand im Rekursionsfall von *merge*, und c_3 für den Aufwand im Terminierungsfall.

Somit ergibt sich als Komplexität von mergesort: $O(n \cdot log\,n)$

(b) Wir verwenden als Hilfsdatenstruktur ein Feld A der Größe k, dessen Elemente mit 0 initialisiert sind. Es genügt, für jedes Element i von s, $A[i]$ zu inkrementieren und dann für $j = 1, \ldots, k$ die Zahl j $A[j]$-mal auszugeben, falls $A[j] > 0$. Dies kann in $O(n)$ Zeitkomplexität erfolgen.

Lösung 4.36. Bäume in Feldern
Das Feld A muß mindestens $2^{h+1} - 1 = 1 + 2 + 4 + \ldots + 2^h$ Elemente haben, da der Baum vollständig ist. Sei die Sorte der Bäume definiert durch:

sort tree int= mkt(**tree int** left, **int** content, **tree int** right) | empty

Für einen Knoten K in Position i speichern wir left(K) an Position $2 * i$ und right(K) an Position $2 * i + 1$. Diese Prozedur läßt sich rekursiv für einen ganzen Baum wie folgt erweitern:

```
proc store (tree int b, var [1 : n] array int A):
⌈ proc store_b(tree int b, nat i):
      if ¬ isempty(b) then
            if i > n then print "Fehler, Baum zu groß"
            else   A[i]:= content(b);
                   store_b(left(b), 2 * i);
                   store_b(right(b), 2 * i + 1);
            fi
      fi ⌋

store_b(b, 1)
```

Die Komplexität von *store* ist $O(n)$, da jede Kante nur einmal betrachtet wird. Diese Baumdarstellung ist geeignet, wenn die Baumstruktur unverändert bleibt, das heißt, wenn höchstens das *content* Feld eines Knotens geändert wird. In diesem Fall können wir den Baum als eine globale Variable verwenden. Damit sind die Zugriffsfunktionen *left* und *right* auf die Kinder eines Knotens einfach und mit konstanter Zeitkomplexität zu implementieren:

proc left (**int** i) **int**: return $2 * i$
proc right (**int** i) **int**: return $2 * i + 1$
proc content (**int** i) **int**: return $A[i]$

Der Umbau solcher Bäume ist kostspielig, der Zugriff jedoch sehr schnell.

Lösung 4.37. (E) AVL-Bäume
AVL-Bäume werden durch die Sorte

sort avl = $cons$(**avl** *left*, **data** *root*, **integer** *i*, **avl** *right*) | *emptytree*

dargestellt. AVL-Bäume sind genau diejenigen Objekte **avl** a, die den folgenden Bedingungen (L4.0), (L4.1) und (L4.2) genügen:

(L4.0) $Sortiert(a)$ = $a = emptytree$ oder
⟨für alle Schlüssel kl in $left(a)$ und
kr in $right(a)$ gilt:
$kl \leq key(root(a)) \wedge kr \geq key(root(a))$⟩ $\wedge$
$Sortiert(left(a)) \wedge Sortiert(right(a))$

(L4.1) $Balanciert(a)$ = Für alle Teilbäume t von a gilt:
$t = emptytree \vee |hi(left(t)) - hi(right(t))| \leq 1$

(L4.2) $i(a)$ = $hi(left(a)) - hi(right(a))$

Zur Einübung von AVL-Bäumen wird empfohlen, sich komplexe Situationen an Graphiken zu verdeutlichen.

(a) Die Funktion

fct *insert* = (**avl** a, **data** d)(**avl**, **bool**)

soll d in einen AVL-Baum a einfügen. Dabei soll ein AVL-Baum t entstehen, d.h., t soll den Bedingungen (L4.0), (L4.1) und (L4.2) genügen. Außerdem soll ein Boolesches Ergebnis h angeben, ob zwischen a und t ein Höhenunterschied besteht. Für t und h mit

$(t, h) = insert(a, d)$

soll also folgende Bedingung gelten (Spezifikation für *insert*):

t enthält die Elemente von a und das Element $d \wedge$

(L4.3) $Sortiert(t) \wedge Balanciert(t) \wedge$
$i(t) = hi(left(t)) - hi(right(t)) \wedge h = (hi(a) \neq hi(t))$

Wir müssen demnach die Rechenvorschrift *insert* so schreiben, daß für jeden Aufruf *insert*(a, d) das Ergebnis (t, h) die Spezifikation (L4.4) erfüllt. Beim Einfügen von d in a nutzen wir die Sortiertheit von a.

Ist $a = emptytree$, so können wir (L4.4) sicherstellen durch:

(L4.4) $insert(emptytree, d) = (cons(emptytree, d, 0, emptytree), true)$

Ist $a \neq emptytree$, so sind beim sortierten Einfügen 3 Fälle zu unterscheiden:

$$key(d) = key(root(a))$$
$$key(d) < key(root(a))$$
$$key(d) > key(root(a))$$

Fall 0: $key(d) = key(root(a))$

Die Wurzel von a wird durch d ersetzt. Dabei bleiben sowohl die Höhendifferenz zwischen linkem und rechtem Unterbaum, als auch die gesamte Baumhöhe erhalten. Wählen wir also

(L4.5) $insert(a, d) = (cons(left(a), d, i(a), right(a)), false)$,

so ist (L4.4) erfüllt.

(Ende von Fall 0)

Fall 1: $key(d) < key(root(a))$
Um die Sortiertheit beizubehalten, wird d in den linken Unterbaum von a eingefügt. Dabei entstehen ein AVL-Baum l und ein Boolescher Wert hl:

$$(l, hl) = insert(left(a), d)$$

Da $left(a)$ ein echter Teilbaum von a ist, dürfen wir annehmen, daß l und hl die Spezifikation (L4.4) erfüllen, d.h., daß die Bedingung (L4.4) mit der Variablenersetzung $[l/t, left(a)/a]$ gilt. Ein sortierter Baum t, der alle Elemente von a und das Element d enthält, ist

$$t = cons(l, root(a), \ldots, right(a)) .$$

Unter welchen Voraussetzungen gelten auch die übrigen Bedingungen von (L4.4) für diesen Baum t?
• Gilt $\neg hl$, d.h., hat sich beim Einfügen von d in $left(a)$ die Baumhöhe nicht verändert (d.h. $hi(l) = hi(left(a))$), so ist mit a auch t an der Wurzel balanciert (d.h. $|hi(l) - hi(right(a))| \leq 1$). Da l und $right(a)$ balanciert sind, gilt *Balanciert*(t). Weil die Höhen der Unterbäume von a und t gleich sind, ist $i(t) = i(a)$ und $h = false$.
Damit haben wir einen AVL-Baum t gefunden, der im Fall $\neg hl$ die Spezifikation (L4.4) erfüllt. Wir legen fest:

(L4.6) $\neg hl \Rightarrow insert(a, d) = (cons(l, root(a), i(a), right(a)), false)$

• Gilt hl, d.h., hat sich beim Einfügen von d in $left(a)$ die Baumhöhe verändert, dann ist $hi(l) = hi(left(a)) + 1$. Der Baum t ist an der Wurzel balanciert, wenn $hi(left(a)) \leq hi(right(a))$ gilt, d.h., wenn $i(a) \leq 0$ ist. Dann ist $i(t) = i(a) + 1$, da der linke Unterbaum um 1 höher geworden ist. Die gesamte Baumhöhe hat sich genau dann verändert, wenn in a linker und rechter Unterbaum gleich hoch sind, d.h., wenn gilt $i(a) = 0$. Damit haben wir auch für den Fall $hl \wedge i(a) \leq 0$ einen AVL-Baum t konstruiert, und wir legen für *insert* fest:

(L4.7) $\quad hl \wedge i(a) \leq 0 \Rightarrow$

$\qquad insert(a, d) = (cons(l, root(a), i(a) + 1, right(a)), i(a) = 0)$

• Nun bleibt noch der Fall $hl \wedge i(a) > 0$ zu behandeln, d.h. der Fall, daß der linke Unterbaum von a höher ist als der rechte, und daß der linke Unterbaum durch Einfügen von d um 1 höher wird. In diesem Fall ist l um 2 höher als $right(a)$, der Baum t also an der Wurzel nicht balanciert. Um die Balancierung von t wieder herzustellen, schreiben wir eine Rechenvorschrift

fct $leftbalance = ($**avl** $l,$ **data** $d,$ **avl** $r)$ **avl** ,

die aus zwei AVL-Bäumen l und r mit $hi(l) = hi(r) + 2$ einen AVL-Baum konstruiert, der alle Elemente von l und r und das Element d enthält. Dabei sei vorausgesetzt, daß alle Schlüssel in l kleiner gleich $key(d)$ und alle Schlüssel in r größer gleich $key(d)$ sind.

Um Bäume mit geringeren Höhenunterschieden zu erhalten, zerlegen wir den höheren der Bäume l und r, also den Baum l.

Ist der linke Unterbaum von l mindestens so hoch wie der rechte, d.h. gilt $i(l) \geq 0$, so können wir einen AVL-Baum aus l, r und d konstruieren mit dem rechten Unterbaum $cons(right(l), d,$ **if** $i(l) > 0$ **then** 0 **else** 1 **fi**$, r)$. Alle Schlüssel dieses Unterbaums sind größer oder gleich $root(l)$. Deshalb ist

$cons(left(l),\ root(l),\ i(l) - 1,$
$\qquad cons(right(l),\ d,\ $**if** $i(l) > 0$ **then** 0 **else** 1 **fi**$,\ r))$

ein AVL-Baum, der alle Elemente aus l und r und das Element d enthält. Ist $i(l) > 0$, so hat dieser AVL-Baum die Höhe $hi(l)$; ist $i(l) = 0$, so hat dieser AVL-Baum die Höhe $hi(l) + 1$.

Ist der rechte Unterbaum von l höher als der linke, d.h. gilt $i(l) < 0$, dann fassen wir von den Bäumen $left(l)$, $left(right(l))$, $right(right(l))$ und r die beiden mit kleineren Schlüsseln und die beiden mit größeren Schlüsseln zu den AVL-Bäumen

$cons(left(l),\ root(l),\ $**if** $i(right(l)) < 0$ **then** 1 **else** 0 **fi**$,\ left(right(l)))$

und

$cons(right(right(l)),\ d,\ $**if** $i(right(l)) > 0$ **then** -1 **else** 0 **fi**$,\ r)$

zusammen. Diese AVL-Bäume der Höhe $hi(r) + 1$ fügen wir zu einem AVL-Baum der Höhe $hi(r) + 2$ zusammen, der die Elemente von l und r und das Element d enthält:

$cons(cons(left(l), root(l),$
    if $i(right(l)) \geq 0$ **then** 0 **else** 1 **fi**, $left(right(l)))$,
    $root(right(l)), 0,$
    $cons(right(right(l)), d, $**if** $i(right(l)) \leq 0$ **then** 0 **else** -1 **fi**, $r))$

Damit erhalten wir folgende Rechenvorschrift *leftbalance*:

fct *leftbalance* = (**avl** l, **data** d, **avl** r) **avl** :
    if $i(l) \geq 0$
    then $cons(left(l), root(l), i(l) - 1, cons(right(l), d,$
            if $i(l) > 0$ **then** 0 **else** 1 **fi**, $r))$
    else $cons(cons(left(l), root(l), $**if** $i(right(l)) \geq 0$ **then** 0 **else** 1 **fi**,
            $left(right(l))), root(right(l)), 0,$
            $cons(right(right(l)), d,$
                if $i(right(l)) \leq 0$ **then** 0 **else** -1 **fi**, $r))$
    fi

Somit haben wir auch für den Fall $hl \wedge i(a) > 0$ einen AVL-Baum, der durch Einfügen von d in a entsteht. Wenn sich beim Einfügen eines Elements in einen AVL-Baum die Höhe verändert, können die beiden Unterbäume des resultierenden AVL-Baums nicht gleiche Höhe haben; deshalb gilt $i(l) \neq 0$.

(L4.8) $hl \wedge i(a) > 0 \Rightarrow insert(a, d) \quad = \quad (leftbalance(l, root(a),$
$$right(a)), false)$$

(Ende von Fall 1)

Fall 2: $key(d) > key(root(a))$
Dieser Fall ist symmetrisch zu Fall 1 und kann durch die Benutzung einer entsprechenden Funktion *rightbalance* gelöst werden.

(Ende von Fall 2)

Die Bedingungen (L4.4), (L4.5), (L4.6), (L4.7) und (L4.8), sowie deren symmetrische Bedingungen führen uns unmittelbar auf folgende Rechenvorschrift *insert*:

fct *insert* = (**avl** a, **data** d)(**avl**, **bool**) :
    if $a = emptytree$
    then $(cons(emptytree, d, 0, emptytree), true)$
    else if $key(d) = key(root(a))$
        then $(cons(left(a), d, i(a), right(a)), false)$
        else if $key(d) < key(root(a))$

```
            then ⌈avl l, bool hl = insert(left(a), d);
                  if ¬hl
                  then (cons(l, root(a), i(a), right(a)), false)
                  else if i(a) ≤ 0
                  then (cons(l, root(a), i(a) + 1, right(a)), i(a) = 0)
                  else (leftbalance(l, root(a), right(a)), false)
                  fi
                  ⌊fi
            else ⌈avl r, bool hr = insert(right(a), d);
                  if ¬hr
                  then (cons(left(a), root(a), i(a), r), false)
                  else if i(a) ≥ 0
                       then (cons(left(a), root(a), i(a) − 1, r), i(a) = 0)
                       else (rightbalance(left(a), root(a), r), false)
                       fi
                  ⌊fi
            fi
        fi
    fi
```

(b) Ähnliche Überlegungen wie für *insert* führen zu folgender Rechenvor-schrift *delete*:

```
fct delete = (avl a, key k)(avl, bool) :
if a = emptytree
then (emptytree, false)
else if k = key(root(a))
     then deleteroot(a)
     else if k < key(root(a))
          then ⌈avl l, bool hl = delete(left(a), k);
                if ¬hl
                then (cons(l, root(a), i(a), right(a)), false)
                else if i(a) ≥ 0
                then (cons(l, root(a), i(a) − 1, right(a)), i(a) > 0)
                else (rightbalance(l, root(a), right(a)), i(right(a)) ≠ 0)
                fi
                ⌊fi
          else ⌈avl r, bool hr = delete(right(a), k);
                if ¬hr
                then (cons(left(a), root(a), i(a), r), false)
                else if i(a) ≤ 0
                then (cons(left(a), root(a), i(a) + 1, r), i(a) < 0)
                else (leftbalance(left(a), root(a), r), i(left(a)) ≠ 0)
                fi
                ⌊fi
```

fi
  fi
fi

Die verwendeten Hilfsrechenvorschriften sind:

fct *deleteroot* = (**avl** a)(**avl**, **bool**) :
  if $left(a) = emptytree$
  then $(right(a), true)$
  else if $right(a) = emptytree$
    then $(left(a), true)$
    else ⌈ **data** $d = greatest(left(a))$;
         avl l, **bool** $hl = delete(left(a), key(d))$;
         if $\neg hl$
         then (cons(l, d, i(a), right(a)), false)
         else if $i(a) \geq 0$
             then $(cons(l, d, i(a) - 1, right(a)), i(a) > 0)$
             else $(rightbalance(l, d, right(a)), i(right(a)) \neq 0)$
             fi
         fi
       ⌊ fi
    fi
  fi

fct *greatest* = (**avl** a) **data** :
  if $right(a) = emptytree$
  then $root(a)$
  else $greatest(right(a))$
  fi

(c) In jedem Knoten speichern wir die Zahl der Knoten unterhalb von K (inklusive K). Damit kann das n-t größte Element des Baumes durch Abstieg im Baum gefunden werden: Falls der rechte Teilbaum $n \leq m$ Elemente hat, betrachten wir diesen, sonst suchen wir das $(m-n)$-te Element im linken Teilbaum. Ähnlich wie die Balancierung ist beim Einfügen und Löschen die Anzahl der Subknoten anzupassen. Dies verändert nicht die Komplexität dieser Operationen.

Lösung 4.39. Nichtdeterminismus, Failure

Wir orientieren uns an der Struktur der Rechenvorschrift mintour aus Aufgabe 4.34.

Anstelle der Prozedur minrestperm verwenden wir jetzt eine Funktion search, die alle verbleibenden Permutationen (das sind dieselben wie bei minrestperm) durchsucht, ob es eine mit Kosten $\leq max$ gibt. Aussichtslose Zweige, d.h. solche, bei denen die Kosten des feststehenden Anfangsstücks den höchstens auszugebenden Betrag übersteigen ($ck > max$), werden mittels **failure** abgeschnitten. Gibt es unter den zu durchsuchenden Permutationen

eine mit Kosten $\leq max$, so wird nichtdeterministisch eine solche zurückgeliefert.

Im Rumpf der Funktion tour wird dann geprüft, ob mittels search eine
Rundreise mit Kosten $\leq max$ gefunden wurde. Wenn ja, so wird diese in der
2. Komponente zurückgeliefert, andernfalls irgendeine Rundreise.

(*Bemerkung:* Da hier $N > 1$ vorausgesetzt wurde, sind einige Ausdrücke
etwas einfacher als in Aufgabe 4.34.)

fct tour = (**nat** max) (**bool, permutation**):
  ⌈ **fct** search = (**permutation** p, $[0 : N - 1]$ k, **nat** ck) **permutation**:
    if $k = N - 1$
    then if $ck +$ cost $[p[N - 2], p[N - 1]] +$ cost $[p[N - 1], p[0]] \leq max$
        then p (* Rundreise gefunden, die höchstens max DM kostet *)
        else failure
        fi
    else ⫿ $i : k \leq i \leq N - 1$ ⌈ **nat** $ckh = ck +$ **if** $k > 0$
                                then cost$[p[k - 1], p[i]]$
                                else 0 **fi**;

                        if $ckh \leq max$
                        then search (swap$(p, k, i), k + 1, ckh)$
                        else failure fi⌋
  fi ;

    permutation $p = [0 .. N - 1]$;
    permutation $sp =$ search $(p, 0, 0)$;
    if is_fail (sp) **then** (false, p) **else** (true, sp) **fi** ⌋

In der Rechenvorschrift search wurde das nichtdeterministische Konstrukt

$$⫿ \, i : k \leq i \leq N - 1$$

mit $N - k$ Zweigen verwendet. Läßt man ⫿ nur mit 2 Zweigen zu, kann man
lokal in search eine Rechenvorschrift breadth schreiben:

fct breadth = (**permutation** $p, [0 : N - 1]k, [0 : N - 1]i$) **permutation**:
  ⌈   **nat** $ckh = ck +$ cost $[p[k - 1], p[i]]$;
    if $ckh \leq max$
    then search (swap$(p, k, i), k + 1, ckh)$
    else failure fi ⌋
  ⫿
  if $i < N - 1$ **then** breadth $(p, k, i + 1)$ **else failure fi**

Dann kann der äußere else-Zweig in search ersetzt werden durch

breadth (p, k, k) .

Lösung 4.40. Streuspeicherverfahren
Die Streufunktion disperse soll die Schlüsselwerte k möglichst gleichmäßig auf
die Indexwerte $[0 : n - 1]$ abbilden. Ein brauchbarer Kandidat ist dafür der
Rest modulo n, wobei n eine Primzahl ist.

Sei num(k) die interne, numerische Darstellung eines Schlüssels k. Dann
ist die Funktion disperse wie folgt definiert:

$$\text{disperse} = (\textbf{key } k) \; [0 : n - 1] : \text{num}(k) \textbf{ mod } n$$

In der Regel ist die Anzahl der Elemente der Sorte **key** erheblich höher
als n. Die Funktion disperse ist dann sicher nicht injektiv. Wir sagen, daß
zwei Schlüsseln k_1 und k_2 kollidieren, wenn disperse(k_1) = disperse(k_2). Im
folgenden präsentieren wir zwei Verfahren zur Kollisionsauflösung: direkte
Verkettung und offene Adressierung.

(a) *Direkte Verkettung*
In diesem Fall wird für jedes i mit $0 \le i < n$ eine separate Liste verwaltet,
die nur Paare (k, d) mit disperse(k) = i enthält. Der Mittelwert der Länge
dieser Listen ist im allgemeinen a/n, wobei a die Anzahl der Elemente
ist. Die für die **data** Elemente $d_1, \ldots, d_7$ mit den Schlüsseln

K = EN, TO, TRE, FIRE, FEM, SEKS, SYV

(die Zahlen von 1 bis 7 auf norwegisch) und der Funktion

disperse(K) + 1 = 3, 1, 4, 1, 5, 9, 2

entstehende Struktur wird in Abb. L4.28 dargestellt.

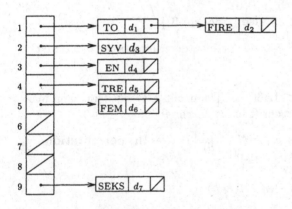

Abb. L4.28. Streuspeichertabelle in direkter Verkettung (Lösung 4.40 (a))

Die Rechenstruktur für Streuspeichertabellen mit direkter Verkettung
ist wie folgt definiert. Dabei nehmen wir an, daß die Sorte **data** ein
Fehlerelement err enthält.

sort elem = mk(**key** ky, **data** dt)
sort dstore = $[0 : \text{n-1}]$ **array** (**seq elem**)

fct stored = (**dstore** s, **key** k) **bool**:
⌈ **seq elem** $list = s[\text{disperse}(k)]$;
     fct in = (**seq elem** s) **bool**:
           if s = empty **then** false
           else if $ky(first(s)) = k$ **then** true
           else in($rest(s)$) **fi fi**;
       in($list$) ⌋
fct insert = (**dstore** s, **key** k, **data** d) **dstore**:
⌈ **seq elem** $list = s[\text{disperse}(k)]$;
     fct insertq = (**seq elem** q) **seq elem**:
           if q = empty **then** append($mk(k,d)$, empty)
           else if $ky(first(q)) = k$ **then** append($mk(k,d), rest(q)$)
           else append($first(s)$, insertq($rest(s)$)) **fi fi**;
       update(s, disperse(k), insertq($list$)) ⌋
fct get = (**dstore** s, **key** k) **data**:
⌈ **seq elem** $list = s[\text{disperse}(k)]$;
     fct getq = (**seq elem** q) **data**:
           if q = empty **then** err   .
           else if $ky(first(q)) = k$ **then** dt($first(q)$)
           else getq($rest(q)$) **fi fi**;
       getq($list$) ⌋

fct delete = (**dstore** s, **key** k) **dstore**:
⌈ **seq elem** $list = s[\text{disperse}(k)]$;
     fct deleteq = (**seq elem** q) **seq elem**:
           if q = empty **then** empty
           else if $ky(first(q)) = k$ **then** $rest(q)$
           else append($first(q)$, deleteq($rest(q)$)) **fi fi**;
       update(s, disperse(k), deleteq($list$)) ⌋

(b) *Offene Adressierung und lineares Sondieren*
Die offene Adressierung mit linearem Sondieren versucht, im Kollisions-
fall eine leere Position in der zyklischen Sequenz

disperse(k), disperse(k) $- 1, \ldots, 0, n - 1, n - 2, \ldots$, disperse($k$) $+ 1$

zu finden. Zum Beispiel: Für die norwegischen Zahlen und Streuindizes
2, 7, 1, 8, 2, 8, 1 (EN kollidiert mit FEM, TRE kollidiert mit SYV und
FIRE kollidiert mit SEKS) wird die Abb. L4.29 erzeugt.
Die Rechenstruktur für Streutabellen mit offener Adressierung und linearem Sondieren ist wie folgt definiert. Dabei enthält die erste Komponente
der Sorte **nstore** die Anzahl der bereits belegten Positionen in der Tabelle. Für die Terminierung ist es wichtig, daß immer ein Feld leer bleibt.

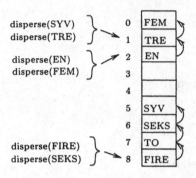

Abb. L4.29. Streuspeichertabelle in offener Adressierung (Lösung 4.40 (b))

sort nelem= mke(**key** ky, **data** dt) | empty
sort nstore= mkn([0 : n-1] nr, [0 : n-1] **array nelem** st) | overfl

fct stored = (**nstore** s, **key** k) **bool**:
⌈ **fct** lprob = ([0 : $n-1$]x) **bool**:
 if $st(s)[x]$ = empty **then** false
 else if $ky(st(s)[x]) = k$ **then** true
 else lprob(($x-1$) **mod** n) **fi fi**;
 lprob(disperse(k)) ⌋

fct insert = (**nstore** s, **key** k, **data** d) **nstore**:
⌈ **fct** linsert = ([0 : $n-1$]x) **nstore**:
 if $st(s)[x]$ = empty **then**
  if $nr(s) = n-1$ **then** overfl
  else $mkn(nr(s) + 1, update(st(s), x, mke(k, d)))$ **fi**
 else if $ky(st(s)[x]) = k$
  then $mkn(nr(s), update(st(s), x, mke(k, d)))$
  else linsert(($x-1$) **mod** n) **fi fi**;
 linsert (disperse(k)) ⌋
fct get = (**nstore** s, **key** k) **data**:
⌈ **fct** lget = ([0 : $n-1$]x) **data**:
 if $st(s)[x]$ = empty **then** err
 else if $ky(st(s)[x]) = k$ **then** $dt(st(s)[x])$
 else lget(($x-1$) **mod** n) **fi fi**;
 lget(disperse(k)) ⌋

Die Situation für die Löschfunktion ist hier komplexer. In Abb. L4.30 wird das Löschen des Elements k_2 dargestellt. Dabei wird nicht nur das Element k_2 gelöscht, sondern auch alle Elemente bewegt, die von Element k_2 beim Einfügen in der Tabelle beeinflußt waren. Diese Bewegung bringt die betroffenen Elemente näher zu ihrer Streuadresse. Am Ende entsteht eine Tabelle, die ebenfalls wie die erste erzeugt wurde, in der aber k_2 nicht eingefügt worden ist.

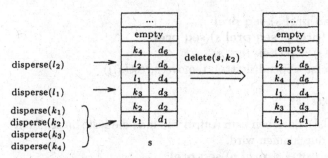

Abb. L4.30. Löschvorgang in Streuspeichertabelle (Lösung 4.40 (b))

sort table = [0 : n-1] **array nelem**
fct delete = (**nstore** s, **key** k) **nstore**:
⌈ **fct** ldelete = (**table** s, [0 : $n - 1$]j) **table**:
   ⌈ **fct** cycle = (**table** s, [0 : $n - 1$]i) **table**:
      if $s[i]$ = empty **then** s
      else
      ⌈ r = disperse($ky(s[i])$);
         if $(i \le r < j) \vee (r < j < i) \vee (j < i \le r)$
         then cycle($s, (i - 1)$ **mod** n)
         else ldelete(update($s, j, s[i]$)), i) **fi** ⌋;
      cycle(update(s, j, empty)), $(j - 1)$ **mod** n) ⌋;
fct lsearch = (**nstore** s, **key** k) [0 : $n - 1$]:
(* wie stored, aber gibt x zurück ; *)
if ¬ stored(s, k) **then** s
else $mkn(nr(s) - 1, $ldelete($st(s)$,lsearch($s, k$))) ⌋

Lösung 4.42. Warteschlangen mit Prioritäten

(a) **fct** enqu_p = (**seq prel** s, **prel** p) **seq prel**:
    append(p, s)
Komplexität: $O(1)$, da Aufwand unabhängig von der Größe von s

fct max (**seq prel** s) **prel**:
⌈ **fct** max_h (**prel** m, **seq prel** s) **prel**:
   if isempty(s) **then** m
   else   **if** prio(m) < prio(first(s))
            then max_h(first(s), rest(s))
            else max_h(m, rest(s))
         fi
   fi;
⌊ max_h(first(s),rest(s))

Komplexität: $O(|s|)$, da die ganze Sequenz durchlaufen wird.

fct dequ_p = (**seq prel** s) **seq prel**:
$\lceil$ **fct remove** (**prel** p, **seq prel** s) **seq prel**:
    if first(s) = p **then** rest(s)
        else append(first(s), remove(p,rest(s)))
    fi;
$\lfloor$ remove(max(s),s)

Komplexität: $O(|s|)$, da neben dem Aufruf von max die Liste im schlimm-sten Fall einmal durchlaufen wird.

(b) **fct** enqu_p = (**seq prel** s, **prel** p) **seq prel**:
    if isempty(s) **then** append(p,empty_p)
    else **if** prio(p) $\geq$ prio(first(s))
                then append(p, s)
                else append(first(s),enqu_p(rest(s),p))
        fi
    fi

Komplexität: $O(|s|)$, da möglicherweise die ganze Liste durchlaufen wird.

fct max = (**seq prel** s) **prel**:
    first(s)

fct dequ_p = (**seq prel** s) **seq prel**:
    rest(s)

Komplexität von max und dequ_p ist $O(1)$, da nur konstanter Aufwand nötig ist.

L4.5 Beschreibungstechniken in der Programmierung

Lösung 4.43. Algebraische Spezifikation

(a) **spec** Punkt =
    based on Nat,
    sort punkt,

    fct mpt   = (**nat,nat**) **punkt**,
    fct equal $\models$ (**punkt,punkt**) **bool**,

    axioms:
        equal (mpt(a,b), mpt(c,d)) $\iff$ a = b $\wedge$ c = d
end-of-spec

(b) **spec** Strecke =
    based on Punkt,
    sort strecke,

    fct mstr   = (**punkt,punkt**) **strecke**,
    fct istauf = (**punkt,strecke**) **bool**,
    fct schneiden = (**strecke,strecke**) **bool**,

axioms:

istauf (mpt(x,y), mstr(mpt(a,b), mpt(c,d))) $\Longleftrightarrow$

(x-a)·(d-y) = (y-b)·(c-x) $\wedge$ a $\le$ x $\le$ c,

schneiden (s, t) $\Longleftrightarrow$

$\exists$ **punkt** p: istauf(p,s) $\wedge$ istauf(p,t)

end-of-spec

Lösung 4.44. (E) Datenbankspezifikation

(a) Ein mögliches E/R-Schema ist in Abb. L4.31 dargestellt. Es enthält jedoch keinerlei Aussagen darüber, welche Kardinalitäten die einzelnen Beziehungen haben.

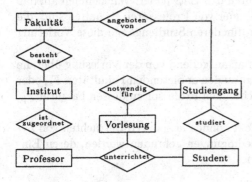

Abb. L4.31. E/R-Modell zur Strukturdarstellung (Lösung 4.44 (a))

Durch eine Erweiterung des E/R-Schemas um solche Kardinalitäten, die zum Beispiel ausdrücken, daß jeder Professor genau einem Institut zugeordnet ist (1), und jeder Studiengang von einer nichtleeren Menge von Studenten (+) besucht wird, können zusätzliche Informationen dargestellt werden. Der Stern (*) bedeutet, daß Wahlvorlesungen für keinen Studiengang Pflicht sein müssen. Siehe Abb. L4.32.

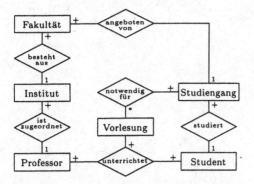

Abb. L4.32. E/R-Modell mit Kardinalitäten (Lösung 4.44 (a))

Wir haben dabei die Kardinalitäten nicht, wie es bei der E/R-Modellierung üblich ist, in einer Beziehung jeweils gegenüber der betroffenen Entität angebracht, sondern, wie es bei Objektmodellen üblich ist, direkt bei der Entität. Objektmodelle unterscheiden sich syntaktisch sonst vor allem dadurch, daß zusätzlich Vererbung zwischen den Entitäten (Klassen) möglich ist. Semantisch ist jedoch der Unterschied wesentlich stärker: So kann es sich in der Objektorientierung bei Relationen (genannt Assoziationen) entweder um Datenbeziehungen oder Kommunikationswege handeln. Beides ist nicht völlig orthogonal, aber auch nicht identisch.

(b) In der Aufgabenbeschreibung ist die etwas nebulöse Formulierung „geeignete Vorlesung" zu finden. Diese Aussage bedarf, wie oft auch in echten Softwareengineering-Projekten, einer Klarstellung durch den Auftraggeber bzw. einer Interpretation durch den Entwickler. Wir nehmen an, daß sie bedeutet, daß Vorlesungen immer von Professoren zu halten sind, die sich an einer Fakultät befinden, für deren Studiengänge diese Vorlesung notwendig ist.

Bildlich gesprochen: Navigiert man ausgehend von der Vorlesung über die für sie notwendigen Studiengänge zu den anbietenden Fakultäten F_s, oder navigiert man über den unterrichtenden Professor zu dessen Fakultät F_p, so muß gelten $F_p \in F_s$.

Gegenüber dem angegebenen Text können also durch Betrachten von Zyklen im E/R-Modell weitere Bedingungen gefunden werden, deren Einhaltung im Programm wichtig ist.

Literatur

[AGH00] K. Arnold, J. Gosling, D. Holmes (2000): The Java Programming Language, 3rd Ed. (demnächst auch in deutsch). Addison-Wesley.

[B92]   M. Broy (1992): Informatik. Eine grundlegende Einführung, Teil I. Problemnahe Programmierung. 1. Aufl. Springer-Verlag Berlin

[B93]   M. Broy (1993): Informatik. Eine grundlegende Einführung, Teil II. Rechnerstrukturen und maschinennahe Programmierung. 1. Aufl. Springer-Verlag Berlin

[B94]   M. Broy (1994): Informatik. Eine grundlegende Einführung, Teil III. Systemstrukturen und systemnahe Programmierung. 1. Aufl. Springer-Verlag Berlin

[B95]   M. Broy (1995): Informatik. Eine grundlegende Einführung, Teil IV. Theoretische Informatik, Algorithmen und Datenstrukturen, Logikprogrammierung, Objektorientierung. 1. Aufl. Springer-Verlag Berlin

[B97]   M. Broy (1997): Informatik. Eine grundlegende Einführung, Band 1: Programmierung und Rechnerstrukturen. 2. Aufl. (von [B92] und [B93]). Springer-Verlag Berlin

[B98]   M. Broy (1998): Informatik. Eine grundlegende Einführung, Band 2. 2. Aufl. (von [B94] und [B95]). Springer-Verlag Berlin

[B00]   H. Balzert (2000): Objektorientierung in 7 Tagen. Vom UML-Modell zur fertigen Web-Anwendung. Spektrum Akademischer Verlag. Heidelberg.

[BGS+90] U. Borghoff, T. Gasteiger, A. Schmalz, P. Weigele, H. Siegert (1990): MI – Eine Maschine für die Informatikausbildung. Manual der Technischen Universität München. Siehe auch $INFO/dokumente

[BH98]   B. Bauer, R. Höllerer (1998): Übersetzung objektorientierter Programmiersprachen, Konzepte, abstrakte Maschinen und Praktikum „Java-Compiler". Springer-Verlag.

[F00]   D. Flanagan (2000): Java in a Nutshell. Deutsche Ausgabe der 3. Auflage für Java 1.2 und 1.3. O'Reilly & Associates, Inc.

[GHJV96] E. Gamma, R. Helm, R. Johnson, J. Vlissides (1996): Entwurfsmuster. Elemente wiederverwendbarer objektorientierter Software. Addison-Wesley

[J93]   M. P. Jones (1993): An Introduction to Gofer. Manual. Siehe auch $INFO/dokumente

[HK99]   M. Hitz and G. Kappel (1999): UML @ Work. Von der Analyse zur Realisierung. dpunkt.verlag

[L98]   L. Li (1998): Java: Data Structures and Programming. Springer-Verlag

[L99]   D. Lea (1999): Concurrent Programming in Java, Second Edition: Design Principles and Patterns (The Java Series). Addison-Wesley.

[LY99]   T. Lindholm, F. Yellin (1999): The Java Virtual Machine Specification. Addison-Wesley.

[P00]   A. Poetzsch-Heffter (2000): Konzepte objektorientierter Programmie-
         rung. Mit einer Einführung in Java. Springer-Verlag.
[T94]   P. Thiemann (1994): Grundlagen der funktionalen Programmierung.
         Teubner Verlag Stuttgart

Index